普通高校本科计算机专业特色教材·算法与程序设计

数据结构与算法

孟佳娜　李　威　于艳莉　宋海玉　龙迎春　编著

清華大學出版社
北　京

内容简介

本书以通俗的语言、简洁的叙述，详细介绍了各种数据结构的基本概念、逻辑特性和存储结构以及基本运算，对各种结构定义了相应的抽象数据类型。全书共8章，内容包括概论，线性表，栈和队列，串和数组，树和二叉树，图，查找和排序。全书采用类C语言作为数据结构和算法的描述语言。在各章末尾，还给出了数据结构的应用实例以及算法设计举例。

本书可作为高等院校计算机专业的教材，也可供从事计算机工程与应用工作的科技工作者参考。本书在选材与编排上，贴近当前普通高等院校"数据结构"课程的现状和发展趋势，符合最新研究生考试大纲，内容难度适度，突出实用性和应用性。

图书在版编目（CIP）数据

数据结构与算法 / 孟佳娜等编著. -- 北京：清华大学出版社，2025.3.
（普通高校本科计算机专业特色教材）. -- ISBN 978-7-302-68788-7

Ⅰ. TP311.12

中国国家版本馆 CIP 数据核字第 20255RZ332 号

责任编辑：袁勤勇　薛　阳
封面设计：常雪影
责任校对：刘惠林
责任印制：沈　露

出版发行：清华大学出版社
网　　址：https://www.tup.com.cn，https://www.wqxuetang.com
地　　址：北京清华大学学研大厦A座　　**邮　　编**：100084
社 总 机：010-83470000　　**邮　　购**：010-62786544
投稿与读者服务：010-62776969，c-service@tup.tsinghua.edu.cn
质量反馈：010-62772015，zhiliang@tup.tsinghua.edu.cn
课件下载：https://www.tup.com.cn，010-83470236
印 装 者：三河市龙大印装有限公司
经　　销：全国新华书店
开　　本：185mm×260mm　　**印　　张**：19.5　　**字　　数**：451千字
版　　次：2025年5月第1版　　**印　　次**：2025年5月第1次印刷
定　　价：59.00元

产品编号：104529-01

前言

FOREWORD

随着人工智能的快速发展，各类学科对计算机学科的要求越来越高，而数据结构和算法是程序设计中相辅相成的两方面，是计算机学科的重要基石。“数据结构与算法”也是所有从事计算机系统研究和应用、计算机应用软件开发的科技人员必须学习和掌握的一门课程，该课程研究如何用计算机进行信息表示和处理，在计算机学科体系中占据很重要的地位。

“数据结构与算法”课程主要强调以下几方面的知识和能力的培养：①掌握并能根据实际问题灵活应用基本数据结构的抽象数据类型、存储方法和主要的算法；②掌握基本的算法设计和分析技术；③掌握并能应用常用的排序、查找方法；④具备一定的调试算法和程序、项目测试的能力。显然，合理地组织数据、有效地表示数据、有效地处理数据，这三者是提高程序设计质量的关键因素。

本书以数据的逻辑结构为主线分别介绍了线性结构、树结构、图结构以及查找和排序的典型应用，全书共分为8章。第1章综述数据、数据结构和抽象数据类型的基本概念，介绍算法分析和评价的基本思想；第2～4章介绍各种线性数据结构，其中，第2章线性表是一种最典型的线性结构，第3章栈和队列以及第4章串是一些常用的特殊线性表；第5章介绍树结构，包括树和二叉树；第6章介绍图结构；第7章介绍查找方法及数据的组织结构；第8章介绍各种排序方法，包括内部排序的常用方法和外部排序。

本书充分强调数据结构基础理论的重要地位，使用类C语言的描述方法，介绍了线性表、栈、队列、树、图等数据结构，以及查找和排序方法。本书阐述了数据结构的基本概念，数据的逻辑结构和存储结构及其关系，介绍了如何合理地组织数据、有效地表示数据和有效地处理数据，如何根据实际问题的要求选择和设计合适的数据结构，编写质量高、风格好的应用程序，论述了算法分析的基本方法，培养学生利用数据结构知识解决相关应用问题的意识和能力。针对数据结构课程概念多、算法灵活和抽象性强等特点，编者在总结长期教学经验的基础上进行编写。书中对每一类数据结构的分析均按照“逻辑结构—存储结构—基本运算的实现—时空性分析—算法举例—典型应用实例—练习题—实验题”的顺序来进行。

考虑到初学者对算法设计问题普遍感到比较困难，思路不明确，本书每一章都设有算法设计举例，意在提高初学者的算法分析和设计能力。在线性表、栈和队列、串和数组、树和二叉树、图这几章后还附有算法应用举例，意在通过某种数据结构的实际应用案例，使读者在遇到实际问题的时候，能够选择和设计适合的数据结构。同时每章之后附有习题，以便读者进一步练习并检验学习效果。编者将多年积累的实验资源进行整合和升级，为使用者配备实践教学平台，学生可以通过大量实验案例理解算法设计与分析方法，并实现随时、随地的实践学习场景。教师能够利用这些教学资源，并根据本校课程需要进行重构，高效地进行教学。

本书力求完成以数据结构为主线、算法分析为辅线组织教学内容，注重抽象数据类型在本课程教学中的地位和作用，在教材主体基础上，配套 PPT、源代码、实验、作业以及实践平台等辅助教学资源，具体内容如下。

(1) 教学课件（PPT）：提供全部教学内容的精美 PPT，供任课教师教学中使用。

(2) 教学大纲和电子教案：包含“数据结构”课程支撑的各个毕业要求指标点、课程目标、思政目标、课程介绍、教学目的、课程内容和学时分配。

(3) 实验教学大纲：包含课程教学介绍、教学目的、实验基本要求与方式、实验报告、课程内容与学时分配。

(4) 程序源码：所有源代码按章组织，例如，“第 2 章”文件夹存放第 2 章的全部源代码，其中，“第 2 章\algorithm2-5.c”为例 2.5 的源代码。

(5) 在线作业：包括选择题、判断题、填空题、简答题、应用分析题和编程题。

(6) 实践教学平台：上述资源都在头歌实践教学平台上进行了发布，学习者可以在平台上完成作业、实验，实践课程的具体网址是 https://www.educoder.net/users/wkycfeqx3/paths? category= manage。读者使用时需先在头歌实践教学平台注册才能使用。

本书可作为高等院校计算机科学与技术专业的教材、参考书和考研辅导，同时也可供计算机工程技术人员参考。对于计算机科学与技术、软件工程、网络工程、物联网工程等专业，可讲授 60 学时；对于其他专业，可去掉带星号的章节，讲授 48 学时。

本书第 1、2、7 章由大连民族大学的孟佳娜编写，第 3、4 章由大连民族大学的宋海玉编写，第 5、6 章由大连民族大学的李威编写，第 8 章由大连民族大学的于艳莉编写。课后习题、电子课件和校对工作由普洱学院的龙迎春完成。

由于编者水平有限，加上计算机科学技术的发展十分迅速，书中难免有不足和疏漏之处，恳请广大读者指正。

作　者

2025 年 1 月

目录

CONTENTS

第1章 概 论

CHAPTER

数据结构和算法是计算机科学的核心问题，是解决问题、优化性能和提高效率的关键。也是计算机科学与技术、软件工程、信息管理、电子商务、网络安全等相关专业的一门专业基础课，它不仅是计算机学科的理论基础之一，也是开发计算机系统软件和应用软件的基础。随着大数据和人工智能的发展，数据结构和算法的作用越来越重要。例如，机器学习算法需要使用各种数据结构和算法来处理和分析大量数据；在互联网公司，推荐系统、搜索引擎和其他数据处理应用也需要使用到各种复杂的算法和数据结构。

数据结构和算法理论发展至今，已成为一门比较成熟的课程，它是数据库、操作系统、编译系统、人工智能等课程的先修课。该课程研究非数值计算程序设计问题中，操作对象在计算机中如何表示、快速存取和处理的方法。数据结构的研究不仅涉及计算机硬件的研究范围，而且和计算机软件的研究有着密切的关系。在很多计算机应用问题中，必须考虑如何组织数据，以便查找和存取数据元素更为方便。因此，可以认为数据结构是介于数学、计算机硬件和软件三者之间的一门核心课程。

本章介绍数据结构和抽象数据类型的基本概念、算法的基本概念以及算法的时间复杂度和空间复杂度的分析方法。

1.1 什么是数据结构

电子课件

数据结构和算法在很多方面都是相互关联的。首先，数据结构和算法都是为了更有效地处理和解决问题而存在的。其次，数据结构是算法的基础，算法的性能往往受限于其底层数据结构的选择。此外，许多问题需要结合多种数据结构和算法才能有效地解决，例如，排序问题需要使用数组和排序算法，搜索问题需要使用图结构和搜索算法。

一般来说，用计算机解决一个实际问题时，需要经过以下几个步骤。

(1) 首先，从具体问题抽象出一个适当的数学模型。

(2) 其次,选择或设计一个求解此数学模型的算法。

(3) 最后,编写程序进行调试、运行,直至得到最终的解答。

在此过程中,寻求数学模型的实质是分析问题,从中提取操作的对象,并找出这些操作对象之间的关系,然后用数学语言加以描述。例如,在地震波的传播、电场的分布、流体力学中的黏性流体等问题中,使用椭圆型偏微分方程进行求解。但计算机处理的很多问题难以用方程求解,例如,导航软件是使用广泛的应用程序,它可以帮助用户查找路径并导航至目的地。导航软件通常使用图结构来存储地图数据,并使用最短路径算法来找到从起点到终点的最短路径;在电话号码查询中,需要根据姓名查找电话号码。这时可以建立一个电话号码登记表,每个结点存放两个数据项:姓名和电话号码。查找时从头开始依次比对姓名信息,直到找出匹配的姓名或遍历查找失败为止。这种表结构和查找算法对于小规模的数据是可行的,但对于大规模数据就不适用了,此时选用哈希表可能更合适。请看如下三个例子。

例 1.1 电话号码查询系统。

创建一个电话号码登记表,类似一个字典或者映射,其中每个条目包含编号、姓名、性别和对应的电话号码。在查找电话号码时,需要遍历这个登记表,逐一比对姓名,直到找到匹配的姓名或者遍历完整个登记表,如表 1.1 所示。如果想要查找“王春红”的电话号码,需要在姓名中查找“王春红”,然后找到对应的电话号码,即 12305555544。如果在登记表中没有找到“王春红”,就说明不存在这个人。由这张表构成的文件便是电话号码查询的数学模型,计算机的主要操作有按照某个特定要求(如给定姓名)对电话号码文件进行查询。

诸如此类的表结构还有学生学籍管理系统、高考分数的自动查询系统、图书馆的书目管理系统、人事档案管理系统等。在这类问题中,计算机处理的对象是各种表,元素之间存在着一种简单的线性关系,施加于对象上的操作有查询、插入、删除等。

表 1.1 电话号码查询系统中的数据结构

编　号	姓　名	性　别	电话号码
1001	李大明	男	12204567890
1002	于　芳	女	12206543210
1003	王春红	女	12305555544
1004	张晓晓	男	12304444433
1005	高玉山	男	13303333322
1006	孙国庆	男	13302222211

例 1.2 文件系统。

树结构是一种常见的数据结构,尤其在文件系统中。文件系统中的树结构用于组织和管理文件和目录,这种结构使得文件和目录可以按照层次结构进行存储和访问。如图 1.1 所示是一个简单的文件系统树结构的例子。

在图 1.1 中,根目录是树的根结点,它下面有多个子目录,如文件夹 A、文件夹 B 和文件夹 C。每个目录可以包含其他目录(子目录)和文件。子目录可以有自己的子目录和文件。这种层次结构形成了一个树结构。

```
根目录(/)
    |—文件夹A
        | |—文件a.c
        | |—文件b.c
    |—文件夹B
        | |—文件c.txt
        | |—文件d.txt
    |—文件夹C
        | |—文件夹C1
            | | |—文件e.ppt
        | |—文件夹C2
        | |—文件f.cpp
```

图 1.1　文件系统树结构

诸如此类的树结构还有家族的族谱、棋类游戏等。在这类问题中,计算机处理的对象是树结构,元素间的关系是一种层次关系,施加于对象上的操作有查询、插入、删除等。

例 1.3　最短旅游路线问题。

大连市 5A 级景区金石滩有 4 个景点{金石蜡像馆、发现王国、金石园、滨海地质公园},假设 4 个景点用顶点 s_1、s_2、s_3 和 s_4 表示,它们之间的路径信息如下。

金石蜡像馆—发现王国:3km

金石蜡像馆—金石园:5km

发现王国—金石园:8km

发现王国—滨海地质公园:6km

金石园—滨海地质公园:2km

如果要计算从金石蜡像馆到滨海地质公园的最短路径,可以利用数据结构中的最短路径算法来求其最短距离。首先,可以用顶点和边表示景点和两个景点之间的路线,构建一个图,如图 1.2 所示。边的权重表示景点的距离。可以使用最短路径算法 Dijkstra 算法来计算从金石蜡像馆到滨海地质公园的最短距离。

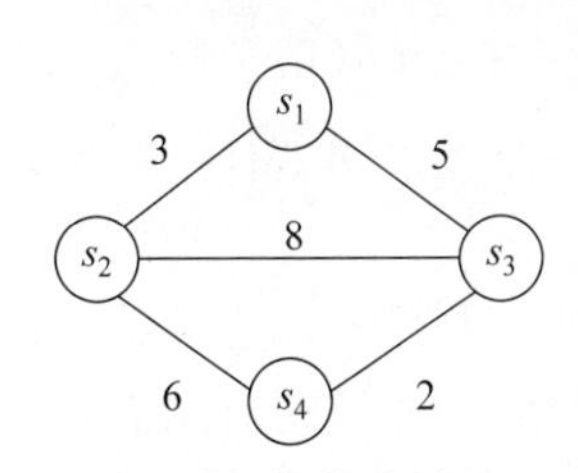

图 1.2　景点路径图

上述三个例子表明,描述这类非数值计算问题的数学模型不再是数学方程式,而是诸如表、树和图之类的数据结构。因此,简单地说,数据结构是一门研究非数值计算的程序设计中计算机的操作对象以及它们之间关系和操作的学科。

1.2　数据结构的基本概念和术语

电子课件

在系统地学习算法与数据结构知识之前,本节先对相关的概念和术语赋予确切的含义。

(1) **数据**(Data)是信息的载体,是描述客观事物的数、字符以及所有能输入计算机中,被计算机程序识别和处理的符号的集合,是计算机所处理信息的某种特定的符号表示形式。例如,数学计算中所用到的整数和实数,文本编辑所用到的字符串等都是数据。随着计算机软硬件技术的发展,计算机能够处理的对象也在扩大,相应数据的含义也被拓宽。文字、图像、图形、声音、视频等非数值数据也都是计算机可以处理的数据。

(2) **数据元素**(Data Element)是数据中的一个"个体",是数据的基本单位。在有些情况下,数据元素也称为元素、结点、顶点、记录等。数据元素用于完整地描述一个对象,例如一个考生记录、图中的一个顶点等。

(3) **数据项**(Data Item)是组成数据元素的有特定意义、不可分割的最小单位,构成一个数据元素的字段、域、属性等都可称为数据项。例如,考生信息表中的学号、姓名、性别、成绩等。

数据元素是数据项的集合。

(4) **数据对象**(Data Object)是具有相同性质的数据元素的集合,是数据的一个子集。例如,整数数据对象是集合 $N=\{0,\pm1,\pm2,\cdots\}$,字母字符数据对象是字符集合 $C=\{$'a','b',…,'z'$\}$,学生数据对象等。

(5) **数据结构**(Data Structure)是指相互之间存在一种或多种特定关系的数据元素的集合。简言之,就是带结构的数据元素的集合。结构就是元素之间存在的一种或多种特定的约束关系。它是根据人们解决实际问题的需要和问题本身所含数据之间的内在联系而抽象出来的。这种数据结构与如何利用计算机存储和处理无关,所以一般被称为数据的逻辑结构。根据数据元素间关系的不同特性,一般有以下 4 种基本类型的逻辑结构(如图 1.3 所示)。

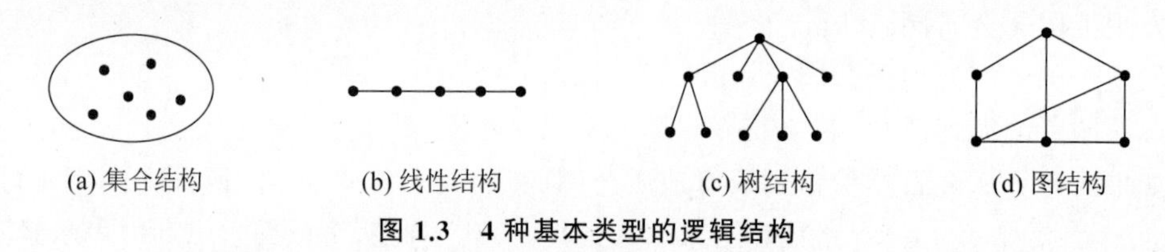

图 1.3 4 种基本类型的逻辑结构

① 集合结构:集合结构中的数据元素除了仅同属于同一个集合外,不存在逻辑关系。

② 线性结构:线性结构中的数据元素之间存在着一种一对一的关系。这种结构的特征是:若结构是非空集,则有且只有一个开始结点和一个终端结点,并且所有结点最多只能有一个(直接)前驱和一个(直接)后继。

③ 树结构:树结构中的数据元素之间存在着一种一对多的关系。在这种结构中,除了一个特殊的结点(称为根结点)外,其他所有结点都有且仅有一个前驱结点和零至多个后继结点。

④ 图结构:图结构中的数据元素之间存在着一种多对多的关系。在这种结构中,所有结点均可以有多个前驱和多个后继。

数据结构的形式化定义为

$$\text{Data\_Structure}=(D,R)$$

其中,D 是数据元素的有限集合,R 是 D 上的关系的有限集合,其中每个关系都是从 D 到 D 的关系。在表示每个关系时,用尖括号表示有向关系,如 $<a,b>$ 表示存在结点 a 到结点 b 之间的关系;用圆括号表示无向关系,如 (a,b) 表示既存在结点 a 到结点 b 之间的关系,又存在结点 b 到结点 a 之间的关系。

例 1.4 例 1.3 的数据结构关系说明。

在景点最短路径问题中,可以用 D 表示景点,R 表示景点之间的路径。景点有 4 个,

分别用 s_1、s_2、s_3 和 s_4 表示，则 $D=\{s_1,s_2,s_3,s_4\}$，$R=\{(s_1,s_2),(s_1,s_3),(s_2,s_3),(s_2,s_4),(s_3,s_4)\}$，表示景点 s_1 和 s_2、s_1 和 s_3、s_2 和 s_3、s_2 和 s_4、s_3 和 s_4 之间有路径。

上述对数据结构的定义仅是对操作对象的一种数学描述，换句话说，是从操作对象抽象出来的数学模型。数据结构定义中的关系是数据元素之间的逻辑关系，因此称为数据的**逻辑结构**。讨论数据结构的目的是在计算机中实现对它的操作，因此还需要研究如何在计算机中对它进行表示。

数据结构在计算机中的表示称为**物理结构**，又称为**存储结构**。它是逻辑结构在存储器中的映像，包括数据元素的表示和关系的表示。数据结构的存储结构有两种，分别是顺序存储结构和链式存储结构。顺序存储结构借助元素在存储器中的相对位置表示数据元素之间的关系，顺序存储结构的特点是逻辑上相邻的元素物理位置也相邻。顺序存储结构是一种最基本的存储表示方法，通常借助程序设计语言中的数组来实现。

例 1.5　例 1.1 中的电话号码登记表采用顺序存储结构。

采用二维数组的形式存储这个电话号码登记表，每行包含以下信息：编号、姓名、性别、电话号码，如表 1.2 所示。表 1.2 中第一列为数据元素存储地址，假设一条数据所占内存存储字节数为 30，首地址为 2000，则按顺序存储方式，第二条数据元素的首地址为 2030，第三条数据元素的首地址为 2060，以此类推。

表 1.2　顺序存储结构的电话号码登记表

存储地址	编　号	姓　名	性　别	电话号码
2000	1001	李大明	男	12204567890
2030	1002	于　芳	女	12206543210
2060	1003	王春红	女	12305555544
2090	1004	张晓晓	男	12304444433
2120	1005	高玉山	男	13303333322
2150	1006	孙国庆	男	13302222211

链式存储结构是一种非顺序存储方法，借助指示元素存储地址的指针(Pointer)表示数据元素之间的逻辑关系，其特点是逻辑上相邻的元素其物理位置不一定相邻，链式存储结构通常借助程序设计语言中的指针类型实现。

例 1.6　例 1.1 的数据结构的链式存储表示如图 1.4 所示。

图 1.4 中的第一列为每个数据元素的首地址，数据域存储的是每个数据元素，指针域是内存地址值，符号“NULL”表示空指针，该指针不是一个有意义的值，即不表示任何具体结点的单元地址。从图 1.4 中可以看到，第一个数据元素的首地址为 2150，第一个数据元素的指针域值为 2060，从指针域可以找到第二个数据元素。第二个数据元素指针域为 2090，其存储的是第三个数据元素的首地址，以此类推，可以查找到所有元素。可以看到链式存储结构通过指针域可以找到下一个元素。

从表 1.2 可以看出，在顺序方式实现的存储中所有的存储空间都被结点数据占用，它是一种紧凑结构。而在图 1.4 所示的链式存储中，一部分存储空间中存放的是表示数据关系的附加信息，即指针，因此是一种非紧凑结构。

首地址	数据域				指针域
2000	1005	高玉山	男	13303333322	2200
			⋮		
2060	1002	于　芳	女	12206543210	2090
2090	1003	王春红	女	12305555544	2300
			⋮		
2150	1001	李大明	男	12204567890	2060
			⋮		
2200	1006	孙国庆	男	13302222211	NULL
			⋮		
2300	1004	张晓晓	男	12304444433	2000

图 1.4　链式存储结构的电话号码登记表

定义存储结构的**存储密度**为结构中数据本身所占的存储量和整个结构所占的存储量之比，即

$$d=\frac{\text{数据本身所占的存储量}}{\text{整个结构所占的存储量}}$$

可见紧凑结构的存储密度为 1，非紧凑结构的存储密度小于 1。存储密度越大，则存储空间的利用率越高。但是非紧凑结构中存储的附加信息会给某些运算带来极大的方便。例如，在进行插入、删除等运算时链式存储结构比顺序存储结构就方便得多。其实非紧凑结构是牺牲了存储空间换取了机器时间。

电子课件

1.3　抽象数据类型及其表示与实现

数据结构与算法作为一门计算机专业的专业基础课，本身也在不断地发展，包括两个方面。一方面，发展各专门领域中特殊的数据结构，如多维图形数据结构；另一方面，从抽象数据类型的观点来讨论数据结构。

先讨论**数据类型**(Data Type)的概念。数据类型是对数据的取值范围、数据元素之间的结构以及允许施加操作的一种总体描述。每一种计算机程序设计语言都定义有自己的数据类型。一般有整数、实数(浮点数)、字符、字符串、指针、数组、记录、类、文件等数据类型。例如，整数类型在计算机系统中通常用两字节或四字节表示。若采用两字节，则整数表示范围为 $-2^{15}\sim2^{15}-1$，即 $-32\ 768\sim32\ 767$；若采用四字节，则整数表示范围为 $-2^{31}\sim2^{31}-1$，即 $-2\ 147\ 483\ 648\sim2\ 147\ 483\ 647$。对整数类型的数据允许施加的操作(运算)通常有：单目取正取负运算，双目加、减、乘、除、取模，等于、不等于、大于、大于或等于、小于、小于或等于等关系(比较)运算以及赋值运算等。字符类型在计算机中通常用

一字节或两字节表示，无符号表示范围分别为 0～255 或 0～32 767，能够分别表示至多 256 种或 32 768 种字符的编码。对字符类型的数据允许进行的操作主要为赋值和各种关系运算。字符串类型是字符顺序排列的线性结构，每一个具体的字符串(其最大长度由具体的语言规定)都是字符串类型中的一个值，对字符串的操作有求串长度、串复制、串连接和串比较等。

按"值"的不同特性，数据类型可以分为**简单类型**和**结构类型**两大类。任一种简单类型中的每个数据都是无法再分割的整体，也称为**原子类型**。例如，一个整数、实数、字符、指针、枚举值、逻辑值等都是无法再分割的整体。任一种结构类型都是由简单类型数据按照一定的规则构造而成的，并且结构类型仍可以包含结构类型。所以一种结构类型中的数据(即结构数据)可以分解为若干简单类型数据或结构类型数据，每个结构数据仍可再分。例如，数组就是一种结构类型，它由若干分量组成，其中的每个分量可以是整数，也可以是数组等。数组中的每个数据(元素)都可以通过下标运算符直接访问。同样，记录也是一种结构类型，它由固定个数的不同(也可以相同)类型的数据按线性结构排列而成，记录型中的每个记录值包含固定个数的不同类型数据，每个数据(域)都可以通过成员运算符直接访问。

无论是简单类型还是结构类型，都有"型"和"值"的概念。一种数据类型中的任一数据称为该类型中的一个值(又称为实例)，该值(实例)与所属数据类型具有完全相同的结构，数据类型所规定的操作就是在值上进行的。所以在一般的叙述中，并不明确指出是"型"还是"值"，应根据实际情况加以理解，如提到记录时，当讨论的是记录结构时则认为是记录型，而当讨论的是具体的一条记录时则认为是记录值。

抽象数据类型(Abstract Data Type，ADT)是一个数学模型以及定义在该模型上的一组操作。抽象数据类型包含一般数据类型的概念，但含义比一般数据类型更广泛、更抽象。一般数据类型通常由具体语言系统内部定义，直接提供给用户定义数据并进行相应的运算，因此也称它们为系统预定义数据类型。抽象数据类型通常由用户根据已有数据类型定义，包括定义其所含数据(数据结构)和在这些数据上所进行的操作。在定义抽象数据类型时，就是定义其数据的逻辑结构和操作说明，而不必考虑数据的存储结构和操作的具体实现(即具体操作代码)，使得抽象数据类型具有很好的通用性和可移植性，便于用任何一种语言，特别是面向对象的语言实现。

抽象数据类型和上面讨论的数据类型实质上是一个概念。例如，各个计算机系统都拥有的"整数"类型其实也是一个抽象数据类型，因为尽管它们在不同的处理器上实现的方法可能不同，但由于其定义的数学特性相同，在用户看来都是相同的。因此，"抽象"的意义在于数据类型的数学抽象特性。

使用抽象数据类型可以更容易地描述现实世界。例如，用线性表抽象数据类型描述学生成绩表，用树抽象数据类型描述家族族谱关系，用图抽象数据类型描述城市道路交通图等。抽象数据类型的特征是使用与实现相分离，实行封装和信息隐蔽。也就是说，在抽象数据类型设计时，把类型的定义与其实现分离开来。

和数据结构的形式定义相对应，抽象数据类型可用以下三元组表示。

$$(D,R,P)$$

其中,D 是数据对象,即具有相同特性的数据元素的集合,R 是 D 上的关系集合,P 是对 D 的基本操作集合。

例如,线性表抽象数据类型的定义格式如下。

```
ADT List{
数据对象:D={ai|ai∈DataSet,i=1,2,…,n,n≥0}
数据关系:R={<ai-1,ai>|ai-1,ai∈D,i=2,…,n}
基本操作:
    ListInit(L):构造一个空的线性表 L                          //线性表初始化
    ListClear(L):将 L 置为一个空的线性表                      //清空线性表
    ListLength(L):返回线性表中所含元素的个数                  //求线性表的长度
    ListEmpty(L):判断线性表是否为空表,若 L 为空返回真,否则返回假
                                                              //判空线性表
    ListPrint(L):若线性表非空,按顺序依次输出元素              //遍历线性表
    ListGet(L,i,x):返回线性表 L 中的第 i 个元素的值,用 x 返回  //读取表中元素
    ListLocate(L,x):查找成功时返回 L 中第一个与 x 的值相同的元素的位置,否则返回 0
                                                              //按值查找
    ListInsert(L,i,x):在线性表 L 的第 i(1≤i≤ListLength(L)+1)个元素前插入一个新
        元素 x                                                //插入元素
    ListDelete(L,i,x):删除线性表 L 的第 i(1≤i≤ListLength(L))个元素,并用 x 返回
                                                              //删除元素
}ADT List
```

抽象数据类型(ADT)中的基本操作的定义格式如下。

```
基本操作名(参数表):操作结果
```

“操作结果”说明了操作正常完成之后,数据结构的变化状况和应返回的结果。

抽象数据类型可以通过固有数据类型来表示和实现,即利用处理器中已存在的数据类型来说明新的结构,用已经实现的一些操作来组合实现新的操作。本书采用介于伪代码和 C 语言之间的类 C 语言作为描述工具,有时也用伪代码描述一些只含抽象操作的抽象算法。

电子课件

1.4 算法和算法分析

1.4.1 什么是算法

算法(Algorithm)是对特定问题求解步骤的一种描述,是指令的有限序列。其中每一条指令表示一个或多个操作。简单来说,算法就是解决特定问题的方法。描述一个算法可以采用文字叙述,也可以采用传统流程图、N-S 图或 PAD 等,本书采用类 C 语言描述。类 C 语言是由伪代码和 C 语言组合的一个描述工具,采用了 C 语言的核心部分,并为描述方便,进行了扩充。伪代码语言介于高级程序设计语言和自然语言之间,它忽略了高级程序设计语言中一些严格的语法规则与描述细节,因此它比程序设计语言更容易描述和被人理解,而比自然语言更接近程序设计语言。它虽然不能直接执行但很容易被转换成计算机语言。

算法与数据结构的关系紧密，在进行算法设计时首先要确定相应的数据结构。例如，在 10 万个杂乱无章的数中查找一个给定的数，用顺序查找的方法效率较低。但是如果这 10 万个数已经按顺序排列好，则可以采用折半查找的方法，显然比顺序查找的效率要高得多。

一个算法具有下列重要特性。

(1) 有穷性。即算法只执行有限步，并且每步应该在有限的时间内完成。这里"有限"的概念不是纯数学的，而是在实际上是合理的和可接受的。例如，一个简单的算法程序不应该在一个月内还没有完成。

(2) 确定性。即算法中的每一条指令必须有确切的含义，无二义性，在任何条件下，算法只有唯一的执行路径，即对于相同的输入只能得出相同的输出。

(3) 可行性。即算法中描述的操作都必须足够基本，即都是可以通过已经实现的基本运算执行有限次来实现的。

(4) 输入。算法具有零个或多个输入，也就是说，算法必须有加工的对象。输入取自特定的数据对象的集合。输入的形式可以是显式的，也可以是隐式的，有时候输入可能被嵌入算法中。

(5) 输出。算法具有一个或多个输出。这些输出与输入之间有某种确定的关系。这种确定关系就是算法的功能。

1.4.2　算法的设计要求

要设计一个好的算法通常要考虑达到以下目标。

(1) 正确性(Correctness)：算法的执行结果应当满足预先规定的功能和性能要求。正确性是设计和评价一个算法的首要条件，如果一个算法不正确，即不能完成所要求的任务，其他方面也就无从谈起。一个正确的算法是指在合理的数据输入下，能够在有限的运行时间内得出正确的结果。

(2) 可读性(Readability)：是指算法的可读性程度。算法主要是为了人的阅读与交流，其次才是为计算机执行，因此算法应该思路清晰、层次分明、简洁明了、易读易懂，必要的地方加以注释。算法的可读性不仅能让读者理解算法的设计思想，同时也可以方便算法的维护。

(3) 健壮性(Robustness)：是指一个算法对不合理(又称不正确、非法、错误等)数据输入的反应和处理能力。一个好的算法应该能够识别错误数据并进行相应的处理。

(4) 高效性(High Efficiency)：算法应有较高的时间效率和有效使用存储空间，二者都与问题的规模有关。对于同一问题，如果有多种算法可以求解，执行时间短的算法效率更高。算法存储空间指的是算法执行过程中所需的存储空间。

1.4.3　算法时间性能分析

解决同一个问题总是存在着多种算法，而算法设计者需要在所花费的时间和所使用的空间资源两者之间采取折中，通过算法分析，可以判断所提出的算法是否合理。进行算法性能分析的目的是寻找高效的算法来解决问题，提高工作效率。

衡量算法效率的方法主要有两大类：算法的事后统计方法(后期测试)和算法的事前分析估算方法。

(1) 事后统计的方法：将算法转换为程序,并在计算机上执行,同时记录执行时间。

(2) 事前分析估算的方法：在算法设计阶段,通过分析算法的策略和操作步骤,对其效率进行预测和评估。

对于事后统计的方法,必须把算法转换成程序,并且时空开销的计算取决于软硬件环境,这表明使用事后统计方法衡量算法的效率是不合适的,因此通常采用事前分析估算的方法分析算法的效率。

不考虑计算机的软硬件环境等影响因素,可以认为一个特定算法的"运行工作量"的大小,只依赖问题的规模(通常用整数 n 来表示),或者说,它是问题规模的函数。问题规模是算法求解问题输入量的多少,是问题大小的本质表示,一般用整数 n 表示。例如,在查找运算中 n 为查找表中的记录数,在树的有关运算中 n 为树的结点个数,在图的有关运算中 n 为图的顶点数。显然,n 越大算法的执行时间越长。

一个算法的执行时间等于其所有语句执行时间的总和,而语句的执行时间则为该条语句的重复执行次数和执行一次所需时间的乘积。一条语句的重复执行次数称作语句频度。设每条语句执行一次所需的时间均是单位时间,则一个算法的执行时间可用该算法中所有语句频度之和来度量。

例 1.7 求 $n!(n>0)$的算法代码段。

```
s = 1;                                  //频度为 1
for(i=1; i<=n; i++)                     //频度为 n+1
    s * =i;                             //频度为 n
```

假设用 $f(n)$表示该算法所有语句的频度之和,则 $f(n)=1+(n+1)+n=2n+2$,显然算法的执行时间与 $f(n)$成正比。

对于例 1.7 较简单的算法,可以直接计算出算法中所有语句的频度;但对于稍微复杂一些的算法,计算所有语句的频度则通常是比较困难的,即便能够计算出,也可能是个非常复杂的函数。因此,为了客观地反映一个算法的执行时间,可以只用算法中的"基本语句"的执行次数来度量算法的工作量。所谓"基本语句"指的是算法中重复执行次数和算法的执行时间成正比的语句,它对算法运行时间的贡献最大。通常,算法的执行时间是随问题规模增长而增长的,因此对算法的评价通常只需考虑其随问题规模增长的趋势。这种情况下,只需要考虑当问题规模充分大时,算法中基本语句的执行次数在渐近意义下的阶。如例 1.7 中求 $n!$算法,当 n 趋向无穷大时,显然有

$$\lim_{n\to\infty} f(n)/n=\lim_{n\to\infty}(2n+2)/n=2$$

即当 n 充分大时,$f(n)$和 n 之比是一个不等于 0 的常数。即 $f(n)$和 n 是同阶的,或者说 $f(n)$和 n 的数量级(Order of Magnitude)相同。在这里,用"O"来表示数量级,记作 $T(n)=O(f(n))=O(n)$。由此可以给出下述算法时间复杂度的定义。

一个**算法的时间复杂度**(Time Complexity) $T(n)$是该算法的时间耗费,是该算法所求解问题规模 n 的函数。当问题规模 n 趋向无穷大时,时间复杂度 $T(n)$的数量级(阶)

称为**算法的渐进时间复杂度**。则可记作

$$T(n)=O(f(n))$$

它表示随问题规模 n 的增大，算法执行时间的增长率和函数 $f(n)$ 的增长率是相同的。

数学符号"O"的严格定义为：若 $T(n)$ 和 $f(n)$ 是定义在正整数集合上的两个函数，则 $T(n)=O(f(n))$ 表示存在正的常数 C 和 n_0，使得当 $n \geqslant n_0$ 时都满足 $0 \leqslant T(n) \leqslant Cf(n)$。该定义说明了函数 $T(n)$ 和 $f(n)$ 具有相同的增长趋势，并且 $T(n)$ 的增长至多趋向于函数 $f(n)$ 的增长。符号"O"用来描述增长率的上限，它表示当问题规模 $n>n_0$ 时，算法的执行时间不会超过 $f(n)$，其直观的含义如图1.5所示。

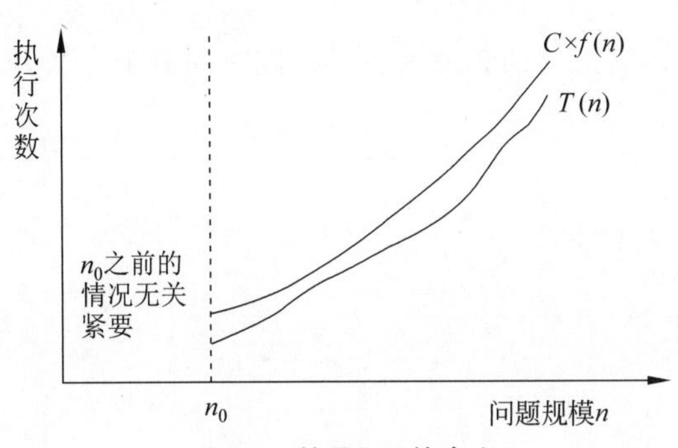

图1.5 符号"O"的含义

例1.8 假定有两个算法 A 和 B 求解同一个问题，它们的算法时间复杂度分别是 $T_A(n)=500n^2$，$T_B(n)=10n^3$。因此有：

(1) 当输入量较小如 $n<50$ 时，有 $T_A(n)>T_B(n)$，后者花费的时间较少。

(2) 随着问题规模 n 的增大，两个算法的时间开销之比 $10n^3/(500n^2)=n/50$ 也随着增大。也就是说，当问题规模较大时，算法 A 比算法 B 要有效得多。

上述算法 A 和 B 的渐进时间复杂度分别为 $O(n^2)$ 和 $O(n^3)$，它们从宏观上评价了这两个算法在时间方面的效率。具体在进行算法分析时，往往对算法的时间复杂度和渐进时间复杂度不予区分，而经常将渐进时间复杂度 $T(n)=O(f(n))$ 简称为**时间复杂度**。

算法主要由程序的控制结构（顺序、分支、循环）和原操作（固有数据类型的操作，是必须的操作）构成，算法的时间主要取决于两者。具体而言，从算法中选取一种对于所研究的问题来说是基本操作的原操作，以该基本操作在算法中重复执行的次数作为算法运行时间的衡量准则。多数情况下，基本操作就是最深层循环内的语句中的原操作，它的执行次数和包含它的语句的频度相同。语句的频度指的是该语句重复执行的次数。具体计算数量级时，可以遵循以下公式。

若 $f(n)=a_m n^m+a_{m-1}n^{m-1}+\cdots+a_1 n+a_0$ 是一个 m 次多项式，则 $T(n)=O(n^m)$。

在计算算法时间复杂度时，可以忽略所有低次幂和最高次幂的系数，这样可以简化算法分析。下面给出几个具体实例。

例1.9 常数阶示例。

```
x++;
```

含基本操作"x增1"的语句的频度为1，则时间复杂度为 $O(1)$，为常数阶。

例 1.10 线性阶示例。

```
for(i=1;i<=n;++i)
    x++;
```

含基本操作“x 增 1”的语句的频度为 n，则时间复杂度为 $O(n)$，为线性阶。

例 1.11 平方阶示例。

```
for(j=1;j<=n;++j)
    for(k=1;k<=n;++k)
        x++;
```

含基本操作“x 增 1”的语句的频度为 $n\times n$，则时间复杂度为 $O(n^2)$，为平方阶。

例 1.12 立方阶示例。

```
for(i=1;i<=n;i++)
    for(j=1; j<=n;j++)
        {c[i][j]=0;
            for(k=1;k<=n;k++)
                c[i][j]=c[i][j]+a[i][k] * b[k][j];
        }
```

该算法中，第 3 层循环中的基本操作语句“c[i][j] =c[i][j]＋a[i][k] * b[k][j]”的频度为 n^3，所以该算法的时间复杂度是 $O(n^3)$，为立方阶。

例 1.13 对数阶示例。

```
for(i=1;i<=n;i=i * 3)
    x++;
```

设循环体内语句的频度为 $f(n)$，则有 $3^{f(n)}\leqslant n$，$f(n)\leqslant \log_3 n$，所以算法的时间复杂度为 $T(n)=O(\log_3 n)$，称为对数阶。

例 1.14 线性对数阶示例。

并非所有的双重循环的时间复杂度都是 $O(n^2)$，例如如下代码段：

```
for(j=1;j<=n;j * =2)
    for(k=1;k<=n;++k)
        x++;
```

外层循环每循环一次 j 就乘以 2，直至 $j>n$，所以共执行$\lceil \log_2 n \rceil$次。而内层循环执行次数总是为 n，总的时间代价为

$$\sum_{j=1}^{\lceil \log_2 n \rceil}\sum_{k=1}^{n} = \sum_{j=1}^{\lceil \log_2 n \rceil} n = n\log_2 n$$

所以时间复杂度为 $O(n\log_2 n)$，为线性对数阶。

例 1.15 起泡排序。

```
void  BubbleSort(RecType R[],int n)
{   //起泡排序
    i = n;   //i 指示无序序列中最后一个记录的位置
```

```
    while(i>1)
    {lastExchange=1;                          //记录最后一次交换发生的位置
        for(j=1;j<i;j++)
            if(R[j].key>R[j+1].key)
                {temp=R[j];R[j]=R[j+1];R[j+1]=temp;  //逆序时交换
                    lastExchange=j;
                }
        i=lastExchange;
    }
}
```

待排序序列正序时为最好的情况，只需要进行一趟起泡，比较次数为 $n-1$ 次，交换次数为 0 次。因此，起泡排序算法的时间复杂度在最好情况下的时间复杂度为 $O(n)$。

待排序序列为逆序时为最坏的情况，需要进行 $n-1$ 趟起泡，比较次数为

$$\sum_{i=2}^{n}(i-1)=n(n-1)/2$$

交换次数为 $3\times\frac{1}{2}n(n-1)$，即 $\frac{3}{2}n(n-1)$次赋值。

因此，起泡排序算法的时间复杂度取最坏情况下的时间复杂度为 $O(n^2)$。

例 1.16　用百元买百笔。已知钢笔 3 元一支，圆珠笔 2 元一支，铅笔 5 角一支。给出解决方案。

方法 1：可以用穷举法求出。

```
for(i=1;i<=100;i++)
    for(j=1;j<=100;j++)
        for(k=1;k<=100;j++)
            if(i+j+k==100 &&3 * i+2 * j+0.5 * k==100)
                printf("%d %d %d",i,j,k)
```

方法 2：但是事实上为了要买到总共 100 支笔，钢笔数量要小于 20 支，圆珠笔数量要小于 34 支，100 减去钢笔和圆珠笔总数就是可买的铅笔的总数，因此可以写出如下算法。

```
for(i=1; i<20; i++)
    for(j=1; j<34; j++)
        if(3 * i+2 * j+(100-i-j) * 0.5==100)
            printf("%d %d %d",i,j, 100-i-j);
```

方法 3：进一步地通过题意，假设钢笔、圆珠笔和铅笔分别可以买 x、y、z 支，则可以建立如下方程组。

$$\begin{cases}x+y+z=100\\3x+2y+\frac{1}{2}z=100\end{cases}$$

解该方程组，可以得到 $x=\frac{100-3y}{5}$，$z=\frac{400-2y}{5}$。

因所买的笔必须为正整数，所以圆珠笔只能取 5 的倍数且支数小于或等于 30，因此可以写出如下算法。

```
for(j=5;j<=30;j+=5)
{   i=(100-3*j)/5;
    k=(400-2*j)/5;
    if(i+j+k==100 &&3*i+2*j+0.5*k==100)
        printf("%d %d %d",i,j, 100-i-j);
}
```

观察上述三个算法,方法1是三重循环,方法2是二重循环,而方法3只有一个单循环,其时间复杂度分别是$O(n^3)$、$O(n^2)$和$O(n)$,显然方法3的效率更高,但相对于方法2,方法3较难理解。由该例可以看到,对于同样的问题,算法的设计是何等重要。

通过上述分析,可以得到常见的时间复杂度及其关系如下。

$$O(1)<O(\log_2 n)<O(n)<O(n\log_2 n)<O(n^2)<O(n^3)<\cdots$$
$$<O(n^k)<O(2^n)<O(3^n)<O(n!)\cdots$$

其中,$O(1)$称为常数阶,$O(\log_2 n)$称为对数阶,$O(n)$称为线性阶,$O(n\log_2 n)$称为线性对数阶,$O(n^2)$称为平方阶,$O(n^3)$称为立方阶。在算法理论中,当$T(n)\leqslant O(n^d)$(d是任意一个正常数)时,称该算法的时间复杂度为多项式阶的时间复杂度,都是有效的算法。时间复杂度为$O(2^n)$、$O(n!)$等都称为指数阶的时间复杂度,在实际问题中,时间复杂度为指数阶的算法是不可行的,在n稍大一些时,算法的时间消耗就会很大,认为其不能在有限的时间内完成。

1.4.4 算法空间性能分析

空间复杂度(Space Complexity)或称为空间复杂性是指解决问题的算法在执行时所占用的存储空间,也是衡量算法有效性的一个指标,记作:

$$S(n)=O(g(n))$$

其中,n为问题的规模(或大小)。表示随着问题规模n的增大,算法运行所需存储量的增长率与函数$g(n)$的增长率相同。

算法的存储量包括三部分:程序本身所占的存储空间、输入数据所占的空间以及辅助变量所占的空间。再具体一些,也就是进行程序设计时,程序的存储空间、变量占用空间、系统堆栈的使用空间等。也正由此,空间复杂度的度量分为两部分:固定部分和可变部分。存储空间的固定部分包括程序指令代码的空间,常数、简单变量、定长成分(如数组元素、结构成分、对象的数据成员等)变量所占空间等。可变部分包括与实例特性有关的成分变量所占空间、引用变量所占空间、递归栈所占空间以及通过 malloc 等命令动态使用的空间等。

如果输入数据所占空间只取决于问题本身,和算法无关,则在讨论算法的空间复杂度时只需分析除输入和程序之外的辅助变量所占的额外空间即可。如果所需额外空间相对于输入数据量来说只是一个常数,则称此算法为"**原地工作**",此时的空间复杂度为$O(1)$;如果算法所需的存储量与特定的输入有关,同时间复杂度一样,也是按照最坏的情况进行考虑。

例 1.17 对数组进行逆序。

方法 1:

```
for(i=0;i<n;i++)
```

```
    b[i]=a[n-i-1];
for(i=0;i<n;i++)
    a[i]=b[i];
```

方法 2：

```
for(i=0;i<n/2;i++)
{ t=a[i]; a[i]=a[n-i-1]; a[n-i-1]=t; }
```

方法 1 需要另外一个数组 b 作为辅助数组，其空间复杂度为 $O(n)$；方法 2 仅需要一个变量 t，因此空间复杂度为 $O(1)$。

对于一个算法，其时间复杂度和空间复杂度往往是相互影响的，当追求一个较好的时间复杂度时，可能会使空间性能变差，即可能导致较多的存储空间；反之，当追求一个较好的空间复杂度时，可能会使时间性能较差，即可能导致占用较长的运行时间。另外，算法的所有性能之间都存在着或多或少的相互影响。因此，当设计一个算法（特别是大型算法）时，需要综合考虑算法的各项性能、算法的使用频率、算法处理的数据量的大小、算法描述语言的特性、算法运行的机器系统环境等诸多因素，通过权衡利弊才能够设计出理想的算法。

1.5　类 C 语言描述

本书采用类 C 语言描述抽象数据类型和算法。类 C 语言是由伪代码和 C 语言组合的一个描述工具，采用了 C 语言的核心部分，并为描述方便，进行了扩充。下面是类 C 语言的主要说明。

1. 数据结构的存储结构

数据结构的存储结构用类型定义（**typedef**）描述。数据元素类型的定义为 DataType，由用户在使用该数据类型时自行定义。例如：

```
typedef int DataType;
```

说明用 DataType 表示 **int** 类型。

2. 基本操作

算法中的基本操作用以下形式的函数描述。

```
函数类型 函数名(函数参数表)
{   //算法说明
    语句序列
}
```

函数的参数需要说明类型，算法中使用的辅助变量可以不用声明变量类型。

3. 赋值语句

(1) 简单赋值：

```
变量名=表达式;
```

(2) 串联赋值：

```
变量名 1=变量名 2= … =变量名 k=表达式;
```

(3) 成组赋值：

```
(变量名 1,变量名 2,…,变量名 k)=(表达式 1,表达式 2,…,表达式 k);
结构名=结构名;
结构名=(值 1,值 2,…,值 k);
变量名[ ]=表达式;
变量名[起始下标..终止下标]=变量名[起始下标..终止下标];
```

(4) 交换赋值：

```
变量名↔变量名;
```

(5) 条件赋值：

```
变量名=条件表达式?表达式 T:表达式 F;
```

4. 选择语句

(1) if 语句。

```
if(表达式)
    语句;
```

(2) if…else 语句。

```
if(表达式)
    语句;
else
    语句;
```

(3)switch 语句。

```
switch(表达式)
{   case 值 1:语句序列 1;break;
        …
    case 值 n:语句序列 n;break;
    default:语句序列 n+1;break;
}
```

5. 循环语句

(1) for 语句。

```
for(赋初值表达式;条件;修改表达式序列)
    语句;
```

(2) while 语句。

```
while(条件)
    语句;
```

（3）do…while 语句。

```
do{语句序列}
while(条件);
```

6. 结束语句

（1）函数结束语句：

```
return 表达式;
```

（2）case 结束语句：

```
break;
```

（3）异常结束语句：

```
exit(异常代码);
```

7. 输入和输出语句

输入和输出语句使用输入和输出函数。

（1）输入语句：

```
scanf("格式控制字符串",变量 1,变量 2,…,变量 n);
```

（2）输出语句：

```
printf("格式控制字符串",变量 1,变量 2,…,变量 n);
```

8. 注释

（1）多行注释：

```
/*注释内容*/
```

（2）单行注释：

```
//文字序列
```

9. 基本函数

max,min,abs,floor,ceil,eof,eoln。

10. 主要运算符

（1）&&：与运算符。

（2）||：或运算符。

（3）!：非运算符。

小　结

本章阐述了数据类型、数据结构和抽象数据类型的基本概念，以及这三个重要概念的内在联系。数据结构主要分为逻辑结构和存储结构，其中，逻辑结构分为 4 类：集合结构、线性结构、树结构和图结构；存储结构主要分为顺序存储结构和链式存储结构。本章介绍了算法的基本概念以及算法的时间复杂度和空间复杂度的分析方法。简要概述了类C语言的若干重要特性和采用类C语言描述算法的方法。

本章内容是后续各章设计算法和描述数据结构的基础和准备。通过后续章节的介绍，读者将逐步加强对数据结构的理解和算法分析设计能力，建立算法思维，为培养系统工程实践能力打好基础。

习　题

一、简答题

1. 简述数据、数据元素、数据类型、数据结构、逻辑结构、存储结构、算法。

2. 数据的逻辑结构分为哪几种?

3. 有实现同一功能的两个算法A1和A2，其中A1的时间复杂度为 $T_1=O(2^n)$，A2的时间复杂度为 $T_2=O(n^2)$，仅就时间复杂度而言，请具体分析这两个算法哪一个更好。

二、选择题

1. 顺序存储结构中数据元素之间的逻辑关系是由(　　)表示的，链式存储结构中数据元素之间的逻辑关系是由(　　)表示的。

A. 线性结构　　B. 非线性结构　　C. 存储位置　　D. 指针

2. 假设有如下遗产继承规则：丈夫和妻子可以相互继承遗产；子女可以继承父亲或母亲的遗产；子女间不能相互继承。则表示该遗产继承关系最合适的数据结构应该是(　　)。

A. 树　　B. 图　　C. 线性表　　D. 集合

3. 算法分析的目的是(　　)，算法分析的两个主要方面是(　　)。

A. 找出数据结构的合理性　　B. 研究算法中输入和输出的关系

C. 分析算法的效率以求改进　　D. 分析算法的易读性和文档性

E. 空间性能和时间性能　　F. 正确性和简明性

G. 可读性和文档性　　H. 数据复杂性和程序复杂性

三、填空题

1. ________是数据的基本单位，在计算机程序中通常作为一个整体进行考虑和处理。

2. ________是数据的最小单位，________是讨论数据结构时涉及的最小数据单位。

3. 从逻辑关系上讲，数据结构主要分为________、________、________和________。

4. 数据的存储结构主要有________和________两种基本方法，无论哪种存储结构，都要存储两方面的内容：________和________。

5. 算法具有5个特性，分别是________、________、________、________和________。

6. 算法的描述方法通常有________、________、________、________等，其中，________被称为算法语言。

7. 在一般情况下，一个算法的时间复杂度是________的函数。

8. 设待处理问题的规模为 n，若一个算法的时间复杂度为一个常数，则表示成数量级的形式为________，若为 $n\times\log_2 5n$，则表示成数量级的形式为________。

9. 分析下面的算法(程序段),给出最大语句频度________,该算法的时间复杂度是________。

```
for (i=0;i<n;i++)
    for (j=0;j<n; j++)
        A[i][j]=0;
```

10. 分析下面的算法(程序段),给出最大语句频度________,该算法的时间复杂度是________。

```
for (i=0;i<n;i++)
    for (j=0; j<i; j++)
        A[i][j]=0;
```

11. 分析下面的算法(程序段),给出最大语句频度________,该算法的时间复杂度是________。

```
s=0;
for (i=0;i<n;i++)
    for (j=0;j<n;j++)
        for (k=0;k<n;k++)
            s=s+B[i][j][k];
sum=s;
```

12. 分析下面的算法(程序段),给出最大语句频度________,该算法的时间复杂度是________。

```
i=s=0;
while (s<n)
{   i++;
    s+=i;
}
```

13. 分析下面的算法(程序段),给出最大语句频度________,该算法的时间复杂度是________。

```
i=1;
while (i<=n)
    i=i * 2;
```

四、算法设计题

1. 已知 x、y、z 三个不相等的整数,设计一个算法,使得这三个数按从大到小排列,并考虑所用算法的比较次数和元素移动次数尽可能少。

2. 编写在存有 10 个整数的数组中找出最小值和最大值的算法。

3. 在数组 $A[1..n]$中查找值为 k 的元素,若找到则输出其位置 $i(1\leqslant i\leqslant n)$,否则输出 0 作为标志,设计求解此问题的类 C 语言算法,并分析其最坏情况下的时间复杂度。

五、应用题

1. 分析下列程序段的时间复杂度。

```
…
i=1;
while(i<=n)
    i=i*2;
…
```

2. 将数量级 2^{10}, n, n^2, n^3, $n\log_2 n$, $\log_2 n$, $2n$, $\sqrt{n}$, $n!$, $(2/3)^n$, $n^{2/3}$ 按增长率(时间复杂度从低到高)进行排列。

3. 设有如图 1.6 所示的逻辑结构图,给出它的逻辑结构(即数据元素的集合 D 和数据元素之间关系的集合 R),并说出它是什么类型的逻辑结构。

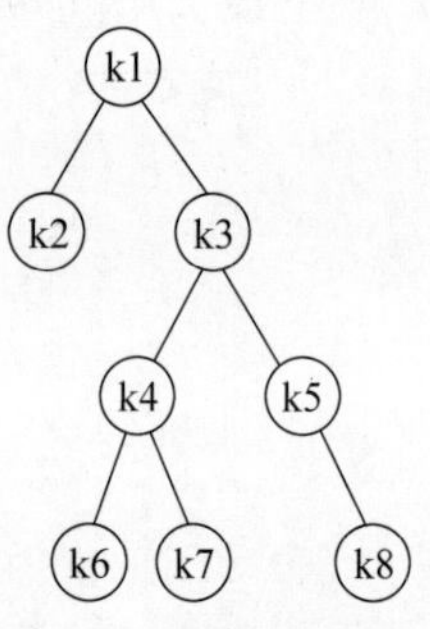

图 1.6 逻辑结构图

实 验 题

实验题目 1: 辗转相除法求最大公约数

一、任务描述

采用辗转相除法求最大公约数。

二、编程要求

1. 具体要求

输入说明:输入两个非负整数 m 和 n。

输出说明:输出这两个数的最大公约数。

2. 测试数据

(1) 测试输入 1:　　　　预期输出 1:

```
10 20
```

```
10
```

(2) 测试输入 2:　　　　预期输出 2:

```
28 21
```

```
7
```

实验题目 2：定义学生类型结构体数组，并输出信息

一、任务描述

定义一个学生结构体包含学号、姓名等成员，定义初始化含有 5 个学生结构体类型的数组变量，能通过输入学号查询到学生的相关信息并输出。

二、编程要求

1. 具体要求

输入说明：输入学生的学号 no(整数)。

输出说明：输出学号为 no 的学生的相关信息，包括学号、姓名、性别、班级。

2. 测试数据

测试输入：	预期输出：
1	学号:1 姓名:张三 性别:男 班级:9901

第2章 线性表

CHAPTER

线性结构是最简单、最常用的数据结构，其数据元素之间的逻辑关系是线性关系。特点是在非空线性结构的有限集合中，存在唯一一个被称为“第一个”的数据元素；存在唯一一个被称为“最后一个”的数据元素；除“第一个”数据元素无前驱外，每个数据元素均有且只有一个“直接”前驱；除“最后一个”数据元素无后继外，每个数据元素均有且只有一个“直接”后继。为简单起见，讨论中经常省略“直接”，就称为前驱和后继。线性表、栈、队列、字符串、数组都是线性结构，而线性表是最基本、最常用的线性结构。

本章主要讨论线性表的逻辑结构定义、线性表的存储结构及其运算的实现、线性表的应用。

2.1 线性表的类型定义

电子课件

2.1.1 线性表的定义

在日常生活和计算机使用中，线性表的例子有很多。例如，某高校某专业2016—2023年的招生人数，可以用线性表表示如下。

(121,124,122,118,120,125,127,126)

又如，一个班级学生一个学期的成绩如表2.1所示。该线性表中数据元素是一个学生成绩，也可以看成一条记录，由姓名、学号、数据结构、操作系统、高等数学、英语数据项组成。

表2.1 学生成绩单

姓名	学号	数据结构	操作系统	高等数学	英语
杜东英	202325005	90	87	95	92
杨来辉	202325012	84	95	86	88
李明	202325025	79	84	90	90
张世华	202325030	92	93	84	95
…	…	…	…	…	…

线性表(LinearList)是一种线性结构。它是最简单、最基本,也是最常用的一种线性结构。简单地说,一个线性表是 n 个元素的有限序列,数据元素可以是各种类型,但同一个线性表中所有元素的数据类型必须相同。

在较为复杂的线性表中,一个数据元素可以由若干**数据项**组成。这种线性表中的元素也常称为**记录**。如表 2.1 中的每一行数据元素也可以称为记录,其每一列为一个数据项,每个数据元素(记录)都有相同的数据项,各个数据项具有自己的数据类型。通过以上例子,定义线性表如下。

线性表是具有相同数据类型的 $n(n\geqslant 0)$ 个数据元素的有限序列,通常记为

$$(a_1, a_2, \cdots, a_{i-1}, a_i, a_{i+1}, \cdots, a_n)$$

表中相邻元素之间存在着顺序关系,a_{i-1} 领先于 a_i,a_i 领先于 a_{i+1},称 a_{i-1} 是 a_i 的前驱,a_{i+1} 称为 a_i 的后继。也就是说,对于元素 a_i,当 $i=2,3,\cdots,n$ 时,有且仅有一个前驱 a_{i-1},当 $i=1,2,\cdots,n-1$ 时,有且仅有一个后继 a_{i+1},而 a_1 是表中第一个元素,它没有前驱,a_n 是表中最后一个元素,它没有后继。

线性表中元素的个数 $n(n\geqslant 0)$ 称为线性表的**长度**,$n=0$ 时称为空表。在非空线性表中每个元素有一个确定位置,设 $a_i(1\leqslant i\leqslant n)$ 表示线性表中的第 i 个元素,则称 i 为数据元素 a_i 在线性表中的**位序**。

2.1.2 线性表的抽象数据类型

线性表的基本操作作为逻辑结构的一部分定义在抽象数据类型中。每一个操作的具体实现只有在确定了线性表的存储结构之后才能完成。

线性表的抽象数据类型定义如下。

```
ADT List{
数据对象:D={a_i|a_i∈DataSet,i=1,2,…,n,n≥0}
数据关系:R={<a_{i-1},a_i>|a_{i-1},a_i∈D,i=2,3,…,n}
基本操作:
    ListInit(L):构造一个空的线性表 L                          //线性表初始化
    ListClear(L):将 L 置为一个空的线性表                       //清空线性表
    ListLength(L):返回线性表中所含元素的个数                    //求线性表的长度
    ListEmpty(L):判断线性表是否为空表,若 L 为空返回真,否则返回假
                                                            //判空线性表
    ListPrint(L):若线性表非空,按顺序依次输出元素                //遍历线性表
    ListGet(L,i,x):返回线性表 L 中的第 i 个元素的值,用 x 返回    //读取表中元素
    ListLocate(L,x):查找成功时返回 L 中第一个与 x 的值相同的元素的位置,否则返回 0
                                                            //按值查找
    ListInsert(L,i,x):在线性表 L 的第 i(1≤i≤ListLength(L)+1)个元素前插入一个新
        元素 x                                              //插入元素
    ListDelete(L,i,x):删除线性表 L 的第 i(1≤i≤ListLength(L))个元素,并用 x 返回
                                                            //删除元素
}ADT List
```

以上线性表的抽象数据类型中定义的运算,是一些常用的基本运算。可以根据实际需要减少一些运算,也可以定义一些更复杂的运算。例如,将两个或多个线性表合并成一

个线性表；将一个线性表拆分成两个或两个以上的线性表；复制线性表；求线性表中元素的前驱和后继结点，等等。

2.2　线性表的顺序存储结构及实现

2.2.1　线性表的顺序表示

线性表在计算机内部可以用几种方法表示，最简单和最常用的方式是用顺序存储方式表示，即在内存中用地址连续的有限的一块存储空间顺序存放线性表的各个元素，用这种存储形式存储的线性表称为**顺序表**，例如，**线性表**$(a_1, a_2, \cdots, a_i, \cdots, a_n)$的顺序存储方式如图 2.1 所示。

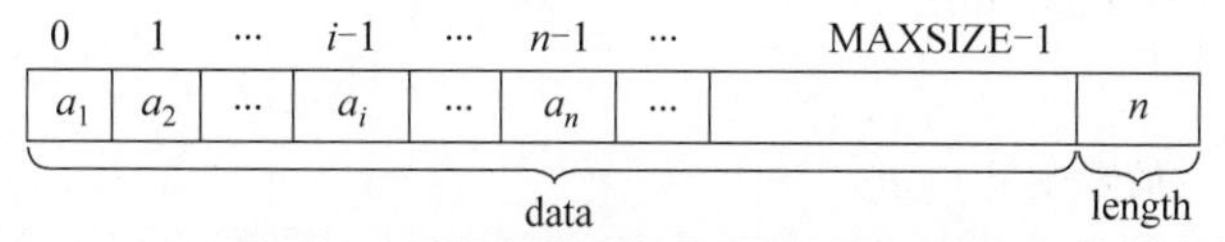

图 2.1　线性表的顺序存储结构示意图

因为内存中的地址空间是线性的，因此，用物理上的相邻实现数据元素之间的逻辑相邻关系是既简单又自然的。如图 2.2 所示，线性表的每个元素占 L 个存储单元，若知道第一个元素的地址（称为**基地址**），设为 $\mathrm{Loc}(a_1)$，则第 i 个数据元素的地址为

$$\mathrm{Loc}(a_i)=\mathrm{Loc}(a_1)+(i-1)\times L \quad 1\leqslant i\leqslant n$$

图 2.2　顺序存储的地址空间表示

对于求任一个元素的地址，所需时间是相同的，因此顺序表具有按数据元素的序号随机存取的特点，在 C 语言中可用一维数组来表示。

顺序存储结构的线性表的类型定义如下。

```
#define  MAXSIZE  100                            //顺序表的最大容量
typedef struct
{   DataType data[MAXSIZE];                      //存放线性表的数组
    int length;                                  //length 是线性表的长度
}SeqList;
```

在上述表示中，线性表的顺序存储结构是一个结构体，其中，数据域 data 是线性表中元素占用的数组空间。由于 C 语言中数组下标从 0 开始，假定线性表有 n 个元素，第 $i(1\leqslant i\leqslant n)$个元素在数组中的下标是 $i-1$。由于结构体是静态结构，要预先定义 MAXSIZE 为线性表可能达到的最大长度，而 length 是线性表所具有的实际元素个数。

2.2.2 顺序表上基本运算的实现

在线性表的抽象数据类型中,定义了线性表的一些基本运算。下面讨论这些基本运算在顺序存储结构下是如何实现的。

由于顺序存储具有随机存取的特点,设 L 是如上定义的线性表,"求线性表中元素个数"(L.length)的操作是非常简单的,算法的时间复杂度是 $O(1)$。下面讨论其他操作的实现。

1. 初始化顺序表

顺序表的初始化即构造一个空的顺序表。置 length 域为 0,即表中没有数据元素。算法中的参数 L 为指针类型形参。顺序表初始化算法如下。

[**算法 2.1**] 线性表初始化

源代码

```
void ListInit(SeqList * L)
{   //构造一个空的顺序表 L
    L->length=0;                                  //顺序表的长度为零
}
```

算法的时间复杂度是 $O(1)$。

2. 清空线性表

顺序表是静态存储结构,在顺序表中变量退出作用域将自动释放变量存储单元,无须销毁。

3. 求线性表的长度

若线性表 L 存在,返回线性表长度。算法如下。

[**算法 2.2**] 求线性表的长度

```
int ListLength(SeqList L)
{   //返回顺序表 L 中的元素
    return L.length;
}
```

算法的时间复杂度是 $O(1)$。

4. 判空线性表

若线性表 L 存在,判断线性表是否为空表。算法如下。

[**算法 2.3**] 判断顺序表是否为空

```
bool ListEmpty(SeqList L)
{   //判断顺序表 L 是否为空,返回布尔值
    if L.length==0
        return true;
    else
        return false;
}
```

算法的时间复杂度是 $O(1)$。

5. 遍历线性表

在顺序表中遍历操作即按下标依次输出线性表中的各元素。算法如下。

［**算法 2.4**］　顺序表的遍历

```
void ListPrint(SeqList L)
{   //输出顺序表 L 中的元素
    for(i=0; i<L.length; i++)                    //依次输出元素
        printf("%d",L.data[i]);
}
```

输出元素需要遍历整个顺序表，所以算法的时间复杂度为 $O(n)$。

6. 读取表中元素

读取元素的值是信息系统中操作频率很高的基本运算，该运算返回线性表 L 中的第 $i(1\leqslant i\leqslant \mathrm{L.length})$ 个元素的值。算法如下。

［**算法 2.5**］　读取顺序表中元素

```
bool ListGet(SeqList L,int i,DataType * x)
{   //读取顺序表 L 中的某个元素
    if (i<1||i>L.length)
        return false;                            //若顺序表为空或位置错返回空值
    else
    {   * x=L.data[i-1];
        return true;
    }
}
```

7. 按值查找

元素（设值是 x）定位就是在线性表中查找与 x 相等的数据元素，从第一个元素 a_1 起依次和 x 进行比较，直到找到一个与 x 相等的数据元素，返回它在顺序表中的位序；若查遍整个表都没有找到与 x 相等的元素，则返回 0。算法如下。

［**算法 2.6**］　顺序表按值查找

```
int ListLocate(SeqList L, DataType x)
{   //在顺序表 L 中查找值为 x 的元素。
    i=1;
    while(i<=L.length && L.data[i-1]!=x)       //遍历顺序表查找元素 x
        i++;
    if(i<=L.length)
        return i;                                //返回数据元素的位序
    else
        return 0;                                //查找失败
}
```

顺序表的顺序查找算法的主要操作是比较数据元素。在查找成功的情形下，最好情况是：要找的元素是第 1 个元素，比较次数是 1 次。最坏情形是：要找的元素是第 n 个元素，比较次数为 n 次。设查找表中查找第 i 个元素的概率为 p_i，找到第 i 个元素所需的数据比较次数为 c_i，则查找的平均期望值为 $\sum_{i=1}^{n} p_i c_i$。在等概率的情形下，即在各个位置上查找成功的概率相同，则查找成功的平均期望值为 $(1+n)/2$。所以按值查找算法的时间复杂度为 $O(n)$。

8. 插入运算

设线性表

$$L=(a_1,a_2,\cdots,a_{i-1},a_i,a_{i+1},\cdots,a_n)$$

线性表的插入是指在表的第 i 个位置上插入一个值为 x 的新元素，使 L 变为

$$(a_1,a_2,\cdots,a_{i-1},x,a_i,a_{i+1},\cdots,a_n)$$

如图 2.3 所示，x 的插入使得 a_{i-1} 和 a_i 的逻辑关系发生了变化，并且 L 的表长由 n 变为 $n+1$。i 的取值范围为 $1\leqslant i\leqslant n+1$。当 $i=n+1$ 时，只需在 a_n 的后面插入 x 即可，当 $1\leqslant i\leqslant n$ 时，需要将 $a_n \sim a_i$ 顺序向后移动，为新元素让出位置，将 x 置入空出的第 i 个位置，并需要修改表的长度。如图 2.4 所示是顺序表(20,71,11,53,18,36)在第 4 个元素 53 之前插入元素 40 的操作过程。

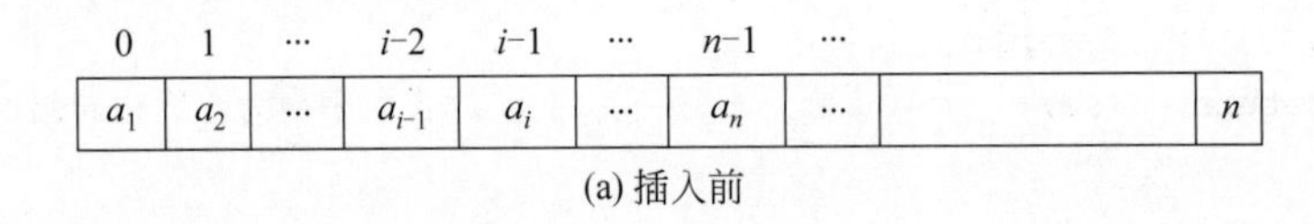

(a) 插入前

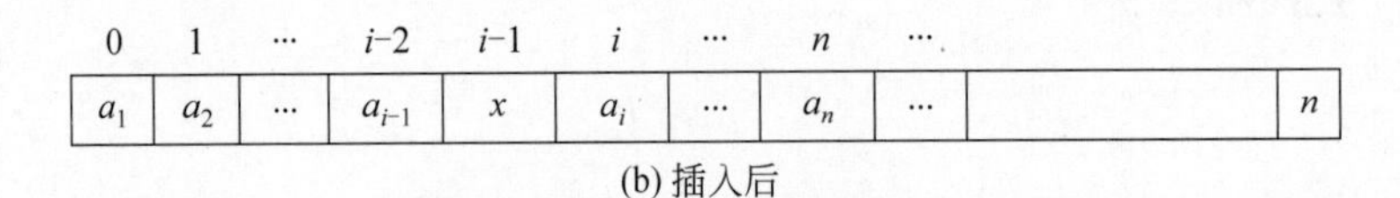

(b) 插入后

图 2.3 顺序表中元素的插入

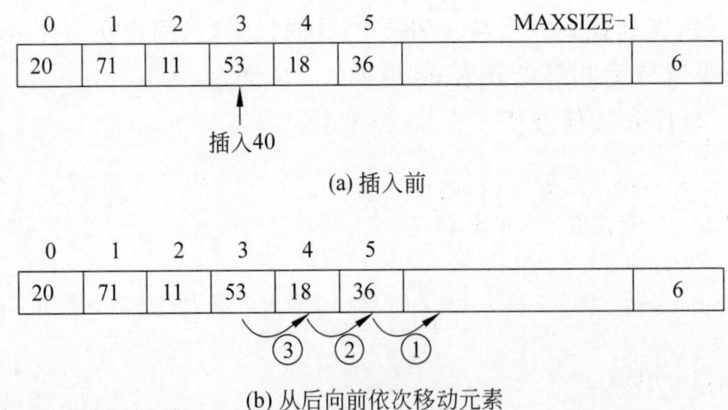

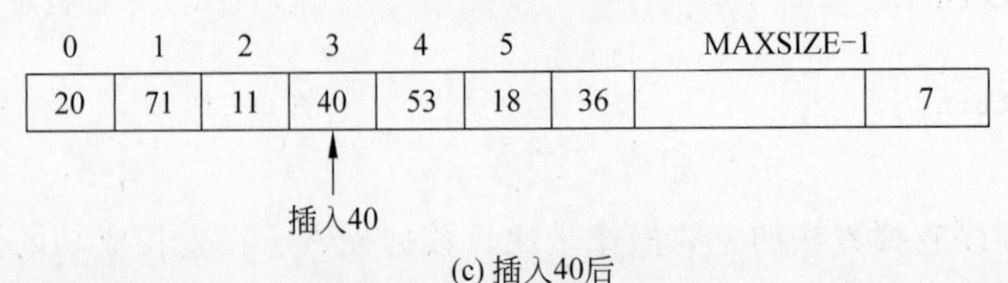

(c) 插入40后

图 2.4 顺序表插入元素示例

顺序表插入元素算法如下。

［**算法 2.7**］　顺序表插入元素

```
bool ListInsert(SeqList *L,int i,DataType x)
{//在顺序表中的第 i 个位置插入元素 x
    if(i<1 || i>L->length+1 || L->length>=MAXSIZE)
                                            //检查表满和插入位置的合法性
        return false;
    for(j=L->length-1;j>=i-1;j--)
        L->data[j+1]=L->data[j];            //第 i 个位置后的数组元素逐一后移
    L->data[i-1]=x;                         //新元素插入第 i 个位置
    L->length++;                            //顺序表长度增 1
    return true;
}
```

本算法中要注意以下两个问题。

(1) 在向顺序表中做插入时，在表满的情况下不能再做插入，否则会产生溢出错误。

(2) 要检验插入位置的有效性，这里 i 的有效范围是 $1 \leqslant i \leqslant n+1$，其中，$n$ 为原表长。

顺序表上的插入运算的基本操作是移动数据。在第 i 个位置上插入 x，从 a_n 到 a_i 都要向后移动一个位置，需要移动 $n-i+1$ 个元素，而 i 的取值范围为 $1 \leqslant i \leqslant n+1$，即有 $n+1$ 个位置可以插入。设在第 i 个位置上做插入操作的概率为 p_i，则平均移动数据元素的次数(期望值)为

$$E_{\text{in}} = \sum_{i=1}^{n+1} p_i \times (n-i+1)$$

设 $p_i = 1/(n+1)$，即为等概率情况，则：

$$E_{\text{in}} = \sum_{i=1}^{n+1} p_i \times (n-i+1) = \frac{1}{n+1} \sum_{i=1}^{n+1} (n-i+1) = \frac{n}{2}$$

所以在顺序表上做插入操作约需移动表中一半的数据元素。设线性表的长度为 n，则算法的时间复杂度为 $O(n)$。

9. 删除运算

仍设线性表

$$L = (a_1, a_2, \cdots, a_{i-1}, a_i, a_{i+1}, \cdots, a_n)$$

线性表的删除运算是指将表中第 i 个元素从线性表中去掉，将 L 变为 $(a_1, a_2, \cdots, a_{i-1}, a_{i+1}, \cdots, a_n)$，如图 2.5 所示。$a_i$ 的删除使得 a_{i-1}、a_i 和 a_{i+1} 的逻辑关系发生了变化，并且 L 的表长由 n 变为 $n-1$。i 的取值范围为 $1 \leqslant i \leqslant n$。当 $i<n$ 时，删除元素 a_i 需要将 $a_{i+1} \sim a_n$ 顺序向前移动并修改表长 L－＞length。

顺序表删除元素算法如下。

［**算法 2.8**］　顺序表删除元素

```
bool ListDelete(SeqList *L,int i, DataType *x)
{   //删除顺序表中的第 i 个元素
    if(i<1||i>L->length)                    //检查空表及删除位置的合法性
        return false;
```

```
    *x=L->data[i-1];                        //取得被删除元素值
    for(j=i;j<=L->length-1;j++)             //依次向前移动元素
        L->data[j-1]=L->data[j];
    L->length--;                            //顺序表长度减 1
    return true;
}
```

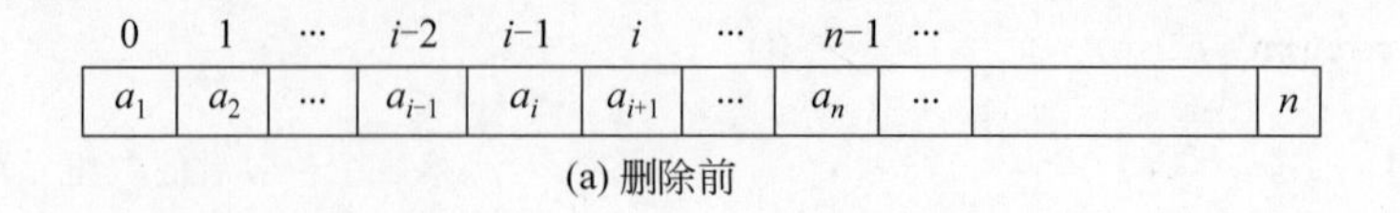

(a) 删除前

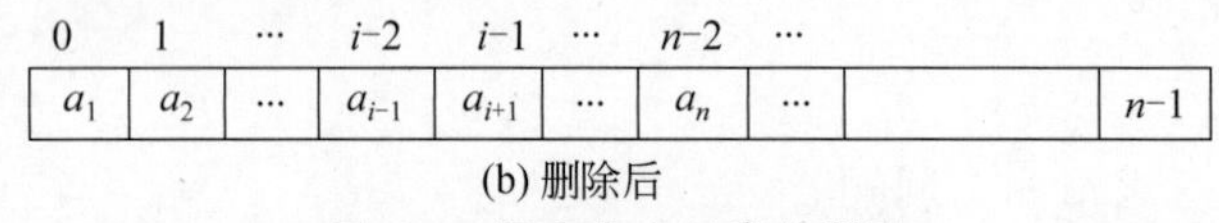

(b) 删除后

图 2.5 顺序表中元素的删除

本算法注意以下几个问题。

(1) 要检查删除位置的有效性。删除第 i 个元素，i 的取值范围为 $1 \leqslant i \leqslant n$。

(2) 表空时不能做删除，因表空时 L->length 的值为 0，所以判别条件 if($i<1$||$i>$ L->length)也包括对表空的检查。

(3) 删除 a_i 之后，该数据已不存在，需要先取出 a_i，再做删除。

下面分析删除算法的时间复杂度。删除算法的主要操作仍是移动数据元素。删除第 i 个元素时，其后面的元素 $a_{i+1} \sim a_n$ 都要向前移动一个位置，共移动了 $n-i$ 个元素，所以平均移动数据元素的次数(期望值)为

$$E_{\mathrm{de}} = \sum_{i=1}^{n} q_i \times (n-i)$$

在等概率情况下，$q_i = 1/n$，则：

$$E_{\mathrm{de}} = \sum_{i=1}^{n} q_i \times (n-i) = \frac{1}{n}\sum_{i=1}^{n}(n-i) = \frac{n-1}{2}$$

所以顺序表上的删除运算约需要移动表中一半的元素，设线性表的长度为 n，则算法的时间复杂度为 $O(n)$。

从顺序表的基本操作来看，线性表顺序存储的优点如下。

(1) 无须为数据元素间的逻辑关系增加额外的存储空间。

(2) 顺序表具有按元素序号随机访问的特点，在顺序表中按序号访问数据元素的时间复杂度为 $O(1)$。

缺点如下。

(1) 在顺序表中做插入删除操作时，平均移动大约表中一半的元素，因此 n 较大时顺序表的插入和删除效率低。

(2) 顺序表是静态存储方式，不能动态增加或减少存储空间，可能会有空间浪费或空间不够用的结果。

2.2.3　顺序表的算法举例

2.2.2 节介绍了顺序表的基本运算，本节在此基础上介绍顺序表的算法举例。

例 2.1　对两个非递减有序的顺序表 La 和 Lb 合并得到顺序表 Lc，要求 Lc 也非递减有序。

解答：将两个非递减有序的顺序表合并成一个非递减有序的顺序表是一个常见的算法问题。假设有两个非递减有序的顺序表 La 和 Lb，长度分别为 m 和 n，要将它们合并成一个非递减有序的顺序表 Lc，长度为 $m+n$。需要从 La 和 Lb 的第一个元素开始遍历，将较小的元素添加到 Lc 中。需要设三个指针 i、j、k 分别指向 La、Lb 和 Lc 的当前元素，若 La.data[i]>Lb.data[j]，则将 Lb.data[j]放入 Lc->data[k]中，否则将 La.data[i]放入 Lc->data[k]中，继续这个过程直到 La 或 Lb 中的一个先结束，最后将未结束的顺序表的所有元素都复制到 Lc 中。算法如下。

[**算法 2.9**]　非递减有序顺序表的合并

源代码

```
void SeqListMerge(SeqList La, SeqList Lb, SeqList * Lc)
{   //将非递减有序的顺序表 La 和 Lb 合并成一个新的顺序表 Lc,Lc 也非递减有序
    m=La.length; n=Lb.length; Lc->length=m+n;
    i=j=k=0;                                    //初始化
    while(i<m && j<n)                           //La 和 Lb 均非空
         if(La->data[i]<=Lb.data[j])
            Lc->data[k++]=La.data[i++];  //La 中元素插入 Lc
        else
            Lc->data[k++]=Lb.data[j++];  //Lb 中元素插入 Lc
    while(i<m)                                  //Lb 已空,将 La 表的剩余部分复制到新表
        Lc->data[k++]=Lc.data[i++];
    while(j<n)                                  //La 已空,将 Lb 表的剩余部分复制到新表
        Lc->data[k++]=Lb.data[j++];
}
```

由于 La、Lb 本身就是有序表，插入时不需要移动元素，算法需要遍历 La 和 Lb，因此算法的时间复杂度为 $O(m+n)$。

2.3　线性表的链式存储结构及实现

电子课件

为了避免线性表顺序存储的缺点，可以用链式结构存储方式存储线性表。通常将链式结构存储的线性表称为**线性链表**，简称为**链表**。从实现角度看，链表可以分为动态链表和静态链表；从链接方式看，链表可以分为单链表、循环链表和双链表。

2.3.1　单链表的表示

链表中的数据元素用任意的存储单元来存储，逻辑相邻的两个元素的存储空间可以是连续的，也可以是不连续的。为表示元素间的逻辑关系，对表的每个数据元素除存储本身的信息之外，还需存储指示其后继的信息。这两部分信息组成数据元素的存储映像，称

为**结点**。

单链表是链式结构当中最简单的一种。表中每个元素结点包括两部分：数据域和后继结点的地址域。对每个数据元素 a_i，除了存放数据元素自身的信息 a_i 之外，还需要存放其后继 a_{i+1} 所在的存储单元的地址，这两部分信息组成一个结点。单链表可以在数组中实现，也可以在动态内存中实现。在数组中实现时，链表通常以一个连续的块开始，每个块包含多个结点，并且每个结点都有一个指向下一个结点的指针，这种存储方式为静态链表。在动态内存中实现时，每个结点都可以动态分配内存，并且每个结点都有一个指向下一个结点的指针。本节介绍的单链表都是动态存储方式，结点的结构如图 2.6 所示。存放数据元素信息的域称为**数据域**，存放其后继地址的域称为**指针域**。因此 n 个元素的线性表通过每个结点的指针域拉成了一个"链子"，故称为**链表**。因为每个结点中只有一个指向后继的指针，所以称其为**单链表**。

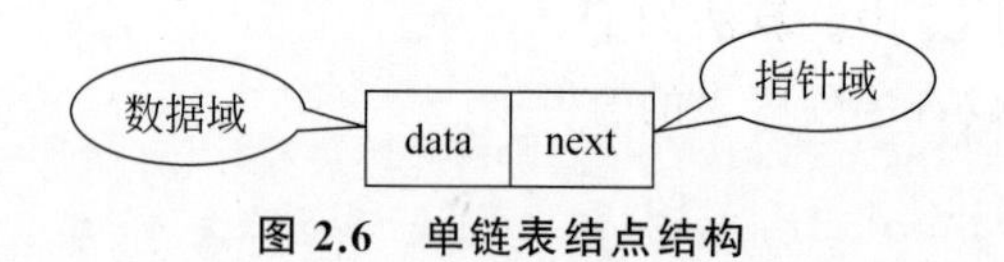

图 2.6　单链表结点结构

图 2.7 是线性表(a_1,a_2,a_3,a_4,a_5)对应的链式存储结构示意图。指针变量 L 存放的是第一个结点的地址 1230，标志着线性链表的开始；最后一个结点没有后继，其指针域必须置空，表明该链表到此结束。

对链表的任何操作都必须从第一个结点开始，从第一个结点中的地址域找到第二个结点，从第二个结点中的地址域找到第三个结点，直到最后一个结点，其地址域为空，就是链表尾。由此看出，链表失去了顺序存储结构的随机存取特点，在查找等算法中要比顺序存储结构慢，但随着后面的介绍会发现，链表的插入、删除要比顺序表方便得多。

链表的类型定义如下。

```
typedef struct LNode
{   DataType data;
    struct LNode * next;
}LNode, * LinkedList;
```

类型定义中的 LNode 是结点的类型，LinkedList 是指向 LNode 类型结点的指针类型。可以用 LinkedList 类型定义指针变量，如 LinkedList L，也可以用 LNode * 定义指针变量，如 LNode * p。

正如上面所说，对链表的任何操作都必须从第一个结点开始，第一个结点的地址存放在一个指针变量中，这个指针变量指向第一个结点，也就是链表最前面的结点，因此这个指针变量常称为**头指针**。"头指针"具有标识一个链表的作用，所以经常用头指针代表链表的名字，如链表 L 既指链表的名字是 L，也指链表的第一个结点的地址存储在指针变量 L 中，头指针为"NULL"则表示一个空表。图 2.7 表示了单链表的内存存储方式。图 2.8 是单链表的

地址	data	next
1110	a_2	1200
...		...
1200	a_3	1210
1210	a_4	1260
...		...
1230	a_1	1110
...		...
1260	a_5	NULL

L 1230

图 2.7　链式存储结构

示意图。

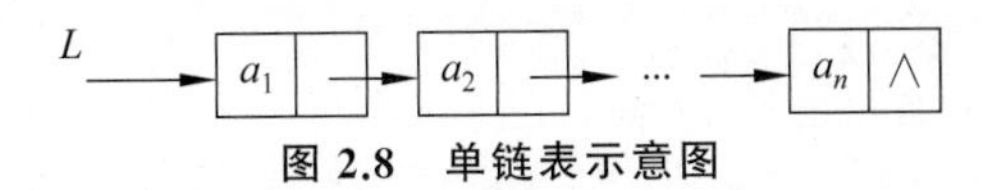

图 2.8　单链表示意图

有时为了运算的方便,在整个线性链表的第一个结点之前加入一个结点,称为**头结点**,它的数据域可以不存储任何信息(也可以作监视哨或存放线性表的长度等附加信息),它的指针域中存放的是第一个数据结点的地址,空表时为空。"头结点"的加入使得"第一个结点"的问题不再存在,也使得"空表"和"非空表"的处理一致。

图 2.9(a)和图 2.9(b)分别是带头结点的空单链表和非空单链表的示意图。

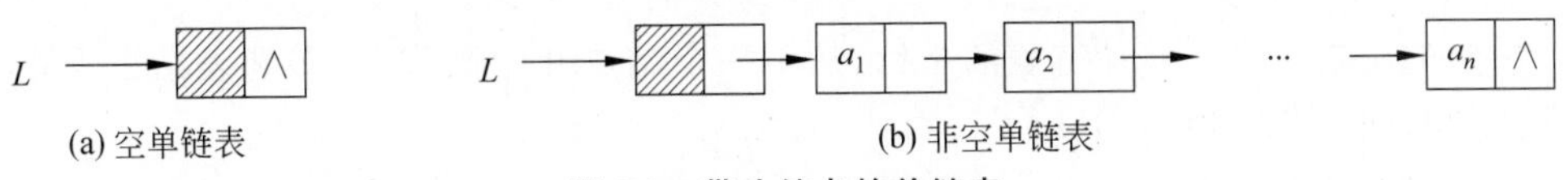

图 2.9　带头结点的单链表

采用动态存储表示时,链表结点的存储空间不是预先分配的,是在运行中根据需要申请的。那么怎样在运行中申请结点空间呢？这是利用 C 语言的内存分配函数 **malloc()** 完成的。例如,语句 p=(LNode *)**malloc**(**sizeof**(LNode));完成了两个操作：首先是申请一块 LNode 类型的存储单元,其次是将这块存储单元的首地址赋值给变量 p(若系统没有足够内存可用,p 得到空值 NULL),如图 2.10 所示。当用 malloc()分配内存空间时,需要判别是否分配成功。为简单起见,在以后的例子中,均认为分配成功,不再判别有无空间。p 的类型为 LinkedList 型,所以该结点的数据域为(*p).data 或 p->data,指针域为(*p).next 或 p→next。

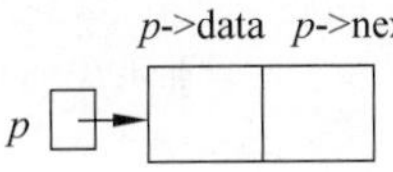

p->data　p->next

p

图 2.10　申请一个结点

在应用中删除结点,要使用 C 语言的回收内存函数。例如,free(p)表示释放 p 结点。

2.3.2　单链表操作的实现

在数据结构中,链表的使用和运算是非常重要的。与顺序表的基本运算类似,下面讨论线性表的每个基本运算在单链表中是如何实现的。

1. 单链表的初始化

单链表初始化就是建立一个带头结点的空单链表,算法如下。

[**算法 2.10**]　单链表的初始化

源代码

```
void ListInit(LinkedList * L)
{   //建立一个空的单链表
    * L= (LNode * )malloc(sizeof(LNode));  //申请空间
    ( * L) - >next=NULL;                    //置指针域为空指针标识链表结束
}
```

2. 清空单链表

从链表的第一个结点起,直到表尾,依次释放结点。算法如下。

［**算法 2.11**］ 清空单链表

```
void ListClear(LinkedList L)
{   //清空单链表,并释放结点所占空间
    p=L->next;                              //p指向第一个结点
    while(p!=NULL)
    {   q=p->next;                          //记住后继结点
        free(p);                            //释放p结点
        p=q;                                //移至待处理结点
    }
    L->next=NULL;                           //置表尾为空
}
```

算法的主要操作是移动链表的指针,从第一个结点开始操作,至多到表结束为止,所以算法的时间复杂度均为$O(n)$。

3. 求线性表的长度

表长就是单链表中结点的个数。从第一个结点开始,一个结点一个结点地计数,直至链表尾。为此,设一个移动工作指针p和计数器j,初始时p指向第一个结点,每移向下一结点,计数器加1,直至链表尾。算法如下。

［**算法 2.12**］ 求单链表的长度

```
int  ListLength(LinkedList L)
{   //求带头结点的单链表的长度
    p=L->next;                              //p指向第一个元素结点
    j=0;                                    //计数器初始化
    while(p)
    {   j++;
        p=p->next;                          //计数器加1,指针后移
    }
    return  j;
}
```

求单链表的长度的主要操作是移动指针,将指针从第一个元素移到链表尾。所以,求表长算法的时间复杂度为$O(n)$。

4. 判空线性表

该算法非常简单,只要判断头结点的指针域是否为空即可。算法如下。

［**算法 2.13**］ 判断单链表是否为空

```
bool ListEmpty(LinkedList L)
{   //判断单链表L是否为空
    if(L->next==NULL)
        return true;
    else
        return false;
}
```

算法的时间复杂度是$O(1)$。

5. 遍历线性表

该运算需要通过工作指针遍历整个单链表。算法如下。

[**算法 2.14**]　单链表的遍历

```
void ListPrint(LinkedList L)
{   //遍历单链表
    p=L->next;
    while(p!=NULL)
    {   printf("%d",p->data);              //输出结点的值
        p=p->next;                         //后移工作指针 p
    }
}
```

6. 读取表中元素

取第 i 个元素就是查找链表的第 i 个元素。从链表的第一个结点起,判断当前结点是否是第 i 个,若是则返回该结点的指针,否则继续后一个,直到表结束为止。没有第 i 个结点时返回空指针。算法如下。

[**算法 2.15**]　读取单链表中元素

```
bool  ListGet(LinkedList L,int i,DataType * x)
{   //在单链表 L 中读取第 i 个元素结点
    if (i<1)
        return false;
    p=L->next;                             //p 指向第一元素结点
    j=1;                                   //计数器初始化
    while (p!=NULL && j<i)                 //后移指针
    {   p=p->next;
        j++;
    }
    if (p!=NULL)
    {   * x=p->data;                       //查找成功
        return true;
    }
    else
        return false;                      //查找失败
}
```

7. 查找表中元素

从链表的第一个结点起,判断当前结点的值是否等于给定值 x,若是,返回该结点在线性表中的位序,否则继续查找,直到表结束为止。找不到时返回 0。算法如下。

[**算法 2.16**]　单链表上查找元素

```
int ListLocate(LinkedList L, DataType x)
{   //在单链表 L 中查找值为 x 的结点
    p=L->next;                             //p 指向第一个结点
    j=1;                                   //计数器初始化
    while(p!=NULL && p->data!=x)
    {   p=p->next;
```

```
        j++;
    }
    if(p!=NULL)
        return j;                              //查找成功,返回元素的位序
    else
        return 0;                              //查找失败,返回空值 0
}
```

8. 插入元素

要在链表中的第 i 个结点之前插入一个结点 $*s$,插入示意图如图 2.11 所示。首先要找到第 $i-1$ 个结点,假设其指针为 p,然后改变指针之间的逻辑关系,先使 s 指向指针 p 的后继结点即第 i 个结点(见图中标号为①的指针指向),然后将 s 的值存入结点 $*p$ 的 next 域中(见图中标号为②的指针指向)。算法如下。

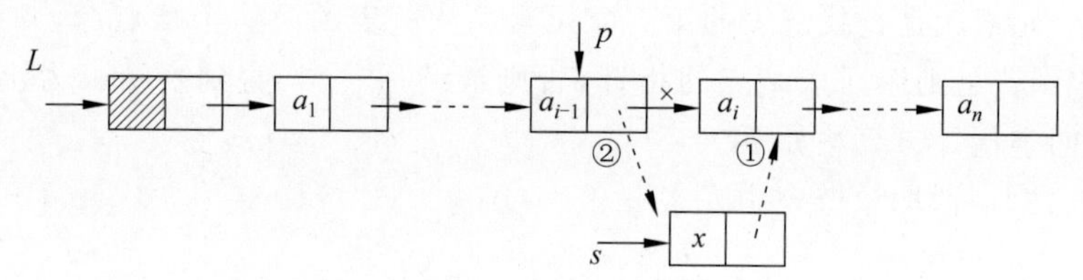

图 2.11 在第 i 个结点之前插入 $*s$

[**算法 2.17**] 单链表上插入元素

```
bool ListInsert(LinkedList L,int i,DataType x)
{   //在第 i 个结点之前插入元素为 x 的结点
    p=L ;
    count=0;                                 //计数器初始化为 0
    while (p!=NULL && count<i-1)             //查找第 i-1 个结点
    {   p=p->next;
        count++;
    }
    if (p==NULL)
        return false;
    else
    {   s=(LNode *)malloc(sizeof(LNode));   s->data=x;
        s->next=p->next; p->next=s;          //将结点 s 插入结点 p 之后
        return true;
    }
}
```

插入算法的关键是找到第 i 个结点的前驱,查找前驱的主要操作是移动指针,从头结点开始,或找到,或到表结束为止。所以插入算法的时间复杂度为 $O(n)$。

9. 删除元素

在单链表上插入、删除一个结点,必须知道其前驱结点。链表不具有按序号随机访问的特点,只能从头指针开始一个个结点顺序进行。由于链表的存储单元在内存中是按需分配的,所以在插入、删除结点时,需要开辟或释放存储单元。

设 p 是单链表中指向第 i 个结点的指针，删除结点 $*p$ 的操作示意图如图 2.12 所示。通过示意图可见，要实现对第 i 个结点的删除，首先要找到 $*p$ 的前驱结点 *pre，进行下面的操作。

```
pre->next=p->next;
free(p);
```

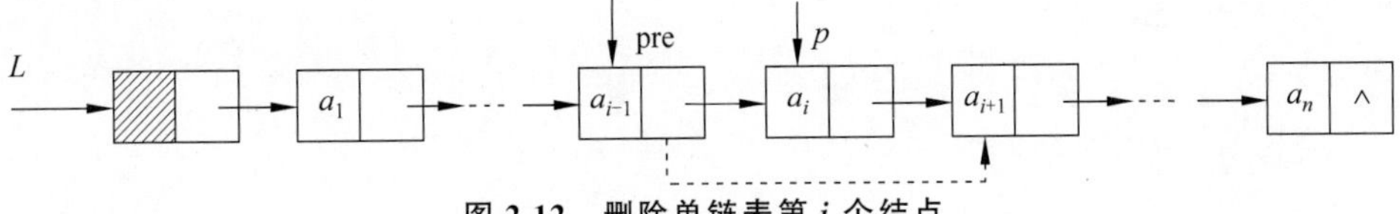

图 2.12　删除单链表第 i 个结点

算法如下。

［**算法 2.18**］　单链表上删除元素

```
bool ListDelete(LinkedList L, int i, DataType *x)
{   //删除单链表 L 上的第 i 个结点
    pre=L;
    count=0;
    while (pre!=NULL && count<i-1)          //查找第 i-1 个结点
    {   pre=pre->next;
        count++;
    }
    if (pre==NULL || pre->next==NULL)       //若参数 i 不合法
        return false;                       //p 结点或 p 的后继结点不存在
    else
    {   p=pre->next; *x=p->data;            //存储被删元素值
        pre->next=p->next;                  //修改指针指向
        free(p);                            //释放被删除元素空间
        return true;
    }
}
```

算法的时间复杂度为 $O(n)$。

上面介绍链表的各种操作时，都假定链表已经存在。那么，链表是如何建立的呢？建立链表，首先要生成结点，然后按某种规律将各结点链接起来。链表最后一个结点的指针域为空。若带头结点，则将头结点放在第一个元素结点之前，头结点的指针域指向第一个结点，头结点的地址作为链表的指针，即头指针。

下面介绍两种生成单链表的方法。

(1) 尾插法建立单链表。

尾插法建立的单链表，读入的数据元素的顺序与生成的链表中元素的顺序是相同的。尾插法是在单链表的尾部插入结点建立单链表，为方便操作，需增加一个指针 r 指向链表的尾结点，以便能够将新结点插入表尾。链表与顺序表不同，它是一种动态管理的存储结构，链表中的每个结点占用的存储空间不是预先分配的，而是运行时系统根据需求生成的，每读入一个数据元素则申请一个结点，然后插在链表的尾部。建立单链表从空表开始，图 2.13 展现了尾插法建立带头结点的单链表的过程。其中，L 为头指针，r 为尾指针，线性表中元素的值存储在数组 a 中，n 为线性表元素个数，即要建立的单链表的结点数。每申请一个新结点，将新结点插入 r 所指结点的后面，然后 r 指向新结点。

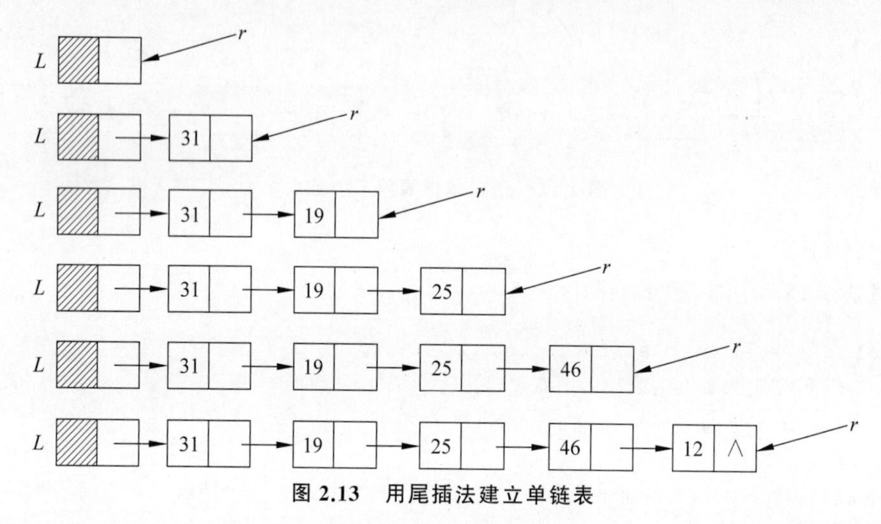

图 2.13　用尾插法建立单链表

算法是带头结点的尾插法，不需要对第一个结点单独处理。使用头结点，常常使问题的处理统一。

尾插法建立单链表算法如下。

［**算法 2.19**］　尾插法建立单链表

```
LinkedList CreatTail(LinkedList L,DataType a[], int n)
{   //用尾插法建立带头结点的单链表
    L=(LNode *)malloc(sizeof(LNode));          //申请头结点
    r=L;                                       //初始化,尾指针指向头结点
    for (i=0;i<n;i++)                          //n 为要建立的单链表元素个数
    {   p=(LNode *)malloc(sizeof(LNode));      //申请新结点
        p->data=a[i];                          //结点数据域赋值
        r->next=p;                             //在尾部插入新结点
        r=p;                                   //r 指向新的尾结点
    }
    r->next=NULL;
    return L;
}
```

(2) 头插法建立单链表。

头插法建立的单链表，读入的数据元素的顺序与生成的链表中元素的顺序是相反的。头插法是在链表的头部插入结点建立单链表，也就是每次将新增结点插入第一个结点(也称首元结点)之前。先建立头结点，并将头结点的指针域置空，然后将结点逐个插入头结点之后和首元结点之前(当然，在空表情况下插入的结点就是首元结点)。图 2.14 显示了

线性表(12,46,25,19,31)之单链表的建立过程,因为是在链表的头部插入,所以读入数据的顺序为 31,19,25,46,12,和线性表中的逻辑顺序是相反的。

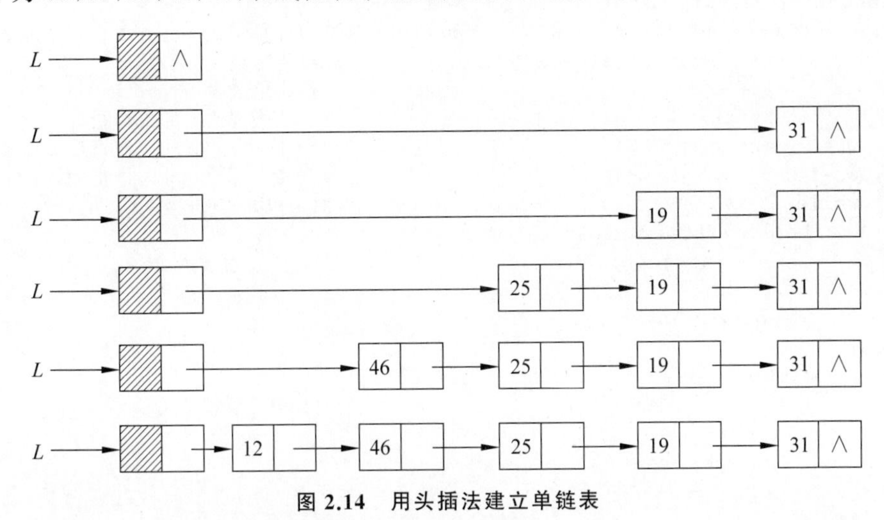

图 2.14　用头插法建立单链表

头插法建立单链表算法如下。

[算法 2.20]　头插法建立单链表

```
LinkedList  CreatHead(DataType a[], int n)
{   //用头插法建立带头结点的单链表
    L=(LNode *)malloc(sizeof(LNode));           //申请头结点空间
    L->next=NULL;                                //初始化一个空链表,L 为头指针
    for(i=0;i<n;i++)
    {   p=(LNode *)malloc(sizeof(LNode));       //申请新的结点
        p->data=a[i];                            //结点数据域赋值
        p->next=L->next;  L->next=p;             //插入表头
    }
    return L;
}
```

2.3.3　链表的算法举例

作为链表的应用,下面给出例 2.1 采用单链表存储下的算法。

例 2.2　对两个非递减有序的单链表 La 和 Lb 合并得到单链表 Lc,要求 Lc 也非递减有序。

解答:假设有两个非递减有序的单链表 La 和 Lb,长度分别为 m 和 n,要将它们合并成一个非递减有序的单链表 Lc,长度为 $m+n$。需要从 La 和 Lb 的第一个元素开始遍历,将较小的元素采用尾插法添加到 Lc 中。需要设三个指针 pa、pb、pc 分别指向 La、Lb 和 Lc 的当前元素,若 pa->data＞pb->data,则将 pb->data 放入 pc->data 中,否则将 pa->data 放入 pc->data 中,继续这个过程直到 La 或 Lb 中的所有元素都被添加到 Lc 中。若 La 表先遍历完,则直接将 Lb 表剩余元素链接到 Lc 中;若 Lb 表先遍历完,则将 La 表剩余元素链接到 Lc 中。算法如下。

源代码

［算法 2.21］ 两个非递减有序的单链表合并成非递减有序单链表

```
LinkedList Union(LinkedList La,LinkedList Lb)
{   //将非递减有序的单链表 La 和 Lb 合并成新的非递减有序单链表 Lc,并要求利用原表空间
    Lc=(LNode *)malloc(sizeof(LNode);                  //申请结点
    Lc->next=NULL;                                     //初始化链表 Lc
    pa=La->next;                                       //pa 是链表 La 的工作指针
    pb=Lb->next;                                       //pb 是链表 Lb 的工作指针
    pc=Lc;                                             //pc 是链表 Lc 的工作指针
    while(pa && pb)                                    //La 和 Lb 均非空
        if(pa->data<=pb->data)
        {   pc->next=pa;                               //La 中元素插入 Lc
            pc=pa;
            pa=pa->next;
        }
        else
        {   pc->next=pb;                               //Lb 中元素插入 Lc
            pc=pb;
            pb=pb->next;
        }
    if(pa)                                             //若 pa 未结束,将 pc 指向 pa
        pc->next=pa;
    else                                               //若 pb 未结束,将 pc 指向 pb
        pc->next=pb;
    return Lc;
}
```

该算法需要遍历单链表 La 和 Lb,因此算法的时间复杂度为 $O(m+n)$。

2.3.4 循环链表

单链表只能从头结点开始遍历整个链表,若希望从任意一个结点开始遍历整个链表,可以将链表通过指针域首尾相接,即链表尾结点的指针域指向头结点。这样形成的链表叫作**循环链表**。对于单链表而言,最后一个结点的指针域是空指针,如果将链表头指针置入尾结点的指针域,则使得链表头尾结点相连,就构成了**单循环链表**,如图 2.15 所示。

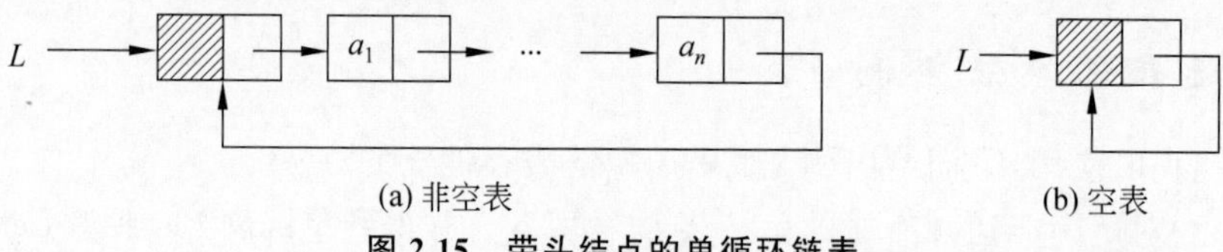

(a) 非空表　　(b) 空表

图 2.15 带头结点的单循环链表

单循环链表带来的主要优点之一是从链表中任一结点都可访问到其他结点。线性表的基本操作在单循环链表中的实现与在单链表中的实现类似。主要差别在于,在单链表中,用指针是否为 NULL 判断是否到链表尾,而在单循环链表中,用指针是否等于头指针来判断是否到了链表尾,其他没有较大的变化。

假设采用带头结点的单循环链表,则建立单循环链表的算法如下。

源代码

［算法 2.22］ 建立带头结点的单循环链表

```
LinkedList  CreatCLinkList(DataType a[], int n)
```

```
{   //用尾插法建立带头结点的单循环链表
    L=(LNode *)malloc(sizeof(LNode));          //申请头结点
    r=L;                                       //初始化,尾指针指向头结点
    for(i=0;i<n;i++)                           //设置结束标志
    {   p=(LNode *)malloc(sizeof(LNode);       //申请新结点
        p->data=a[i];                          //结点数据域赋值
        r->next=p;                             //在尾部插入新结点
        r=p;                                   //r 指向新的尾结点
    }
    r->next=L;                                 //尾指针指回头结点
    return L;
}
```

值得指出的是,单循环链表往往只设尾指针,即不用头指针而用一个指向尾结点的指针来标识,可以使得操作效率得以提高。带尾指针的单循环链表如图 2.16 所示,其尾指针为 R。

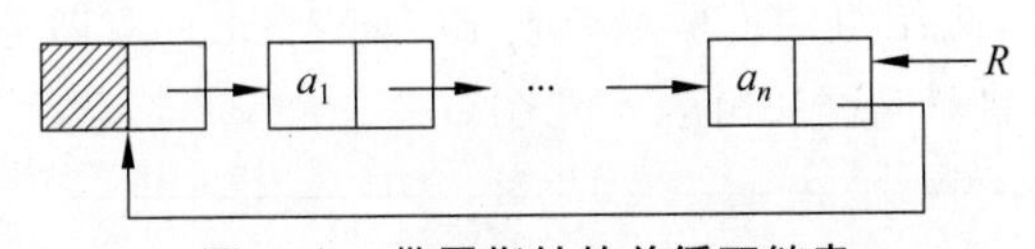

图 2.16　带尾指针的单循环链表

例 2.3　将两个单循环链表 R1 和 R2 连接成一个单循环链表。

如用头指针标识的循环链表实现两链表合并(在尾部插入),需要找到两个链表的尾结点,若两个单循环链表的长度分别为 m 和 n,则其时间复杂度为 $O(m+n)$。而若用带尾指针的循环链表,则时间复杂度降为 $O(1)$。

设两个单循环链表的尾指针分别为 R1 和 R2。将这两个单循环链表连接成一个单循环链表的主要语句段如下。

```
p=R1 ->next;                    //保存 R1 的头指针
R1->next=R2->next->next;        //尾头连接
free(R2->next);                 //释放第二个表的头结点
R2->next=p;                     //组成循环链表
```

这一过程可见图 2.17。

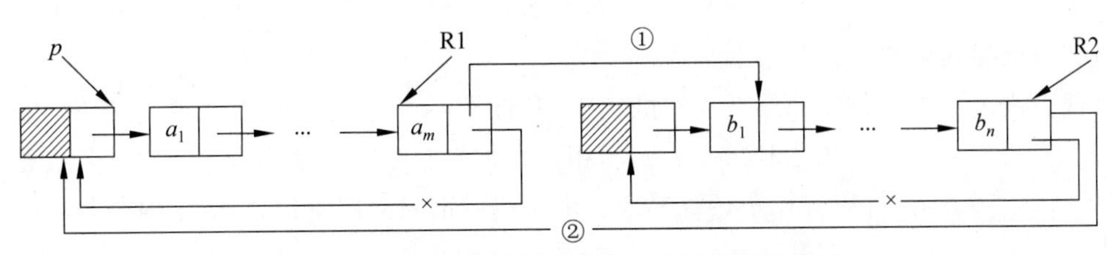

图 2.17　两个用尾指针标识的单循环链表的连接

2.3.5　双向链表

在单链表中,通过一个结点找到它的后继比较方便,其时间复杂度为 $O(1)$。而要找到它的前驱,则很麻烦,只能从该链表的头指针开始,顺着各结点的 next 域进行查找,时

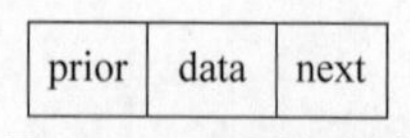

图 2.18　双向链表的结点结构

间复杂度是 $O(n)$。这是因为单链表的各结点只有指向其后继结点的指针域 next，只能顺着一个方向寻找。如果希望查找前驱的时间复杂度也达到 $O(1)$，可以用空间换时间：每个结点再加一个指向前驱的指针域，使链表可以进行双方向查找。结点的结构如图 2.18 所示，用这种结点结构组成的链表称为**双向链表**。

双向链表结点的类型定义如下。

```
typedef struct DLNode
{ Dataype data;
  struct DLNode *prior, *next;
}DLNode, *DLinkedList;
```

指向结点 *p 的后继结点的指针是 p->next，指向其前驱结点的指针是 p->prior。

和单链表类似，双向链表通常也用头指针标识，通常也带头结点，其最后一个结点的后继域(next)为 NULL，头结点的前驱域(prior)为 NULL。双向链表也可以做成循环结构，图 2.19 是带头结点的双向循环链表示意图。

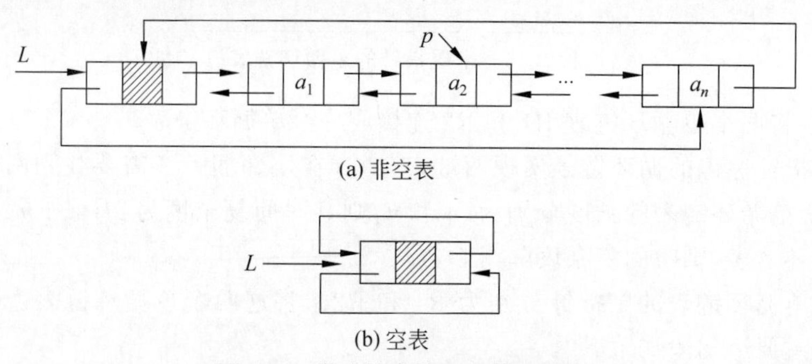

图 2.19　带头结点的双向循环链表

设 p 是指向双向循环链表中的某一结点的指针，则 p->prior->next 表示的是指向 *p 结点之前驱结点的后继结点的指针，即 p；类似地，p->next->prior 表示的是指向 *p 结点之后继结点的前驱结点的指针，也与 p 相等，所以有以下等式。

```
p->prior->next=p=p->next->prior
```

反映了双向链表的实质。

线性表的基本操作在双向链表中的实现，凡涉及一个方向的指针时，如求长度、取元素、元素定位等，其算法描述和单链表基本相同。但是在插入或删除结点时，一个结点就要修改两个指针域，所以要比单链表复杂。由于双向链表有两个指针域，求前驱和后继都很方便。

1. 双向链表中结点的插入

设 *p 是双向链表中某结点，*s 是待插入的值为 x 的新结点，将 *s 插入 *p 的前面，不需要像单链表那样，找其前驱的指针。已知 *p，其前驱指针就是 p->prior，插入结点的示意图如图 2.20 所示。

插入操作的主要语句段如下。

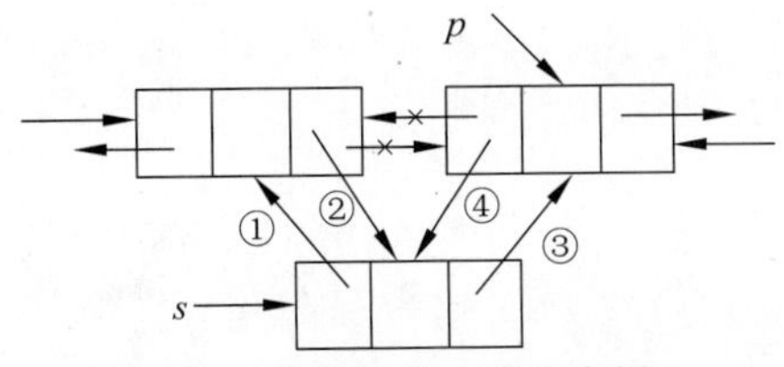

图 2.20　双向链表中的结点插入

```
s->prior=p->prior;                  //*p的前驱成为*s的前驱
p->prior->next=s;                   //*s成为*p的前驱的后继
s->next=p;                          //*s的后继是*p
p->prior=s;                         //*p的前驱是*s
```

要注意这4个语句的顺序，第4个语句不能出现在第1、2个语句的前面，否则，原先*p的前驱的链就“断”了。

2. 双向链表中结点的删除

设p指向双向链表中某结点，删除p所指向的结点，操作示意图如图2.21所示。

删除操作的几个主要语句如下。

```
p->prior->next=p->next;
p->next->prior=p->prior;
free(p);
```

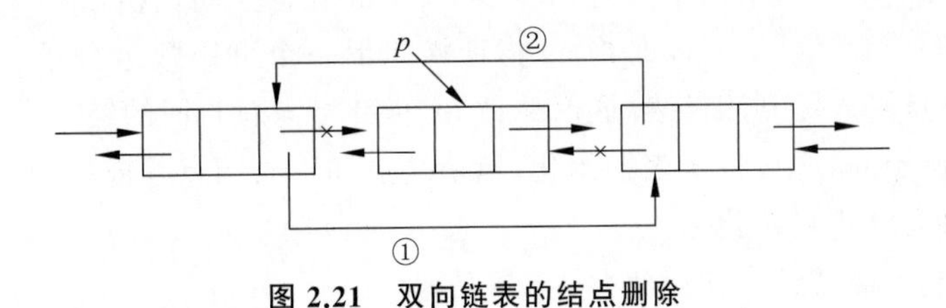

图 2.21　双向链表的结点删除

*2.3.6　静态链表

链表是用结点的数据域的值表示线性表中的元素，用指针域实现线性表元素间的逻辑关系。但是，有些高级程序设计语言并没有指针类型，如FORTRAN和Java，在这种情况下可以用数组来表示和实现一个链表。

下面来看如何用数组表示线性表$L=(2,3,4,6,8,9)$。数组的一个分量是一个结点，结点中有两个域，一个是数据域data，另一个是指针域next。与前面所讲的链表中的指针不同的是，这里的指针是结点的相对地址（数组的下标），称为静态指针（或游标），为了与前面讲的动态链表相区别，把这种链表称为**静态链表**。在静态链表中，空指针用−1表示，因为数组中没有下标为−1的单元。

静态链表的使用就像使用顺序表一样，也需要预先分配一个较大的空间，但是静态链表在做插入和删除操作时，不需要移动元素，只需要修改静态指针，具有链表在插入和删除操作时不用移动元素只需修改指针的优点。图2.22为静态链表示意图。

静态链表定义如下。

```
#define MAXSIZE 100
typedef struct
{   DataType  data;                          //数据域
    int        next;                         //游标
}SLinkedList[MAXSIZE];
```

静态链表的使用和动态链表是相似的，可以把数组的 0 分量看作“头结点”。假设 sa 是上面定义的 SLinkedList 类型的变量，则 sa[0].next 指向链表的第一个元素。设第一个元素的下标是 i，即 i=sa[0].next，则第一个元素的值是 sa[i].data，第二个元素的下标是 sa[i].next。一般说来，若数组第 i 个分量表示链表的第 k 个结点，则 sa[k].next 指示第 $k+1$ 个结点在数组中的位置(下标)。由此，可以把静态指针 i 看作动态指针 p，i=sa[i].next 的操作和动态指针后移 $p=p$->next 实质上是一样的。

	data	next
0		4
1	6	6
2	3	3
3	4	1
4	2	2
5	9	-1
6	8	5
7		
8		
9		
10		

图 2.22 静态链表

但是，在静态链表中怎样知道哪些数组分量没被使用，以及如何解决申请结点空间和释放结点空间的问题呢？可以将数组中未使用的分量链接成一个可利用链表(初始时整个数组链接成一个可利用链表)，用一个指针(例如 av)指向表首。当需要申请结点时，只要可利用链表有空间，就摘下一个结点(数组分量)，同时将 av 指针指向下一个可用数组分量。当结点不再使用时，就将该结点链入可利用链表，同时修改 av 指针指向新收回的结点。

为了下面例子的方便，将链表初始化，申请结点和释放结点写成三个函数。

例 2.4 静态链表初始化。

[算法 2.23] 静态链表初始化

源代码

```
int  av;                                     //全局整型变量,表示可利用链表的指针
int SLInit()
{   //初始可利用链表,返回可利用链表的头指针
    for(i=0;i<MAXSIZE-1;i++)
        sa[i].next=i+1;                      //链成可利用链表
    sa[MAXSIZE-1].next=-1;                   //置链表尾,静态链表的最大空间
    av=0;
    return av;                               //返回可利用链表的头指针
}
```

例 2.5 静态链表申请结点。

[算法 2.24] 静态链表申请结点

```
int SLGetNode()
{   //申请结点,返回可用数组空间的下标
    if(av==-1)                               //-1 表示无空间
        {printf("已无空间\n"); exit(0);}
    else{p=av;                               //p 为可利用空间的下标
```

```
        av=sa[av].next;                          //av 指向下个可利用数组分量
        return p;
    }
}
```

例 2.6　静态链表释放结点。

［**算法 2.25**］　静态链表释放结点

```
void SLFreeNode(int p)
{   //释放结点
    sa[p].next=av;                               //将释放结点 p 链入可利用链表中
    av=p;                                        //av 指向新收回的结点(数组分量)
}
```

最后，再给出一个利用静态链表进行表合并的例子。

例 2.7　设有两个集合 A 和 B，元素均为整型，集合内无相同元素，两集合间可能有相同元素。请设计一算法，利用静态链表将 A 和 B 合并成一个按元素值递增的线性表，并删除两集合中的共同元素。

设 sa 是如上定义的静态链表。首先初始化，形成可利用链表。然后将集合 A 中元素按序插入链表中。在将 B 中元素按序插入链表时，若遇到相同元素，则从链表中删除。算法如下。

［**算法 2.26**］　静态链表的合并

```
void SLUnion()
{   //将静态链表 A 和 B 合并成按元素递增排列的线性表
    av=SLInit();                                 //初始化可利用链表
    sa[0].next=-1;                               //元素的静态链表为空
    av=1;                                        //av 指向第一个数组分量
    scanf("%d",&x);                              //读入集合 A 的元素
    while(x!=flag)                               //flag 是输入结束标志
    {   int pre=0, p=sa[0].next;                 //pre 指向前驱,p 指向链表第一个元素
        while(p!=-1 && sa[p].data<x)             //找插入位置
            {pre=p; p=sa[p].next; }
        i=SLGetNode();                           //取结点(数组分量)
        sa[i].data=x;                            //将元素存放在数据域
        sa[pre].next=i; sa[i].next=p;            //将结点链入静态链表
        scanf("%d",&x);                          //读入集合 A 的下一元素
    }
    scanf("%d",&x);                              //读入集合 B 的元素
    while(x!=flag)                               //flag 是输入结束标志
    {   int pre=0, p=sa[0].next;                 //pre 指向前驱,p 指向链表第一个元素
        while(p!=-1 && sa[p].data<x)             //找插入位置
            {pre=p; p=sa[p].next; }
        if(!(p!=-1 && sa[p].data==x))
        {   i=SLGetNode();                       //取结点(数组分量)
```

```
            sa[i].data=x;                         //将元素存放在数据域
            sa[pre].next=i; sa[i].next=p;         //将结点链入静态链表
        }
        scanf("%d",&x);                           //读入集合 B 的下一元素
    }
}
```

算法中 p!=-1 表示未到表尾，和动态链表中用 NULL 表示链表的表尾类似，这里用-1 表示线性表的表尾。整个静态链表的表尾也用-1 表示，当 av=-1 时，表示数组已无可利用分量。

电子课件

2.4 线性表实现方法的比较

本章介绍了线性表的逻辑结构及它的两种存储结构，通过对它们的讨论可知，顺序表和链表有如下特点。

1. 实现不同

顺序表实现方法简单，各种高级语言中都有数组类型，容易实现；链表的操作是基于指针的，相对来讲复杂些。

2. 存储空间的占用和分配不同

从存储的角度考虑来看，顺序表的存储空间是静态分配的，在程序执行之前必须明确定义它的存储大小，也就是说，事先对 MAXSIZE 要有合适的设定，过大会造成浪费，过小会造成溢出。而链表是动态分配存储空间的，不用事先估计存储大小。可见，对线性表的长度或存储大小难以估计时，采用链表比较合适。

存储密度是指一个结点中数据元素所占的存储单元和结点所占的存储单元之比。显然，链式存储结构的存储密度是小于 1 的。当顺序表被填满时，顺序表没有结构性的开销，这时，顺序表的空间效率高。

3. 线性表运算的实现不同

(1) 顺序表具有按元素序号随机访问的特点，在顺序表中按序号访问数据元素的时间复杂度为 $O(1)$，而链表中按序号访问的时间复杂度为 $O(n)$。所以如果经常按序号访问数据元素，使用顺序表优于链表。

(2) 在顺序表中做插入删除操作时，平均移动大约表中一半的元素，因此 n 较大时顺序表的插入和删除效率低。当数据元素的信息量较大且表较长时，这一点是不应忽视的；在链表中做插入删除时，虽然也要找插入位置，但操作主要是修改指针指向。从这个角度考虑显然链表优于顺序表。

总之，两种存储结构各有长短，选择哪一种存储结构，由实际问题中的主要因素决定。通常"较稳定"的线性表选择顺序存储结构，而插入删除操作较频繁(即动态性较强)的线性表宜选择链式存储结构。

2.5　线性表的应用举例

前面学习了线性表的概念、顺序存储方式和链式存储方式，本节介绍线性表的应用。本节通过一元多项式的表示及相加的问题，作为线性表应用的典型，总结本章学习的线性表的两种存储方式、运算实现技术等主要内容。

2.5.1　一元多项式的表示

一元多项式可按升幂的形式写成

$$P_n(x)=p_0+p_1x^{e_1}+p_2x^{e_2}+\cdots+p_nx^{e_n}$$

其中，e_i 为第 i 项的指数，p_i 是指数 e_i 的项的系数，且 $1\leqslant e_1\leqslant e_2\leqslant\cdots\leqslant e_n$。

在计算机内，$P_n(x)$可以用一个线性表 P 来表示：

$$P=(p_0,p_1,p_2,\cdots,p_n)$$

设有两个一元多项式 $P_n(x)$和 $Q_m(x)$，假设 $m<n$，则两个多项式相加的结果 $R_n(x)=P_n(x)+Q_m(x)$，也可以用线性表 R 来表示：

$$R=(p_0+q_0,p_1+q_1,p_2+q_2,\cdots,p_m+q_m,\cdots,p_n)$$

2.5.2　一元多项式的存储

一元多项式的操作可以利用线性表来处理。因此，一元多项式也有顺序存储和链式存储两种方法。

1. 一元多项式的顺序存储表示

对于一元多项式：

$$P_n(x)=p_0+p_1x^{e_1}+p_2x^{e_2}+\cdots+p_nx^{e_n}$$

有以下两种顺序存储方式。

(1) 只存储各项的系数，存储位置下标对应其指数项。该方式适用于存储非零系数多的一元多项式，其存储方式如图 2.23 所示。

p_0	p_1	p_2	…	p_n

图 2.23　多项式顺序存储方式 1

(2) 系数及指数均存入顺序表。该方式适用于存储非零项少且指数高的一元多项式，此时只存储非零项的系数和指数即可，其存储方式如图 2.24 所示。

例如，$R(x)=1+5x^{10000}+7x^{20000}$，其存储的顺序表如图 2.25 所示。

p_0	0
p_1	1
p_2	2
…	…
p_n	n

图 2.24　多项式顺序存储方式 2

1	0
5	10000
7	20000

图 2.25　多项式顺序存储示例

2. 一元多项式的链式存储表示

在链式存储中,对一元多项式只存储非零项的系数项和指数项用单链表存储表示的结点结构如图 2.26 所示。

系数 coef	指数 exp	指针 next

图 2.26　多项式链式存储方式

结点结构体定义如下。

```
typedef struct PolyNode
{   int oef;
    int exp;
    struct PolyNode * next;
} PolyNode , * PolyList;
```

2.5.3　一元多项式的运算

1. 建立一元多项式链式存储算法

通过键盘输入一组多项式的系数和指数,用尾插法建立一元多项式的链表。以输入系数 0 为结束标志,并约定建立多项式链表时,总是按指数从小到大的顺序排列。算法如下。

[**算法 2.27**]　采用链式存储建立一元多项式

源代码

```
PolyList PolyCreate()
{   //建立一元多项式
    head=(PolyNode *)malloc(sizeof(PolyNode)); //建立多项式的头结点
    rear=head;                     //rear 始终指向单链表的尾,便于尾插法建表
    scanf("%d %d",&c,&e);                        //输入多项式的系数和指数项
    while(c!=0)                                  //若 c=0,则代表多项式的输入结束
    {   s=(PolyNode*)malloc(sizeof(PolyNode)); //申请新结点
        s->coef=c; s->exp=e;
        rear->next=s;                            //在当前表尾做插入
        rear=s;
        scanf("%d %d",&c,&e);
    }
    rear->next=NULL;               //将表的最后一个结点的 next 置 NULL,以示表结束
    return head;
}
```

2. 一元多项式的相加运算

假设有用单链表表示的两个多项式:

$$A(x)=7+3x+9x^8+5x^{17}$$

$$B(x)=8x+22x^7-9x^8$$

其对应的链式存储结构如图 2.27 所示。

多项式相加的运算规则如下。

为了保证“和多项式”中各项仍按升幂排列,在两个多项式中:

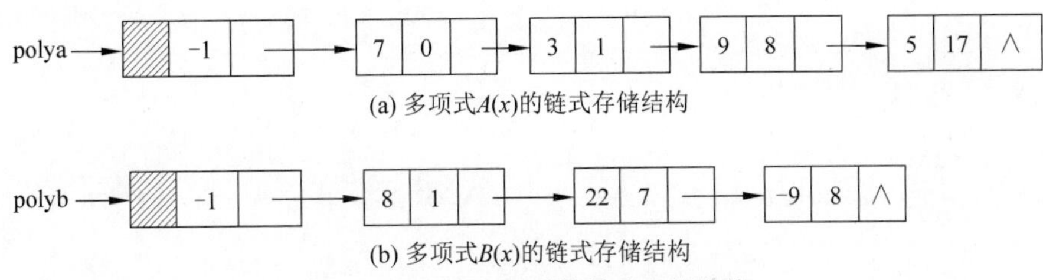

(a) 多项式$A(x)$的链式存储结构

(b) 多项式$B(x)$的链式存储结构

图 2.27　两个多项式的链式存储结构

(1) 指数相同项的对应系数相加,若和不为零,则构成"和多项式"中的一项。

(2) 指数不相同的项仍按升幂顺序复制到"和多项式"中。

以单链表 polya 和 polyb 分别表示两个一元多项式 A 和 B, $A+B$ 的求和运算,就等同于单链表的插入问题(将单链表 polyb 中的结点插入单链表 polya 中),因此"和多项式"中的结点无须另生成。

设 p、q 分别指向单链表 polya 和 polyb 的当前项,比较 p、q 结点的指数项,由此得到下列运算规则。

(1) 若 p->exp<q->exp,则结点 p 所指的结点应是"和多项式"中的一项,令指针 p 后移。

(2) 若 p->exp=q->exp,则将两个结点中的系数相加,当和不为零时修改结点 p 的系数域,释放 q 结点;若和为零,则和多项式中无此项,从 A 中删去 p 结点,同时释放 p 结点和 q 结点。

(3) 若 p->exp>q->exp,则结点 q 所指的结点应是"和多项式"中的一项,将结点 q 插到结点 p 之前,且令指针 q 在原来的链表上后移。

算法如下。

[**算法 2.28**]　采用链式存储实现一元多项式相加

```
void PolyAdd(PolyList polya, PolyList polyb)
{   //将两个多项式相加,然后将和多项式存放在多项式 polya 中,并将多项式 ployb 删除
    p=polya->next;       //令 p 和 q 分别指向 polya 和 polyb 多项式链表中的第一个结点
    q=polyb->next;
    tail=polya;                            //tail 指向和多项式的尾结点
    while(p!=NULL && q!=NULL)              //当两个多项式均未扫描结束时
    {   if(p->exp<q->exp)
        //规则①:如果 p 指向的多项式项的指数小于 q 的指数,将 p 结点加入和多项式中
        { tail->next=p; tail=p; p=p->next;
        }
        else
        if(p->exp==q->exp)                 //规则②:若指数相等,则相应的系数相加
        {   sum=p->coef+q->coef ;
            if(sum!=0)    //若系数和非零,则系数和置入结点 p,释放结点 q,并将指针后移
            {   p->coef=sum;
                tail->next=p; tail=p; p=p->next;
                temp=q; q=q->next; free(temp);
            }
            else              //若系数和为零,则删除结点 p 与 q,并将指针指向下一个结点
```

```
            {   temp=p ; p=p->next ; free(temp);
                temp=q ; q=q->next ; free(temp);
            }
        }
        else
        {   tail->next=q;  tail=q;          //规则③:将 q 结点加入"和多项式中"
            q=q->next;
        }
    }
    if(p!=NULL)                         //多项式 A 中还有剩余,则将剩余的结点加入和多项式中
        tail ->next=p;
    else                                          //否则,将 B 中的结点加入和多项式中
    tail->next=q;
}
```

假设 A 多项式有 m 项,B 多项式有 n 项,则上述算法的时间复杂度为 $O(m+n)$。

电子课件

*2.6 算法举例

由于算法设计是本课程的核心,为加深对教材的理解,从本章开始每章给出几个算法设计题。

例 2.8 请写一个算法将线性表($a_1 \cdots a_n$)逆置为($a_n \cdots a_1$)。

(1) 顺序存储结构,只需一个变量辅助空间。算法核心是选择循环控制变量的初值和终值。为使算法简单,用一维数组表示顺序表。算法如下。

源代码

[**算法 2.29**] 顺序表的逆置

```
void  SeqInvert(SeqList a,int n)
{   //逆置顺序表
    for(i=0;i<n/2;i++)
        {t=a.data[i];a.data[i]=a.data[n-1-i];a.data[n-1-i]=t;}
}
```

算法中循环控制变量的初值和终值是关键。C 语言中数组从下标 0 开始,第 n 个元素的下标是 $n-1$。因为首尾对称交换,所以控制变量的终值是线性表长度的一半。该算法的时间复杂度为 $O(n)$。

(2) 链式存储结构。

源代码

[**算法 2.30**] 单链表的逆置

```
void LinkInvert(LinkedList head)
{   //逆置单链表
    p=head->next;                   //p 为工作指针,指向第一个元素
    head->next=NULL;                //保留第一个元素的指针后,将头结点的指针域置空
    while(p!=NULL)                  //将原链表的元素按头插法插入
    {   r=p->next;                  //暂存 p 的后继
        p->next=head->next;         //逆置(头插法插入)
        head->next=p;               //头结点的指针域指向新插入的结点
```

```
        p=r;                                //移向下一个待处理结点
    }
}
```

算法中对单链表中每个结点只处理一次,其时间复杂度为$O(n)$。

例2.9　在一个非递减有序的线性表中,有数值相同的元素存在。若存储方式为单链表,设计算法去掉数值相同的元素,使表中不再有重复的元素。分析算法的时间复杂度。

解答:单链表中有数值相同的元素,说明单链表至少有两个元素。删除数值相同的元素,要知道被删除元素结点的前驱结点。设置p,q,pre为工作指针,并且pre为p的前驱;对于表中相同的元素,只保留第一个元素,其余重复元素删除并释放空间。算法如下。

[**算法2.31**]　删除链表中数值相同的元素

源代码

```
LinkedList  DelSame(LinkedList L)
{   //la是非递减有序的单链表,本算法去掉数值相同的元素,使表中不再有重复的元素
    pre=L->next;                            //pre是p所指向的前驱结点的指针
    p=pre->next;                            //p是工作指针,设链表中至少有一个结点
    while(p!=NULL)
        if(p->data==pre->data)              //处理相同元素值的结点
            {q=p;p=p->next;free(q);}        //释放相同元素值的结点
        else {pre->next=p;pre=p;p=p->next;} //处理前驱,后继元素值不同
    pre->next=p;                            //置链表尾
}
```

链表至少有一个结点,即初始时pre不为空,否则p->next无意义。算法中最后一条语句pre->next=p是必需的,因为链表最后可能有数据域值相同的结点,这些结点均被删除,指针后移使p=NULL而退出**while**循环,所以应有pre->next=p使链表有尾。若链表尾部没有数据域相同的结点,pre和p为前驱和后继,pre->next=p也是对的。算法中对单链表中每个结点只处理一次,其时间复杂度为$O(n)$。

例2.10　已知两个链表A和B分别表示两个集合,其元素递增排列。①设计算法实现求两个集合的并集,将结果存放于链表A;②求A与B的交集,将结果存放于链表A。

解答:假设链表ha表示集合A,链表hb表示集合B,分别设置两个工作指针pa、pb,分别遍历链表ha和hb,指针pc置初值为ha。比较pa所指向的元素和pb所指向的元素的值,将更小的结点链接到指针pc之后,并相应处理对应工作指针。算法如下。

[**算法2.32**]　求两个链表的并集

源代码

```
LinkedList Union(LinkedList ha,LinkedList hb)
{   //求递增有序的单链表表示的集合A和B的并集,结果存入集合A中
    pa=ha->next;pb=hb->next;                //设工作指针pa和pb
    pc=ha;                                  //pc为结果链表当前结点的前驱指针
    while(pa&&pb)                           //遍历两个单链表
        if(pa->data<pb->data)
            { pc->next=pa;pc=pa;pa=pa->next;}
        else if(pa->data>pb->data)
            {  pc->next=pb;pc=pb;pb=pb->next;}
```

```
        else                                //处理 pa->data=pb->data
        {   pc->next=pa;pc=pa;pa=pa->next;
            u=pb;pb=pb->next;free(u);
        }
    if(pa)                                  //若 ha 表未空,则链入结果表
        pc->next=pa;
    else                                    //若 hb 表未空,则链入结果表
        pc->next=pb;
    free(hb);                               //释放 hb 头结点
    return(ha);
}
```

下面求交集,即只有同时出现在两集合中的元素才出现在结果表中。算法如下。

源代码

［算法 2.33］ 求两个链表的交集

```
LinkedList InterSection(LinkedList ha,LinkedList hb)
{   //求两个链表的交集,结果存入集合 A 中
    pa=ha->next;pb=hb->next;                //设工作指针 pa 和 pb
    pc=ha;                                  //结果表中当前合并结点的前驱的指针
    while(pa&&pb)
        if(pa->data==pb->data)              //交集并入结果表中
        {   pc->next=pa;pc=pa;pa=pa->next;
            u=pb;pb=pb->next;free(u);}
        else if(pa->data<pb->data) {u=pa;pa=pa->next;free(u);}
            else {u=pb; pb=pb->next; free(u);}
    while(pa)
        { u=pa; pa=pa->next; free(u);}      //释放结点空间
    while(pb)
        {u=pb; pb=pb->next; free(u);}       //释放结点空间
    pc->next=NULL;                          //置链表尾标记
    free(hb);
    return ha;
}
```

例 2.11 假设一个单循环链表,其结点含有三个域 pre、data、next。其中,data 为数据域;pre 为指针域,它的值为空指针(NULL);next 为指针域,它指向后继结点。请设计算法,将此表改成双向循环链表。

解答:本题改造成双向循环链表的关键,是控制给每个结点均置上指向前驱的指针,而且每个结点的前驱指针置且仅置一次。算法如下。

源代码

［算法 2.34］ 单循环链表改成双向循环链表

```
void  SToDouble(LinkedList  la)
{   //本算法将结点含有 pre、data、next 三个域的单循环链表改造成双向循环链表
    while(la->next->pre==NULL)
    {   la->next->pre=la;                   //将结点 la 后继的 pre 指针指向 la
        la=la->next;                        //la 指针后移
    }
}
```

算法中没有设置变量记住单循环链表的起始结点,至少省去了一个指针变量。当算法结束时,la恢复到指向刚开始操作的结点,这是本算法的优点所在。

小　　结

本章介绍了线性表相关的知识,线性表是最基本、最简单、最常用的一种数据结构。线性表有两种存储结构:顺序存储结构和链式存储结构,讲解了两种存储结构下线性表的基本运算。

顺序存储结构是指用一段连续的存储单元依次存储数据元素的结构。它查找数据元素时的时间复杂度都是$O(1)$,且无须为数据元素之间的逻辑关系而耗费新的空间。但其存在如下缺点:①在进行增加元素、删除元素时,时间复杂度为$O(n)$,不方便数据元素的增、删;②需要在创建时确定长度,但在实际项目中很多时候一开始很难确定线性表的大小;③需要占用整块连续的内存空间,容易造成存储空间的碎片化。线性表的链式存储结构由两部分组成:数据域(用来存放数据的存储空间)和指针域(存储下一个结点或上一个结点地址的存储空间)。单链表是动态存储结构,不需要事先分配好存储空间,大小不受限制,而且可以灵活利用内存的存储空间;单链表插入和删除的时间复杂度为$O(n)$,但不需要像顺序表那样移动大量元素,当已知插入和删除的位置时,插入和删除的时间复杂度为$O(1)$。单链表上按位置查找和按值查找的时间复杂度为$O(n)$。

线性表的顺序存储结构适用于表长变化不大,很少做插入和删除操作的情况,反之则应选择链式存储结构。

习　　题

一、简答题

1. 简述头指针、头结点、尾标志的含义。

2. 分析顺序存储结构和链式存储结构的优缺点,说明何时应该利用何种结构。

3. 在单链表、双向链表、单循环链表中,若知道指针p指向某结点,能否删除该结点?时间复杂度如何?

二、选择题

1. 线性表采用链式地址时,其地址(　　)。

　A. 必须是连续的　　B. 一定是不连续的

　C. 连续与否均可以　　D. 部分地址必须是连续的

2. 链表是一种采用(　　)存储结构存储的线性表。

　A. 顺序　　B. 链式　　C. 星状　　D. 网状

3. 从一个具有n个结点的单链表中查找值等于x的结点时,在查找成功的情况下,需要平均比较(　　)个结点。

　A. $n/2$　　B. n　　C. $(n+1)/2$　　D. $(n-1)/2$

4. 能够满足快速完成插入和删除运算的线性表存储结构是(　　)。

A. 顺序存储　　B. 链式存储　　C. 散列存储　　D. 有序存储

5. 链表不具备的特点是(　　)。

A. 可随机访问任一结点　　B. 插入删除不需要移动元素

C. 不必事先估计存储空间　　D. 所需空间与其长度成正比

6. 单链表的存储密度(　　)。

A. 大于1　　B. 等于1　　C. 小于1　　D. 不能确定

7. 与单链表相比，双向链表的优点之一是(　　)。

A. 插入、删除操作更简单　　B. 顺序访问相邻结点更灵活

C. 可以省略表头指针或表尾指针　　D. 可以进行随机访问

8. 在双向链表中，删除 p 所指结点的后继结点，不正确的操作是(　　)。

A.
```
q=p->next;
p->next=q->next;
q->next->prior=p;
delete(q);
```
B.
```
q=p->next;
q->next->prior=p;
p->next=q->next;
delete(q);
```
C.
```
q=p->next;
p->next=p->next->next;
q->next->prior=p;
delete(q);
```
D.
```
q=p->next;
p->next=q->next;
q->next->prior=q;
delete(q);
```

9. 设有两个长度都为 n 的单链表，结点类型相同。若以 h1 为表头指针的链表是非循环的，以 h2 为表头指针的链表是循环的，则以下选项描述正确的是(　　)。

A. 对于两个链表来说，删除第一个结点的操作，其时间复杂度是不同的

B. 对于两个链表来说，删除最后一个结点的操作，其时间复杂度都是 $O(n)$

C. 循环链表要比非循环链表占用更多的内存空间

D. h1 和 h2 是不同类型的变量

三、填空题

1. 为了便于讨论，有时将含 $n(n\geqslant0)$ 个数据元素的线性结构表示成 $(a_1,a_2,\cdots,a_n)$，其中每个 a_i 代表一个________。a_1 称为________，a_n 称为________，i 称为 a_i 在线性表中的________。对任意一对相邻结点 a_i、$a_{i+1}(1\leqslant i<n)$，a_i 称为 a_{i+1} 的直接________，a_{i+1} 称为 a_i 的直接________。

2. 线性结构的基本特征是：若至少含有一个数据元素，则除第一个数据元素没有直接________外，其他数据元素有且仅有一个直接________；除最后一个数据元素没有直接________外，其他数据元素有且仅有一个直接________。

3. 所有数据元素按一对一的邻接关系构成的整体就是________结构。

4. 线性表的逻辑结构是________结构。其所含数据元素的个数称为线性表的________。

5. 在单链表中，删除 p 所指结点的直接后继的操作是________。

6. 非空的单循环链表 head 的尾结点(由指针 p 所指)满足________。

7. rear 是指向非空带头结点的单循环链表的最后一个结点，则删除起始结点的操作

可表示为________。

8. 对于一个具有 n 个结点的单链表，在 p 所指结点后插入一个结点的时间复杂度为________，在给定值为 x 的结点后，在链表最后插入新结点的时间复杂度为________。

9. 单链表表示法的基本思想是用________表示结点间的逻辑关系。

10. 向一个长度为 n 的顺序表的第 i 个元素（$1 \leqslant i \leqslant n+1$）之前插入一个元素时，需向后移动________个元素。

11. 在一个长度为 n 的顺序表中删除第 i 个元素（$1 \leqslant i \leqslant n$）时，需向前移动________个元素。

12. 在双向链表中，每个结点有两个指针域，一个指向________，另一个指向________。

13. 在一个带头结点的单循环链表中，p 指向最后一个结点的直接前驱，则指向头结点的指针 head 可用 p 表示为 head=________。

14. 设 head 指向单链表的表头，p 指向单链表的表尾结点，则执行 p->next=head 后，该单链表构成________。

15. 在单链表中，若 p 和 s 是两个指针，且满足 p->next 与 s 相同，则语句 p->next=s->next 的作用是________ s 所指向结点。

16. 设 r 指向单循环链表的最后一个结点，要在最后一个结点之后插入 s 所指的结点，需执行的三条语句是________；r->next=s；r=s；。

17. 在单链表中，指针 p 所指结点为最后一个结点的条件是________。

18. 在双向循环链表中，若要在指针 p 所指结点前插入 s 所指的结点，则需执行下列语句。

```
s->next=p;
s->prior=p->prior;
______________=s;
p->prior=s;
```

19. 在单链表中的 p 所指结点之前插入一个 s 所指结点时，可进行下列操作。

```
s->next=_______;
p->next=s;
temp=p->data;
p->data=_______;
s->data=_______;
```

四、算法设计题

1. 设顺序表 L 是一个递增（允许有相同的值）有序表，试写一算法将 x 插入 L 中，并使 L 仍为一个有序表。

2. 给定一个不带头结点的单链表，编写计算此链表长度的算法。

3. 试写出在不带头结点的单链表的第 i 个元素之前插入一个元素的算法。

4. 设 A、B 是两个线性表，其表中元素递增有序，长度分别为 m 和 n。试写一算法分别以顺序存储和链式存储将 A 和 B 合并成一个仍按元素值递增有序的线性表 C，请分析算法的时间复杂度。

5. 设 A 和 B 是两个单链表，其表中元素递增有序。试写一算法将 A 和 B 合并成一个按元素值递减有序的单链表 C，并要求辅助空间为 $O(1)$。

五、应用题

1. 为什么在单循环链表中设置尾指针比设置头指针更好？

2. 双向链表和单循环链表中，若仅知道指针 p 指向某个结点，不知道头指针，能否将结点 p 从相应的链表中删除？若可以，其时间复杂度各为多少？

3. 下列算法的功能是什么？

```
LinkList  test1(LinkList L)
{   //L是无头结点的单链表
    ListNode  *q, *p;
    if(L&&L->next)
    {   q=L;
        L=L->next;
        p=L;
        while(p->next)
            p=p->next;
        p->next=q;
        q->next=NULL;
    }
    return L;
}
```

4. 下面的算法中，h 是带头结点的双向循环链表的头指针。说明算法的功能是什么？

```
int test2(DlistNode *h)
{   DlistNode *p, *q;
    int j=1;
    p=h->next;
    q=h->prior;
    while(p!=q&&p->prior!=q)
        if(p->data==q->data)
        {   p=p->next;
            q=q->prior;
        }
        else
            j=0;
    return j;
}
```

5. 如果有 n 个线性表同时共存，并且在处理过程中各表的长度会发生动态变化，线性表的总长度也会自动地改变。在此情况下，应选择哪一种存储结构？为什么？

6. 若线性表的总数基本稳定，且很少进行插入删除操作，但要求以最快的方式存取线性表的元素，应该用哪种存储结构？为什么？

7. 设有多项式 $a(x)=9+8x+9x^4+5x^{10}$，$b(x)=-2x+22x^7-5x^{10}$。

(1) 用单链表给出 $a(x)$、$b(x)$的存储表示。

(2) 设 $c(x)=a(x)+b(x)$，求得 $c(x)$并用单链表给出其存储表示。

实 验 题

实验题目 1: 线性表基本操作

一、任务描述

分别用顺序表和链表实现如下线性表的基本操作。

(1) 在某个元素之前插入一些元素。

(2) 删除某个位置的元素。

(3) 查找某元素。

(4) 获取某个位置的元素。

(5) 修改某个位置元素的值。

(6) 遍历输出所有元素。

从键盘输入一些命令,可以执行上述操作。本题中,线性表元素为整数,线性表的第一个元素位置为 1,若为顺序表则最大长度为 20。

各个命令以及相关数据的输入格式如下。

在某个位置之前插入操作的命令:I。接下来的一行是插入的数据个数 n。下面是 n 行数据,每行数据有两个值,分别代表插入位置与插入的元素值。

查找某个元素:S x,x 是要查找的元素值。

当输入的命令为 S 时,请输出要查找元素的位置,如果没找到,请输出 None。

获取元素值:当输入的命令为 G 时,请输出获取的元素值,如果输入的元素位置不正确,输出“位置不正确(position error)”。

遍历元素值:当输入的命令为 V 时,遍历输出所有的元素。

删除元素值:当输入的命令是 D 时,请输出被删除的那个元素值,如果表空,输出“下溢”,如果输入的位置不正确,输出“位置不正确”。

当输入命令是 I 时,如果表满,输出“上溢”,如果输入的位置不正确,输出“位置不正确”。

当输入的命令是 C 时,请输出被修改位置原来的值和修改后的值,如果表空,输出“下溢”,如果输入的位置不正确,输出“位置不正确”。

二、编程要求

1. 具体要求

输入说明:输入基本操作对应的功能符号。

输出说明:进行一些操作后,哪些功能操作需要输出,则按要求输出。

2. 测试数据

测试输入:

```
I
2
1 1
```

```
2 2
S 2
D 1
I
2
1 3
2 4
G 2
C 2 9
V
E
```

测试样例输入说明：

先输入 I，表示插入数据，输入 2，表示要插入两个数据，分别为位置 1 的数字“1”，位置 2 的数字“2”；输入 S 2，表示要查找值为 2 的数据位置，并输出该位置“2”；当输入 D 1 时，表示要删除值为 1 的数据元素，并将该元素的值“1”输出；然后输入 I，再新增两个位置分别为第一、第二的数据“3”和“4”，那么目前的数据排序为 3 4 2；输入 G 2，表示要获取第二个位置的数据值并输出，即“4”；输入 C 2 9，表示将第二个位置上的数据替换为 9，并且将第二个位置上的原数据和替换数据都输出一遍，即“4 9”；输入 V，表示遍历整个顺序表“3 9 2”。

预期输出：

```
2
1
4
4
9
3
9
2
```

实验题目 2：合并线性表

一、任务描述

分别输入线性表的个数，然后再依次输入非递减有序的线性表，最后将其合并，要求合并后的线性表依然非递减有序。（注：非递减有序是指表中任意一个元素的值都大于或等于其前驱（如果存在））。

请用顺序表和单链表分别实现上述要求。

二、编程要求

1. 具体要求

输入说明：第一行输入线性表个数，然后分别在不同行输入各个线性表元素的值。

输出说明：分别在两行输出合并后的线性表长度和线性表元素。

2. 测试数据

测试输入：

```
3
1 2 3
4
4 5 6 7
```

预期输出：

```
7
1 2 3 4 5 6 7
```

实验题目3：一元多项式求和

一、任务描述

一元多项式可按升幂的形式写成

$$P_n(x)=p_0+p_1x^{e_1}+p_2x^{e_2}+\cdots+p_nx^{e_n}$$

其中，e_i 为第 i 项的指数，p_i 是指数 e_i 的项的系数，且 $1\leqslant e_1\leqslant e_2\leqslant\cdots\leqslant e_n$。

在计算机内，$P_n(x)$可以用一个线性表 P 来表示：

$$P=(p_0,p_1,p_2,\cdots,p_n)$$

设有两个一元多项式 $P_n(x)$ 和 $Q_m(x)$，假设 $m<n$，则两个多项式相加的结果 $R_n(x)=P_n(x)+Q_m(x)$，也可以用线性表 R 来表示：

$$R=(p_0+q_0,p_1+q_1,p_2+q_2,\cdots,p_m+q_m,\cdots,p_n)$$

假设一元多项式采用链式存储，对一元多项式只存储非零项的指数项和系数项，用单链表存储表示的结点结构为

```
struct Polynode
{   int coef; int exp;
    Polynode * next;
} Polynode, * Polylist;
```

二、编程要求

1. 具体要求

输入说明：首先输入第一个单链表的各项，每项输入系数再输入指数，中间用空格分隔；输入0表示第一个多项式输入结束。

下一行输入第二个单链表的各项，每项输入系数再输入指数，中间用空格分隔；输入0表示第二个多项式输入结束。

输出说明：按顺序输出多项式的和，即输出每项的系数和指数，中间用空格分隔。

2. 测试数据

测试输入1：

```
7 0
3 1
9 8
5 17
0 0
8 0
22 7
-9 8
0 0
```

预期输出1：

```
15 0
3 1
22 7
5 17
```

测试输入 2：

```
3 5
7 8
4 9
0 0
1 0
4 6
8 9
9 20
0 0
```

预期输出 2：

```
1 0
3 5
4 6
7 8
12 9
9 20
```

第3章 栈和队列

CHAPTER

栈和队列都属于线性结构,也就是说,它们的逻辑结构和线性表相同,但都是操作受限的线性表:栈按“后进先出”的规则进行操作,队列按“先进先出”的规则进行操作,故称它们为运算受限制的线性表。栈和队列被广泛应用在操作系统、编译原理等系统软件中,栈可以应用在表达式求值、实现函数调用机制。队列在操作系统中进程的调度、打印机的打印任务管理等方面都有应用。

本章主要介绍栈和队列的基本概念、存储结构、基本运算以及栈和队列的应用。

3.1 栈

3.1.1 栈的定义

栈(Stack)是限定在表尾进行插入、删除的线性表。向栈中插入元素叫作入栈或进栈,从栈中删除元素叫作出栈或退栈。对栈来说,表尾有特殊含义,我们将表尾称为**栈顶**,而表的另一端,即表头端称为**栈底**。不含元素的空表称为**空栈**。由其定义可以看出,先进入栈的元素最后才能出栈,所以栈又叫作后进先出(Last in First Out,LIFO)的线性表。假设有栈$(a_1,a_2,\cdots,a_n)$,则a_1为栈底元素,a_n为栈顶元素,如图3.1所示。图3.2展示了入栈、出栈示意图。

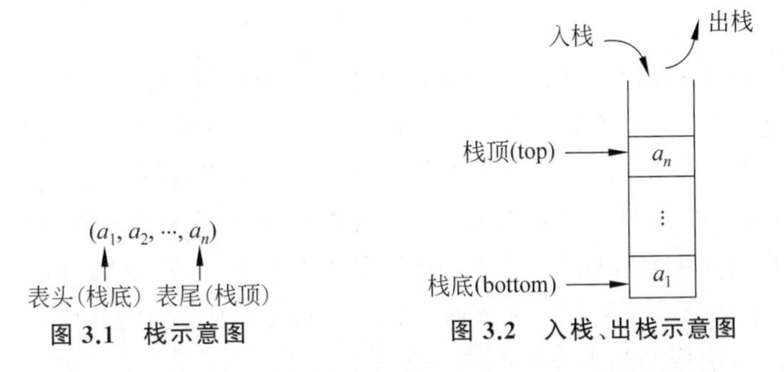

图3.1 栈示意图

图3.2 入栈、出栈示意图

在日常生活中，有很多后进先出的例子。如饭店刷盘子(大小一样)，洗好的盘子放在上面，而用时从上面往下取。再如医院用小圆瓶装药片，最后装入的先倒出来服用。这些都是栈的例子。

在程序设计中，常常需要与保存数据时相反的顺序来使用数据，这就需要用栈来实现。

栈的抽象数据类型定义：

```
ADT Stack{
数据对象：D={ai | ai∈DataSet, i=1,2,…,n,n≥0}
数据关系：R={<ai-1,ai> | ai-1,ai∈D,i=2,…,n}
基本操作：
    StackInit(S):构造一个空栈                          //初始化栈
    StackClear(S):将S清为空栈                          //清空栈
    StackEmpty(S):若S为空栈则返回真，否则返回假          //判栈空
    Push(S,x):插入元素x为新的栈顶元素                   //入栈
    Pop(S,x):删除S的栈顶元素，将其值赋给x                //出栈
    GetTop(S,x):返回栈顶元素，将其值赋给x                //读栈顶元素
    StackLength(S):返回S的元素个数，即栈的长度           //求栈长
    }ADT Stack
```

3.1.2 栈的顺序存储结构和实现

由于栈是运算受限的线性表，因此线性表的顺序、链式存储结构对栈也是适用的，只是操作不同而已。可以用数组或单链表来实现栈。

利用顺序存储结构实现的栈称为**顺序栈**。类似顺序表的定义，栈中的数据元素用一个一维数组来实现：DataType data[MAXSIZE]。用数组实现时，栈底位置可以设置在数组的任一个端点，通常设在低下标的一端，而栈顶是随着插入和删除而变化的，为方便操作，用一个整型变量 top 存放栈顶的位置，数据入栈或出栈时使整型变量 top 分别加 1 或减 1。而在入栈时需将数据写入整型变量 top 为下标的数组单元。

顺序栈的类型描述如下。

```
#define MAXSIZE  100                          //用户需要的最大栈容量
typedef  struct
{   DataType  data[MAXSIZE];                  //栈中元素
    int  top;                                 //栈顶指针，指向栈顶元素
}SeqStack;
```

通常数组的低下标端设为栈底，空栈时栈顶指针 top＝－1；入栈时，栈顶指针加 1，即 top＋＋；出栈时，栈顶指针减 1，即 top－－。栈操作的示意图如图 3.3 所示。

图 3.3(a)是空栈，图 3.3(b)只有一个元素 A，图 3.3(c)是 B、C、D 三个元素依次入栈之后，图 3.3(d)是 D、C 相继出栈之后，此时栈中还有两个元素，或许最近出栈的元素 D、C 仍然在原先的单元存储着，但 top 指针已经指向了新的栈顶，则认为元素 D、C 已不在栈中了，通过这个示意图要深刻理解入栈、出栈和栈顶指针的作用。

下面讨论栈的基本操作在顺序栈中的实现。

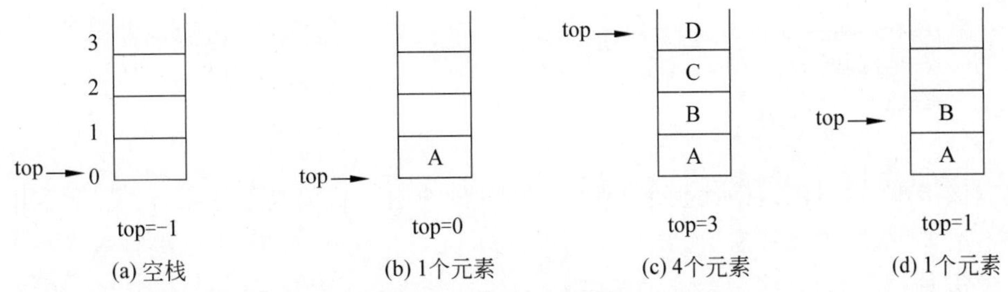

图 3.3　栈顶指针 top 与栈中数据元素的关系

1. 顺序栈的初始化

顺序栈的初始化即构造一个空的顺序栈。假设 S 为要创建的空顺序栈。构造一个空顺序栈 S，就是设置 top 域为－1，表示栈中没有数据元素。算法如下。

［**算法 3.1**］　初始化顺序栈

```
void  StackInit(SeqStack * S)
{   //构造一个空栈 S
    S->top= -1;
}
```

2. 判栈空

［**算法 3.2**］　判断顺序栈是否为空

```
bool StackEmpty(SeqStack S)
{   //判断栈 S 是否为空
    if(S.top==-1)
        return true;
    else
        return false;
}
```

3. 入栈

［**算法 3.3**］　顺序栈入栈

```
bool Push(SeqStack * S,DataType x)
{   //插入元素 x 为新的栈顶元素
    if(S->top==MAXSIZE-1)                          //栈满,不能入栈
        return false;
    S->top++;                                      //指针上移
    S->data[S->top]=x;                             //入栈元素
    return true;
}
```

4. 出栈

［**算法 3.4**］　顺序栈出栈

```
bool Pop(SeqStack * S, DataType * x)
{   //若栈 S 不空,删除 S 的栈顶元素,并返回其值
    if(S->top==-1)                                 //栈空,不能出栈
```

```
        return false;
    * x=S->data[S->top];                                    //读取栈顶元素
    S->top--;                                               //栈顶指针下移
    return true;
}
```

应该指出，“出栈”返回元素是“副产品”，出栈的主要目的是下移指针，是否要出栈元素并不重要，取决于实际需求。

5. 取栈顶元素

［**算法 3.5**］ 取顺序栈栈顶元素

```
bool GetTop(SeqStack S, DataType * x)
{   //若栈非空返回栈顶元素的值
    if(S.top!=-1)
    {   * x=S.data[S.top];
        return true;
    }
    else
        return false;
    }
```

对于清空栈操作，就是置栈顶指针为-1(S.top$=-1$)，而栈中元素个数，直接引用S.top$+1$就可以了。

对于顺序栈，入栈时首先判断是否栈满，栈满的条件为S.top$=$MAXSIZE-1。栈满时，不能入栈，否则出现空间溢出，引起错误。出栈和读栈顶元素操作，先判断栈是否为空，为空时不能操作，否则产生错误。通常栈空常作为一种控制转移的条件。

栈在计算机中的应用非常广泛，经常会出现一个程序同时使用多个栈的情况。使用顺序栈时难以估计各个栈的最大实际空间。而且，各个栈的最大实际容量是变化的，有的栈已经满了，有的栈还是空的。为了解决这个问题，可以让多个栈共享内存空间，这将减少发生上溢的可能性。在这种模式下，每个栈也都设栈顶和栈尾指针。当一个栈栈满之后，可以向左右栈借用空间，只有所有栈都满了，才发生溢出。

在栈的共享技术中最常用的是两个栈共享一个数组空间。利用“栈底位置不变，栈顶动态变化”的特性，将两个栈的栈底分别设在数组两端，入栈时两个栈相向延伸。只有两个栈的栈顶相遇时才发生溢出。一个长度为$2n$的双向栈比两个长度为n的栈发生溢出的概率要小得多。图3.4是两个栈共享空间的示意图。

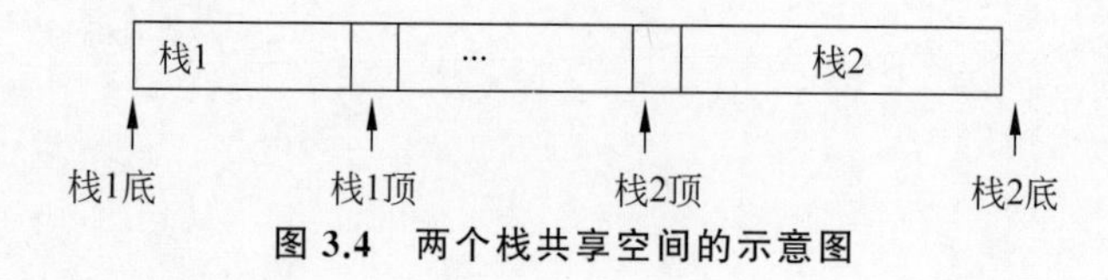

图 3.4 两个栈共享空间的示意图

可以如下定义两个栈共享向量的结构。

```
#define  MAXSIZE  100                                       //栈容量(向量大小)
typedef  struct DStack
```

```
{   DataType data[MAXSIZE];                    //存放数据
    int top[2];                                //两个栈顶指针
} DStack;
```

图3.5中,top[0]是第一个栈的栈顶指针,top[1]是第二个栈的栈顶指针。初始化时top[0]=−1,top[1]=MAXSIZE。当top[1]=top[0]+1时,栈满。

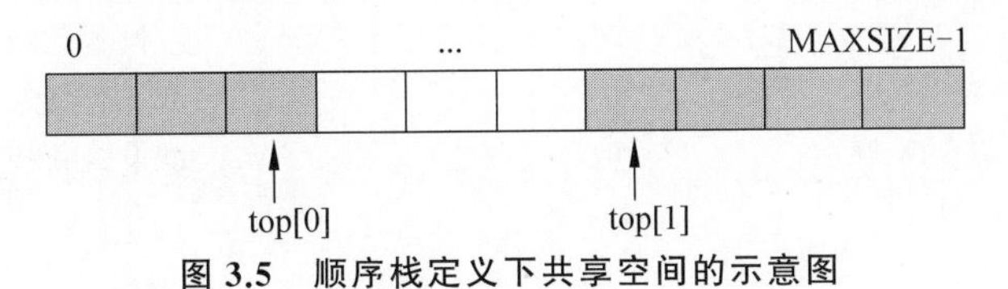

图3.5 顺序栈定义下共享空间的示意图

3.1.3 栈的链式存储结构和实现

用链式存储结构实现的栈简称为**链栈**。链栈中结点的结构与单链表中结点的结构相同。在实现链栈时,用指针变量来代替数组实现中的下标整型变量,不同的是要开辟存储单元,因为链栈是动态的。

链栈结点的类型描述如下。

```
typedef struct StackNode
{   DataType data;
    struct StackNode * next;
} StackNode, * LinkedStack;
```

链栈由栈顶指针唯一确定。假设top是LinkedStack类型的变量,则top指向栈顶元素,top=NULL表示空栈。因为栈的运算都是在栈顶进行,所以链栈通常不带头结点。图3.6是链栈示意图。

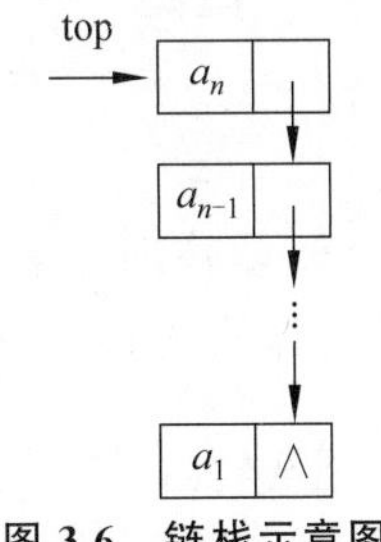

图3.6 链栈示意图

源代码

栈的基本操作在链栈中实现如下。

1. 链栈的初始化

[**算法3.6**] 初始化链栈

```
void  StackInit(LinkedStack * top)
{   //构造一个空栈,栈顶指针为top
    * top=NULL;
}
```

2. 判栈空

[**算法3.7**] 判断链栈是否为空

```
bool StackEmpty(LinkedStack  top)
{   //判定栈S是否是空栈
    if(top==NULL)
        return true;
    else
        return false;
}
```

3. 入栈

[算法 3.8] 链栈入栈元素

```
bool Push(LinkedStack * top, DataType x)
{   //在链栈 top 中插入元素 x,x 成为新的栈顶元素
    s=(StackNode *)malloc(sizeof(StackNode));          //创建一个新结点
    s->data=x;                                          //设置新结点的数据域
    s->next= * top;                                     //设置新结点的指针域
    * top=s;                                            //设置新栈顶
    return true;
}
```

4. 出栈

[算法 3.9] 链栈出栈元素

```
bool Pop(LinkedStack * top, DataType * x)
{   //若栈 S 不空,则删除 S 的栈顶元素
    if( * top!=NULL)
    {   * x=top->data;                                  //读取栈顶元素的值
        * p= * top;
        * top=( * top)->next;                           //栈顶指针下移
        free(p);                                        //释放结点空间
        return true;
    }
    else
        return false;
}
```

5. 取栈顶元素

[算法 3.10] 链栈取栈顶元素

```
bool GetTop(LinkedStack top, DataType * x)
{   //取栈顶元素的值
    if(top!=NULL)                                       //非空栈则读取栈顶元素
    {   * x=top->data;
        return true;
    }
    else
        return false;
}
```

链栈的清空就是删除链表的各结点,并释放结点空间,求栈中元素个数就是链表中的计数。这些算法非常简单,请读者自行写出。

链栈的入栈操作不需要判定栈是否已满,但出栈操作仍需判定栈是否为空。

3.2　栈的典型应用

电子课件

栈在程序设计中应用非常广泛，现举几个例子加以说明。

例 3.1　数制转换。

在计算中，经常碰到十进制数 N 和其他 d 进制数的转换问题。实现转换的方法很多，其中一种方法是基于以下公式。

$$N=(N/d)\times d+N\%d$$

式中，/代表整除，%表示取模(求余)。例如，十进制 159 转为八进制数，其运算过程如下。

N	$N/8$	$N\%8$
159	19	7
19	2	3
2	0	2

从第三列($N\%8$)可以看出，237 就是所要的结果。若用一个栈存放结果，则只要 N 不为 0，就将 $N\%8$ 进栈。本例中最低位 7 最先进栈，最高位 2 最后进栈，图 3.7 是余数依次入栈的结果。则当 N 为 0 后，将栈中数输出即为所求。

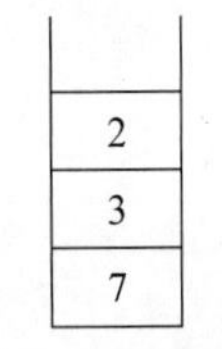

图 3.7　余数依次入栈

算法如下。

[**算法 3.11**]　十进制数转换为八进制数

源代码

```
void convert()
{   //将非负十进制整数转换为八进制整数
    StackInit(S);                          //栈初始化
    scanf("%d",&N);                        //读入十进制数
    while(N!=0)
    {   Push(S,N%8);                       //将得到的八进制数位入栈
        N=N/8;                             //数 N 除以 8 作新的被除数
    }
    while(!StackEmpty(S))
    {   Pop(S,e);
        printf("%d",e);                    //输出八进制数
    }
}
```

例 3.2　表达式中括号匹配的检查。

可以使用栈来检查表达式中括号是否正确匹配。假设表达式中的括号有以下三对：'('和')'、'['和']'、'{'和'}'。具体判断过程为：读取括号序列(字符串)，若读入的是左括号，则直接入栈。若读入的是右括号，此时应当判断栈是否为空，若栈空，则括号匹配失败；否则，与当前栈顶左括号进行比较，如果二者匹配，将栈顶左括号出栈，继续读取括号序列，如果二者不匹配，则匹配失败。若输入的括号序列已经读完，则需要判断栈是否为空，若栈空，说明所有的括号完全匹配，程序结束；否则说明栈中还有等待匹配的左括号，匹配失败。步骤如下。

（1）凡出现左括号，则入栈。

（2）凡出现右括号，首先检查栈是否空：①若栈空，则表明该“右括号”多余，不匹配；②否则和栈顶元素比较，若相匹配，则“左括号”出栈，否则表明不匹配。

（3）表达式检验结束时：①若栈空，则表明表达式中匹配正确；②否则表明“左括号”有余，不匹配。

括号匹配算法如下。

［算法 3.12］ 括号匹配检查

源代码

```
bool Match(char str[])
{   //判断输入的表达式括号是否正确匹配
    StackInit(S);                                   //初始化栈 S
    for(i=0;str[i]!='\0';i++)                       //遍历字符串直到结束
    {   switch(str[i])
        {   case '('||'['||'{': Push(S,str[i]); break;
            case ')': GetTop(S,ch);
                if(StackEmpty(S)||ch!='(')          //括号不匹配
                    return false;
                else Pop(S,ch);
                break;
            case ']':  GetTop(S,ch);
                    if(StackEmpty(S)||ch!='[')      //括号不匹配
                        return false;
                    else Pop(S,ch);
                    break;
            case '}':  GetTop(S,ch);
                    if(StackEmpty(S)||ch!='[')      //括号不匹配
                        return false;
                    else Pop(S,ch);
                    break;
        }
    }
    if(StackEmpty(S))                               //括号匹配
        return true;
    else                                            //括号不匹配
        return false;
}
```

例 3.3 表达式求值。

表达式的求值在计算机的应用中非常广泛，例如，编译器中对所写的程序表达式的编译等。根据运算符相对操作数的位置，表达式分为前缀表达式、中缀表达式和后缀表达式。前缀表达式也称为波兰式，后缀表达式也称为逆波兰式。中缀表达式是指运算符在运算数的中间，例如，3－2＊1 就是一个中缀表达式。后缀表达式就是在表达式中运算符在操作数之后，例如，3－2＊1 的后缀表达式为 321＊－。前缀表达式就是在表达式中运算符在操作数之前,例如,3－2＊1的前缀表达式为－3＊21。下面介绍中缀表达式的求值过程。

对中缀表达式求值要了解计算表达式时的规则:从左到右,先乘除后加减(级别相等时从左到右),先括号内后括号外。假定表达式中就有运算符和操作数两类成分,运算符有加(＋)、减(－)、乘(＊)、除(/),操作数限制为一位数,圆括号看作分界符。计算中缀表达式时需要用到两个栈:操作数栈 opnd 和运算符栈 optr。

表达式求值过程如下:首先置操作数栈 opnd 为空栈,将表达式起始符'#'压入 optr 栈作为栈底元素,然后从左到右扫描表达式,读入字符 ch。若 ch 是操作数,就入 opnd 栈。若 ch 为运算符,则按以下规则进行。

(1) 若 ch 级别高于 optr 栈顶的运算符,则 ch 入 optr 栈。

(2) 若级别低于或等于 optr 栈顶的运算符,则弹出 optr 栈顶的运算符,并从 opnd 栈弹出两个数,进行相应运算,结果压入 opnd 栈。

(3) 若 ch='(',则入 optr 栈。

(4) 若 ch=')',并且 optr 栈顶是'(',optr 退栈,从而消去了两个括号;否则')'被解释为级别低于其他运算符,要按上面规则(2)进行,直到碰到'(',optr 退栈。

(5) 若 ch='#', optr 退栈,用弹出的运算符和从 opnd 栈弹出两个数做相应运算,结果压入 opnd 栈。这个过程一直进行到 optr 栈只剩'#'为止,运算结束。

表 3.1 定义了运算符之间的优先级。

表 3.1　运算符优先级表

	＋	－	＊	/	(	)	#
＋	>	>	<	<	<	>	>
－	>	>	<	<	<	>	>
＊	>	>	>	>	<	>	>
/	>	>	>	>	<	>	>
(	<	<	<	<	<	=	
)	>	>	>	>		>	>
#	<	<	<	<	<		=

中缀表达式求值算法如下。

[**算法 3.13**]　中缀表达式求值

源代码

```
int CalculInExp()
{   //用栈的基本运算实现中缀表达式求值
    StackInit(&optr);                          //运算符栈初始化
    Push(&optr,'#');                           //'#'置于栈底,级别最低
    StackInit(&opnd);                          //操作数栈初始化
    scanf("%c",&ch);                           //读入表达式,以'#'结束
    while(GetTop(optr,&optrch)&&!(ch=='#' && optrch=='#'))
        if(ch>='0'&& ch<='9')
```

```
        { Push(&opnd,ch); scanf("%c",&ch);} //若读入字符 ch 是数字字符,入栈
        else
        { GetTop(optr,&optrch);
          switch(precede(optrch,ch))          //将操作符 ch 与栈顶操作符比较
          { case '<':Push(&optr,ch);          //ch 级别高,入栈
                     scanf("%c",&ch);         //再读入表达式下一字符
                     break;
            case '=':Pop(&optr,&optrch);      //删除括号
                     scanf("%c",&ch);         //读入下一字符
                     break;
            case '>':Pop(&optr,&theta);                //ch 级别低,弹出一个运算符
                     Pop(&opnd,&b); Pop(&opnd,&a);//弹出两个操作数
                     Push(&opnd,operate((int) a,theta,(int)b));
                                                       //进行相应运算,结果入栈
          }
      GetTop(opnd,&x);                                //操作数栈顶元素值为表达式计算结果
      return x;
    }
```

上面算法中的两个函数需要说明。precede 是计算运算符优先级的函数,两个运算符比较可有大于、等于、小于三种结果,这里若相等,则解释为栈顶操作符的级别高(符合从左到右的规则)。operate 是运算函数,根据弹出栈的运算符(+、-、*、/)和两个操作数进行相应运算。之所以要限制操作数是一位数,是因为这里使用的栈是字符栈。若是数栈,则读入的数字字符要拼成数,才能进行入栈操作。

下面是对表达式 5*(4-1*3)+2 求值的操作过程,如表 3.2 所示。

表 3.2 中缀表达式求值过程

步骤	opnd 栈	optr 栈	读 字 符	操 作
初始		#	5*(4-1*3)+2#	Push(optr,'#')
1	5	#	5*(4-1*3)+2#	Push(opnd,'5')
2	5	# *	*(4-1*3)+2#	Push(optr,'*')
3	5	# * (	(4-1*3)+2#	Push(optr,'(')
4	5 4	# * (	4-1*3)+2#	Push(opnd,'4')
5	5 4	# * (-	-1*3)+2#	Push(optr,'-')
6	5 4 1	# * (-	1*3)+2#	Push(opnd,'1')
7	5 4 1	# * (- *	*3)+2#	Push(optr,'*')
8	5 4 1 3	# * (- *	3)+2#	Push(opnd,'3')
9	5 4 3	# * (-	)+2#	Push(opnd,operate(Pop('1'),'*',Pop('3'))
10	5 1	# * (	+2#	Push(opnd,operate(Pop('4'),'-',Pop('3')))
11	5 1	# *	+2#	Pop(optr) //消去一对括号
12	5	# *	+2#	Push(opnd,operate(Pop('5'),'*',Pop('1')))

续表

步骤	opnd 栈	optr 栈	读　字　符	操　　作
13	5	＃ ＋	＋2＃	Push(optr,'＋')
14	5　2	＃	2＃	Push(opnd,'2')
15	7	＃	＃	Push(opnd,operate(Pop('5'),'＋',Pop('2')))
16	7	＃	＃	StackGetTop(opnd)

3.3　栈与递归

栈的一个重要应用是在程序设计语言中实现递归，递归的实现依赖栈。**递归**是指，若在一个函数内部，直接（或间接）出现定义本身的应用，则称它们是递归的，或者是递归定义的。根据调用方式的不同，可分为**直接递归**和**间接递归**。若一个函数在结束执行前直接调用本身，称为直接递归调用；若函数通过其他函数调用了自身，称为间接递归调用。在递归过程中，函数会不断调用自身，直到满足某个条件时才结束调用返回结果。当一个函数递归调用自身时，操作系统会将每个递归调用的参数、局部变量和返回地址压入栈中。当递归调用结束返回时，操作系统会从栈中弹出这些数据。因此，递归的实现依赖栈的 LIFO 特性。

在实际应用中，栈和递归被广泛用于解决各种问题。例如，在解析复杂的数学表达式时，可以使用栈来保存每个表达式的计算结果，以便在需要时进行计算和求值。此外，递归也被广泛应用于树的遍历、图的搜索等算法中。递归算法常常比非递归算法更容易设计，尤其是当问题本身或所涉及的数据结构是递归定义的时候，使用递归算法特别合适。但递归执行时使用的栈结构需要入栈、出栈等操作，一般而言，比对应的非递归算法效率要低。

3.3.1　递归的实现

为了弄清递归算法是如何实现的，现举一个求 n 的阶乘的递归算法。

在数学上，n 的阶乘定义如下。

$$n!=\begin{cases}1, & n=0\\ n(n-1)!, & n>0\end{cases}$$

上式中，一个数的阶乘是用它前一个数的阶乘和它本身的乘积来定义的，前一个数的阶乘是用比它小 1 的数的阶乘和它本身的乘积确定的，如此递推下去，直到 $0!=1$ 为止。这种定义就是递归的。

例如：

$3!=3\times2!$

$2!=2\times1!$

$1!=1\times0!$

0!=1

求 n 的阶乘的算法如下。

[**算法 3.14**]　求 n 的阶乘

```
long Fact(int n)
{   //递归求 n!
    if(n==0)
        return 1;
    else
        return(n*Fact(n-1));
}
```

程序的执行过程可用图 3.8 来表示。

这个递归算法是如何实现的呢？

(1) 要正确实现函数的递归和返回，必须解决参数的传递和返回地址问题。为此，系统开辟了一个“工作记录”，保存所有的实在参数、所有的局部变量及调用后的返回地址。对于递归调用，根据后调用先返回的原则，必须开辟一个工作栈，依次存放每次调用时参数的“工作记录”，以便返回时使用。

(2) 当满足某种条件而执行函数的结束语句时，若栈不空则退栈，并将退栈时的值赋给原来相对应的变量，然后，从返回地址所对应的语句开始继续向下执行。若栈空则递归结束。

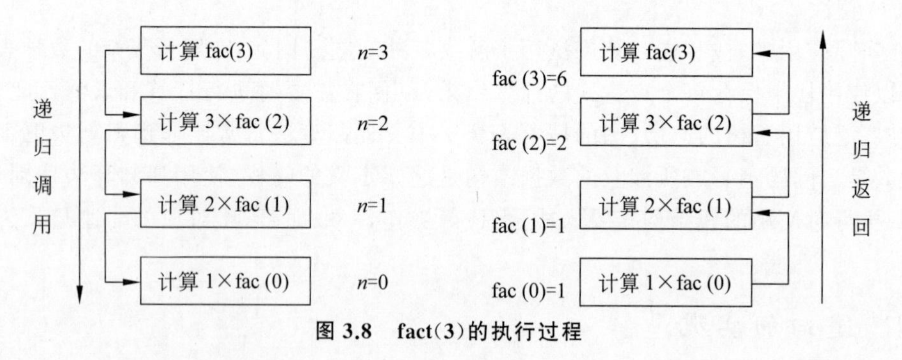

图 3.8　fact(3)的执行过程

3.3.2　递归算法举例

递归是算法设计中最常用的手段。它通常把一个大型复杂的问题层层转换为一个与原问题相似的规模较小的问题来求解，往往通过少量的语句，实现重复计算，起到事半功倍的作用。

像上面举的阶乘的例子那样，在数学上有许多问题都是递归定义的，如斐波那契(Fibonacci)数列，在数学和计算机科学上都有重要意义，其序列是：

0,1,1,2,3,5,8,13,21,34,55,89,…

其形式表示如下。

$$\mathrm{Fib}(n)=\begin{cases} n, & n=0 \text{ 或 } n=1 \\ \mathrm{Fib}(n-2)+\mathrm{Fib}(n-1), & n\geqslant 2 \end{cases}$$

其递归算法如下。

［**算法 3.15**］　求斐波那契数列

源代码

```
long Fibonacci(int  n)
{  //递归求斐波那契数列的第 n 项的值
    if (n<2)
        return n;
    else
        return  Fibonacci(n-2)+Fibonacci(n-1);
}
```

例 3.4　n 阶 Hanoi 塔问题。假设有三个分别命名为 X、Y 和 Z 的钢针，在钢针 X 上插有 n 个直径大小各不相同、从小到大编号为 $1,2,\cdots,n$ 的圆盘。现要求将 X 钢针上的 n 个圆盘移至钢针 Z 上并仍按同样的顺序叠放。移动过程中一次只能移动一个盘子，不允许大盘放在小盘上面，圆盘可以插在 X、Y 和 Z 中的任一钢针上。图 3.9 表示了三个圆盘的示意图。

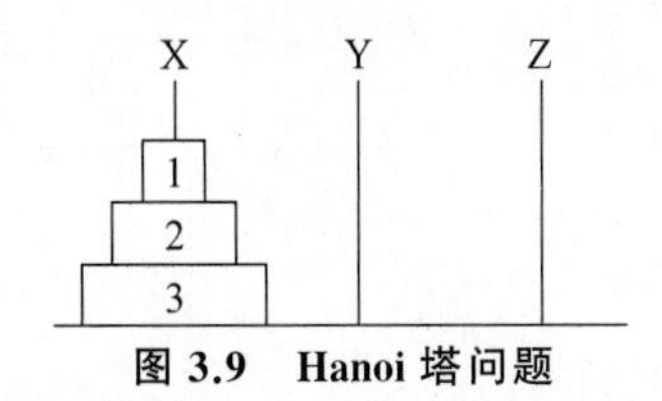

图 3.9　Hanoi 塔问题

对于 n 阶 Hanoi 塔问题，具体的求解过程如下。

(1) 把 X 钢针上面的 $n-1$ 个盘子借助 Z 钢针移动到 Y 钢针上。

(2) 把 X 钢针上的第 n 个盘子移动到 Z 钢针。

(3) 把 Y 钢针上面的 $n-1$ 个盘子借助 X 钢针移动到 Z 钢针上。

如果用函数 Hanoi(n,X,Y,Z)来表示把 n 个盘子从 X 移动到 Z，中间借用 Y 作为存放盘子的钢针，用函数 Move(n,X,Y)表示把第 n 个盘子从 X 移动到 Y 的输出，那么解决 Hanoi 塔问题的算法如下。

［**算法 3.16**］　Hanoi 塔问题

源代码

```
void Hanoi(int n,char x,char y,char z)
{  //将钢针 x 上由小到大编号为 1~n 的 n 个盘子移到钢针 z 上,钢针 y 可作为辅助钢针
    if(n==1) Move(1,x,z);
    else
    {   Hanoi(n-1,x,z,y );                    //先将 n-1 个盘子从 x 移到 y,以 z 作辅助
        Move(n,x,z);                          //将编号为 n 的盘子从 x 移到 z
        Hanoi(n-1,y,x,z);                     //将 n-1 个盘子从 y 移到 z,以 x 作辅助
    }
}
```

递归算法的设计实际上就是对问题的抽象的过程，如果抽象到每个小问题都有相同特征时，那就形成了递归。递归定义由基本项和归纳项两部分组成。基本项描述了递归过程的一个或几个终结状态，即不需要继续递归就可求值的状态。如上面例子中的 $n=1$ 或 $n=0$。归纳项描述了从当前状态向终结状态的转换。即将复杂问题转换为较简单的问题，而简单问题与复杂问题的形式是一样的。每递归一次都要向终止条件靠近一步，最终达到终止条件。

3.4 队 列

3.4.1 队列的定义

队列是一种只允许在表的一端插入，在另一端删除的存取受限的线性表。允许插入的一端叫作**队尾**，允许删除的一端叫作**队头**。像排队一样，入队时排在队尾，先进入队列的元素先出队列。所以，队列是一种先进先出(First In First Out，FIFO)的线性表。如图 3.10 所示是一个有 5 个元素的队列。入队的顺序依次为 a_1、a_2、a_3、a_4、a_5，出队时的顺序将依然是 a_1、a_2、a_3、a_4、a_5。a_1 是队头元素，a_5 是队尾元素。

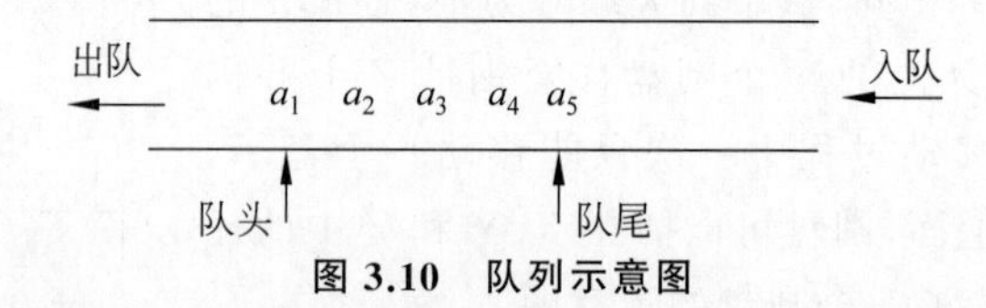

图 3.10 队列示意图

在日常生活中队列的例子很多，如排队买东西，新来的人排在队尾，排在最前面的人买完后走掉。操作系统中的作业排队也是这样。

队列的抽象数据类型定义如下。

```
ADT Queue{
数据对象:D={aᵢ | aᵢ∈DataSet, i=1,2,…,n,n≥0}
数据关系:R={<aᵢ₋₁,aᵢ> | aᵢ₋₁,aᵢ∈D,i=2,3,…,n}
基本操作:
        QueueInit(Q):构造了一个空队列                //队列初始化
        QueueClear(Q):将 Q 清为空队列                //清空队列
        QueueIn(Q,x):插入一个元素 x 到队尾            //入队
        QueueOut(Q,x):删除队头元素,并用 x 返回其值    //出队
        GetHead(Q):读队头元素,并返回其值              //读队头元素
        QueueEmpty(Q):若 Q 为空队列则返回真,否则返回假 //判队空
        QueueLength(Q):返回 Q 的元素个数,即队列的长度  //求队列长
}ADT Queue
```

除了栈和队列之外，还有一种限定性数据结构叫作**双端队列**。双端队列是限定插入和删除操作在表的两端进行的线性表。在实际使用中，还有**输入受限的双端队列**(一端输入两端输出)和**输出受限的双端队列**(一端输出两端输入)。这几种数据结构应用远不如栈和队列广泛，这里不做深入探讨。

3.4.2 队列的顺序存储结构及实现

队列也是操作受限的线性表，与线性表、栈一样，队列也有顺序存储结构和链式存储结构两种存储方法。

队列的顺序存储结构中，除了用一个能容纳最多元素的向量空间外，因为队列限制在队头进行删除，在队尾进行插入，为方便操作，还需要有两个指针分别指向队头元素和队

尾元素。我们**约定**队头指针指向队头元素的前一个位置,队尾指针指向队尾元素。

队列的类型定义如下。

```
#define MAXSIZE 100                          //队列可能达到的最大长度
typedef struct
{   DataType data[MAXSIZE];
    int front,rear;
}SeqQueue;
```

图3.11展示了空队列、入队和出队的一些操作。假设Q是一个顺序队列,其最大容量为6,则置空队列操作为:Q.front=Q.rear=−1,如图3.11(a)所示;图3.11(b)是a_1,a_2,a_3依次入队的示意图;图3.11(c)是a_1,a_2出队,a_4,a_5入队的示意图;图3.11(d)是a_6入队的示意图。

在不考虑溢出的情况下,入队操作队尾指针加1,指向新位置后,元素入队,操作如下。

```
Q.rear++;   Q.data[Q.rear]=x;
```

在不考虑队空的情况下,出队操作队头指针加1,表明队头元素出队,操作如下。

```
Q.front++;  x=Q.data[Q.front];
```

队中元素的个数m=Q.rear−Q.front。队满时,m=MAXSIZE;队空时,m=0。

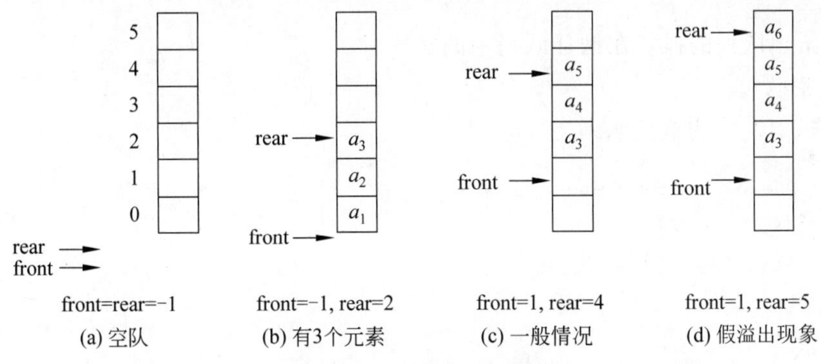

图3.11 队列操作示意图

从图3.11中可以看到,随着入队出队的进行,会使整个队列整体向上移动,这样就出现了图3.11(d)中的现象:队尾指针已经移到了最后,若再有元素入队就会出现溢出。事实上,此时队中并未真的"满员",这种现象称为"假溢出",是由"队尾入队、队头出队"这种受限制的操作所造成的。

怎样解决这种"假溢出"问题呢?一种解决假溢出的方法,是将队列的数据区data[0..MAXSIZE−1]看成头尾相接的循环结构,这种队列称为**循环队列**。图3.12给出了循环队列的示意图。

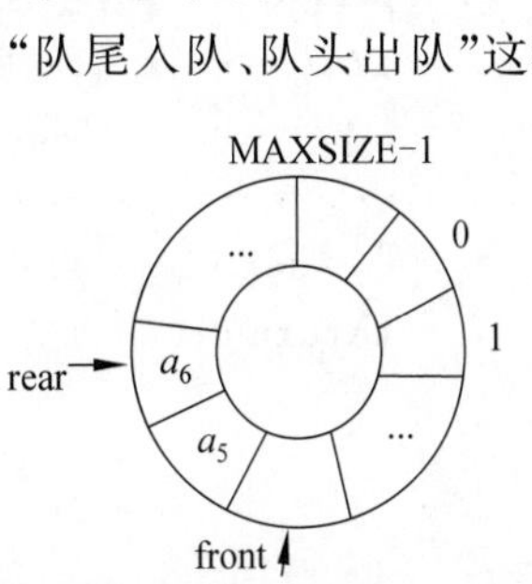

图3.13是循环队列操作示意图。

MAXSIZE-1
0
1
rear
a_6
a_5
front

图3.12 循环队列操作示意图

从如图 3.13 所示的循环队列可以看到，图 3.13(a)是空循环队列，此时 front＝rear。图 3.13(b)有 4 个元素，其状态与图 3.11(d)的状态一致。图 3.13(c)为 a_7 入队时队列的状态，图 3.13(d)为 a_8 入队时队列满的状态，此时 front＝rear。可以发现，图 3.13(a)和图 3.13(d)所表示的队列空和队列满时，front 和 rear 两个指针的关系都是队头指针等于队尾指针。此时怎样区别"队满"和"队空"呢？这显然是必须要解决的问题。

通常有三种方法来解决这个问题。一是另设一标志量以区别队列是"空"还是"不空"；二是另设一个计数器标识队列元素个数；三是少用一个元素空间，以队尾指针加 1 等于队头指针作为队列满的标志，本书使用这一方式。如图 3.13(c)所示的情况就视为队满，此时的状态是(rear＋1)％MAXSIZE＝front。少用一个空间后循环队列元素个数可以由(Q.rear－Q.front＋MAXSIZE)％MAXSIZE 求得。

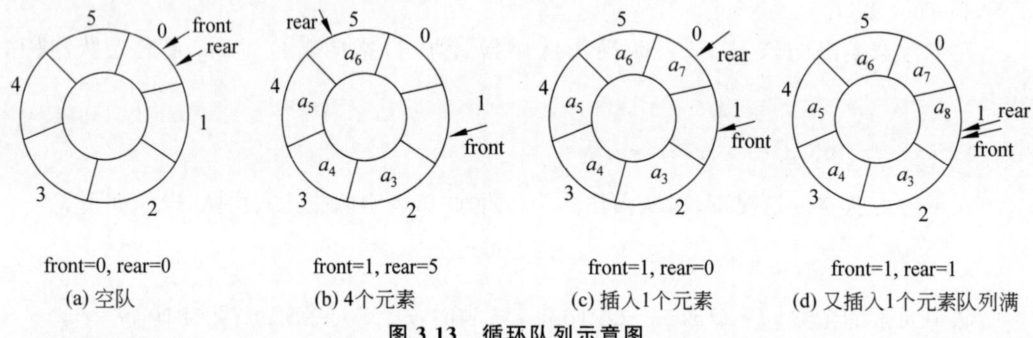

图 3.13　循环队列示意图

下面给出队列的操作在循环队列中的实现。

1. 置空队

源代码

[算法 3.17]　构造空队列

```
void  QueueInit(SeqQueue *Q)
{   //初始化队列 Q
    Q->front=Q->rear=0;
}
```

2. 入队

[算法 3.18]　入队列

```
bool  QueueIn(SeqQueue *Q ,DataType x)
{   //插入元素 x 为 Q 的新的队尾元素
    if((Q->rear+1)%MAXSIZE==Q->front)         //队列满，不能入队元素
       return false;
    Q->rear=(Q->rear+1) % MAXSIZE;             //计算队尾位置
    Q->data[Q->rear]=x;                        //入队
    return true;
}
```

3. 出队

[**算法 3.19**]　出队列

```
bool QueueOut(SeqQueue * Q, DataType * x)
{   //若队列不空,则删除 Q 的队头元素
    if(Q->front==Q->rear)                       //队列空
      return false;
    Q->front=(Q->front+1) % MAXSIZE;            //移动队头指针
    * x=Q->data[Q->front];                      //读取队头元素
    return true;
}
```

4. 判队空

[**算法 3.20**]　判断队列是否为空

```
bool QueueEmpty(SeqQueue  Q)
{   //判断队列 Q 是否为空
    if(Q.front==Q.rear)
       return true;
    else
       return false;
}
```

3.4.3　队列的链式存储结构及实现

用链式存储结构表示的队列简称为**链队列**。一个链队列显然需要两个分别指示队头和队尾的指针(分别称为头指针和尾指针)才能唯一确定。和线性表的单链表一样,为了操作方便,也给链队列增加一个头结点,令头指针指向头结点,用尾指针指向尾结点,如图 3.14 所示。

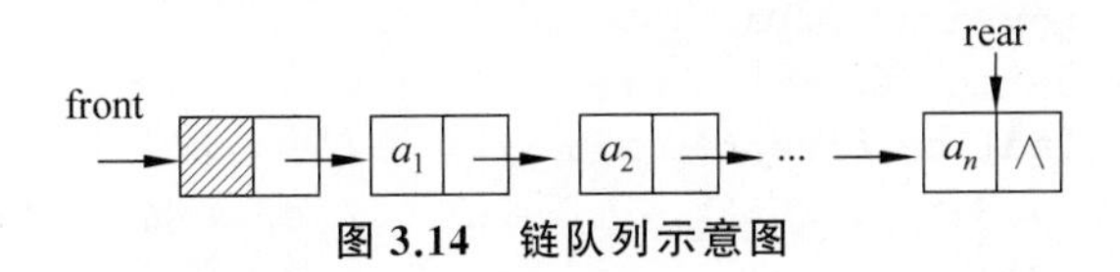

图 3.14　链队列示意图

图 3.14 中头指针 front 和尾指针 rear 是两个独立的指针变量,从结构性上考虑,通常将二者封装在一个结构中。链队列的类型描述如下。

```
typedef struct LQNode
{   DataType  data;
    struct  LQNode * next;
}LQNode, * LinkedQNode;                          //链队列结点的类型
typedef struct
{   struct LQNode   * front, * rear;             //头指针和尾指针
}  LQueue , * LinkedQueue;                       //将头、尾指针封装在一起的链队列
```

按这种思想建立的带头结点的链队列如图 3.15 所示。

队列的基本操作用链队列实现如下。

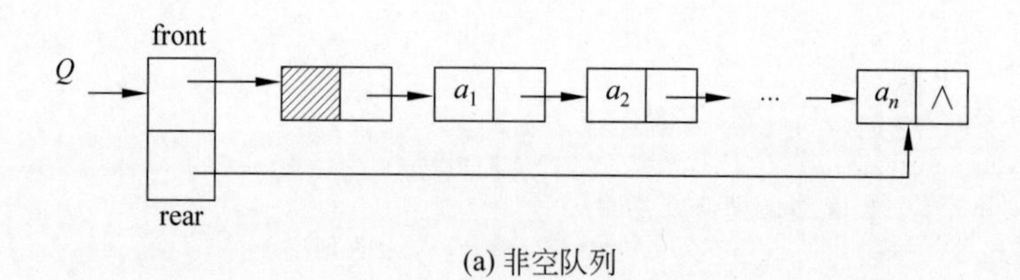

(a) 非空队列

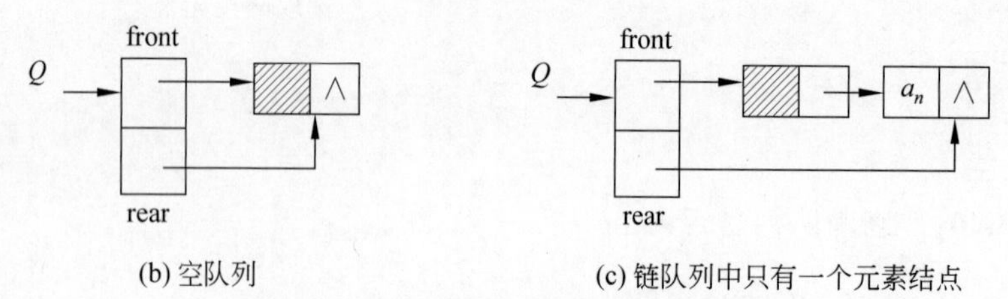

(b) 空队列　　(c) 链队列中只有一个元素结点

图 3.15　头尾指针封装在一起的链队列

1. 构造空队列

[算法 3.21]　创建一个带头结点的空队列

```
void  QueueInit(LinkedQueue * Q)
{   //构造一个空队列 Q
    * Q=(LinkedQueue)malloc(sizeof(LQueue));//申请头尾指针结点
    p=(LQNode *)malloc(sizeof(LQNode));       //申请链队头结点
    p->next=NULL;  (* Q)->front=(* Q)->rear=p;
}
```

2. 入队

[算法 3.22]　入队列

```
bool QueueIn(LinkedQueue Q,DataType x)
{   //插入元素 x 为 Q 的队尾元素
    p=(LQNode *)malloc(sizeof(LQNode));       //申请新结点
    p->data=x;  p->next=NULL;                 //新结点链至队尾
    Q->rear->next=p;                          //修改队尾指针
    Q->rear=p;
    return true;
}
```

3. 出队

[算法 3.23]　出队列

```
bool QueueOut(LinkedQueue Q, DataType * x)
{   //若队列不空,则删除 Q 的队头元素
    if(Q->front!=Q->rear)
    {   p=Q->front->next;                     //取得队列第一个元素指针
        Q->front->next=p->next;               //修改队头指针指向
        * x=p->data;                          //队头元素放 x 中
        free(p);
```

```
        if(Q->front->next==NULL)  //只有一个元素时,出队后队空,此时还要修改队尾指针
            Q->rear=Q->front;
        return true;
    }
    else
        return false;
}
```

4. 判队空

[**算法 3.24**]　判断队列是否为空

```
bool QueueEmpty(LinkedQueue Q)
{   //判断队列 Q 是否为空
    if (Q->front==Q->rear)
        return true;
    else
        return false;
}
```

上述链队列基本运算的时间复杂度都是 $O(1)$。

3.5　栈和队列的应用举例

例 3.5　后缀表达式求值。

为了处理方便,编译程序常把中缀表达式首先转换成等价的后缀表达式,后缀表达式的运算符在运算对象之后。在后缀表达式中不再引入括号,所有的计算按运算符出现的顺序严格从左到右进行,而不用再考虑运算规则和级别,中缀表达式 5 * (4－1 * 3)＋2 的后缀表达式为 5413 * － * 2＋。后缀表达式计算时只需用到操作数栈。

后缀表达式求值过程如下:首先置操作数栈为空栈,然后从左到右扫描表达式,读入字符 ch,按以下规则进行。

(1) 若 ch 是操作数,则 ch 入 opnd 栈。

(2) 若 ch 是操作符,则弹出 opnd 栈顶的两个操作数,进行相应运算,结果压入 opnd 栈。

(3) 当字符扫描结束后,栈顶元素就是计算结果。

对后缀表达式进行求值时,需要首先将中缀表达式转换成后缀表达式,中缀表达式转换为后缀表达式与中缀表达式求值方法类似,只是出栈的操作数和运算符不进行计算,直接输出原值即可。中缀表达式 5 * (4－1 * 3)＋2 转换成后缀表达式的过程如表 3.3 所示。

表 3.3　中缀表达式转换成后缀表达式过程

步骤	optr 栈	读　字　符	操　　作	后缀表达式
初始	#	5 * (4－1 * 3)＋2#	Push(optr,'#')	
1	#	5 * (4－1 * 3)＋2#	输出 5	5
2	# *	* (4－1 * 3)＋2#	Push(optr,'*')	

续表

步骤	optr 栈	读 字 符	操 作	后缀表达式
3	# * (	(4－1*3)＋2#	Push(optr,'(')	
4	# * (	4－1*3)＋2#	输出 4	5 4
5	# * (－	－1*3)＋2#	Push(optr,'－')	
6	# * (－	1*3)＋2#	输出 1	5 4 1
7	# * (－ *	*3)＋2#	Push(optr,'*')	
8	# * (－ *	3)＋2#	输出 3	5 4 1 3
9	# * (－	)＋2#	输出 *	5 4 1 3 *
10	# * (	＋2#	输出－	5 4 1 3 * －
11	# *	＋2#	Pop(optr)//消去一对括号	
12	#	＋2#	输出 *	5 4 1 3 * － *
13	# ＋	2#	Push(optr,'＋')	
14	# ＋	2#	输出 2	5 4 1 3 * － * 2
15	#	#	输出＋	5 4 1 3 * － * 2 ＋
16	#	#	返回后缀表达式	

本例对于入栈、出栈、判栈空等基本运算不再给出对应函数，可参考本章之前的讲解。

[算法 3.25] 使用顺序栈对后缀表达式求值

源代码

```
typedef char DataType;                                  //定义数据类型为字符串
#define MAXSIZE 100                                     //定义栈最大容量
typedef struct
{   DataType data[MAXSIZE];                             //存放表达式字符串
    int top;                                            //栈顶指针
}SeqStack;
SeqStack opstack;                                       //定义全局变量
void TrnsInToSufix(char inorder[],char backorder[])
{   //将中缀表达式 inorder 转换成后缀表达式 backorder
    char op=' ';
    in=0,back=0;
    for (i=0; i<MAXSIZE;i++ )                           //初始化后缀表达式为空字符串
        backorder[i]=' ';
    scanf("%s",inorder);                                //输入中缀表达式
    while( inorder[in]!='\0' && inorder[in]!='\n')      //从头至尾扫描中缀表达式
    {  if( operation(inorder[in]) )                     //判断当前字符是否是运算符
       { if( StackEmpty(opstack) )                      //判断栈是否为空
           Push(&opstack, inorder[in] );                //入栈
         else
         {  if( inorder[in]=='(' )                      //左括号入栈
              Push(&opstack,inorder[in] );
```

```
        else
        {   if( inorder[in]==')')                      //如果是右括号
            {   while( opstack.data[opstack.top]!='(')
                                                       //若栈顶元素不是左括号
                {   Pop(&opstack,&op );                //栈顶元素出栈
                    backorder[back++]=op;              //栈顶元素写入后缀表达式
                }
                Pop(&opstack,&op);                     //若栈顶元素是左括号则出栈
            }
            else
            {   topch=opstack.data[opstack.top];
                while(priority(inorder[in])<=priority(topch))
                                                   //当前运算符小于栈顶运算符优先级
                {   Pop(&opstack,&op );                //栈顶运算符出栈
                    backorder[back++]=op;              //出栈运算符写入后缀表达式
                    if( StackEmpty(opstack) )          //判断栈是否为空
                        break;
                }
                Push(&opstack,inorder[in] );
                                              //当前运算符大于栈顶运算符优先级入栈
            }
          }
        }
      }
      else
        backorder[back++]=inorder[in];
    in++;
    }
    while(!StackEmpty(opstack))
    {   Pop(&opstack,&op);
        backorder[back++]=op;
    }
    backorder[back]='\0';
    printf("%s",backorder);                            //输出中缀表达式的后缀表达式
}

int operation(char p)
{   //判断是否为运算符
    switch(p)
    {   case '(' || ')' || '-' || '+' || '*' || '/' || '^' : return true;   //是运算符
        default:return false;
    }
}

int priority(char p)
{   //判断运算符的优先级
    switch(p)
    {   case'(':return 1;
        case'+':
```

```
        case'-':return 2;
        case' * ':
        case'/':return 3;
        case'^':return 4;
        default:return 0;
    }
}

void calculate(char * backorder)
{   //对后缀表达式求值
    n=0;
    for(i=0; backorder[i]!='\0'; i++)                    //从头至尾扫描后缀表达式
    {   num=backorder[i]-'0';                             //将字符型数字转换成数值型
        if(backorder[i]>='0'&&backorder[i]<='9')          //若当前字符是数字
        {   n++;
            push(&opnd,num);
        }
        else
        switch(backorder[i])                               //若当前字符是运算符
        {   case '+': pop(&opnd,&b);pop(&opnd,&a);
                  push(opnd,(char)operate(a,'+',b);
                  break;
            case '-': pop(&opnd,&b);pop(&opnd,&a);
                  push(opnd,(char)operate(a,'-',b);
                  break;
            case ' * ': pop(&opnd,&b);pop(&opnd,&a);
                  push(&opnd,(char)operate(a,' * ',b);
                  break;
            case '/': pop(&opnd,&b);pop(&opnd,&a);
                  push(opnd,(char)operate(a,',',b);
                  break;
            case '^': pop(&opnd,&b);pop(&opnd,&a);
                  push(opnd,(char)operate(a,'^',b);
        }
    }
    GetTop(opnd,&c);                                      //输出计算结果
    printf("%d",(int)c);
}
```

对于中缀表达式和后缀表达式,求值算法需要从头到尾扫描表达式中的每个字符,若表达式中的字符串长度为 n,则此算法的时间复杂度为 $O(n)$。算法在运行时所占用的辅助空间主要取决于操作数栈和运算符栈的大小,显然它们的空间大小之和不会超过 n。所以。此算法的空间复杂度也同样为 $O(n)$。

例 3.6 银行业务模拟。

(1) 初始化:程序开始时会初始化客户队列和银行窗口。

(2) 客户进队:模拟客户抵达银行并取号,生成随机的业务时长,并将客户加入队列队尾。

(3) 客户出队：处理队头客户离开队列，即当某个客户办理完业务后，从队列中移除该客户信息。

(4) 窗口业务：每当时间递增时，程序会检查每个窗口的状态。若窗口空闲且队列中有客户，则将队头客户送至空闲窗口办理业务；若窗口忙碌，则更新当前客户的剩余业务时间，直至办理完毕。

(5) 终止条件：当所有窗口空闲且队列为空时，程序终止运行，表示银行排队服务模拟结束。

这里设银行窗口数为3、总服务时间为5，从时刻5开始停止客户取号并处理完队列和窗口剩余的客户。

算法如下。

[**算法3.26**]　银行业务模拟

源代码

```
#define WINDOW_COUNT 3                                  //窗口数
#define SERVICE_TIME 5                                  //总服务时间
#define MAXSIZE 100                                     //最大客户数
typedef struct
{  int number;                                          //客户号码
   int service_time;                                    //业务办理所需时间
} Customer;
typedef struct
{  Customer queue[MAXSIZE];                             //队列
   int front;                                           //队头指针
   int rear;                                            //队尾指针
} Queue;
typedef struct
{  int is_busy;                                         //窗口是否忙碌
   Customer current_customer;                           //当前客户
} Window;
void SimulateBank(Queue customer_queue)
{  Window windows[WINDOW_COUNT];                        //初始化窗口
   for (i = 0; i < WINDOW_COUNT; i++)
      windows[i].is_busy = 0;                           //初始化为非忙碌状态
   srand((unsigned int)time(NULL));                     //设置随机种子
   current_time = 1;                                    //从时刻1开始
   while (1)                                            //以单位时间为间隔进行循环
   { //服务时间结束且队列为空且所有窗口都空闲时跳出循环
     if (current_time > SERVICE_TIME && customer_queue.front == customer_queue.
rear)
     {  all_windows_idle = 1;
        for (i = 0; i < WINDOW_COUNT; i++)
        if (windows[i].is_busy)
           {  all_windows_idle = 0;
              break;
           }
        if (all_windows_idle == 1)
           break;
```

```
        }
        //服务时间结束前,客户按一定概率抵达并进入客户队列
       if (current_time <=  SERVICE_TIME)
       { num_arrivals = rand() % WINDOW_COUNT;  //在一个时间段内随机生成 0~2 个客户
        for (k = 0; k < num_arrivals; k++)
        {  new_customer.number = current_time * 10 + k;
                                                 //客户号码暂时用当前时间表示
          //随机生成客户办理业务所需的时间
          new_customer.service_time = rand() % SERVICE_TIME + 1;
          QueueIn(&customer_queue, new_customer);
          printf("客户%d已取号\n", new_customer.number);
        }
       }
     //处理各个窗口的状态
     for (i = 0; i < WINDOW_COUNT; i++)
      { if (windows[i].is_busy)
        { windows[i].current_customer.service_time--;
                                                //客户的业务时长减少一个单位时间
         if (windows[i].current_customer.service_time == 0)
         { windows[i].is_busy = 0;                //窗口置为空闲
           printf("%d号办理业务完成,离开窗口%d\n", windows[i].current_customer.
number, i + 1);
          }
        }
        else
        if (customer_queue.front != customer_queue.rear)
        { Customer next_customer = QueueOut(&customer_queue);  //下一个客户出队
            windows[i].is_busy = 1;                          //窗口置为忙碌
            windows[i].current_customer = next_customer;   //客户至窗口办理业务
             printf("客户%d开始办理业务,进入窗口 %d\n", next_customer.number, i + 1);
          }
      }
      printWindowStatus(current_time, windows);                   //输出窗口情况
      current_time++;                                              //时间增加
    }
}
```

电子课件

*3.6 算法举例

例 3.7 设有两个栈 S_1 和 S_2 都采用顺序栈方式,S_1 和 S_2 共享一个存储区[0..maxsize−1],试设计 S_1,S_2 有关入栈和出栈的操作算法。

解答:两栈共享向量空间,将两栈栈底设在向量两端,初始时,S_1 栈顶指针为−1,S_2 栈顶为 MAXSIZE。两栈顶指针相邻时为栈满。两栈顶相向,迎面增长,栈顶指针指向栈顶元素。S_1 栈是通常意义下的栈,而 S_2 栈入栈操作时,其栈顶指针左移(减 1),退栈时,栈顶指针右移(加 1)。

［算法 3.27］　两栈共享一个向量空间的入栈、出栈操作

```
#define MAXSIZE  100
typedef struct
{   DataType data[maxsize];                    //栈空间
    int top[2];                                //top 为两个栈顶指针
} DStack;
DStack S;                                      //S 是如上定义的结构类型变量,为全局变量
```

1. 入栈操作

```
bool Push(int i,DataType x)
{/* 入栈操作。i 为栈号,i=0 表示左边的栈 s1,i=1 表示右边的栈 s2,x 是入栈元素。入栈成
    功返回 1,否则返回 0 */
    if(i<0||i>1)                               //栈号输入不对
        return false;
    if(S.top[1]-S.top[0]==1)                   //栈已满
        return false;
    switch(i)
    {  case 0: S.data[++S.top[0]]=x; return true; break;
       case 1: S.data[--S.top[1]]=x; return true;
    }
}
```

2. 出栈操作

```
bool Pop(int i, DataType *x)
{   //退栈算法。i 代表栈号,i=0 时为 s1 栈,i=1 时为 s2 栈。退栈成功返回退栈元素,否则返
    //回-1
    if(i<0 || i>1)                             //栈号输入错误
        return false;
    switch(i)
    {   case 0: if(S.top[0]==-1)               //栈空
                    return false;
                else
              {  *x=S.data[S.top[0]--]);
                 return true;
              }
        case 1: if(S.top[1]==MAXSIZE)          //栈空
                    return false;
                else
                {   *x=S.data[S.top[1]++]);
                    return true;
                }
}
```

例 3.8　假设以带头结点的循环链表表示队列,并且只设一个指针指向队尾结点,但不设头指针,请写出相应的入队列和出队列算法。

解答:带头结点的循环链表结构体定义如下。

```
typedef struct LNode
{   DataType data;
    struct LNode * next;
}LNode, * LinkedList;
```

［算法 3.28］ 循环链表表示队列的入队列和出队列算法

源代码

```
bool QueueIn (LinkedList * rear, DataType x)
{   //rear是带头结点的循环链队列的尾指针,本算法将元素x插入队尾
    s=(LQNode *)malloc(sizeof(LQNode));          //申请结点空间
    s->data=x;  s->next=(* rear)->next;          //将s结点链入队尾
    (* rear)->next=s;  (* rear)=s;               //rear指向新队尾
    return true;
}

bool QueueOut (LinkedList * rear, DataType * x)
{   //rear是带头结点的循环链队列的尾指针,本算法执行出队操作
    if((* rear)->next==(* rear))                 //队空
        return false;
    s=(* rear)->next->next;                      //s指向队头元素
    (* rear)->next->next=s->next;                //队头元素出队
    * x=s->data;
    if(s== * rear)
        (* rear)=(* rear)->next;                 //空队列
    free(s);
    return true;
}
```

例 3.9 请利用两个栈 s1 和 s2 来模拟一个队列。已知栈的三个运算定义如下。Push(ST,x):元素 x 入 ST 栈;Pop(ST,x):ST 栈顶元素出栈,赋给变量 x;StackEmpty(ST):判 ST 栈是否为空。那么如何利用栈的运算来实现该队列的三个运算? QueueIn:插入一个元素入队列;QueueOut:删除一个元素出队列;QueueEmpty:判队列为空。

解答:栈的特点是后进先出,队列的特点是先进先出。所以,用两个栈 s1 和 s2 模拟一个队列时,s1 作输入栈,逐个元素入栈,以此模拟队列元素的入队。当需要出队时,将栈 s1 出栈并逐个压入栈 s2 中,s1 中最先入栈的元素,在 s2 中处于栈顶。s2 出栈,相当于队列的出队,实现了先进先出。显然,只有栈 s2 为空且 s1 也为空,才算是队列空。

算法中定义的栈类型 stack 未定义栈的存储结构,具体实现时读者可自行定义。

［算法 3.29］ 两个栈模拟队列操作

源代码

```
stack s1,s2;
bool QueueIn(DataType x)
{   //s1是容量为n的输入栈。本算法将x入s1栈,若入栈成功返回真,否则返回假
    if(top1==n && !StackEmpty(s2))          //top1是栈s1的栈顶指针,是全局变量
        return false;                       //s1满s2非空,这时s1不能再入栈
    if(top1==n && StackEmpty(s2))           //若s2为空,先将s1退栈,元素再入栈到s2
    {   while(!StackEmpty(s1))
```

```
        {   Pop(s1,x);
            Push(s2,x);
        }
    Push(s1,x);                                    //x入栈,实现了队列元素的入队
    return true;
}
bool QueueOut(DataType * x)
{   //s2是输出栈,本算法将s2栈顶元素出栈,实现队列元素的出队
    if(!StackEmpty(s2))                            //栈s2不空,则直接出队
        Pop(s2,x);
    else                                           //处理s2空栈
        if(StackEmpty(s1))                         //若输入栈也为空,则判定队列空
            return false;
        else                                       //先将栈s1倒入s2中,再做出队操作
        {   while(!StackEmpty(s1))
            {   Pop(s1,x);
                Push(s2,x);
            }
            Pop(s2,x);                             //s2退栈相当于队列出队
        }
    return true;
}
bool QueueEmpty()
{   //本算法判用栈s1和s2模拟的队列是否为空
    if(StackEmpty(s1)&&StackEmpty(s2))
        return true;                               //队列空
    else
        return false;                              //队列不空
}
```

算法中假定栈s1和栈s2容量相同。出队从栈s2出,当s2为空时,若s1不空,则将s1倒入s2再出栈。入队在s1,当s1满后,若s2空,则将s1倒入s2,之后再入队。因此队列的容量为两栈容量之和。元素从栈s1倒入s2,必须在s2空的情况下才能进行,即在要求出队操作时,若s2空,则无论s1元素多少(只要不空),就要全部倒入s2中。

小　　结

本章主要介绍栈和队列的基本概念、存储结构、基本运算以及栈和队列的应用。栈是限定在表尾进行插入、删除的线性表。栈有顺序栈和链栈两种存储方式。栈有表达式求值、括号匹配等很多应用,另外有一个重要应用是在程序设计中实现递归。队列是一种只允许在表的一端插入,在另一端删除的存取受限的线性表。队列有循环队列(顺序存储)和链队列(链式存储)两种存储方式。

通过本章的学习,要掌握栈和队列的特点、栈和队列的基本运算,理解递归算法执行过程中栈的状态变化过程。灵活运用栈和队列设计解决实际应用问题。

习　题

一、简答题

1. 简述栈的定义。

2. 简述队列的定义。

3. 请写出栈和队列的区别和共同点。

二、选择题

1. 链栈与顺序栈相比有一个明显的优点，是(　　)。

A. 插入操作更方便　　B. 通常不会出现栈满的情况

C. 不会出现栈空的情况　　D. 删除操作更加方便

2. 设入栈序列是 1,2,3,…,n，输出序列为 $p_1,p_2,p_3,\cdots,p_n$。若 $p_1=3$，则 p_2 为(　　)。

A. 可能是 2　　B. 不可能是 2　　C. 可能是 1　　D. 必定是 1

3. 设进栈次序为 ABCDE，(　　)是不可能得到的出栈序列。

A. ABCDE　　B. BCDEA　　C. EABCD　　D. EDCBA

4. 设进栈序列是 1,2,3,…,n，输出序列为 $p_1,p_2,p_3,\cdots,p_n$。若 $p_3=1$，则 p_1 为(　　)。

A. 必定是 2　　B. 可能是 3　　C. 必定是 3　　D. 不可能是 3

5. 数组 $S[M]$存储一个栈，top 为栈顶指针。如果条件 top= =M 表示栈满，那么条件(　　)表示栈空。

A. top == 1　　B. top == −1　　C. top == 0　　D. top != 0

6. 一个单向简单链表存储的栈，其栈顶指针为 top。执行操作(　　)可将原栈顶元素退栈，并存放在变量 x 中(不考虑回收结点)。

A. x=top;top=top->next;

B. x=top->data;

C. top=top->next;x=top->data;

D. x=top->data;top=top->next;

7. 设入栈序列是 $p_1,p_2,p_3,\cdots,p_n$，输出序列为 1,2,3,…,n。若 $p_3=1$，则 p_1 为(　　)。

A. 可能是 2　　B. 不可能是 2　　C. 必定是 2　　D. 必定是 3

8. 铁路进行列车调度时，常把站台设计成栈结构，若进站的 6 辆列车顺序为 1,2,3,4,5,6，不能产生的出栈序列是(　　)。

A. 435612　　B. 325641　　C. 123456　　D. 135426

9. 写出中缀表达式 A*B*C 的后缀表达式(　　)。

A. A*B*C　　B. AB**C　　C. **ABC　　D. ABC**

10. 4 个圆盘的 Hanoi 塔，总的移动次数为(　　)。

A. 7　　B. 8　　C. 15　　D. 16

11. 设栈 S 和队列 Q 的初始状态为空，元素 e_1、e_2、e_3、e_4、e_5、e_6 依次入栈 S，一个元素出栈后即进入队列 Q，若 6 个元素出队的顺序是 e_2、e_4、e_3、e_6、e_5、e_1，则栈 S 的容量至少应该是(　　)。

A. 6　　B. 4　　C. 3　　D. 2

12. 设数组 $S[n]$ 作为两个栈 S_1 和 S_2 的存储空间，对任何一个栈只有当 $S[n]$ 全满时才不能实施入栈操作。为这两个栈分配空间的最佳方案是(　　)。

A. S_1 的栈底位置为 0，S_2 的栈底位置为 $n-1$

B. S_1 的栈底位置为 0，S_2 的栈底位置为 $n/2$

C. S_1 的栈底位置为 0，S_2 的栈底位置为 n

D. S_1 的栈底位置为 0，S_2 的栈底位置为 1

13. 在操作序列 push(1)、push(2)、pop、push(5)、push(7)、pop、push(6)之后，栈顶元素是(　　)。

A. 6　　B. 7　　C. 5　　D. 2

14. 数组 $q[M]$(M 等于 6)存储一个循环队列，first 和 last 分别是首尾指针。已知 first 和 last 的当前值分别等于 2 和 5，且 $q[5]$ 存放的是队尾元素。当从队列中删除两个元素，再插入一个元素后，first 和 last 的值分别等于(　　)。

A. 3 和 6　　B. 4 和 0　　C. 1 和 3　　D. 5 和 1

15. 对于链队列，在进行删除操作时，有(　　)。

A. 仅修改头指针　　B. 仅修改尾指针

C. 头、尾指针都要修改　　D. 头、尾指针可能都要修改

16. 数组 $q[m]$ 存储一个循环队列，first 和 last 分别是首尾指针，如果使元素 x 入队操作的语句为“q[last]=x,last=(last+1)%m;”那么判断队满的条件是(　　)。

A. last==first　　B. last==$m-1$

C. (last+1)%m==first　　D. last+1==first

17. 数组 $q[m]$ 存储一个循环队列，first 和 last 分别是首尾指针。如果使元素 x 出队操作的语句为“first=(first+1)%m， x=q[first];”。那么元素 x 进队的语句是(　　)。

A. last=(last+1)%m,q[last]=x;　　B. x=q[last]， last =(last+1)%m;

C. q[last+1]=x;　　D. q[(last+1)%m]=x;

18. 首尾指针分别是 f 和 r 的带头结点单链表存储一个队列，元素 x 出队的语句为“f=f->next， x=f->data;”，那么判断队空否的条件是(　　)。

A. f==r　　B. f==NULL

C. f->next==r　　D. f->next=NULL

19. 循环队列存储在数组 $A[0..m]$ 中，则入队时的操作为(　　)。

A. rear=rear+1　　B. rear=(rear+1) % ($m-1$)

C. rear=(rear+1) % m　　D. rear=(rear+1) % ($m+1$)

20. 允许对队列实施的操作有(　　)。

A. 对队列中的元素排序　　B. 取出最近进队的元素

C. 在队头元素之前插入元素　　D. 删除队头元素

21. 在操作序列 EnQueue(1)、EnQueue(3)、DeQueue、EnQueue(5)、EnQueue(7)、DeQueue、EnQueue(9)之后，队头元素是(　　)。

A. 3　　B. 5　　C. 7　　D. 9

22. 在操作序列 EnQueue(1)、EnQueue(3)、DeQueue、EnQueue(5)、EnQueue(7)、DeQueue、EnQueue(9)之后，队尾元素是(　　)。

A. 3　　B. 5　　C. 7　　D. 9

23. 一个队列的入队顺序是 1,2,3,4，则队列的输出顺序是(　　)。

A. 4321　　B. 1234　　C. 1432　　D. 3241

24. 在解决计算机主机与打印机之间速度不匹配问题时通常设置一个打印缓冲区，该缓冲区应该是一个(　　)结构。

A. 栈　　B. 队列　　C. 数组　　D. 线性表

25. 栈和队列的主要区别在于(　　)。

A. 它们的逻辑结构不一样　　B. 它们的存储结构不一样

C. 所包含的运算不一样　　D. 插入、删除运算的限定不一样

三、填空题

1. 向一个栈顶指针为 Top 的链栈中插入一个 s 所指的结点时，其进行的操作是________。

2. 从栈顶指针为 Top 的链栈中删除一个结点，并将结点保存在 x 中，进行的操作是________。

3. 假设以 S 和 X 分别表示入栈和出栈操作，则对输入序列 a,b,c,d,e 进行一系列栈操作 SSXSXSSXXX 之后，得到的输出序列为________。

4. 设有数组 $A[0..m]$作为循环队列的存储空间，front 为队头指针，rear 为队尾指针，则元素 x 执行入队操作的语句是________。

5. 在一个链队列中，如 f、r 分别为队首、队尾指针，则插入 s 所指结点的操作是________。

6. 栈的逻辑特点是________，队列的逻辑特点是________，二者共同的特点是________。

7. ________可以作为实现递归函数调用的一种数据结构。

8. 在队列中，新插入的结点只能添加到________。

9. 一个栈的输入序列是 12345，则栈的输出序列 43512 是________。

10. 在具有 n 个单元的循环队列中，队满时共有________个元素。

11. 设有一个空栈，现在输入序列为 1,2,3,4,5，经过 push，push，pop，push，pop，push 后栈顶指针所指元素是________。

12. 设用一维数组 $A[1..n]$来表示一个栈，令 $A[n]$为栈底。用整型变量 t 来指示当前栈顶的位置，$A[t]$为栈顶元素。往栈中压入一个新元素时，变量 t 的值________(操作方式)，从栈中弹出一个元素时，变量 t 的值________(操作方式)。设空栈时，有输入序列 a,b,c 经过 push，pop，push，push，pop 操作后，最后从栈中弹出的元素是________。

四、算法设计题

1. 假设以带头结点的循环链表表示队列，并且只设一个指针指向队尾结点，但不设头指针，试设计相应的入队和出队算法。

2. 假设将循环队列定义为：以变量 rear 和 length 分别指示循环队列中队尾元素的

位置和内含元素的个数。试给出此循环队列的队满条件，并写出相应的入队和出队算法。

3. 已知 Ackerman 函数定义如下。

$$\mathrm{akm}(m,n)=\begin{cases} n+1, & m=0 \\ \mathrm{akm}(m-1,1), & m\neq 0, n=0 \\ \mathrm{akm}(m-1,\mathrm{akm}(m,n-1)), & m\neq 0, n\neq 0 \end{cases}$$

试写出递归和非递归算法。

4. 假设表达式由单字母变量和双目四则运算符构成。试编写一个算法，对以逆波兰式(后缀表达式)表示的表达式求值。

5. 利用两个栈 S_1，S_2 模拟一个队列，用栈的运算来实现队列的运算：插入元素 QueueIn，删除元素 QueueOut，判定队列是否为空 QueueEmpty，试写出算法。

五、应用题

1. 试证明：若借助栈由输入序列 $1,2,3,\cdots,n$ 得到输出序列 $p_1,p_2,\cdots,p_n$(输入元素的一个排列)，则在输出序列中不可能出现这样的情形：存在着 $i<j<k$，使 $p_i<p_j<p_k$。

2. 设有一个输入序列 abcd，元素经过一个栈得到输出序列，每个元素只输入一次，试问经过该栈后可以得到多少种输出序列?

3. 按照运算符优先数法，用表格表示对下面算术表达式求值时，操作数栈和运算符栈的变化过程：$9-2\times4+(8+1)/3$。

4. 设有一个双端队列，元素进入该队列的次序为 abcd，试分别求出满足以下条件的输出序列。

(1) 能由输入受限双端队列得到，但不能由输出受限双端队列得到的输出序列。

(2) 能由输出受限双端队列得到，但不能由输入受限双端队列得到的输出序列。

(3) 既不能由输入受限双端队列得到，也不能由输出受限双端队列得到的输出序列。

5. 链栈中为何不设置头结点?

6. 设长度为 n 的队列用单循环链表表示，若只设头指针，则入队、出队操作的时间为何? 若只设尾指针呢?

7. 证明：在求解 n 阶 Hanoi 塔问题中，至少应执行的 move 操作次数为 $T(n)=2^n-1$。

8. 设栈 $S=(1,2,3,4,5,6,7)$，其中，7 为栈顶元素。写出调用 algo 后栈 S 的状态。

```
void algo(Stack * S)
{   int i=0;
    Queue Q;
    Stack T;
    InitQueue(Q);
    InitStack(T);
    while(!StackEmpty(S))
    {   if(i%2==0)
            Push(T,Pop(S));
        else
            EnQueue(Q,Pop(S));
        i++;
```

```
    }
    while(!QueueEmpty(Q))
        Push(S,DeQueue(Q));
    while(!StackEmpty(T))
        Push(S,Pop(T));
}
```

9. 试将下列非递归过程改写为递归过程。

```
void ditui(int n)
{   i=n;
    while(i>1)
        printf("%d",i--);
}
```

实 验 题

实验题目 1：栈的基本操作

一、任务描述

定义一个栈，可以对栈进行"将某个元素入栈""弹出栈顶元素""取栈顶元素（不删除）""判断栈是否为空""清空栈"等操作。从键盘输入一些命令，可以执行上述操作。采用顺序栈和链栈实现上述要求。栈元素为字符，顺序栈的最大长度为10。

二、编程要求

1. 具体要求

输入说明：各个命令以及相关数据的输入格式如下。

（1）将某个元素入栈：P，接下来是要入栈的元素（整数）。

（2）弹出栈顶元素：D。

（3）取栈顶元素：G。

（4）清空栈：T。

（5）判断栈是否为空操作：Y。

（6）当输入的命令为E时，程序结束。

输出说明：当输入的命令为Y时，输出栈是否为空，如果栈为空输出Yes，栈不空输出No；当输入命令G时，输出取出的栈顶元素；当输入命令D时，输出弹出的栈顶元素。如果没有满足的元素，输出None，所有的元素均占一行。

2. 测试数据

测试输入：

```
P 1 P 2 D G Y P 3 P 4 G T Y E
```

预期输出：

```
2
1
No
4
Yes
```

实验题目 2: 队列的基本操作

一、任务描述

定义一个队列,可以对队列进行“入队”“出队”“清空队列”“获取队头元素”等操作。从键盘输入一些命令,可以执行上述操作。采用循环队列和链队列实现上述要求。本题中,队列中的元素为字符,循环队列的最大元素个数为10。

二、编程要求

1. 具体要求

输入、输出说明:输入各个命令,它们对应的格式如下。

(1) 入队:E *a*,*a* 代表入队的元素,这里E和元素之间用空格分隔。

(2) 清空队列:C。

(3) 获取队头元素。

① 当输入的命令为D时,输出出队的元素值。

② 当输入的命令是G时,输出当前队头元素值。

③ 如果没有元素可出队或可取,输出None。

(4) 当输入的命令是Q时结束程序。

2. 测试数据

测试输入:

```
E a G C E b E c D D D Q
```

预期输出:

```
a
b
c
None
```

实验题目 3: 有效的括号

一、任务描述

给定一个只包括'(',')','[',']','{','}'的字符串,判断字符串是否有效。有效字符串需满足:①左括号必须用相同类型的右括号配对;②左括号必须以正确的顺序配对;③空字符串可被认为是有效字符串。

二、编程要求

1. 具体要求

输入说明:输入括号序列。

输出说明:括号匹配输出True,不匹配输出False。

2. 测试数据

(1) 测试输入1:

```
()[]{}
```

预期输出1:

```
True
```

(2) 测试输入2:

```
(]
```

预期输出2:

```
False
```

第 4 章 串和数组

CHAPTER

字符串和数组都是特殊的线性结构。字符串是数据元素，是字符的一种线性结构，并且计算机问题中非数值处理的对象基本上是字符串数据。多维数组是一种线性结构的推广结构，其特点是线性结构中的元素本身可以具有某种线性结构。

本章介绍串的基本操作、串的存储结构、串操作的实现以及串的模式匹配等方面的问题，数组的逻辑结构、存储结构、基本运算的实现和典型应用，以及矩阵的压缩存储和操作。

4.1 串的定义

电子课件

串(String)是字符串的简称。它是一种在数据元素的组成上具有一定约束条件的线性表，即要求组成线性表的所有数据元素都是字符，所以，人们经常这样定义串：串是一个有穷字符序列。串一般记作 $s='a_1a_2\cdots a_n'$ $(n\geqslant 0)$，其中，s 是串的名称，用一对单引号括起来的字符序列是串的值；a_i 可以是字母字符、数字字符或其他字符；串中字符的数目 n 被称作串的长度。当 $n=0$ 时，串中没有任何字符，其串的长度为 0，通常被称为**空串**。在串的应用中，空格经常会出现在串中，由一个或多个空格组成的串称为**空格串**，其长度为空格的个数，要与空串区分开。

串中任意一个连续的字符组成的子序列被称为该串的**子串**。包含子串的串又被称为该子串的**主串**。子串在主串中第一次出现的第一个字符的位置称为子串在主串中的**位置**。两个串的长度相等，并且各对应的字符也都相同称为两个**串相等**。例如，有下列三个串 s1、s2、s3：

```
s1= 'Data Structure and Algorithm'、s2= 'Data'、s3= 'Structure'
```

它们的长度分别为 28、4、9；且 s2、s3 都是 s1 的子串；s2 在 s1 中的位置是 1，s3 在 s1 中的位置是 6。

串的抽象数据类型定义如下。

```
ADT String{
数据对象:D={ai|ai∈CharacterSet,i=1,2,…,n,n≥0}
数据关系:R={<ai-1,ai>|ai-1,ai∈D,i=2,3,…,n}
基本操作:
    StringAssign(S,T):将 T 的值赋给串 S                                  //串赋值
    StringEqual(S,T):若 S=T,则返回 0;若 S>T,则返回值>0;若 S<T,则返回值<0
                                                                          //串判等
    StringLength(S):返回串 S 的元素个数,空串返回 0                         //求串长
    StringConcat(S,T):将 T 串紧接着放在串 S 末尾,组成新串 S                 //串连接
    SubString(S,Sub,start,length):用 Sub 返回主串 S 中以 start 为起始位置,长度等于
        length 的子串                                                      //求子串
    ReplaceString(S,T,V):用 V 替换主串 S 中出现的所有与 T 相等的不重叠的子串
                                                                          //置换
    StringInsert(S,start,T):在串 S 的第 start 个字符之后插入串 T            //插入子串
    StringDelete(S,start,length):从串 S 中删除第 start 个字符起长度为 length 的子串
                                                                          //删除子串
}ADT String
```

4.2 串的存储结构

程序设计语言中,若串只是作为输入或输出的常量出现,则只需存储此串的串值,即字符序列即可。但在多数非数值处理的程序中,串经常以变量的形式出现。

4.2.1 串的顺序存储结构

串的顺序存储结构与线性表的顺序存储类似,用一组连续的存储单元依次存储串中的字符序列。

顺序存储结构的串的类型定义如下。

```
#define MAXSIZE 1024                       //串的最大容量
typedef struct
{   char ch[MAXSIZE];                      //存放串的数组
    int length;                            //length 是串的当前长度
}SeqString;
```

如果字符串的最大长度在 255 之内,还可以将串的类型定义如下。

```
#define MAXSTRING 255                      //用户可能达到的最大串长
typedef unsigned char SString[MAXSTRING+1]; //0 号单元存放串的长度
```

不同的定义形式,算法中的处理也略有不同。下面将给出顺序存储方式下串的几个基本操作的算法。

4.2.2 串的链式存储结构

上面串的类型定义都需要静态定义串的长度,具有顺序存储结构的优缺点。若需要在程序执行过程中,动态地改变串的长度,则可以利用标准函数 malloc()和 free()动态地

分配或释放存储单元，提高存储资源的利用率，该方法可称为**堆分配存储**。类型定义如下。

```
typedef struct
{   char *str;
    int length;
}HString;
```

由于串结构中每个数据元素为一个字符，所以最直接的链式存储结构是每个结点的数据域存放一个字符。例如，如图4.1所示的存储结构。

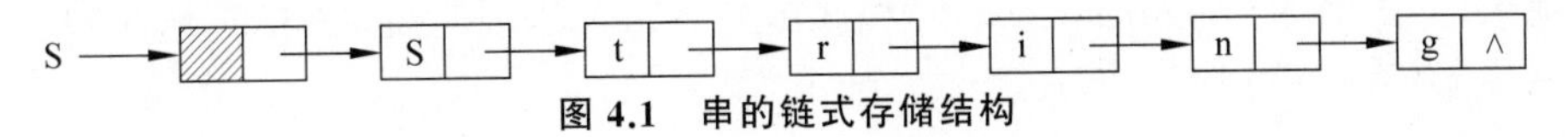

图4.1 串的链式存储结构

这种存储结构的优点是操作方便，不足之处是存储密度较低。串的存储密度定义为

$$存储密度=\frac{串值所占的存储单元}{实际分配的存储单元}$$

若将多个字符存放在一个结点中，就可以缓解这个问题。例如，如图4.2所示的存储结构。

S → | S | t | r | i | n | → | g | # | # | # | # | ∧ |

图4.2 串的块链式存储结构

由于串中的字符个数不一定是每个结点存放字符个数的整倍数，所以，需要在最后一个结点的空缺位置上填充特殊的字符(非串值字符)。这种存储结构称为**块链式存储结构**，优点是存储密度高，不足之处是做插入、删除字符的操作时，可能会引起结点之间字符的移动，算法实现起来比较复杂。块链式结构的定义如下。

```
#define  CHUNKSIZE  80                    //可由用户定义的块大小
typedef  struct Chunk                     //结点结构
{   char   ch[CHUNKSIZE];
    struct Chunk  *next;
}Chunk;
typedef struct                            //串的链表结构
{   Chunk *head, *tail;                   //串的头和尾指针
    int   curlen;                         //串的当前长度
}LString;
```

串用链式结构存储时，通常一个结点中存放的不是一个字符，而是若干个字符，即用块链式结构。例如，在编辑系统中，整个文本编辑区可以看成一个文本串，每一行是一个子串，构成一个结点。即同一行的串用定长结构(80个字符)，行和行之间用指针相连接。

4.3 串的模式匹配

电子课件

4.3.1 简单模式匹配算法

子串的定位操作通常称作串的**模式匹配**(其中T串称为**模式**)，是各种串处理系统中

最重要的操作之一，例如很多软件，若有“编辑”菜单项，则其中必有“查找”子菜单项。子串定位算法即称为模式匹配算法。本节介绍的简单模式匹配算法属于蛮力法(Brute-Force 算法，简称为 BF 算法)，是一种穷举算法。它的基本思想是从主串 S 的第一个字符起，和模式串 T 的第一个字符比较，若相等，则指示两串的指针后移，继续进行下一字符的比较。若在比较中不等(即主串第 i 个字符不等于模式串第 j 个字符)，则主串指针回溯，而模式串再从第一个字符开始和回溯后的主串指针所指字符进行比较。比较过程一直进行到匹配成功或失败为止。匹配成功时返回模式串的第一个字符在主串中的位置；否则，匹配失败时返回－1 值。该算法称为简单模式匹配。

例 4.1 主串 S='ababcabcacbab'，模式串 T='abcac'，说明简单模式匹配过程。

解答：简单模式匹配过程如图 4.3 所示。

在匹配过程中，当模式串 T 的某位字符与主串 S 的对应字符不匹配时，则指示主串当前比较位置的指针 i 需要向前移到子串开头字符的后一位，这个指针向回移动的过程称为回溯。显然，模式匹配过程中回溯次数越多，匹配算法效率越低。例如，主串为'0000000000000000000000000000000000000000000000001'，而模式串为'00000001'时，采用简单的模式匹配算法，将会有大量的回溯，对于此类情况，算法的效率最低，时间复杂度为 $O(n\times m)$(假设主串的长度为 n，模式串的长度为 m)。要提高匹配效率，应减少算法的比较次数和回溯次数，下面介绍改进的模式匹配算法。

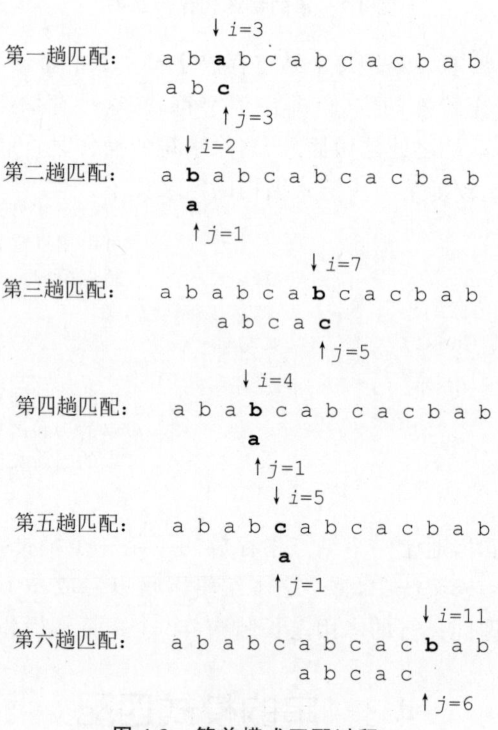

图 4.3 简单模式匹配过程

简单模式匹配算法如下。

［**算法 4.1**］　简单模式匹配算法

```
int Index(SeqString s, SeqString t)
{   //串的简单模式匹配算法,匹配成功返回匹配点位置,否则返回-1
    i=1,j=1;
    while(i<=s.length && j<=t.length)
    {   if(s.ch[i]==t.ch[j])
        {   ++i;                                    //继续比较后继字符
            ++j;
        }
        else
        {   i=i-j+2;
            j=1;
        }
    }
    if(j>=t.length)                                 //模式串向右移动
        return i-t.length;                          //匹配成功
    else
        return -1;
}
```

4.3.2　KMP 算法

KMP 算法是由 D.E.Knuth 与 V.R.Pratt,J.H.Morris 同时发现的一种对简单模式匹配算法的改进算法,它的特点是主串无须回溯。此算法可在 $O(n+m)$ 的时间量级上完成串的模式匹配操作。回顾图 4.3 中的匹配过程示例,在第三趟的匹配中,当 $i=7$、$j=5$ 字符比较不等时,又从 $i=4$、$j=1$ 重新开始比较。但实际上,$i=4$ 和 $j=1$,$i=5$ 和 $j=1$ 以及 $i=6$ 和 $j=1$ 这三次比较都是不必要进行的。因为从第三趟部分匹配的结果就可得出,主串中第 4、5 和 6 个字符必然是'b'、'c'和'a'(即模式串中第 2、3 和 4 个字符)。由于模式中的第一个字符是 a,因此它无须再和这三个字符进行比较(和主串的前两个字符一定不等,和第三个字符一定相等),而仅需将模式向右滑动三个字符的位置继续进行 $i=7$、$j=2$ 时的字符比较即可。也就是说,当主串中第 i 个字符与模式串中第 j 个字符"失配"(即不等)时,主串 i 指针不回溯,模式串向右滑动(即 j 指针向左取值),找到一个合适的位置,重新进行比较。当然模式串向右滑动的距离越远越好,那么怎么确定应滑动到什么位置呢?也就是说,与主串第 i 个字符比较的模式串的"下一个"字符怎么确定呢?

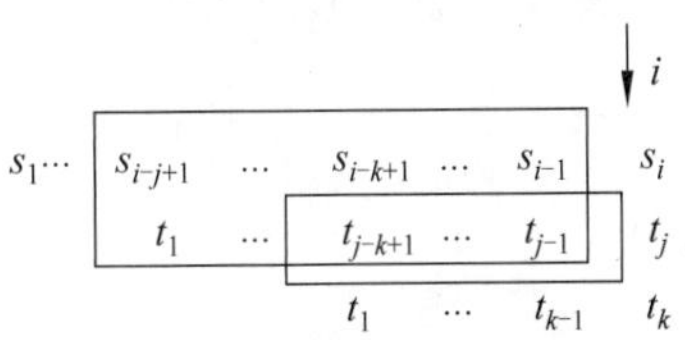

假设主串 S 为'$s_1s_2s_3\cdots s_n$',模式串 T 为'$t_1t_2\cdots t_m$',若 s_i 与 t_j 发生失配,主串不回溯,设用模式串中第 $k(k<j)$ 个字符 t_k 与 s_i 继续比较,可用图 4.4 表示。

图 4.4　主串与模式串失配时模式串向右滑动进行比较的示意图

即此时将模式串向右滑动,使 t_k 与 s_i 对齐进行比较,则隐含下式成立

$$'s_{i-k+1}\cdots s_{i-1}'='t_1\cdots t_{k-1}'\quad (1<k<j) \tag{4-1}$$

而从先前匹配结果(主串第 i 个字符与模式串第 j 个字符失配)可知下式成立

$$'s_{i-k+1}\cdots s_{i-1}'='t_{j-k+1}\cdots t_{j-1}'\quad (1<k<j) \tag{4-2}$$

由式(4-1)和式 (4-2)可得

$$'t_1 \cdots t_{k-1}' = 't_{j-k+1} \cdots t_{j-1}' \tag{4-3}$$

反之,若模式串满足上式,则当匹配过程中,主串中第 i 个字符与模式串中第 j 个字符比较不等时,仅需将模式向右滑动至模式中第 k 个字符和主串中第 i 个字符对齐进行比较,此时,模式串前面 $k-1$ 个字符必定与主串第 i 个字符前长度为 $k-1$ 的子串相等,由此,匹配仅需从模式串中第 k 个字符与主串中第 i 个字符继续比较。

如何求 k 值呢? 令 next[j]=k,则 next[j]表示当模式串中第 j 个字符与主串第 i 个字符失配时,在模式串中需重新和主串第 i 个字符进行比较的字符的位置。由此模式串的 next 函数定义为

$$\text{next}[j] = \begin{cases} 0, & j=1 \\ \max\{k \mid 1<k<j \text{ 且 } 't_1 \cdots t_{k-1}' = 't_{j-k+1} \cdots t_{j-1}'\}, & \text{当此集合不空时} \\ 1, & \text{其他情况} \end{cases}$$

例如,若模式串 T 为'babbac',由定义可得串 T 的 next 函数值如下。

j	1 2 3 4 5 6
模式串	b a b b a c
next[j]	0 1 1 2 2 3

在匹配过程中,若发生失配则主串 i 不变,利用 next 函数,求出模式串当 j 位置失配时,应滑动到的新位置 k,若 $k>0$,则将主串位置 i 的字符与模式串位置 k 的字符比较。若匹配,则继续比较后面的字符;若失配,仍然利用 next 函数求出 k 失配后的下一个比较位置 k',再重复以上操作;若 $k=0$,则表示模式串已滑动到头,主串位置 i 向后移动一位,与模式串的第一个字符比较。这就是 KMP 算法的基本思想。

例 4.2 主串 S='bcbabbabbacbcb',模式串 T='babbac',说明使用 KMP 算法的模式匹配过程。

解答:具体每趟匹配过程如图 4.5 所示。

KMP 算法描述模式匹配算法如下。

[**算法 4.2**] KMP 算法

源代码

```
int IndexKMP(SeqString S,SeqString T)
{   //利用模式串 T 的 next 函数求 T 在主串 S 中的位置的 KMP 算法。其中,T 非空
    i=1; j=1;
    while(i<=S.length && j<=T.length)
    {   if(j==0||S.ch[i]==T.ch[j])
        {   ++i; ++j;                          //继续比较后继字符
        }
        else j=next[j];                        //模式串向右移动
    }
    if(j>=T.length)
        return i-T.length;                     //匹配成功
    else
        return -1;
}
```

```
                                   ↓ i=2
第一趟匹配：    主串      b c b a b b a b b a c b c b
              模式串      b a
                            ↑ j=2   next[2]=1
                            ↓ i=2
第二趟匹配：    主串      b c b a b b a b b a c b c b
              模式串        b
                            ↑ j=1   next[1]=0
                              ↓ i=3   → ↓ i=8
第三趟匹配：    主串      b c b a b b a b b a c b c b
              模式串          b a b b a c
                              ↑ j=1 →    ↑ j=6   next[6]=3
                                         ↓ i=8 → ↓ i=12
第四趟匹配：    主串      b c b a b b a b b a c b c b
              模式串                  (b a)b b a c
                                         ↑ j=3 → ↑ j=7
```

图 4.5　利用模式串的 next 函数进行匹配的过程示例

由上述可见，KMP 算法的关键在于求 next 函数，如何求 next 函数呢？可以用一个递推过程来求解。分析如下。

已知 next[1]=0，假设 next[j]=k 且 $t_j=t_k$，则有 next[$j+1$]=$k+1$=next[j]+1；若 next[j]=k 但 $t_j \neq t_k$，则需往前回溯，检查 $t_j=t_?$。这实际上也是一个匹配的过程，不同之处在于主串和模式串是同一个串。若 k'=next[k]且 $t_j=t_{k'}$，则 next[j]=next[k]+1，若 $t_j \neq t_{k'}$ 则继续往前回溯，直到存在 k 使 $t_j=t_{k''}$ 或 $k''=0$。next 函数算法如下。

[算法 4.3]　求模式串的 next 函数

```
void  GetNext(SeqString t,int next[])
{  //求模式串 T 的 next 函数值并存入数组 next
   next[1]=0; j=1; k=0;
   while(j<t.length)                          //求 t 所有位置的 next 函数值
   {  if(k==0||t.ch[j]==t.ch[k])
      {   ++j; ++k;
          next[j]=k;                          //设置 next[j]的值为 k
      }
      else  k=next[k];                        //k 回退
   }
}
```

以上算法时间复杂度为 $O(m)$。一般来说，模式串长度 m 远小于主串的长度 n，故求 next 函数的耗费对于因其而减少回溯提高效率而言，还是值得的。但是还有一种特殊情况需要考虑，例如，模式串 T='aaaab'，其 next 函数值为 01234，若主串为'aaabaaabaaaab'，当 $i=4$，$j=4$ 时 $s_i \neq t_j$，由 next[j]的指示还需进行 $i=4$、$j=3$，$i=4$、$j=2$，$i=4$、$j=1$ 三次比较。实际上，因为模式中第 1、2、3 个字符和第 4 个字符都相等（均为'a'），因此不需要再与主串中第 4 个字符相比较，而可以将模式串一次向右滑动 4 个字符直接进行 $i=5$、$j=1$ 的比较。也就是说，若 $next[j]=k$，当 s_i 与 t_j 失配且 $t_j=t_k$，则下一步不需要将主串中的 s_i 与 t_k 比较，而是直接与 $t_{next[k]}$ 进行比较。由以上思想对 next 函数进行改进，得到 nextval 函数如下。

j	1 2 3 4 5
模式串	a a a a b
next[j]	0 1 2 3 4
nextval[j]	0 0 0 0 4

求 nextval 函数的算法如下。

[**算法 4.4**] 求模式串的 nextval 函数

源代码

```
void  GetNextVal(SeqString t,int nextval[])
{   //求模式串 T 的 next 函数修正值存入数组 nextval
    j=1; nextval[1]=0; k=0;
    while(j<t.length)
    {   if(k==0 || t.ch[j]==t.ch[k])
        {   ++j; ++k;
            if(t.ch[j]!=t.ch[k])
                nextval[j]=k;
            else  nextval[j]=nextval[k];
        }
        else  k=nextval[k];
    }
}
```

需要说明的是，虽然 4.2.1 节子串定位（模式匹配）算法的时间复杂度是 $O(n\times m)$，但在一般情况下，其实际的执行时间近似于 $O(n+m)$，因此至今仍被采用。KMP 算法仅当主串与模式间存在许多“部分匹配”的情况下才显得比 4.2.1 节子串定位（模式匹配）算法快得多。KMP 算法的最大特点是主串指针不回溯，在整个匹配过程中，对主串从头到尾扫描一遍，对于处理存储在外存上的大文件是非常有效的。

电子课件

4.4 串的应用举例

例 4.3 输出网页浏览器历史记录。

解答：在 HTTP 中，URL（统一资源定位符）是以字符串形式表示的，用于定位网络上的资源。本实例实现一个简单的浏览器历史记录的输出。使用栈来存储以字符串形式存储的浏览过的网页地址，Push 操作用来添加新的网页地址，Pop 操作用来返回并删除当前的网页地址。连续调用 Pop 操作模拟浏览器的后退功能，打印出之前浏览过的网页地址。算法描述如下。

［**算法 4.5**］　利用栈输出浏览器历史记录

源代码

```
define MAXSIZE 100                                    //存储的最多网址数
void StrExplorer(char url[MAXSIZE])
{   //输出浏览器历史网页
    top=-1;
    scanf("%d",&n);                                   //读入浏览网页数
    for(i=0; i<n; i++)                                //浏览的网页地址依次入栈
    {   scanf("%s",url);
        Push(S,url);                                  //将当前浏览网址入栈
    }
    scanf("%d",&m);
    for (i=0; i<m; i++)                               //输出依次回退的网址
    {   if (!StackEmpty(S))                           //栈非空时
        {   Pop(S,url);                               //栈顶网址出栈
            printf("%s\n", url);                      //输出当前回退的网页
        }
        else
            break;
    }
}
```

4.5　数组的定义

电子课件

一维数组可以看作一个线性表，二维数组可以看成元素是线性表的线性表，推广到 $n(n\geqslant 3)$ 维数组，可以看成是一个由 $n-1$ 维数组作为数据元素的线性表。

也就是说，数组是由类型相同的数据元素构成的有序集合，每个元素称为一个数组元素，每个元素受 $n(n\geqslant 1)$ 个线性关系的约束，每个元素在 n 个线性关系中的序号 $i_1,i_2,\cdots,i_n$ 称为该元素的下标，可以通过下标访问该数据元素。因为数组中每个元素处于 $n(n\geqslant 1)$ 个关系中，故称该数组为 n 维数组。数组作为一种数据结构，其特点是结构中的数据元素本身可以具有某种结构，但属于同一数据类型，可以看成线性表的推广。

经过以上讨论，给出数组的抽象数据类型的定义如下。

ADT Array{

数据对象：$j_i=0,\cdots,b_i-1,i=1,2,\cdots,n$。

$D=\{a_{j_1,j_2,\cdots,j_n}\mid n(>0)$ 称为数组的维数，j_i 是数组元素的第 i 维下标，b_i 是数组第 i 维的长度，$a_{j_1,j_2,\cdots,j_n}\in$ DataSet$\}$

数据关系：$R=\{R_1,R_2,\cdots,R_n\}$

$R_i=\{<a_{j_1,\cdots,j_i,\cdots,j_n},a_{j_1,\cdots,j_i+1,\cdots,j_n}>\mid 0\leqslant j_i\leqslant b_i-2,a_{j_1,\cdots,j_i,\cdots,j_n},a_{j_1,\cdots,j_i+1,\cdots,j_n}\in$ DataSet$,i=2,3,\cdots,n\}$

基本操作：

ArrayInit(*A*,*n*,bound1..bound*n*)：若维数 *n* 和各维长度合法，则构造出相应的数组 A。　//数组初始化

ArrayValue(*A*,index1,…,index*n*)：若各下标不超界，返回数组 *A* 的对应下标的元素值。　//读取数组元素值

ArrayAssign(*A*,*e*,index1,…,index*n*)：若各下标不超界，则将变量 *e* 的值赋给由 *n* 个下标所确定的 *A* 的元素。　//给数组元素赋值

```
}ADT Array
```

由于数组一般不做插入和删除操作，也就是说，数组建立以后，元素个数和元素间的关系就不再发生变化。由于这个特点，使得对数组的操作不像对线性表的操作那样可以在表中任意一个位置插入或删除一个元素。因此，对于数组的操作一般只有两类：给定下标，取数组元素的值和修改数组元素的值。

如图 4.6(a)所示是一个二维数组，以 m 行 n 列的矩阵表示。它可以看成一个线性表

$$A=(\alpha_0,\alpha_1,\cdots,\alpha_{n-1})$$

其中每一个数据元素是一个列向量的线性表(如图 4.6(b)所示)

$$\alpha_j=(\alpha_{0,j},\alpha_{1,j},\cdots,\alpha_{m-1,j})\quad 0\leqslant j\leqslant n-1$$

也可以看成一个线性表

$$A=(\beta_0,\beta_1,\cdots,\beta_{m-1})$$

其中每一个数据元素是一个行向量的线性表(如图 4.6(c)所示)

$$\alpha_i=(\alpha_{i,0},\alpha_{i,1},\cdots,\alpha_{i,n-1})\quad 0\leqslant i\leqslant m-1$$

即二维数组中的每个元素都属于两个向量：第 i 行的行向量和第 j 列的列向量，每个元素有两个前驱结点 $a_{i-1,j}$ 和 $a_{i,j-1}$ 及两个后继结点 $a_{i+1,j}$ 和 $a_{i,j+1}$(只要这些结点存在)。特别地，$a_{0,0}$ 是开始结点，它没有前驱结点，$a_{m-1,n-1}$ 是终端结点，它没有后继结点。另外，边界上的结点 $a_{0,j}(j=1,2,\cdots,n-1)$ 和 $a_{i,0}(i=1,2,\cdots,m-1)$、$a_{m-1,j}(j=0,1,\cdots,n-2)$ 和 $a_{i,n-1}(i=0,1,\cdots,m-2)$ 只有一个前驱结点或者只有一个后继结点。

综上所述，一个 $n(n>1)$ 维数组可以定义为其数据元素为 $n-1$ 维数组类型的一维数组类型。

$$\boldsymbol{A}_{m\times n}=\begin{bmatrix} a_{0,0} & a_{0,1} & \cdots & a_{0,n-1} \\ a_{1,0} & a_{1,1} & \cdots & a_{1,n-1} \\ \vdots & \vdots & \ddots & \vdots \\ a_{m-1,0} & a_{m-1,1} & \cdots & a_{m-1,n-1} \end{bmatrix}$$

(a) 矩阵形式表示

$$\boldsymbol{A}_{m\times n}=\left[\begin{bmatrix} a_{0,0} \\ a_{1,0} \\ \vdots \\ a_{m-1,0} \end{bmatrix}\begin{bmatrix} a_{0,1} \\ a_{1,1} \\ \vdots \\ a_{m-1,1} \end{bmatrix}\cdots\begin{bmatrix} a_{0,n-1} \\ a_{1,n-1} \\ \vdots \\ a_{m-1,n-1} \end{bmatrix}\right]$$

(b) 列向量形式的线性表

$$\boldsymbol{A}_{m\times n}=((a_{0,0}a_{0,1}\cdots a_{0,n-1}),(a_{1,0}a_{1,1}\cdots a_{1,n-1}),\cdots,(a_{m-1,0}a_{m-1,1}\cdots a_{m-1,n-1}))$$

(c) 行向量形式的线性表

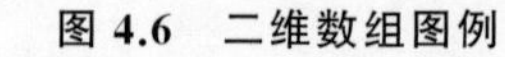

图 4.6 二维数组图例

4.6 数组的顺序存储结构

对于一个数组，一旦确定了维数和各维的长度，则该数组中元素的个数是固定的，一般不做插入和删除操作，不涉及移动元素的操作，因此数组采用顺序存储结构比较合适。由于存储单元是一维的结构，而数组是个多维的结构，则用一组连续存储单元存放数组的数据元素就有个次序的问题。例如，如图 4.6(a)所示的二维数组(以 C 语言中的数组下标特点描述)，既可以用如图 4.7(a)所示的一维数组存放，也可以用如图 4.7(b)所示的一维数组存放。对应地，对二维数组可有两种存储方式：以行序为主序的存储方式和以列

序为主序的存储方式。在 BASIC、PASCAL 和 C 语言中，用的都是以行序为主序的存储结构。而在 FORTRAN 语言中，用的是以列序为主序的存储结构。

因此，对于数组，一旦确定了它的维数和各维的界限，便可为它分配存储空间。从而只要给出一组下标便可求得相应数组元素的存储位置。下面仅用以行序为主的存储结构为例予以说明。

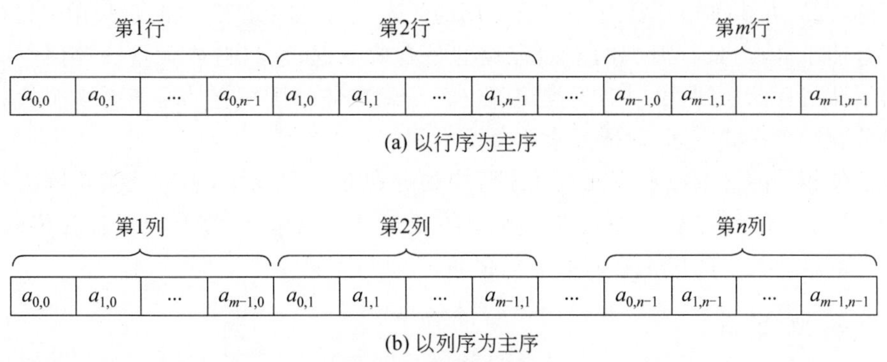

图 4.7　数组的存储

考虑一般情况，设二维数组 A 是

$$A[c_1..d_1, c_2..d_2](c_1 \leqslant i \leqslant d_1, c_2 \leqslant j \leqslant d_2)$$

其中，c_1、c_2 和 d_1、d_2 分别为二维数组 A 的边界的下界和上界。设每个数组元素占用 L 个存储单元，则该二维数组中任一元素的存储位置可由式(4-4)确定。

$$\mathrm{LOC}(i,j) = \mathrm{LOC}(c_1, c_2) + [(i - c_1) \times (d_2 - c_2 + 1) + (j - c_2)] \times L \quad (4\text{-}4)$$

式(4-4)中，$\mathrm{LOC}(i,j)$是 a_{ij} 的存储位置，$\mathrm{LOC}(c_1, c_2)$是 $a_{c_1c_2}$ 的存储位置，即二维数组的起始位置，也称为**基地址**。在一些程序设计语言中，c_1，c_2 是约定值，如在 C 语言中 c_1，c_2 约定为 0。这时式(4-4)就可简化。例如，在 C 语言中假设已定义了一个二维数组 $A[m][n]$，则数组元素 a_{ij} 的下标取值范围是 $0 \leqslant i \leqslant m-1, 0 \leqslant j \leqslant n-1$。将 $c_1 = c_2 = 0$ 及 $d_1 = m, d_2 = n$ 代入式(4-4)可得

$$\mathrm{LOC}(a_{i,j}) = \mathrm{LOC}(a_{0,0}) + (i \times n + j) \times L \quad (4\text{-}5)$$

同理，假设在 PASCAL 语言中已定义了一个二维数组 $A[m,n]$，则数组元素 a_{ij} 的下标取值范围是 $1 \leqslant i \leqslant m, 1 \leqslant j \leqslant n$。将 $c_1 = c_2 = 1$ 及 $d_1 = m, d_2 = n$ 代入式(4-4)可得

$$\mathrm{LOC}(a_{i,j}) = \mathrm{LOC}(a_{1,1}) + [(i-1) \times n + (j-1)] \times L \quad (4\text{-}6)$$

容易将式(4-4)推广到一般情况，设 n 维数组为

$$A[c_1..d_1, c_2..d_2, \cdots, c_n..d_n]$$

则可得此数组中的数据元素 $a_{j_1,j_2,\cdots,j_n}$ 存储位置计算公式为

$$\begin{aligned}\mathrm{LOC}(a_{j_1,j_2,\cdots,j_n}) &= \mathrm{LOC}(a_{c_1,c_2,\cdots,c_n}) + [(j_1 - c_1) \times (d_2 - c_2 + 1) \times \\ &\quad (d_3 - c_3 + 1) \times \cdots \times (d_n - c_n + 1) + (j_2 - c_2) \times (d_3 - c_3 + 1) \times \\ &\quad \cdots \times (d_n - c_n + 1) + \cdots + (j_{n-1} - c_{n-1}) \times (d_n - c_n + 1) + \\ &\quad (j_n - c_n)] \times L \\ &= \mathrm{LOC}(a_{c_1,c_2,\cdots,c_n}) + \left[\sum_{i=1}^{n}(j_i - c_i)\prod_{k=i+1}^{n}(d_k - c_k + 1)\right] \times L \end{aligned} \quad (4\text{-}7)$$

4.7 矩阵的压缩存储

矩阵(二维数组)是很多科学与工程计算问题中研究的数学对象,通常,用高级语言编制程序时,都是用二维数组来存储矩阵的元素。然而,在数值分析中经常出现一些阶数很高的矩阵,同时在矩阵中往往有许多值相同的元素或者是零元素,这时仍采用二维数组存放就不合适了,因为只有很少的空间存放的是有效数据,这将造成大量的存储空间的浪费。为了节省存储空间,可以对这类矩阵进行**压缩存储**。压缩存储是指对多个值相同的元素只分配一个存储空间,对零元素不分配空间。

假若值相同的元素或者零元素在矩阵中的分布有一定规律,则称此类矩阵为**特殊矩阵**;若非零元素的个数很少,而且在矩阵中的分布没有规律,则称此类矩阵为**稀疏矩阵**。下面分别就这两类矩阵讨论它们的压缩存储。

4.7.1 特殊矩阵

1. 对称矩阵

若 n 阶矩阵 $\mathbf{A}$ 中的元素满足下述性质:

$$a_{i,j}=a_{j,i} \quad 0\leqslant i,j\leqslant n-1$$

则称 $\mathbf{A}$ 为 n 阶**对称矩阵**。

由于对称矩阵几乎有一半元素是相同的,因此为了节省存储空间,可以为每一对对称元素分配一个存储空间,则可将 n^2 个元素压缩存储到 $n(n+1)/2$ 个元素的空间中。不失一般性,可以行序为主序将其下三角(包括对角线)中的元素存储到一个向量 $\boldsymbol{B}[n(n+1)/2]$中,如图 4.8 所示。

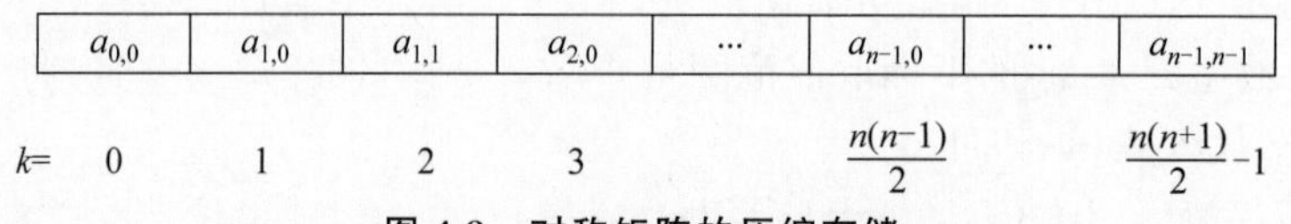

图 4.8 对称矩阵的压缩存储

可以看到 $\boldsymbol{B}[k]$和矩阵中的元素 $a_{i,j}$ 之间存在着一一对应关系:

$$k=\begin{cases}\dfrac{i(i+1)}{2}+j, & i\geqslant j\\[2mm] \dfrac{j(j+1)}{2}+i, & i<j\end{cases} \tag{4-8}$$

若令 $I=\max(i,j)$, $J=\min(i,j)$,则其对应关系可表示为

$$k=I\times(I+1)/2+J$$

因此,a_{ij} 的地址可用下式计算。

$$\mathrm{LOC}(a_{i,j})=\mathrm{LOC}(b_k)=\mathrm{LOC}(b_0)+k\times L=\mathrm{LOC}(b_0)+[I\times(I+1)/2+J]\times L \tag{4-9}$$

2. 三角矩阵

下(上)三角矩阵是指矩阵的上(下)三角(不包括对角线)中的元素均为常数 c 或 0 的

n 阶矩阵。除了和对称矩阵一样，只存储其下(上)三角中的元素以外，再加一个存储常数 c 的存储空间即可。因此，三角矩阵可压缩存储到向量 $\boldsymbol{B}[n\times(n+1)/2+1]$中，其中，$c$ 存放在向量的最后一个分量中。

下三角矩阵以行序为主序存储与上面讲的对称矩阵存储下三角时的情况类似。下面以上三角矩阵为例，讨论 a_{ij} 和 $\boldsymbol{B}[k]$之间的对应关系。将矩阵按行优先方式顺序存放时，主对角线之上的第 p 行($0\leqslant p\leqslant n-1$)恰有 $n-p$ 个元素，则 a_{ij} 之前的 $i-1$ 行共有 $\sum_{p=0}^{i-1}(n-p)=\frac{i\times(2n-i+1)}{2}$ 个元素，在第 i 行上 a_{ij} 之前有 $j-i$ 个元素，因此 a_{ij} 和 $\boldsymbol{B}[k]$之间的对应关系为

$$k=\begin{cases}\frac{i\times(2n-i+1)}{2}+j-i, & i\leqslant j\\ \frac{n\times(n+1)}{2}, & i>j\end{cases}\tag{4-10}$$

4.7.2 稀疏矩阵

若一个矩阵中的非零元素个数远远小于矩阵元素个数($N\ll m\times n$)，且分布没有规律，则称这个矩阵为**稀疏矩阵**。稀疏矩阵在实际应用中经常出现，因此，为了节省存储空间，有必要研究其存储方法及操作。

那么如何进行稀疏矩阵的压缩存储呢？显然，稀疏矩阵中的非零元素是需要的数据，因此只需存储非零元素。由于稀疏矩阵中非零元素的分布无规律，因此，存放非零元素必须同时存放非零元素在矩阵中的位置，即将非零元素的两个下标(i,j)及非零元素的值 a_{ij} 一起存放。这样就得到了每个非零元素对应的一个三元组(i,j,a_{ij})。反之，一个三元组也唯一确定了稀疏矩阵中的一个非零元素。因此，一个稀疏矩阵与其三元组及稀疏矩阵的行数、列数之间是一种一一对应关系。例如，图 4.9 的稀疏矩阵 **A** 可由下面的三元组表确定。

((0,1,3),(0,5,−9),(2,3,5),(3,1,−6),(3,5,2),(4,0,18),(4,2,7))

$$\boldsymbol{A}=\begin{bmatrix}0&3&0&0&0&-9\\0&0&0&0&0&0\\0&0&0&5&0&0\\0&-6&0&0&0&2\\18&0&7&0&0&0\end{bmatrix}\qquad \boldsymbol{B}=\begin{bmatrix}0&0&0&0&18\\3&0&0&-6&0\\0&0&0&0&7\\0&0&5&0&0\\0&0&0&0&0\\-9&0&0&2&0\end{bmatrix}$$

图 4.9 稀疏矩阵 A 和其转置矩阵 B

显然，上述存储方式使稀疏矩阵失去了随机存取功能。当用三元组表示非零元素时，对稀疏矩阵压缩存储有两种方法：三元组的顺序存储(三元组顺序表)和链式存储(十字链表)。下面分别进行说明。

1. 稀疏矩阵的顺序存储结构：三元组顺序表

由于两个阶数不同的矩阵可能具有相同的非零元素，为了区别，在存储三元组时，同时还应存储该矩阵的行、列值。通常为了运算的方便，也存放非零元素的个数。这种以顺

序存储结构来表示三元组的线性表,称为**三元组顺序表**。稀疏矩阵的三元组顺序表的存储结构可定义如下。

```
#define MAXSIZE 100                                  //用户自定义三元组最大个数
typedef struct                                       //三元组
{   int row,col;                                     //非零元素的行号、列号
    DataType v;                                      //非零元素的值
}Triple;
typedef struct
{   Triple data[MAXSIZE];                            //三元组表
    int m,n,t;                                       //矩阵的行数、列数和非零元素个数
}TSMatrix;
```

1) 三元组顺序表的矩阵转置运算

设原矩阵为 $\boldsymbol{A}$,转置后的矩阵为 $\boldsymbol{B}$,矩阵 $\boldsymbol{A}$ 的行数为 m、列数为 n、非零元素个数为 t。一个稀疏矩阵转置后仍为稀疏矩阵,设结果矩阵 $\boldsymbol{B}$ 也用三元组顺序表来存放。根据矩阵转置运算的定义,矩阵 $\boldsymbol{A}$ 与矩阵 $\boldsymbol{B}$ 的元素应有下面的关系,即 $\boldsymbol{B}_{i,j}=\boldsymbol{A}_{j,i}$,图 4.9 中的稀疏矩阵 $\boldsymbol{A}$ 和其转置矩阵 $\boldsymbol{B}$ 的三元组表分别为 $\boldsymbol{A}$.data,$\boldsymbol{B}$.data,如图 4.10 所示。

求一个矩阵 $\boldsymbol{A}$ 的转置矩阵 $\boldsymbol{B}$ 可以经过下列步骤来完成。

(1) 将矩阵 $\boldsymbol{A}$ 的行列值互换写入矩阵 $\boldsymbol{B}$。

(2) 对矩阵 $\boldsymbol{A}$ 的每个三元组所表示的非零元素,按列序将其行、列值互换后写入转置矩阵 $\boldsymbol{B}$。

其中第(2)步是转置运算的主要工作,可以这样来进行:在 $\boldsymbol{A}$ 矩阵的三元组表 $\boldsymbol{A}$.data 中,从前至后依次找出 $\boldsymbol{A}$ 的第 0 列的所有元素,它们就是转置矩阵 $\boldsymbol{B}$ 的第 0 行的元素,将它们按找到的顺序存放在矩阵 $\boldsymbol{B}$ 的三元组表 $\boldsymbol{B}$.data 中。由于三元组表 $\boldsymbol{A}$.data 是以行序为主序存放的,所以,若 $\boldsymbol{A}$.data 中有两个三元组(i_1,j,v_1)和(i_2,j,v_2),且 $i_1<i_2$,则它们属于同一列且(i_1,j,v_1)必存放在(i_2,j,v_2)之前。因此在转置时,必先找到表中(i_1,j,v_1)后才能找到表中的(i_2,j,v_2),这样在三元组表 $\boldsymbol{B}$.data 中,形成了两个三元组(j,i_1,v_1)和(j,i_2,v_2),且(j,i_1,v_1)放在(j,i_2,v_2)之前,由于 $i_1<i_2$,所以这两个三元组的排放次序正好符合转置矩阵也以行序为主序的存放要求。$\boldsymbol{A}$ 的第 0 列处理完之后,再依次用相同的方法处理第 1 列,第 2 列,…,直至最后一列处理完毕,转置运算就完成了。

三元组顺序表存储下矩阵的转置算法如下。

[**算法 4.6**] 三元组顺序表存储下矩阵的转置

源代码

```
void TransMatrix(TSMatrix A,TSMatrix *B)
{   //采用三元组顺序表方式存储,实现矩阵的转置
    B->m=A.n;   B->n=A.m;   B->t=A.t; //稀疏矩阵 A 的行数为 m、列数为 n、非零元素个数为 t
    if(B->t)
    {   q=0;                                        //B 中非零元素个数
        for(j=0;j<A.n;j++)                          //按列转置
            for(p=0;p<A.t; p++)
                if(A.data[p].col==j)                //本列中一个非零元素
```

row	col	v
0	1	3
0	5	-9
2	3	5
3	1	-6
3	5	2
4	0	18
4	2	7

(a) ***A***.data

row	col	v
0	4	18
1	0	3
1	3	-6
2	4	7
3	2	5
5	0	-9
5	3	2

(b) ***B***.data

图 4.10　稀疏矩阵 A 和 B 的三元组表

```
                {   B->data[q].row=A.data[p].col;
                    B->data[q].col=A.data[p].row;
                    B->data[q].v=A.data[p].v;
                    q++;
                }
        }
}
```

TransMatrix(***A***,***B***)的主要工作是在双重循环中完成的,故算法的执行时间复杂度为 $O(n\times t)$。即与 **A** 矩阵的列数和非零元素个数的乘积成正比。当待转置矩阵中非零元素个数 t 和 $m\times n$ 等数量级时,算法的时间复杂度为 $O(m\times n^2)$。

TransMatrix 每处理 **A** 矩阵的一列就要查遍三元组表 **A**.data 一次,和通常采用二维数组存储方式下矩阵转置算法相比,可能节省了一定量的存储空间,但算法的时间性能差一些。下面介绍另一种矩阵转置方法,它只需扫描三元组表一次即可完成转置运算。

2) 三元组顺序表的矩阵快速转置运算

算法 TransMatrix 效率低的原因是每处理 **A** 矩阵的一列就要查遍三元组表 **A**.data 一次,若能直接确定 **A** 中每一个三元组在 ***B*** 中的位置,则对 A 表扫描一次即可,即三元组表的矩阵快速转置。三元组表的矩阵快速转置是指依次按三元组表 **A**.data 中元素的次序进行转置,转置后直接放到三元组表 ***B***.data 中元素的正确位置上,这是可以做到的。因为 **A** 中第 0 列的第 1 个非零元素一定存储在 ***B***.data[0],如果还知道第 1 列的非零元素的个数,那么第 1 列的第 1 个非零元素在 B 表中的位置为 **A** 中第 1 列非零元素的个数,第 2 列的第 1 个非零元素在 B 表中的位置为第 1 列的第 1 个非零元素在 B 表中的位置+**A** 中第 1 列非零元素的个数,以此类推,因为 A 中三元组的存放顺序是先行后列,对同一行来说,必定先遇到列号小的元素,这样扫描一遍 A 表即可使每一个三元组对号入座到 B 表中。

根据上述分析,需使用两个向量 num 和 pos,用 num 数组记录矩阵 **A** 中每列的非零元素个数,用 pos 数组记录 **A** 中每列第一个非零元素在三元组表中的位置,可用下述公式求出矩阵 **A** 中每列第一个非零元的位置:

$$\begin{cases}\text{pos}[0]=0\\ \text{pos}[j]=\text{pos}[j-1]+\text{num}[j-1] \quad 1\leqslant j<A.n\end{cases}$$

通过上述方法,可以得到图4.9中的矩阵 **A** 的num和pos向量的值,如表4.1所示。

表4.1 矩阵 *A* 的num和pos向量的值

j	0	1	2	3	4	5
num[j]	1	2	1	1	0	2
pos[j]	0	1	3	4	5	5

三元组顺序表上矩阵的快速转置算法如下。

[**算法4.7**] 三元组顺序表上矩阵的快速转置

源代码

```
void FastTransMatrix(TSMatrix A, TSMatrix *B)
{   //三元组顺序表上实现矩阵的快速转置的算法
    B->m=A.n;  B->n=A.m;  B->t=A.t;
    if(A.t)
    {   for(j=0;j<A.n;j++)                //矩阵A每一列非零元素个数初始化为零
            num[j]=0;
        for(k=0;k<A.t;k++)                //求矩阵A每一列的非零元素个数
            num[A.data[k].col]++;
        pos[0]=0;
        for(j=1;j<A.n;j++)        //求A.data的j列第一个非零元素在B.data中的序号
            pos[j]=pos[j-1]+num[j-1];
        for(p=0;p<A.t;p++)                //求转置矩阵B的三元组表
            {   j=A.data[p].col;  q=pos[j];
                B->data[q].row=A.data[p].col;
                B->data[q].col=A.data[p].row;
                B->data[q].v=A.data[p].v;
                pos[j]++;
            }
    }
}
```

该算法有4个并列的单循环,循环次数为 n 次,t 次,$n-1$ 次,t 次。因而总的时间复杂度为 $O(n+t)$。当待转置矩阵中非零元素个数和 $m \times n$ 等数量级时,其时间复杂度为 $O(m \times n)$,和经典算法的时间复杂度相同。在空间上比算法4.11多了两个辅助向量num和pos。

2. 稀疏矩阵的链式存储结构:十字链表

利用三元组表表示稀疏矩阵时,若矩阵的运算使非零元素个数发生变化,就必须对三元组表进行插入、删除,也就是必须移动三元组表中的元素,由于三元组表是顺序存储结构,所以这些操作将花费大量的时间。下面介绍稀疏矩阵的一种链式存储结构,即**十字链表**,它可以克服三元组顺序表的上述缺点。

用十字链表表示稀疏矩阵的基本方法是:非零元素结点中设有两个指针域,指针域down指向其同列的下一个非零元素结点、right域指向其同行的下一个非零元素结点。

除这两个域外，结点中还应设有存放该非零元素的行值、列值、元素值的域，设它们分别为 row，col 和 e。数组的每一行的非零元素结点构成一个带头结点的循环链表，每一列的非零元素结点也构成一个带头结点的循环链表，这种组织方法使同一非零元素结点既处在某一行的链表中，又处在某一列的链表中，因此称其为“十字链表”。十字链表中非零元素结点的结构如图 4.11 所示。

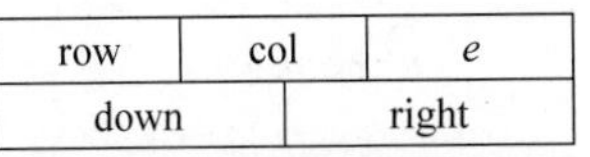

row	col	e
down	right	

图 4.11　十字链表结点结构

为了使整个链表中的结点结构一致，规定行(列)循环链表的表头结点和表中非零元素的结点一样，也设 5 个域，并且均置表头结点的行域和列域为零值。第 i 行的行表头结点和第 i 列的列表头结点可以合用一个结点，称为行列表头结点。由于行列表头结点的数据域是没有意义的，而且我们希望将行列表头结点组织在一个循环链表中，使用 C 语言中共用体的概念，我们将这个域作为指针域，将各行列表头链接起来。为整个十字链表再设一个总表头结点，其 row 域和 col 域的值分别是稀疏矩阵的行数和列数，行列指针无意义，用指针域(即非零元素结点的元素值域，行列表头结点相链的指针域)指向第一个行列表头结点。设 head 为指向总表头结点的指针，只要给定 head 指针值，便可取得稀疏矩阵的全部信息了。

图 4.9 中的矩阵 **A** 的十字链表如图 4.12 所示。

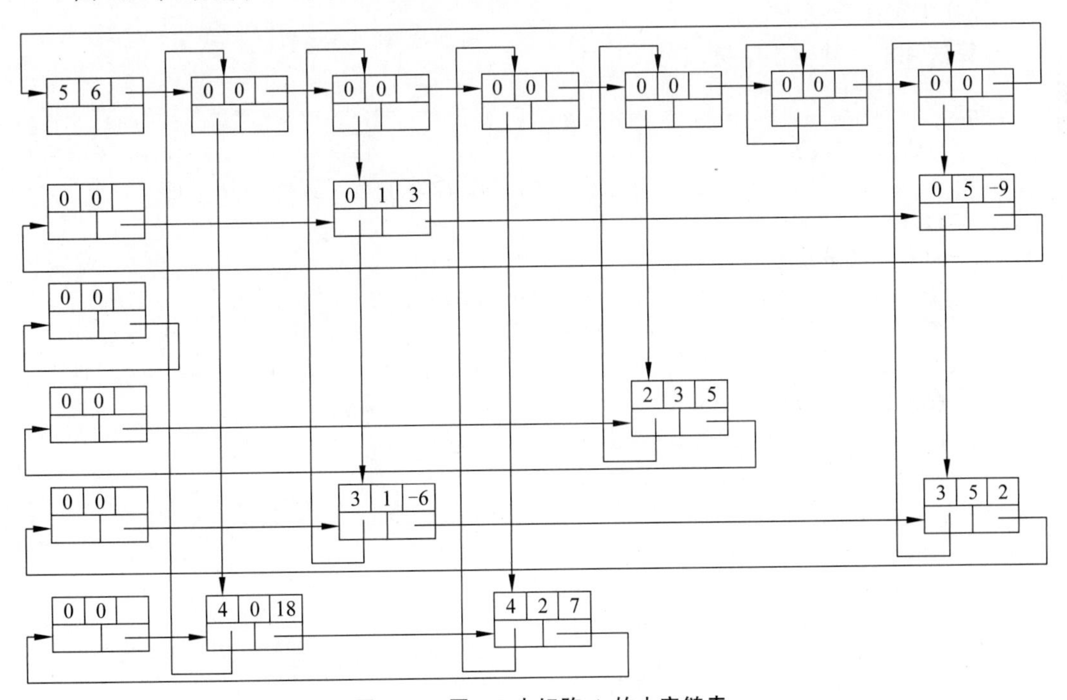

图 4.12　图 4.9 中矩阵 A 的十字链表

十字链表的结构类型说明如下。

```
typedef struct OLNode
{   int row,col;
    union
```

```
    {   struct OLNode * next;                    //表头结点使用 next 域
        DataType e;                              //表中元素结点使用 e 域
    }uval;
    struct OLNode * down, * right;
}OLNode, * OLink;
```

建立十字链表的算法主要分为以下两步。

(1) 建立表头结点的循环链表。读入矩阵的行、列数和非零元素的个数。因为行、列链表共享同一组表头结点,所以表头结点的个数应是行、列数中的较大者。建立整个十字链表的头结点 * head 以及所有行、列链表的头结点,将头结点通过 next 域链接成循环链表。初始时每一行、列链表都是空的循环链表。

(2) 依次读入非零元素的三元组表(row,col,e),生成一个结点 * p,然后将其插入第 row 行的行链表的正确位置上,以及第 col 列的列链表的正确位置上。* p 的正确位置应为:在行链表上,首先查找到第 row 行的头结点,然后沿着结点的 right 域找到第一个列号大于 col 的结点 * (q->right),而 * (q->right)即为 * p 结点的后继,* q 为 * p 结点的前驱,* p 应插入 * q 结点之后。如果行链表上所有结点的列号均小于 col,则 * p 应插入行链表的表尾。查找第 col 列链表的正确插入位置与此类似。

建立十字链表算法如下。

[**算法 4.8**] 建立十字链表

源代码

```
void CreatCrossList()
{   //建立十字链表
    scanf("%d %d %d", &m, &n, &t);           //读入行数、列数以及非零元素个数
    if(m>n) maxmn=m;
    else maxmn=n;
    (* head)=(OLNode * )malloc(sizeof(OLNode));
    (* head)->row=m;     (* head)->col=n;
    h[maxmn]= * head;                         //h[maxmn+1]为一组指示行列表头结点的指针
    for(i=0;i<maxmn;i++)                      //建立表头结点的循环链表
    {   p=(OLNode * )malloc(sizeof(OLNode));
        p->row=0;     p->col=0;
        p->down=p;  p->right=p;
        h[i]=p;
        if(i==0)
            (* head)->uval.next=p;
        else
            h[i-1]->uval.next=p;
    }
    p->uval.next= * head;                              //最后一个结点指向表头结点 * head
    for(num=1;num<=t;num++)
    {   scanf("%d %d %d", &row, &col, &e);            //输入一个非零元素的三元组
        p=(OLNode * )malloc(sizeof(OLNode));          //生成结点
        p->row=row;     p->col=col;  p->uval.e=e;
```

```
        q=h[row];
        while(q->right!=h[row] && q->right->col<col)
                                              //查 * p 在 row 行的插入位置
            q=q->right;
        p->right=q->right;q->right=p;         //* p 插入第 row 行的循环链表中
        q=h[col];
        while(q->down!=h[col] && q->down->row<row)
                                              //查 * p 在 col 列的插入位置
            q=q->down;
        p->down=q->down; q->down=p;           //* p 插入第 col 列的循环链表中
    }
}
```

建立十字链表算法的时间复杂度为 $O(t\times \text{maxmn})$，其中，t 为非零元素的个数，maxmn $=\max(m,n)$。

*4.8　算法举例

电子课件

例 4.4　设计一函数 CharToInt(ch)，其中，ch 为字符串，由 0～9 十个数字符和表示正负数的一组成，返回值为整型数值。

解答：设字符串存于字符数组 X 中，若转换后的数是负数，字符串的第一个字符必为一。转换过程如下：将取出的数字字符减去字符零(0)的 ASCII 值，变成数；先前取出的数乘上 10 加上本次转换的数形成部分结果；如此一个字符一个字符地转换，直到字符串结束，得到结果。

[**算法 4.9**]　将数值字符串型转换成整型数值

源代码

```
long CharToInt(char ch[])
{   //数字字符串存于字符数组 ch 中，将其转换成数字
    long num=0;                              //结果整数初始化
    int i=1;                                 //i 为数组下标
    if(ch[0]!='-') num=ch[0]-'0';            //如是正数，x[0]是数字字符
    while(ch[i]!= '\0')                      //当字符串未到尾，进行数的转换
        num=10 * num+(ch[i++]-'0');
                              //先前取出的数乘上 10 加上本次转换的数形成部分结果
    if(ch[0]=='-')
        return(-num);                        //如是负数，x[0]是负号
    else
        return(num);                         //返回正数
}
```

例 4.5　假设串顺序存储，编写算法实现串的置换操作。

解答：因为已经给定顺序存储结构，可将 s 串从第$(i+j-1)$到串尾移动 $T->$length$-j$ 个位置(以便将 T 串插入)：若 $j>T->$length，则向左移动；若 $j<T->$length，则向右移动；若$j=T->$length，则不必移动。最后将 T 串复制到 S 串的合适位置上。当然，应考虑置换后的溢出问题。

源代码

[算法 4.10] 串的顺序存储下串的置换

```
#define  MAXSIZE  1024                                    //串的最大容量
typedef struct
{  char ch[MAXSIZE];                                      //存放串的数组
   int length;                                            //length 是串的当前长度
}SeqString;
bool replace(SeqString * S, SeqString * T,int i,int j)
{  //将 s 串从第 i 个字符开始的连续 j 个字符用 t 串置换
   if(i<1 || j<0 || T->length+S->length-j>maxlen)
                                                          //检查参数及置换后的长度的合法性
      return 0;                                           //参数错误返回假
   if(j<T->length) //若 s 串被替换的子串长度小与 t 串长度,则 s 串部分右移,腾出 t 串
                   //位置
      for(k=S->length-1;k>=i+j-1;k--)
         S->ch[k+T->length-j]=S->ch[k];
   else if (j>T->length)                                  //s 串中被替换子串的长度小于 t 串的长度
            for(k=i-1+j;k<S->length;k++)
               S->ch[k+j-T->length]=S->ch[k];
   for(k=0;k<T->length;k++)
      S->ch[i-1+k]=T->ch[k];                              //将 t 串复制到 s 串的适当位置
   if(j>T->length)
      S->length=S->length-(j-T->length);
   else
      S->length=S->length+(T->length-j);
   return 1;
}
```

例 4.6 给定 m 行 n 列矩阵 $\boldsymbol{A}[m][n]$，并设 $\boldsymbol{A}[i][j]\leqslant\boldsymbol{A}[i][j+1]$（$0\leqslant i\leqslant m-1$，$0\leqslant j\leqslant n-2$）和 $\boldsymbol{A}[i][j]\leqslant\boldsymbol{A}[i+1][j]$（$0\leqslant i\leqslant m-2$，$0\leqslant j\leqslant n-1$）。设 x 和矩阵元素类型相同，设计一算法判定 x 是否在 $\boldsymbol{A}$ 中，要求时间复杂度为 $O(m+n)$。

解答：矩阵中元素按行和按列都已排序，要求查找时间复杂度为 $O(m+n)$，因此不能采用常规的二层循环的查找(其时间复杂度为 $O(m\times n)$。可以先从右上角($i=0$，$j=n-1$)开始，将元素与 x 比较，比较结果只有三种情况：一是 $\boldsymbol{A}[i][j]=x$，查找成功，结束算法；二是 $\boldsymbol{A}[i][j]>x$，应到 $j-1$ 列继续查找；三是 $\boldsymbol{A}[i][j]<x$，应到 $i+1$ 行继续查找。这样一直查找到 $i=m-1$ 和 $j=0$，若仍未找到，则查找失败。算法如下。

源代码

[算法 4.11] 在矩阵中查找元素

```
bool Search(DataType A[ ][MAXSIZE], int n, DataType x)
{  //m * n 矩阵 A 元素按行和按列都已有序,本算法查找 x 是否在矩阵 A 中
   i=0; j=n-1; flag=0;                                    //flag 是成功查到 x 的标志
   while(i<=m-1 && j>=0)
      if(A[i][j]==x)
      {  flag=1;
         break;
      }
      else  if (A[i][j]>x)
               j--;
```

```
            else
                i++;
    if(flag)
        return 1;                               //查找成功
    else
        return 0;                               //查找失败
}
```

算法中查找 x 的路线从右上角开始，向左或向下查找。向左最多查找 n 次，向下最多查找 m 次。最好情况是在右上角比较一次成功，最差是在左下角成功，比较 $m+n$ 次，故算法最差情况下时间复杂度是 $O(m+n)$。

小　　结

字符串和多维数组都属于线性结构。字符串是许多非数值计算问题所处理的主要对象，本章给出了字符串的顺序存储方式和链式存储方式，分析了字符串常用的操作。模式匹配是字符串的主要操作之一，从过程简单、易于理解的简单模式匹配算法开始介绍，给出时间复杂度分析，最后引出高效的 KMP 模式匹配算法。

数组是高级程序设计语言的基本数据类型，讨论了其存储方式和寻址方式。矩阵是一类特殊的二维数组，其应用广泛，针对矩阵的特殊性，介绍了工程中常用的特殊矩阵和稀疏矩阵。特殊矩阵介绍了压缩存储方式，稀疏矩阵介绍了三元组顺序表和十字链表，分别实现了稀疏阵的顺序存储方式和链接存储方式。

习　　题

一、简答题

1. 简述串类型的定义。

2. 简述数组的定义。

3. 简述矩阵的压缩存储。

二、选择题

1. 串的长度是指(　　)。

　A. 串中所含不同字符的个数　　B. 串中所含字符的个数

　C. 串中所含非空格字符的个数　　D. 串中所含不同字母的个数

2. 下面关于串的叙述中，不正确的是(　　)。

　A. 空串是由空格构成的串

　B. 串既可以采用顺序存储，也可以采用链式存储

　C. 模式匹配是串的一种重要运算

　D. 串是字符的有限序列

3. 串是一种特殊的线性表，其特殊性体现在(　　)。

　A. 数据元素是一个字符　　B. 可以链式存储

C. 可以顺序存储　　D. 数据元素可以是多个字符

4. 两个串相等的充分必要条件是(　　)。

A. 两个字符串存储形式相同

B. 两个字符串的长度相等且对应位置上的字符也相等

C. 两个字符串中对应位置上的字符相等

D. 两个字符串的长度相等

5. 三维数组 $A[0..4,-1..2,2..7]$中含有元素的个数是(　　)。

A. 120　　B. 80　　C. 60　　D. 56

6. 一个 $n\times n$ 的对称矩阵按行优先或列优先进行压缩存储,则其存储容量为(　　)。

A. $n(n+1)/2$　　B. $n(n+2)/2$　　C. $n(n+1)$　　D. $n(n+2)$

7. 设有一个 10 阶的对称矩阵 **A** 采用压缩存储,**A**[0][0]为第一个元素,其存储地址为 d,每个元素占 1 个存储单元,则元素 **A**[8][5]的存储地址为(　　)。

A. $d+39$　　B. $d+40$　　C. $d+41$　　D. $d+42$

8. 二维数组 A 中行下标从 10 到 20,列下标从 5 到 10,按行序存储,每个元素占 4 个存储单元,A[10][5]的存储地址是 1000,则元素 A[15][10]的存储地址是(　　)。

A. 1140　　B. 1150　　C. 1160　　D. 1170

9. 二维数组 a[1..30,1..20]的基地址为 2000,每个元素占两个存储单元,若以列序为主序顺序存储,则元素 a[16,17]的存储地址为(　　)。

A. 2066　　B. 2992　　C. 2988　　D. 2990

10. 二维数组 A 中,每个元素的长度为 3 字节,行下标 i 从 0 到 7,列下标 j 从 0 到 9,从首地址 SA 开始连续存放在存储器内,存放该数组至少需要的字节数是(　　)。

A. 80　　B. 100　　C. 240　　D. 270

11. 二维数组 A 中,每个元素 A 的长度为 3 字节,行下标 i 从 0 到 7,列下标 j 从 0 到 9,从首地址 SA 开始连续存放在存储器内,该数组按行序存放时,数组元素 A[7][4]的起始地址为(　　)。

A. SA+141　　B. SA+144　　C. SA+222　　D. SA+225

12. 二维数组 A 中,每个元素 A 的长度为 3 字节,行下标 i 从 0 到 7,列下标 j 从 0 到 9,从首地址 SA 开始连续存放在存储器内,该数组按列序存放时,元素 A[4][7]的起始地址为(　　)。

A. SA+141　　B. SA+180　　C. SA+222　　D. SA+225

13. 若串 S='SOFT',其子串的数目最多是(　　)。

A. 9　　B. 10　　C. 11　　D. 12

14. 对稀疏矩阵进行压缩存储的目的是(　　)。

A. 节省存储空间　　B. 便于输入和输出

C. 降低运算的时间复杂度　　D. 便于进行矩阵运算

15. 设有两个串 p 和 q,求 q 在 p 中首次出现的位置的运算称作(　　)。

A. 连接　　B. 模式匹配　　C. 求子串　　D. 求串长

16. 设串 s1='ABCDEFG',s2='PQRST',函数 con(x,y)返回 x 串和 y 串的连接串,

subs(s,i,j)返回串 s 的从序号 i 的字符开始的 j 个字符组成的子串，len(s)返回串 s 的长度，则 con (subs (s1,2,len (s2)), subs (s1,len (s2),2))的结果串是(　　)。

A. BCDEF　　B. BCDEFG　　C. BCPQRST　　D. BCDEFEF

17. 设串的长度为 n，则它的子串个数为(　　)。

A. n　　B. $n(n+1)$　　C. $n(n+1)/2$　　D. $n(n+1)/2+1$

三、填空题

1. 串的两种最基本的存储方式是________、________。

2. 两个串相等的充分必要条件是________。

3. 空串是________，其长度等于________。

4. 空格串是________，其长度等于________。

5. 设 s='I ␣AM ␣A ␣TEACHER'，其长度是________。

6. 已知二维数组 $A[m][n]$采用行序为主方式存储，每个元素占 k 个存储单元，并且第一个元素的存储地址是 LOC($A[0][0]$)，则 $A[i][j]$的地址是________。

7. 二维数组 $A[10][20]$采用列序为主方式存储，每个元素占 1 个存储单元，并且 $A[0][0]$的存储地址是 200，则 $A[6][12]$的地址是________。

8. 二维数组 $A[10..20][5..10]$采用行序为主方式存储，每个元素占 4 个存储单元，并且 $A[10][5]$的存储地址是 1000，则 $A[18][9]$的地址是________。

四、算法设计题

1. 设计一个串匹配的算法，并估算所设计算法的时间复杂度。

2. 利用串的最基本操作写出串的定位函数。

3. 若 x 和 y 是两个用单链表存储的串，试设计一个算法，找出 x 中第一个不在 y 中出现的字符。

4. 顺序串上实现串比较运算 strcmp(s,t)的算法。

5. 链串上实现串比较运算 strcmp(s,t)的算法。

6. 设矩阵 $\mathbf{A}$ 中的某一个元素 $\mathbf{A}[i,j]$是第 i 行中的最小值，而又是第 j 列中的最大值，则称 $\mathbf{A}[i,j]$为矩阵中的一个鞍点，请写出一个可确定该鞍点位置的算法(如果这个鞍点存在)，并给出算法的时间复杂度。

7. 设有三对角矩阵 $\mathbf{A}[0..n-1,0..n-1]$，将其三条对角线上的元素逐行存放于数组 $B[0..3n-3]$中，使得 $B[k]=\mathbf{A}[i,j]$，写出将 $\mathbf{A}$ 存入数组 B 中的算法，并写出由数组 B 确定 $\mathbf{A}[i,j]$的算法。

8. 已知 $\mathbf{A}$ 和 $\mathbf{B}$ 为两个 $n\times n$ 阶的对称矩阵 $\mathbf{A}[0..n]$、$\mathbf{B}[0..n]$，输入时，对称矩阵只输入下三角中的元素，存入一维数组，编写一个计算对称矩阵 $\mathbf{A}$ 和 $\mathbf{B}$ 乘积的算法。

9. 编写算法，将一个稀疏矩阵由三元组表形式存储转换成用十字链表存储。

五、应用题

1. 空串和空格串有何区别？字符串中的空格符有什么意义？空串在串处理中有何作用？

2. 字符串 s1='abcdefghijklmnopqrstuvw'，由如下运算分别得到 s2 和 s3，请给出 s2 和 s3 的值。

```
s2=concat(sub(s1,19,3),sub(s1,4,2),sub(s1,14,1),sub (s1,20,1)),s3=sub(s1,len
```

```
(s2),len(s2))
```

3. 已知 s='(xyz) * ',t='(x+y) * z'。试用连接，求子串和置换等基本运算，将 s 转换为 t，将 t 转换为 s。

4. 令 s='aaab',t='abcabaa',u='abcaabbabcaacbacba'。分别求出它们的 next 函数值和 nextval 函数值。

5. 假设有二维数组 $A[1..6][1..8]$，每个元素用相邻的 6 字节存储，存储器按字节编址。已知 A 的起始地址(基地址)为 1000，计算：

(1) 数组 A 的存储空间大小。

(2) 按行序存储时，元素 $A[1][4]$的地址。

(3) 按列序存储时，元素 $A[4][7]$的地址。

6. 已知三维数组 $M[2..3,-4..2,-1..4]$，且每个元素占用两个存储单元，起始地址为 100，按行序顺序存储。求：

(1) M 含有的数据元素数目。

(2) $M[2,2,2]$，$M[3,-3,3]$和 $M[3,0,0]$的存储地址各为多少？

7. 画出稀疏矩阵 $\boldsymbol{A}$ 的三元组表和十字链表。

$$\boldsymbol{A}=\begin{bmatrix}0&0&0&2&0&0\\5&0&6&0&0&0\\0&0&0&0&8&0\\0&0&0&0&0&0\\4&0&9&0&0&0\end{bmatrix}$$

8. 求下标按行序存储的四维数组顺序存储的地址计算公式。

实 验 题

实验题目 1：字符串模式匹配

一、任务描述

输入主串和子串，匹配成功输出子串的位置，返回子串第一次出现的位置，若不存在，返回−1。

二、编程要求

1. 具体要求

输入说明：第一行先输入主字符串 S；第二行输入子字符串 T。

输出说明：判断子串在主串中的位置，输出子串出现的第一个位置，如不存在，则输出−1。

2. 测试数据

测试输入 1：

```
I Lo Love Programing
Love
```

预期输出 1：

```
6
```

测试输入 2：

```
abcd
e
```

预期输出 2：

```
-1
```

实验题目 2：求一个矩阵的马鞍点

一、任务描述

若在矩阵 **A** 中存在一个元素 a，该元素是第 i 行元素中最小值且又是第 j 列元素中最大值，则称此元素为该矩阵的一个马鞍点。假设以二维数组存储矩阵 **A**，试设计一个求该矩阵所有马鞍点的算法。首行输入矩阵的大小 $n \times m$，然后 n 行每行输入 m 个元素。其中，$i, j(0 \leqslant i \leqslant n-1, 0 \leqslant j \leqslant m-1)$。

二、编程要求

1. 具体要求

输入说明：第一行先输入矩阵行、列数；再输入矩阵元素。

输出说明：若存在马鞍点，输出其值；若不存在，则输出"没有马鞍点"。

2. 测试数据

测试输入 1：

```
3 3
1 2 3
4 5 6
7 8 9
```

预期输出 1：

```
A[2][0]=7
```

测试输入 2：

```
5 5
9 7 6 8 3
20 26 22 25 23
28 36 16 30 43
20 21 22 23 54
1 2 3 4 5
```

预期输出 2：

```
没有马鞍点
```

第5章 树和二叉树

CHAPTER

前面几章主要讨论了线性表、栈、队列、串等线性数据结构。线性结构主要反映了数据元素之间的线性关系。在计算机领域的实际应用场景中，有很多问题若用非线性结构表示和运算则比线性结构更加明确，数据处理更加方便。本章讨论的树、二叉树等树结构就是一种重要的非线性结构。具体来说，树结构是一种层次结构，这种层次结构中任一结点的前驱如果存在则一定唯一，其后继如果存在则可能有多个。树结构在客观世界和计算机技术中的应用十分广泛，如人类社会的家谱和社会组织机构、互联网域名系统等都可以用树来表示；在编译程序中，可用树来表示源程序的语法结构；在操作系统中，可用树来组织文件。

本章先介绍树的相关概念、逻辑结构以及存储结构，再着重介绍二叉树的相关概念、逻辑结构、性质和存储结构，二叉树和树、森林的相互转换，最后介绍哈夫曼树及哈夫曼编码。

5.1 树的逻辑结构

电子课件

5.1.1 树的定义和术语

树(Tree)是由 $n(n \geqslant 0)$[①]个结点构成的有限集合 T。如果结点数为零，称为空树。否则，任何一个非空树满足以下两个条件。

(1) 有且只有一个特定的称为**根**(Root)的结点。

(2) 除根结点以外的其他结点被分成 $m(m \geqslant 0)$个互不相交的有限集合 $T_1, T_2, \cdots, T_m$，其中每个集合又是一棵树，并称为根结点的**子树**(Subtree)。如图 5.1 所示为一棵树。

① 对树的定义有两种观点：一种观点认为 $n>0$，空树不能算树；另一种观点认为若不允许树为空，则空二叉树和树的转换无法进行。作者持后一种观点。

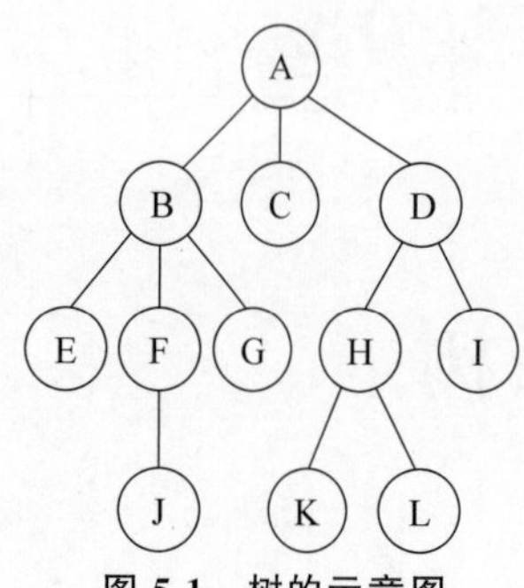

图 5.1 树的示意图

如图 5.1 所示树中 A 为根结点，其余的结点可以分为三个互不相交的子集：T_1＝{B,E,F,G,J}，T_2＝{C}，T_3＝{D,H,I,K,L}；T_1、T_2、T_3 是根结点 A 的三棵子树，它们分别表示一棵树，例如 T_1，其根结点为 B，其余结点可分成三个互不相交的子集 T_{11}＝{E}，T_{12}＝{F,J}，T_{13}＝{G}，它们都是结点 B 的子树。

下面介绍有关树的一些术语。

(1) **结点**(Node)：包含数据项及指向其他结点分支的结构称为结点。如图 5.1 中的树有 12 个结点。

(2) **结点的度**(Degree)：结点所拥有的子树的个数称为结点的度。如图 5.1 中结点 A 的度为 3，结点 B 的度为 3，结点 C 的度为 0，结点 D 的度为 2。

(3) **叶子结点**(Leaf)：树中度为 0 的结点，也称为终端结点。如图 5.1 中的 E、J、G、C、K、L、I 为叶子结点。

(4) **分支结点**(Nonterminal Node)：度不为 0 的结点，又称为非终端结点。如图 5.1 中的 A、B、D、F、H 为分支结点。

(5) **孩子**(Child)：一个结点的直接后继结点称为该结点的孩子。一个结点可以有多个孩子，如图 5.1 中 B 是结点 A 的第一棵子树 T_1 的根，故 B 是 A 的孩子，A 的孩子还有 C 和 D。

(6) **双亲**(Parent)：一个结点的直接前驱结点称为该结点的双亲，每个结点只有一个双亲。如图 5.1 中 A 是结点 B、C、D 的双亲。

(7) **兄弟**(Sibling)：同一双亲结点的孩子结点互称为兄弟。如图 5.1 中 B、C、D 互为兄弟。

(8) **祖先**(Ancestor)：从根结点到某结点所经过的分支上的所有结点，称为该结点的祖先。如图 5.1 中结点 J 的祖先为 A、B、F。

(9) **子孙**(Descendant)：以某一结点为根的子树中的任一结点都称为该结点的子孙。如图 5.1 中结点 B 的子孙为 E、F、G、J。

(10) **层次**(Level)：将根结点的层次设定为 1，则其孩子结点层次为 2，以此类推。如图 5.1 中结点 A 的层次为 1，结点 B、C、D 的层次为 2。

(11) **树的深度**(Depth)：树中结点的最大层次，又称为树的高度。如图 5.1 中树的深度为 4。

(12) **有序树**(Ordered Tree)和**无序树**(Unordered Tree)：如果树中结点的各子树从左到右是有次序的(即不能互换)，则称该树为有序树，否则称为无序树。

(13) **森林**(Forest)：$m(m\geqslant 0)$棵互不相交的树的集合。删除一棵树的根就会得到一个森林，反之，若给森林增加一个统一的根结点，森林就变成了一棵树。

就逻辑结构而言，任何一棵树都是一个二元组 Tree＝(Root,F)，其中，Root 是数据元素，称作树的根结点；F 是 $m(m\geqslant 0)$棵树的森林，$F=(T_1,T_2,\cdots,T_m)$，其中，$T_i=(R_i,F_i)$称作根 Root 的第 i 棵子树；当 $m\neq 0$ 时，在树根和其子树森林之间存在下列关系。

$$RF=\{<Root,R_i>|\ i=1,2,\cdots,m,m>0\}$$

这个定义将为森林和树与二叉树之间的转换提供帮助。

5.1.2　树的逻辑表示方法

树的逻辑表示方式有很多,但无论哪种表示方式都能体现出树中各数据元素之间的层次关系,以及根结点和子树之间的一对多的关系。下面介绍树的几种常见的逻辑表示方法。

(1) 树状表示法(Tree Representation):用圆圈表示一个结点,圆圈内的符号代表该结点的数据信息,结点之间的关系通过分支线表示。虽然每条分支线没有显示箭头,但默认存在自上而下的方向,即分支线的上方是下方结点的前驱结点,下方结点是上方结点的后继结点。树状表示法表示的树是一棵倒置的树,即根结点在上,叶子在下,如图 5.1 所示。

(2) 文氏图表示法(Venn Diagram Representation):每棵树对应一个圆(椭圆),圆内包含根结点和子树对应的圆,同一个根结点下的各子树对应的圆是不能相交的。用这种方法表示的树中,结点之间的关系是通过圆的包含关系来表示的。如图 5.2(a)所示为图 5.1 中树对应的文氏图表示法。

(3) 凹入表示法(Concave Representation):每棵树的根结点对应一个线条,其子树的根对应一个较短的线条,且树的根在上,子树的根在下,同一个根下的各子树的根对应的线条长度相同,所有线条右对齐。如图 5.2(b)所示为图 5.1 中树对应的凹入表示法。

(4) 嵌套括号表示法(Nested Bracket Representation):每棵树对应一个形如"根(子树 1,子树 2,…,子树 m)"的字符串,每棵子树的表示方式与整棵树类似,各个子树之间用逗号分开。在用这种方法表示的树中,结点之间的关系通过括号的嵌套表示。树的嵌套括号表示法也叫广义表表示法。如图 5.2(c)所示为图 5.1 中树对应的嵌套括号表示法。

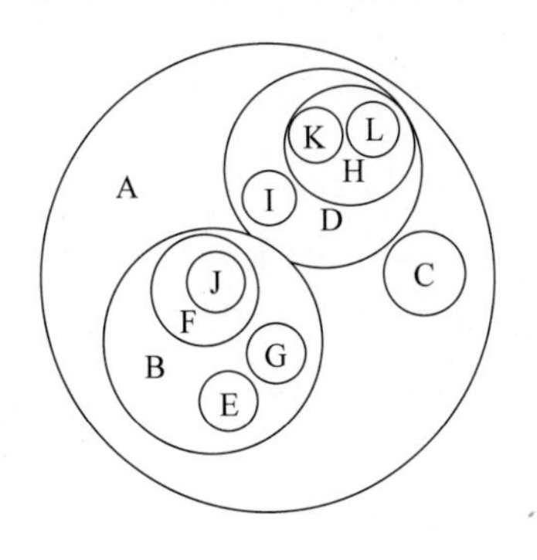

(a) 文氏图表示法

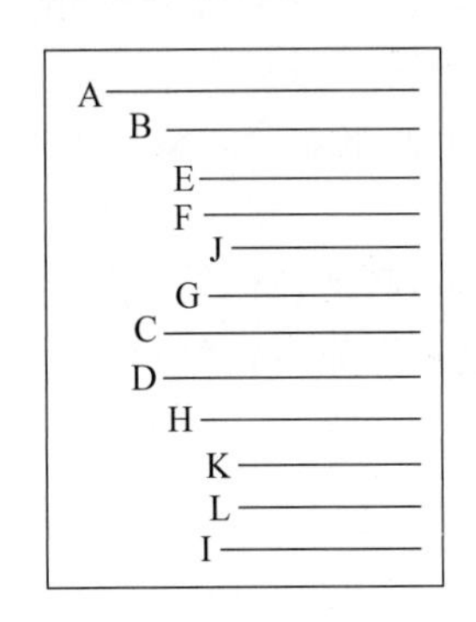

(b) 凹入表示法

A(B(E,F(J),G),C,D(H(K,L),I))

(c) 嵌套括号表示法

图 5.2　树的各种表示法

树表示法的多样性反映了树应用的广泛性。

上述树结构的定义结合树的一组基本操作就构成了树的抽象数据类型定义。

```
ADT Tree
{   数据对象 D:D={a_i | a_i∈DataSet, i=1,2,…,n,n≥0}。
    数据关系 R:R={<a_{i-1},a_i> | a_{i-1},a_i∈D,i=2,3,…,n,D中存在唯一的称为根的数据元素
        Root,它无前驱;其余每个结点只有一个前驱,但可以有零个或多个后继结点}
    基本操作:
        TreeInit(T):构造一棵空树 T。                                      //构造空树
        TreeDestroy(T):销毁树 T,即释放树 T所占的空间。                     //销毁树
        TreeChild(T,x,i):假如树 T存在,x为 T的某结点数据,则返回 x所在的第 i棵子
            树;假如树 T不存在第 i棵子树,则返回空。                         //求树的第 i棵子树
        TreeClear(T):清除树 T的内容,使其为空树。                           //清空树
        PreTraverse(T):按前序次序对 T中的每个结点进行访问且仅访问一次。
                                                                          //前序遍历树
        PostTraverse(T):按后序次序对 T中的每个结点进行访问且仅访问一次。
                                                                          //后序遍历树
        TreeRoot(T):返回树 T的根结点 Root。                                 //求树的根结点
        TreeParent(T,x):假如树 T存在,x是 T中的某个结点,如果 x不是 T的根结点,返回
            结点 x的双亲;如果 x是 T的根结点,则返回空。                     //求结点的双亲
        TreeRightBrother(T,x):假如树 T存在,x是 T的某个结点,如果 x有右兄弟,返回结
            点 x的右兄弟;如果 x没有右兄弟,则返回空。                       //求结点的右兄弟
        TreeInsert(T,y,i,x):假如树 T存在,y是 T中的某个结点,i为待插入的子树序号,
            则插入以 x为根的子树为 T中 y所指结点的第 i棵子树。              //插入子树
        TreeDepth(T):返回树的深度。                                         //求树的深度
        TreeEmpty(T):判断树是否为空树,如果树为空返回真,否则返回假。
                                                                          //判断树是否为空
}ADT Tree
```

树的应用十分广泛,在不同的软件系统中树的操作也不尽相同,因此树的抽象数据类型中的基本操作类型可随需要重新设定。

5.2 树的存储结构

树的存储结构有很多种,下面重点介绍最为常用的三种。

1. 双亲表示法

在一棵树中,根结点无双亲,其他任何结点的双亲只有一个,这是由树的定义决定的。双亲表示法正是利用了树的这种性质,将树中每个结点的信息存放于一个顺序表中,结点的信息包含元素数据域 data 和结点双亲在表中的位置域 parent,其形式说明如下。

```
#define MAXNODE  100                              //用户定义最大结点数
typedef struct                                    //树的双亲表示法存储表示
{   DataType  data;                               //数据域
    int   parent;                                 //双亲位置域
} Ptnode;
typedef struct
{   Ptnode  nodes[MAXNODE];
    int n;                                        //树中的结点个数
} Ptree;
```

例 5.1　有如图 5.3(a)所示的一棵树，给出其双亲表示法的存储结构。

解答： 在双亲表示法中，因根结点无双亲，其双亲位置域用−1 表示。若结点 nodes[i]的双亲结点为结点 j，则 nodes[i].parent$=j$，所以这种表示方法对求指定结点的双亲和祖先是十分方便的，可以反复调用求双亲的操作，直到找到树的根结点。但是，如果要求某结点的孩子，则需要遍历整个数组，操作比较费时。因此，求双亲的时间复杂度为 $O(1)$，求孩子的时间复杂度为 $O(n)$。

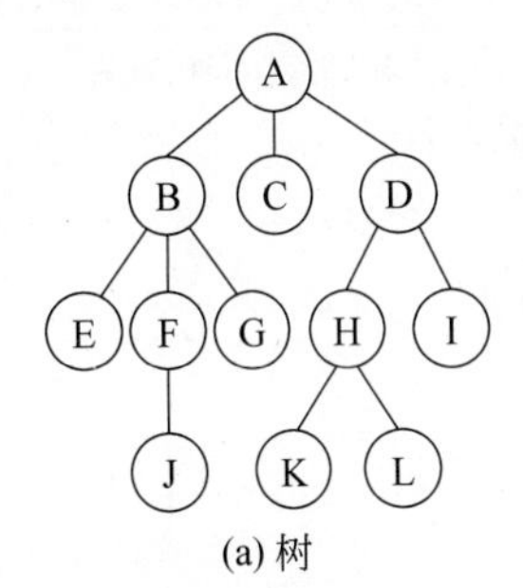

(a) 树

数组下标	0	1	2	3	4	5	6	7	8	9	10	11
data	A	B	C	D	E	F	G	H	I	J	K	L
parent	−1	0	0	0	1	1	1	3	3	5	7	7

(b) 树的双亲表示法

图 5.3　树及树的双亲表示法

2. 孩子表示法

树也可以采用链式存储结构，因为树的每个结点都可能有自己的孩子，如果在每一个结点中设置若干指针指向该结点的孩子，那么每个结点的指针的个数是难以确定的。可以采用多重链表的方式解决该问题。这种解决方案是根据树的度 d 为每个结点设置 d 个指针域，如图 5.4 所示。

显然，这种链表中的结点是同构的，称为**多重链表**。但是由于树中有很多结点的度小于 d，很多指针域是空的，因此其缺点是造成存储空间的浪费。在这种结构中，具有 n 个结点的树总共有 $n\times d$ 个指针，因为树只有 $n-1$ 个分支，因此只有 $n-1$ 个指针指向树中某结点，其余 $n\times d-(n-1)=n\times(d-1)+1$ 个指针域均为空。其树的度越大，浪费空间越多。这种存储结构的优点是结点同构，易于管理。如果按每个结点实际的孩子个数设置指针，并在结点中设置 degree 域，表示该结点所包含的孩子数，则可以得到如图 5.5 所示的结点结构。

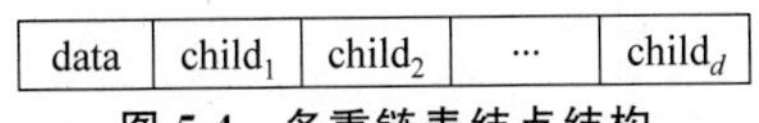

图 5.4　多重链表结点结构

data	degree	$child_1$	$child_2$	…	$child_d$

图 5.5　异构的链表结点结构

在这种存储结构中，结点是非同构的，即各结点不等长，这种存储结构的优点是节约了存储空间，但缺点是给运算带来了不便。

图 5.6 表示的是如图 5.3(a)所示的树的同构和非同构两种链式存储结构的表示方法。

树的另一种链式存储方法是把每个结点的孩子排列起来，形成一个链表，这样就为每个结点建立一个孩子链表，其中，叶子结点的孩子链表为空。每个链表增加一个头结点，为便于管理，将各个头结点放在一个顺序表中，这种表示方法也称为孩子链表表示法，其形式说明如下。

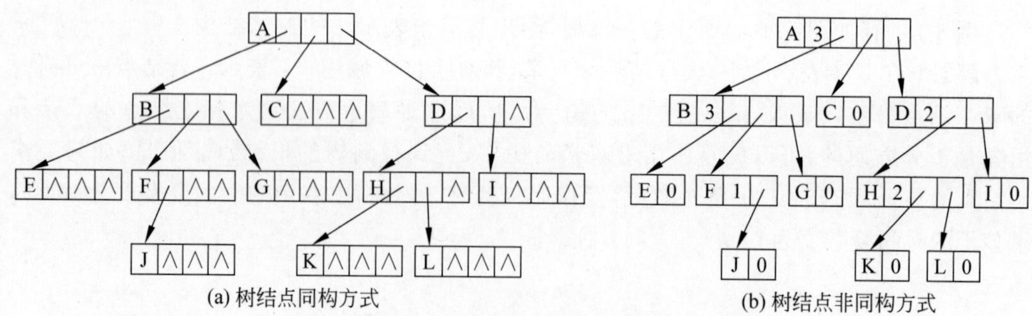

(a) 树结点同构方式　　(b) 树结点非同构方式

图 5.6　图 5.3(a)中树的结点的两种链式存储方式

```
#define MAXNODE  100
typedef struct Ctnode                          //孩子结点
{   int  child;
    struct Ctnode * next;
}  Ctnode, * ChildLink;
typedef struct                                 //头结点
{   DataType  data;
    Ctnode   * firstchild;
} CTBox;
CTBox  nodes[MAXNODE];
```

例 5.2　分别写出如图 5.3(a)所示的树的孩子链表和双亲孩子链表。

解答：如图 5.7(a)所示为图 5.3(a)中树的孩子链表，所有叶子结点的孩子链表为空，而非叶子结点的孩子链表由该结点的所有孩子结点组成。与双亲表示法相反，孩子链表便于实现涉及孩子及子孙的运算，但不利于实现与双亲有关的运算。可以将双亲表示法和孩子链表表示法结合起来，形成双亲孩子链表表示法。图 5.7(b)就是用双亲孩子链表表示法表示图 5.3(a)中树的结果。

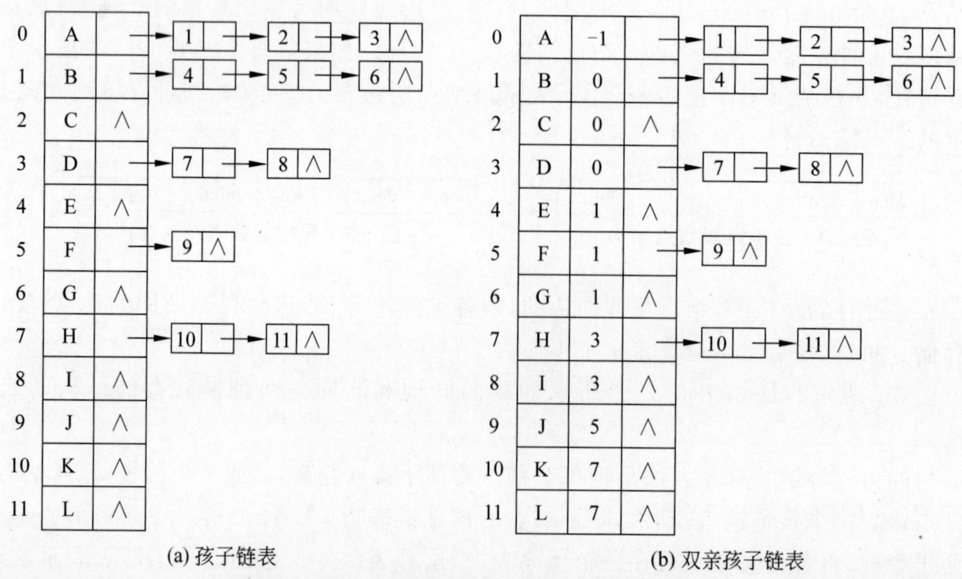

(a) 孩子链表　　(b) 双亲孩子链表

图 5.7　图 5.3(a)中树的孩子链表和双亲孩子链表

3. 孩子兄弟表示法

孩子兄弟表示法也称为孩子兄弟链表，是一种链式存储结构。链表中结点的两个链域分别指向该结点的第一个孩子结点和下一个兄弟结点，两个链域分别命名为 firstchild 和 nextsibling。其说明如下。

```
typedef struct  CSNode                          //树的孩子兄弟表示法
{   DataType       data;
    struct CSNode   * firstchild,   * nextsibling;
} CSNode, * CSTree;
```

例 5.3　写出如图 5.3(a)所示的树的孩子兄弟表示法存储结构。

解答：如图 5.8 所示的是图 5.3(a)的孩子兄弟链表。用这种存储结构很容易实现树的某些操作。例如，要访问结点 x 的第 i 个孩子结点(假定存在)，只要先从结点 x 的 firstchild 域找到第一个孩子结点，然后沿孩子结点的 nextsibling 域连续走 $i-1$ 步，便可以找到结点 x 的第 i 个孩子。更重要的是，这种存储结构和后面要介绍的二叉树的二叉链表存储结构本质上是相同的，因此树和二叉树可以相互转换，树可以采用二叉树的相关算法来实现一些应用。

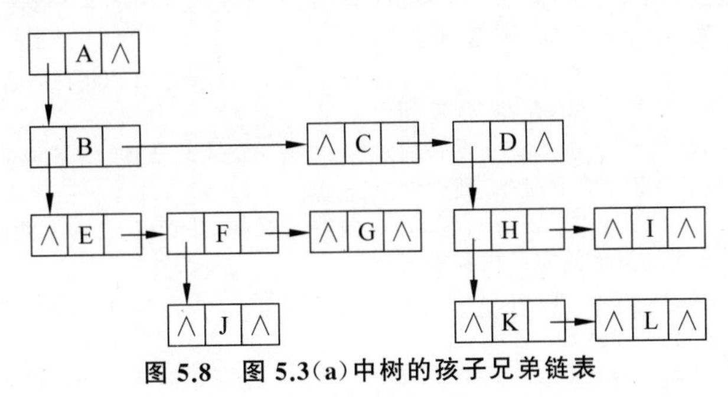

图 5.8　图 5.3(a)中树的孩子兄弟链表

5.3　二叉树的逻辑结构

5.3.1　二叉树的定义

二叉树(Binary Tree)是另一种重要的树结构，其递归形式的定义为

二叉树是 $n(n \geqslant 0)$ 个结点组成的有限集合，该集合或者为空($n=0$)，称为空二叉树，或者是由一个特定的称为根的结点和两棵互不相交的分别称为左子树和右子树的二叉树组成。

二叉树的特点是每个结点最多有两个孩子，分别称为该结点的左孩子和右孩子。即二叉树中不存在度大于 2 的结点，并且二叉树的子树有左、右之分，其子树的次序不能颠倒，即使只有一棵子树，也必须说明其是左子树还是右子树。

根据定义，如图 5.9 所示，为二叉树的 5 种基本形态。

下面给出二叉树的抽象数据类型定义。

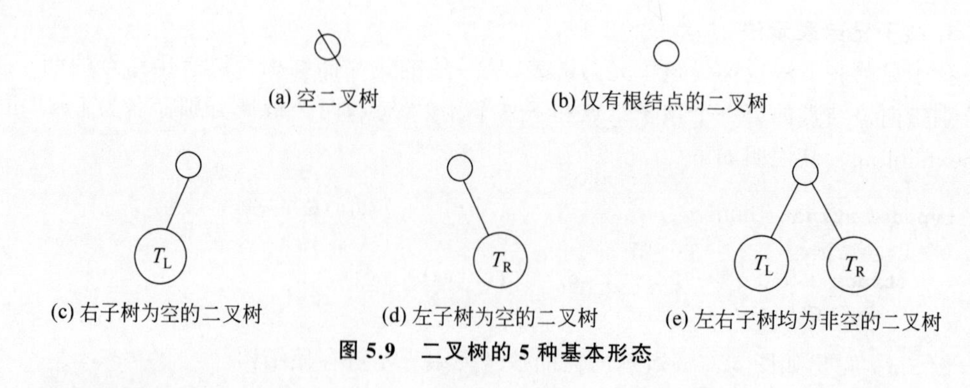

(a) 空二叉树　(b) 仅有根结点的二叉树

(c) 右子树为空的二叉树　(d) 左子树为空的二叉树　(e) 左右子树均为非空的二叉树

图 5.9　二叉树的 5 种基本形态

ADT BinTree{

数据对象 D: $D=\{a_i \mid a_i \in \text{DataSet},\ i=1,2,\cdots,n,\ n\geqslant 0\}$

数据关系 R: $R=\{\langle a_{i-1}, a_i\rangle \mid a_{i-1}, a_i \in D,\ i=2,3,\cdots,n$, D 中存在唯一的称为根的数据元素 Root,它无前驱;其余每个结点只有一个前驱,但可以有最多两个后继}

基本操作:

BinTreeInit (BT):构造空二叉树 BT。　//构造空二叉树

BinTreeRoot(BT):假如二叉树 BT 存在,则返回 BT 的根结点。　//返回二叉树的根

BinTreeParent(BT,x):假如二叉树 BT 存在,且 x 是 BT 中的某个结点,则返回 x 的双亲;假如二叉树 BT 不存在,则返回空。　//求结点的双亲

BinTreeLeftChild (BT,x):假如二叉树 BT 存在,且 x 是 BT 的某个结点,则返回 x 的左孩子;假如二叉树 BT 不存在,则返回空。　//求结点的左孩子

BinTreeRightChild (BT,x):假如二叉树 BT 存在,且 x 是 BT 的某个结点,则返回 x 的右孩子;假如二叉树 BT 不存在,则返回空。　//求结点的右孩子

BinTreeBulid(BT,LBT,RBT):假如存在两棵二叉树 LBT 和 RBT,则生成二叉树 BT,且 LBT 和 RBT 分别是 BT 的左子树和右子树。　//生成二叉树

BinTreeInsertLeft(BT,y,x):假如二叉树 BT 存在,且 y 是 BT 的某个结点,则将子树 x 作为 y 的左子树插入。　//插入左子树

BinTreeInsertRight(BT,y,x):假如二叉树 BT 存在,且 y 是 BT 的某个结点,则将子树 x 作为 y 的右子树插入。　//插入右子树

BinTreeDeleteLeft(BT,x):假如二叉树 BT 存在,且 x 是 BT 的某个结点,则将 x 的左子树删除。　//删除左子树

BinTreeDeleteRight(BT,x):假如二叉树 BT 存在,且 x 是 BT 的某个结点,则将 x 的右子树删除。　//删除右子树

BinTreeClear(BT):假如二叉树 BT 存在,则将二叉树 BT 清空。　//清空二叉树

BinTreeTraverse(BT):假如二叉树 BT 存在,则按某种次序访问二叉树中的每个结点一次且仅一次。　//遍历二叉树

}**ADT** BinTree

二叉树的概念十分重要。首先,从很多实际问题中抽象出来的数据结构往往是二叉树结构,且很多算法问题用二叉树结构来解决非常便利;其次,任何一棵树都可以通过简单转换得到与之对应的二叉树,这样,就可以采用二叉树的存储结构,并利用二叉树的相关算法来解决树的相关应用。

5.3.2　二叉树的性质

二叉树具有 5 个典型的基本性质,具体如下。

性质 1　一个非空二叉树的第 i 层上至多有 2^{i-1} 个结点($i\geqslant 1$)。

证明：利用数学归纳法容易证得此性质。

当 $i=1$ 时，二叉树中只有一个结点即为根结点，$2^{i-1}=2^0=1$，结论显然成立。

假设 $i=k$ 时结论成立，即第 k 层上至多有 2^{k-1} 个结点。因为二叉树的每个结点的度至多为 2，所以在第 $k+1$ 层上的最大结点数是第 k 层上的最大结点数的 2 倍，即 $2\times 2^{k-1}=2^k=2^{(k+1)-1}$，故第 $k+1$ 层上至多有 $2^{(k+1)-1}$ 个结点的结论成立。

综上，性质 1 结论成立。

性质 2 深度为 k 的二叉树至多有 2^k-1 个结点($k\geqslant 1$)。

证明：因为深度为 k 的二叉树中，每层的结点数达到最多时，该二叉树结点总数最多。根据性质 1 有，该二叉树结点总数为 $2^0+2^1+\cdots+2^{k-1}=2^k-1$，故结论成立。

性质 3 任何一棵非空二叉树中，若叶子结点个数为 n_0，度为 2 的结点个数为 n_2，则有 $n_0=n_2+1$。

证明：设二叉树中结点总数为 n，n_1 为二叉树中度为 1 的结点个数，因为二叉树中只有度为 0、度为 1 和度为 2 三种类型的结点，所以二叉树的结点总数为

$$n=n_0+n_1+n_2$$

设二叉树中的边(分支)数为 B。除了根结点之外，其余结点都有一个双亲，涉及该结点到其双亲结点的一条边，因此边的条数比结点总数少 1，即有

$$B=n-1$$

又由于每个度为 2 的结点有两个孩子，涉及该结点到其两个孩子结点的两条边，每个度为 1 的结点只有一个孩子，涉及该结点到其孩子结点的一条边，度为 0 的结点无孩子，不涉及边，因此有

$$B=n_1+2n_2$$

将上述三个表达式进行合并，得到：

$$n_0+n_1+n_2-1=n_1+2n_2$$

经过化简可以得出 $n_0=n_2+1$，故结论成立。

下面给出两种特殊二叉树——满二叉树和完全二叉树的概念。

满二叉树(Full Binary Tree)：每层都有最大结点数目的二叉树，深度为 k 的满二叉树中有 2^k-1 个结点。如图 5.10(a)所示的二叉树为一棵满二叉树。

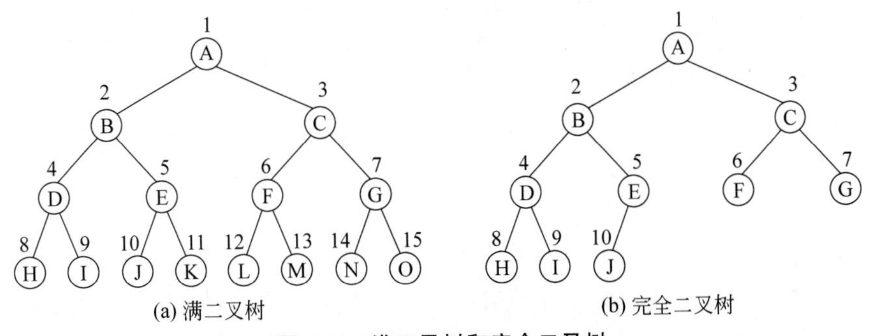

图 5.10 满二叉树和完全二叉树

完全二叉树(Complete Binary Tree)：深度为 k，结点数为 n 的二叉树，如果其结点 $1\sim n$

的位置序号分别与满二叉树的结点 $1 \sim n$ 的位置序号一一对应，则此二叉树为完全二叉树。如图 5.10(b)所示的二叉树为一棵完全二叉树。

可见，满二叉树一定是完全二叉树，而完全二叉树不一定是满二叉树。完全二叉树的特征是叶子结点至多出现在最下面两层，若某结点无左子树，则该结点一定也无右子树。也可以将完全二叉树看成将一棵满二叉树的最下面一层从右到左连续删除若干叶子结点而得到的二叉树。

性质 4 具有 n 个结点的完全二叉树的深度为$\lceil \log_2(n+1) \rceil$[①]。

证明：假设 n 个结点的完全二叉树的深度为 k，则 n 的值应大于深度为 $k-1$ 的满二叉树的结点数 $2^{k-1}-1$，小于或等于深度为 k 的满二叉树的结点数 2^k-1，即

$$2^{k-1}-1 < n \leqslant 2^k-1$$

进一步可推导出

$$2^{k-1} < n+1 \leqslant 2^k$$

两边取对数后，有

$$k-1 < \log_2(n+1) \leqslant k$$

因为 k 是整数，所以有 $k=\lceil \log_2(n+1) \rceil$。故结论成立。

性质 5 如果对一棵有 n 个结点的完全二叉树中的结点按层次自上而下（每层自左而右）从 1 到 n 进行编号，则任意一个结点 $i(1 \leqslant i \leqslant n)$有：

(1) 若 $i=1$，则结点 i 为根，无双亲；若 $i>1$，则结点 i 的双亲结点的编号是$\lfloor i/2 \rfloor$。

(2) 若 $2i \leqslant n$，则 i 的左孩子的编号是 $2i$，否则 i 无左孩子。

(3) 若 $2i+1 \leqslant n$，则 i 的右孩子的编号是 $2i+1$，否则 i 无右孩子。

由图 5.10 可以看出性质 5 所描述的结点与编号的对应关系。

电子课件

5.4 二叉树的存储结构

二叉树的存储结构可分为顺序存储结构和链式存储结构，下面依次展开介绍。

5.4.1 二叉树的顺序存储结构

二叉树的顺序存储结构是用一组地址连续的存储单元（一维数组）依次自上而下，自左而右地存储二叉树中的各个结点。根据二叉树性质 5，对于完全二叉树来说，编号为 i 的结点将存储在一维数组中下标为 i 的分量中，如图 5.11(a)所示；对于一般的二叉树，为了让其所有结点的双亲和孩子仍具有对应关系，则需要将二叉树扩展为完全二叉树，将新增加的结点全部记为“ϕ”，表示该结点不存在，但为其在一维数组中留出空位，即将扩展后的二叉树中每个结点存储在一维数组的相应分量中，如图 5.11(b)所示。

由图 5.11 可以看出，二叉树的顺序存储结构空间利用率较低，尤其是二叉树的深度较大，结点个数较少的情况。在最坏的情况下，一个深度为 k 且只有 k 个结点的二叉树（单支树）需要 2^k-1 个存储单元，这显然造成存储空间的极大浪费。因此，这种顺序存储

① 有的教材定义 $k=\lfloor \log_2 n \rfloor+1$，当 $n>0$ 时与性质 4 的描述等效，当 $n=0$ 时此定义没有意义。

结构比较适合存储完全二叉树。

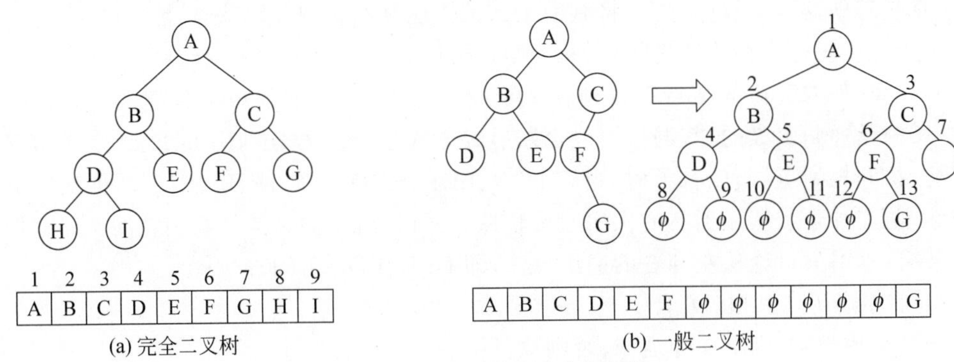

(a) 完全二叉树　　(b) 一般二叉树

图 5.11　二叉树的顺序存储结构

5.4.2　二叉树的链式存储结构

由二叉树的定义可知，二叉树的每个结点最多有两个孩子，因此可采用如下方法来存储二叉树：每个结点中除存储元素本身的信息外，再设置两个指针域 lchild 和 rchild，分别指向该结点的左孩子和右孩子，当结点的某个孩子为空时，则相应的指针为空指针。结点的形式如图 5.12(a)所示。若要在二叉树中经常查找结点的双亲，每个结点还可以增加一个指向双亲的指针域 parent，如图 5.12(b)所示。

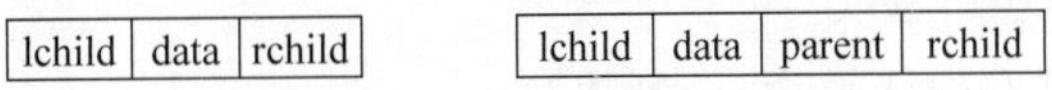

lchild	data	rchild

(a) 含两个指针域的结点

lchild	data	parent	rchild

(b) 含三个指针域的结点

图 5.12　链表结点的结构

利用这两种结点结构所构成的二叉树的存储结构分别称为**二叉链表**和**三叉链表**。链表存储示例如图 5.13 所示。

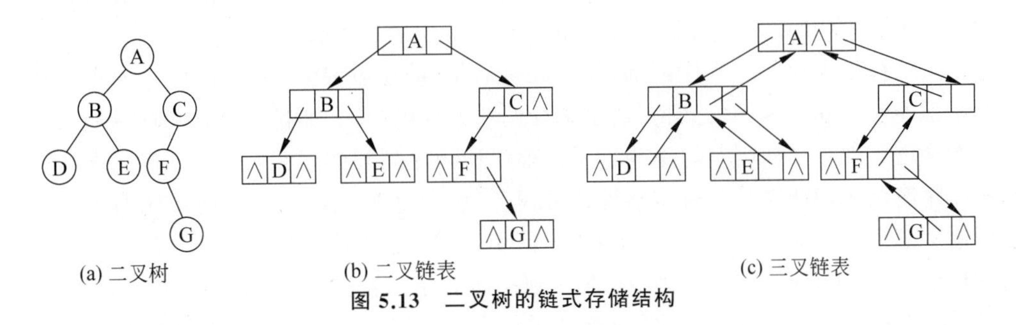

(a) 二叉树　　(b) 二叉链表　　(c) 三叉链表

图 5.13　二叉树的链式存储结构

对于一棵二叉树来说，采用哪一种存储结构，除根据二叉树的形态之外，还依赖所要实施的各种运算、操作的频度。

5.4.3　基于二叉链表的二叉树遍历

1. 二叉树遍历算法

二叉树的遍历是指按某种次序访问二叉树中每个结点一次且仅访问一次。访问的含义包括输出结点的值,对结点进行运算和修改等。二叉树遍历运算是二叉树各种运算的基础,真正理解这一运算的含义,将有助于二叉树运算的实现及算法设计。

由于二叉树是一种非线性结构,每个结点可以有左右孩子两个后继结点,因此需要找出一种规律,使二叉树的结点能排列在一个线性序列上,从而形成一种遍历操作。事实上,二叉树是递归定义的,其遍历一般也以递归方式进行。若分别用 L、D、R 来表示遍历左子树、访问根结点、遍历右子树,则有 DLR、LDR、LRD、DRL、RDL、RLD 6 种次序的遍历方案,前三种是按从左到右的次序遍历整棵二叉树,后三种是按从右到左的次序遍历整棵二叉树,本书只讨论从左到右的遍历算法,即 DLR、LDR、LRD。

1) 前序遍历二叉树(DLR)

若二叉树为空,则空操作返回;否则执行:

(1) 访问根结点。

(2) 前序遍历左子树。

(3) 前序遍历右子树。

2) 中序遍历二叉树(LDR)

若二叉树为空,则空操作返回;否则执行:

(1) 中序遍历左子树。

(2) 访问根结点。

(3) 中序遍历右子树。

3) 后序遍历二叉树(LRD)

若二叉树为空,则空操作返回;否则执行:

(1) 后序遍历左子树。

(2) 后序遍历右子树。

(3) 访问根结点。

显然,上述遍历操作是一个递归过程。按照此算法,可以得出如图 5.13(a)所示的二叉树的前序、中序和后序序列分别为 ABDECFG、DBEAFGC、DEBGFCA。

任意一棵二叉树的遍历序列都是唯一的,但是,前序、中序和后序遍历序列中的任何一个都不能唯一确定这棵二叉树(通过举反例的方式可知)。那是不是任意两种遍历序列都不能确定这棵二叉树呢?答案为不是。前序遍历序列和中序遍历序列或者后序遍历序列和中序遍历序列能够唯一确定这棵二叉树。例如,已知一棵二叉树的前序遍历序列和中序遍历序列分别是 ABDECFG 和 DBEAFGC。首先,由前序序列可知,结点 A 是二叉树的根结点;其次,根据中序序列,在 A 之前的所有结点都是结点 A 左子树中的结点,在 A 之后的所有结点都是结点 A 的右子树中的结点,如图 5.14(a)所示,由此得到图 5.14(b)的状态。结点 A 的左子树的前序序列是 BDE,所以结点 B 是左子树的根结点,结点 A 的左子树的中序序列是 DBE,则 B 之前的结点 D 是 B 的左子树中的结点,B 的右子树中的结点是 E,以此类推,分别对左右子树进行分解细化,得到图 5.14(c)的二叉树。

从以上对遍历方法的讨论可知,二叉树的遍历是在对各子树分别遍历的基础之上进行的。由于各子树的遍历和整棵二叉树的遍历方式相同,因此,可借助对整棵二叉树的遍历算法来实现对左右子树的遍历,即要采用递归方式来实现对左右子树的遍历。具体地

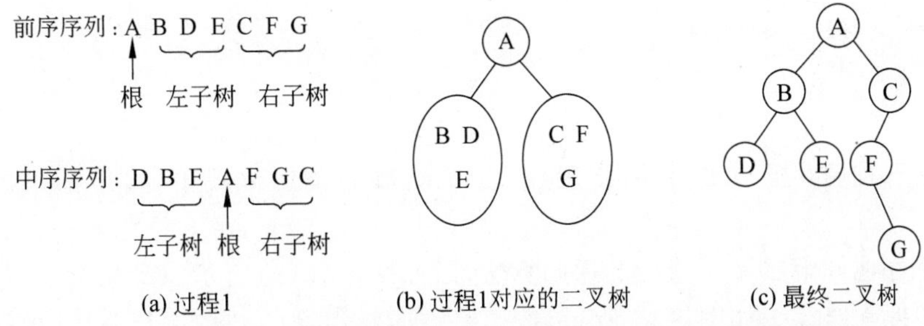

图 5.14　由二叉树前序遍历序列和中序遍历序列构造二叉树的过程

说，在前序遍历以 T 为根的二叉树时，访问过根结点之后，需分别对根结点 T 的左、右子树（根指针分别为 T→lchild 和 T→rchild）进行前序遍历，算法 5.1 给出了基于二叉链表的二叉树前序遍历递归算法实现。下面首先给出二叉链表的类型定义。

```
typedef struct BiNode                          //二叉树的二叉链表存储表示
{   DataType data;
    struct BiNode * lchild, * rchild;          //左右孩子指针
} BiNode, * BiTree;
```

前序遍历二叉树算法如下。

［**算法 5.1**］　前序遍历二叉树

源代码

```
void PreOrder(BiTree T)
{   //前序遍历二叉树 T 的递归算法,Visit 是访问数据元素的函数
    if(T)                                      //二叉树非空
    {   Visit(T->data);                        //访问根结点
        PreOrder(T->lchild);                   //前序遍历 T 的左子树
        PreOrder(T->rchild);                   //前序遍历 T 的右子树
    }
}
```

类似地，可写出中序和后序遍历二叉树的递归算法，算法如下。

［**算法 5.2**］　中序遍历二叉树

```
void InOrder(BiTree T)
{   //中序遍历二叉树 T 的递归算法,Visit 是访问数据元素的函数
    if(T)                                      //二叉树非空
    {   InOrder(T->lchild);                    //中序遍历 T 的左子树
        Visit(T->data);                        //访问根结点
        InOrder(T->rchild);                    //中序遍历 T 的右子树
    }
}
```

［**算法 5.3**］　后序遍历二叉树

```
void PostOrder(BiTree T)
{   //后序遍历二叉树 T 的递归算法,Visit 是访问数据元素的函数
    if(T)                                      //二叉树非空
    {   PostOrder(T->lchild);                  //后序遍历 T 的左子树
```

```
        PostOrder(T->rchild);                    //后序遍历 T 的右子树
        Visit(T->data);                          //访问根结点
    }
}
```

显然这三种遍历算法的区别体现在 Visit 函数的调用位置不同,但都采用了递归算法。

为了更好地理解二叉树遍历的递归算法,以如图 5.13(a)所示二叉树为例,给出遍历此二叉树的搜索路径。如图 5.15 所示,按虚线方向将沿途的结点进行遍历,虚线箭头所指的方向,就是访问结点的先后次序。可以看出,在虚线所示的搜索过程中,每个结点都会经过三次,分别是经过该结点时、从左子树返回时、从右子树返回时。若在第一次经过该结点时进行访问,则可以得到其前序遍历序列,同理,在第二次或第三次经过该结点时进行访问,则可以得到该二叉树的中序或后序遍历序列。

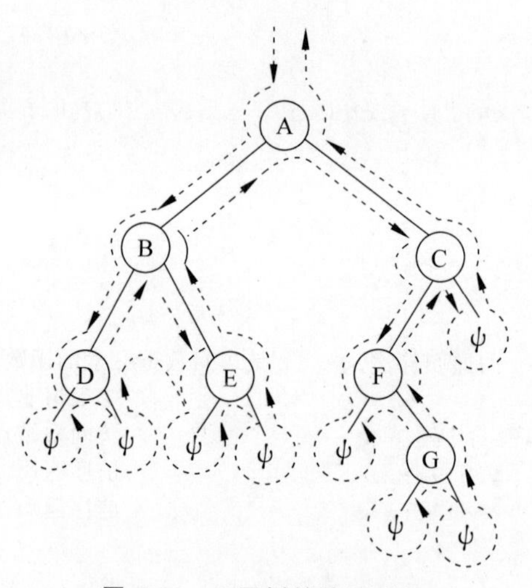

图 5.15　二叉树的遍历过程

递归算法形式简洁、可读性好,而且其正确性容易得到证明,给程序的编写和调试带来很大方便,但递归算法消耗的时间与空间多,运行效率与非递归方法相比,效率偏低。因此,可以按递归算法执行过程中递归工作栈的状态变化写出其对应的非递归算法。下面以中序遍历为例讨论如何用非递归算法实现二叉树的遍历。

设 S 为一个栈,p 为指向根结点的指针,二叉树中序遍历算法处理过程如下。

(1) 当 p 非空时,将 p 所指结点的地址入栈,并将 p 指向该结点的左孩子。

(2) 当 p 为空时,弹出栈顶元素并访问之,将 p 指向该结点的右孩子。

(3) 重复步骤(1)、(2),直到栈空且 p 也为空为止。

算法 5.4 是二叉树中序遍历的非递归算法,按上述算法,图 5.16(a)所示二叉树的中序非递归遍历的栈 S 的变化过程如图 5.16(b)所示。

中序遍历二叉树的非递归算法如下。

[**算法 5.4**]　非递归中序遍历二叉树

```
void InOrder1(BiTree T)
```

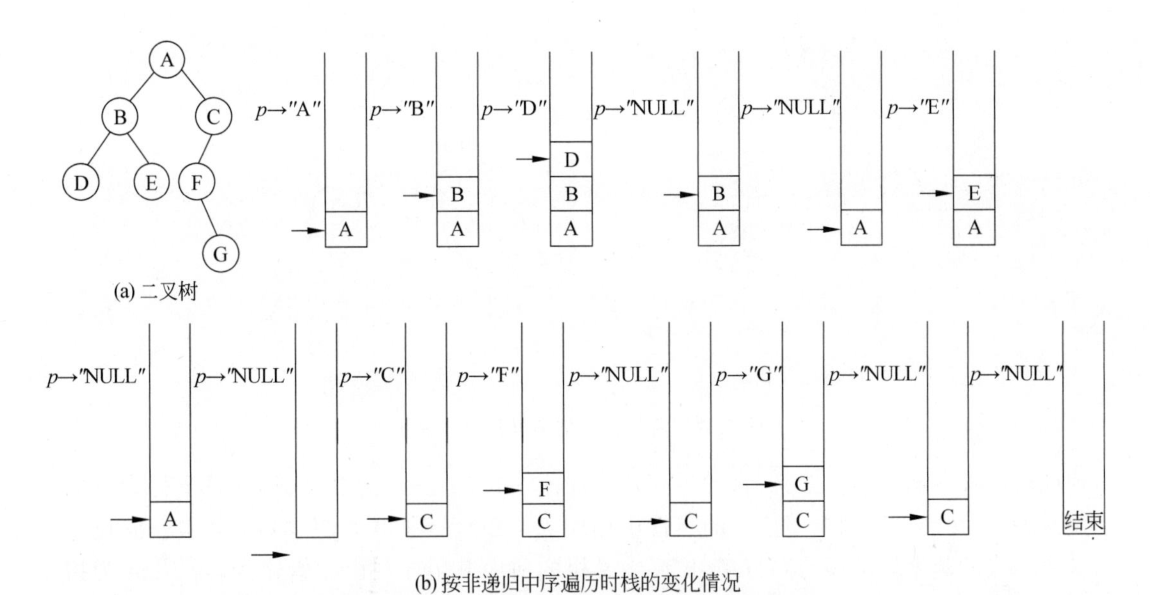

(b) 按非递归中序遍历时栈的变化情况

图 5.16　二叉树非递归中序遍历栈的变化情况

```
{   //中序遍历二叉树 T 的非递归算法,Visit 是访问数据元素的函数
    StackInit(S);                                 //建栈
    p=T;
    while(p||!StackEmpty(S))                      //若 p 非空或栈非空
    {   while(p)
        {   Push(S,p);                            //二叉树非空,根结点进栈
            p=p->lchild;                          //遍历左子树
        }
        if(!StackEmpty(S))                        //从左子树返回
        {   Pop(S,p);                             //栈顶元素出栈
            Visit(p->data);
            p=p->rchild;                          //遍历右子树
        }
    }
}
```

无论是递归还是非递归遍历二叉树,因为每个结点只被访问一次,因此遍历算法的时间复杂度为 $O(n)$。“遍历”是二叉树各种操作的基础,可以在遍历过程中对结点进行各种操作,同时也可以在遍历的过程中生成结点,建立二叉树的存储结构。

建立二叉树可以使用多种方法,其中一种比较简单的方式是根据一个结点序列来建立二叉树。由于前序、中序和后序序列中的任何一个都不能唯一确定一棵二叉树,因此不能直接使用,可以对二叉树做如下处理：将二叉树中的每个结点的空指针引出一个虚结点,其值为与结点数据域具有相同类型的特定值(如结点数据域类型为字符型,该特定值可以是“＃”),用来标识空指针,把这样处理后的二叉树称为原二叉树的扩展二叉树(Extended Binary Tree)。图 5.17(b)给出了图 5.17(a)一棵二叉树的扩展二叉树。

如图 5.17(b)所示,扩展二叉树前序遍历序列为 ABD＃＃E＃＃CF＃G＃＃＃,该序

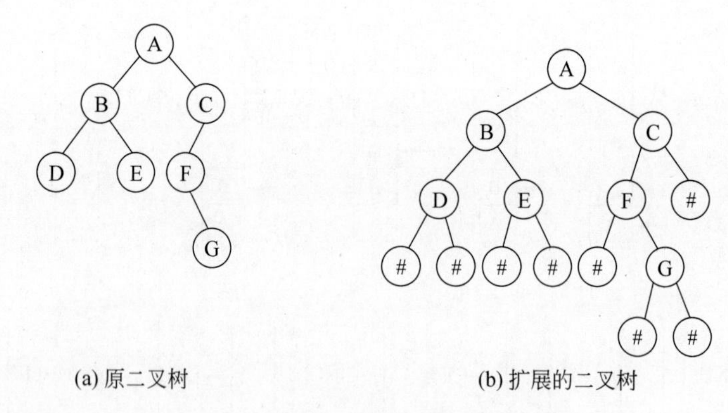

(a) 原二叉树　　(b) 扩展的二叉树

图 5.17　原始二叉树与其扩展二叉树

列就可以唯一确定一棵二叉树，如果要建立如图 5.17(a)所示的二叉树，凡是子树为空的用♯表示，按前序序列顺序读入的字符序列应为 ABD♯♯E♯♯CF♯G♯♯♯。假设二叉树结点的数据域类型为字符型，扩展二叉树的前序遍历序列由键盘输入，若 Root 为指向根结点的指针，二叉链表的构造过程是：首先创建根结点，如果输入的是“♯”字符，则表明该二叉树为空树，即 Root＝NULL；否则创建一个新结点 *T*，输入的字符赋值给 *T*->data，之后递归构造 *T* 的左子树和右子树。

构建二叉链表算法如下。

[**算法 5.5**]　按扩展二叉树的前序序列构造二叉树

```
void CreateBiTree(BiTree T)
{   //按前序序列输入二叉树中结点的值,构造二叉树 T,字符#表示空指针
    scanf("%c",&ch);
    if(ch=='#')  T=NULL;
    else
    {   T=(BiNode*)malloc(sizeof(BiNode));  //生成根结点
        T->data=ch;
        T->lchild=CreateBiTree(T->lchild);  //构造左子树
        T->rchild=CreateBiTree(T->rchild);  //构造右子树
    }
}
```

二叉链表中的结点是在程序运行过程中动态申请的，在二叉链表变量退出作用域前(不再使用时)，要释放其存储空间，即还需对二叉链表进行销毁。二叉链表的销毁可通过对二叉链表进行后序遍历，在访问结点时进行释放(归还内存)处理。二叉链表释放空间具体实现如算法 5.6 所示。

[**算法 5.6**]　按后序序列销毁二叉树

```
void ReleaseBiTree(BiTree T)
{   //按后序遍历访问二叉链表,并按照访问结点顺序释放结点空间
    if(T!=NULL)
    {   ReleaseBiTree(T->lchild);              //释放左子树空间
        ReleaseBiTree(T->rchild);              //释放右子树空间
        free(T);                               //释放根结点空间
```

```
    }
}
```

二叉树的前序、中序和后序遍历是最常用的三种遍历方式，此外还有一种按层次遍历二叉树的方式，被称为层序遍历。层序遍历过程为先遍历二叉树第一层结点，然后遍历二叉树第二层结点，直至最底层结点，对每一层结点的遍历按照从左到右的次序。例如，如图 5.13(a)所示的二叉树的层序遍历序列为 ABCDEFG。

在进行层序遍历时，访问某一层的结点后，再按照各个结点的左孩子和右孩子顺序进行访问，从上到下逐层进行，先访问的结点其左右孩子也要先访问，这符合队列先进先出的操作特性。因此，使用队列结构来辅助层序遍历的实现，即设置一个队列存放已访问的结点(BiNode *类型)，算法中的队列采用顺序队列存储结构，层序遍历具体实现如算法 5.7 所示。

[**算法 5.7**]　层序遍历二叉树

```
#define MAXSIZE 100
typedef struct                              //二叉树的二叉链表存储表示
{   BiNode *data[MAXSIZE];                  //存放队中元素
    int front,rear;                         //队头、队尾指针
}SqQueue;                                   //顺序队列类型
void LevelOrder(BiTree T)
{   //层序遍历二叉树 T 的算法,Visit 是访问数据元素的函数
    Q.front=-1,Q.rear=-1;                   //初始化顺序队列
    if(T!=NULL)                             //二叉树为空
    {   Q.data[++Q.rear]=T;                 //二叉树根结点入队
        while(Q.front!=Q.rear)              //队列非空时
        {   q=Q.data[++Q.front];            //队头元素出队
            Visit(q->data);                 //访问结点
            if(q->lchild!=NULL)             //若当前出队结点左孩子非空时入队列
                Q.data[++Q.rear]=q->lchild;
            if(q->rchild!=NULL)             //若当前出队结点右孩子非空时入队列
                Q.data[++Q.rear]=q->rchild;
        }
    }
}
```

在定义了二叉链表结点以及实现了创建、释放和各类遍历算法之后，程序中便可通过调用这些算法来解决问题。下面给出范例程序，供读者参考。

```
main()
{   //层序遍历二叉树 T 的算法,Visit 是访问数据元素的函数
    root = CreateBiTree();                  //建立二叉树
    PreOrder(root);                         //前序遍历二叉树
    InOrder(root);                          //中序遍历二叉树
    PostOrder(root);                        //后序遍历二叉树
    LevelOrder(root);                       //层序遍历二叉树
    ReleaseBiTree(root);                    //销毁二叉树
}
```

2. 遍历算法应用

二叉树遍历操作是二叉树最基本的运算,是二叉树所有其他运算实现的基础。二叉树是递归定义的,其运算很多也采取递归方式。本节列举利用二叉树递归遍历解决的一些应用问题,包括输出二叉树中所有的叶子结点、求二叉树中结点的个数、求二叉树的深度等。

例 5.4 输出二叉树中所有的叶子结点。

解答:二叉树中的叶子结点的输出顺序与遍历次序无关,无论采用前序、中序还是后序,叶子结点的输出顺序均相同,因此可任选一种递归遍历(前序、中序或后序)来实现该应用。以前序为例,叶子结点是无左孩子也无右孩子的结点,因此实现输出二叉树中所有的叶子结点的应用递归模型是:若二叉树不为空,且当前根结点无左孩子也无右孩子,则该结点为叶子结点,输出该结点的数据域;如果当前根结点存在左孩子或右孩子,则递归调用算法,分别输出根结点左子树中的叶子结点和右子树中的叶子结点。输出二叉树叶子结点算法如下。

[**算法 5.8**] 输出二叉树叶子结点

源代码

```
void PreOrderLeaf(BiTree T)
{   //输出二叉树 T 的叶子结点
    if(T)
    {   if(T->lchild==NULL && T->rchild==NULL)   //如果 T 没有左右孩子
            printf("%d",T->data)
        else
        {   PreOrderLeaf(T->lchild);          //输出 T 的左子树中的叶子结点
            PreOrderLeaf(T->rchild);          //输出 T 的右子树中的叶子结点
        }
    }
}
```

例 5.5 求二叉树结点的个数。

解答:一棵二叉树中的结点由三部分组成,即左子树中结点、右子树中结点和根结点,因此二叉树中结点个数等于左子树中结点个数加上右子树中结点个数再加 1(根结点)。求二叉树中结点个数的递归模型是:若二叉树为空,则二叉树中结点个数为 0;若二叉树不为空,递归求得左子树中结点个数 numleft,再递归求得右子树中结点个数 numright,则二叉树中结点总数为 numleft + numright + 1。求二叉树结点个数算法如下。

[**算法 5.9**] 求二叉树结点个数

源代码

```
int NumberofNodes(BiTree T)
{   //求二叉树 T 的结点个数
    if(T==NULL)
        return 0;                              //空二叉树中结点个数为 0
    else
    {   numleft=NumberofNodes(T->lchild);     //左子树中结点个数
        numright=NumberofNodes(T->rchild);    //右子树中结点个数
        return(numleft+numright+1);           //二叉树中结点个数
```

```
    }
}
```

例 5.6　求二叉树的深度。

解答：二叉树深度是二叉树左子树和右子树深度较大者的深度值加1，则二叉树深度的递归模型是：若二叉树为空，则深度为0；否则，二叉树的深度是其左子树的深度和右子树的深度中的大者加1。求二叉树的深度算法如下。

[**算法 5.10**]　求二叉树的深度

```
int Depth(BiTree T)
{   //求二叉树 T 的深度
    if(T==NULL)
        return 0;                          //空二叉树深度为 0
    else
    {   depthleft=Depth(T->lchild);        //左子树的深度
        depthright=Depth(T->rchild);       //右子树的深度
        if(depthleft>depthright)
            return(depthleft+1);           //二叉树的深度
        else
            return(depthright+1);
    }
}
```

二叉树的递归遍历在二叉树中的应用还有很多，如输出某种遍历序列的逆序、求叶子结点个数、求某结点的双亲(左右孩子)等，都是二叉树遍历算法的经典应用。

*5.4.4　线索链表和线索二叉树

1. 线索二叉树的定义

5.4.3节详细讨论了二叉树的遍历，遍历的实质是将树中所有的结点按某种次序排列在一个线性有序的序列中，这个结点序列可以看成一个线性表，在该线性表中，除第一个结点外，每个结点仅有一个前驱；除最后一个结点外，每个结点仅有一个后继，这样从某个结点出发可以很容易地找到它在某种遍历次序下的前驱和后继。然而要找二叉树某一结点的前驱或后继，就必须每次都对二叉树遍历一次，这样会浪费时间；若为每个结点增加一个前驱指针和一个后继指针，虽然解决了查找前驱和后继的问题，但浪费了存储空间，不是可取的方案。在二叉树的二叉链表存储结构中，$2n$ 个指针中只有 $n-1$ 个用于指示结点的左右孩子，而另外 $n+1$ 个为空指针，可以利用这些空指针域来存放结点的前驱或后继信息。

规则如下：若结点有左子树，则其 lchild 域指向其左孩子，否则令 lchild 域指向其在某种遍历下的前驱；若结点有右孩子，则其 rchild 域指向其右孩子，否则令 rchild 域指向其在某种遍历下的后继。为了区分一个结点的指针域是指向其孩子的指针还是指向其前驱或后继的指针，需增加两个标志域，结点的结构变为如图 5.18 所示形式。

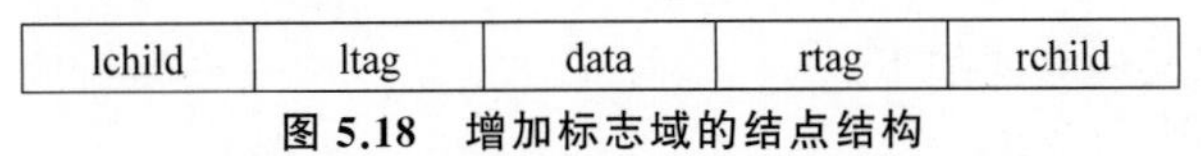

lchild	ltag	data	rtag	rchild

图 5.18　增加标志域的结点结构

其中：

$$左标志\ ltag=\begin{cases}0, & \text{lchild 指向结点的左孩子}\\1, & \text{lchild 指向结点的前驱}\end{cases}$$

$$右标志\ rtag=\begin{cases}0, & \text{rchild 指向结点的右孩子}\\1, & \text{rchild 指向结点的后继}\end{cases}$$

以这种结点构成的二叉链表作为二叉树的存储结构，叫作**线索链表**，其中指向结点前驱或后继的指针，叫作**线索**；加上线索的二叉树，称为**线索二叉树**，对二叉树以某种次序遍历而使其变为线索二叉树的过程，称为**线索化**。

例 5.7 写出如图 5.13(a)所示的二叉树的中序线索二叉树。

解答：图 5.19(a)是图 5.13(a)所示的二叉树的中序线索二叉树，其对应的线索链表如图 5.19(b)所示，其中，实线为指针（指向左、右孩子），虚线为线索（指向前驱、后继）。结点 D 的左线索为空，它没有前驱，是中序序列的开始结点，结点 C 的右线索为空，表明它没有后继，是中序序列的终点。

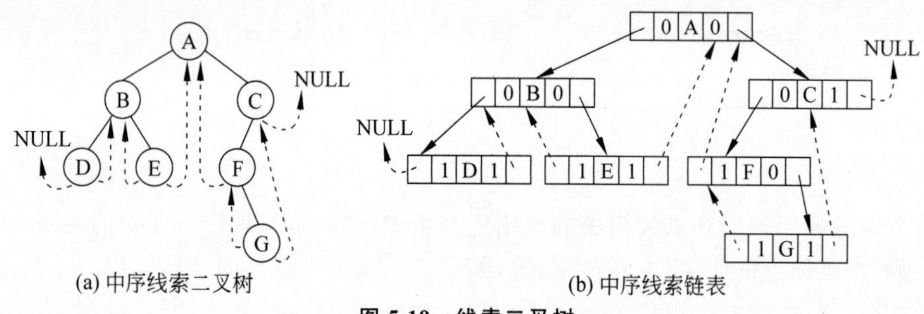

图 5.19 线索二叉树

按某种遍历次序将二叉树线索化的过程，实质上是将二叉树中的空指针改为指向其前驱或后继线索的过程。只要在按该次序遍历二叉树的过程中修改指针，用线索取代空指针即可实现。设立一个指针 pre 始终指向刚刚访问过的结点，而指针 p 则指向正在访问的结点，则 pre 是 p 的前驱，p 是 pre 的后继，由此而记录下遍历过程中访问结点的先后关系。在中序线索化算法中，访问当前结点 p 所做的处理如下。

(1) 若 p 所指结点的左子树为空，则使 p->lchild 指向 pre(前驱)。

(2) 若 pre≠NULL 且 pre 的右子树为空，则 pre->rchild 指向 p 所指向的结点(后继)。

(3) 将 pre 指向刚访问过的结点 p，即 pre=p。

下面给出中序线索化二叉树的实现如算法 5.11 所示。首先给出线索链表的类型定义。

```
typedef struct BiThrNode                           //线索链表的存储表示
{   DataType     data;
    struct BiThrNode   * lchild, * rchild;         //左、右孩子或线索
    int   ltag, rtag;                              //左、右标志
} BiThrNode, * BiThrTree;
```

中序线索化二叉树算法如下。

［**算法 5.11**］　中序线索化二叉树

```
pre==NULL;
void InOrderThreat(BiThrTree p)
{   //对二叉树进行中序线索化
    if(p)
    {   InOrderThreat(p->lchild);                //左子树中序线索化
        if(p->lchild==NULL)
        {   p->ltag=1;
            p->lchild=pre;                       //左线索为 pre
        }
        else
            p->ltag=0;
        if(pre!=NULL && pre->rtag==1)
            pre->rchild=p;                       //给前驱加后继线索
        if(p->rchild==NULL)
            p->rtag=1;                           //置右标记,为右线索做准备
        else
            p->rtag=0;
        pre=p;                                   //前驱指针后移
        InOrderThreat(p->rchild);                //右子树中序线索化
    }
}
```

显然，通过中序遍历对线索二叉树的创建过程，也是对每个结点仅访问一次，因此对于 n 个结点的二叉树，该算法的时间复杂度为 $O(n)$。

2. 基于线索链表的二叉树遍历

对于非线索二叉树，仅从某一结点出发无法找到其前驱（或后继），而必须从根结点开始遍历才能找到，而在线索二叉树中，由于线索的存在而使得遍历二叉树和在指定次序下找结点的前驱或后继的算法变得简单，因此，若在某些程序中所用的二叉树需经常查找结点在所遍历的线性序列中的前驱或后继，则应采用线索链表作存储结构。

下面讨论在线索二叉树中如何查找结点的前驱和后继。

1）中序线索二叉树中找结点的前驱或后继

先以中序线索二叉树为例来讨论这一问题。在中序线索二叉树中，查找结点 p 的后继结点分为以下两种情况。

（1）若 p->rtag＝1，则 p 的右指针域为 p 的后继结点。

（2）若 p->rtag＝0，则说明 p 有右子树。根据中序遍历的规律，结点的中序后继必是其右子树中第一个遍历到的结点，即 p 的右子树最左下的结点。

上述两种情况如图 5.20 所示。

同样，在中序线索二叉树中找某一结点前驱的规律如下。

（1）若 p->ltag＝1，则 p 的左指针域指向为 p 的前驱结点。

（2）若 p->ltag＝0，则说明 p 有左子树。结点的中序前驱必是 p 的左子树中最右下的结点。

2）后序线索二叉树中找结点的前驱或后继

在后序线索二叉树中找结点的前驱的规律如下。

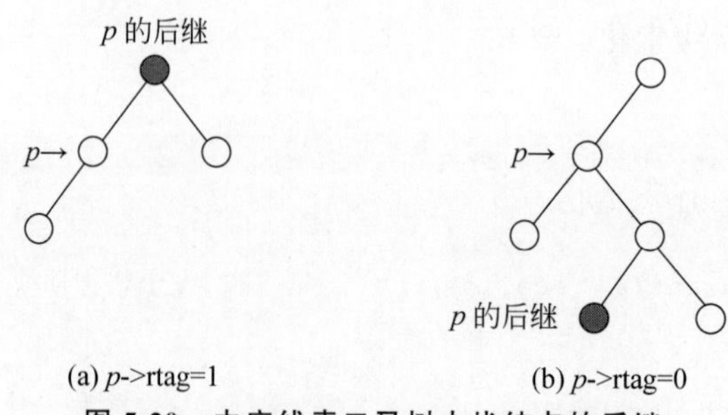

图 5.20 中序线索二叉树中找结点的后继

(1) 若 p->ltag＝1,则说明 p 的左指针域是其左线索,即 p 的后序前驱。

(2) 若 p->ltag＝0,此时,

① 若 p->rtag＝0,则 p 的右指针域指示的是其后序前驱。

② 若 p->rtag＝1,则 p 的左指针域指示的是其后序前驱。

综上,在后序线索二叉树中找结点的前驱的规律如下。

(1) 若 p->rtag＝0,则 p 的右孩子是其后序前驱结点。

(2) 否则,p 的左指针域是其后序前驱。

后序线索二叉树中找结点的前驱的算法如下。

[算法 5.12] 后序线索二叉树中查找结点的后序前驱结点

源代码

```
BiThrTree PostPre (BiThrTree  p)
{   //在后序线索二叉树中找结点 p 的后序前驱结点
     if(p->rtag==0)
        return (p->rchild);
    else
        return (p->lchild);
}
```

而在后序线索二叉树中找结点的后继相对复杂,可分为以下几种情况。

(1) 若结点 p 为二叉树的根,则其后序后继为空。

(2) 若结点 p 是其双亲的右孩子,则 p 的后序后继结点就是其双亲结点。如图 5.21 中结点 C 的后序后继结点为 A。

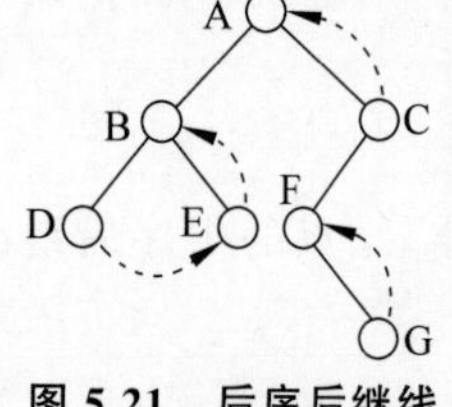

图 5.21 后序后继线索二叉树

(3) 若结点 p 是其双亲的左孩子,如果 p 没有右兄弟,则 p 的后序后继结点就是其双亲结点,如果 p 有右兄弟,则其后序后继是其双亲右子树中第一个后序遍历到的结点,即右子树中最左下的叶子结点。如图 5.21 中结点 B 的后序后继结点为 G。

综上能够看出,在后序线索二叉树中,只有当某一结点的右子树为空时,才能由它的右线索直接得到它的后继,否则必须知道其双亲结点才能找到其后序后继。由此可见,线索二叉树对查找指定结点的后序后继,用途并不大。在这种情况下,可以使用带双亲标志域的三叉链表作存储结构。

3) 前序线索二叉树中找结点的前驱和后继

在前序线索二叉树中,找某一结点的后继与后序线索二叉树中找结点的前驱相类似,

只要从该结点出发就可以找到。其规律如下。

(1) 若 p->ltag=0,则 p 的左孩子是其前序后继结点。

(2) 否则,p 的右指针域是其前序后继结点。

而找前序前驱则较复杂,其规律如下。

(1) 若结点 p 为二叉树的根,则其前序前驱为空。

(2) 若结点 p 是其双亲的左孩子,则 p 的前序前驱结点即为其双亲结点。

(3) 若结点 p 是其双亲的右孩子,如果 p 没有左兄弟,则 p 的前序前驱结点就是其双亲结点,如果 p 有左兄弟,则其前序前驱结点是其双亲左子树中最后一个前序遍历到的结点,是该子树中最右下的结点。

有了在线索二叉树中找后继结点的讨论,如果遍历某种次序的线索二叉树,则只要从该次序下的开始结点出发,反复找其在该次序下的后继,直到终端结点。

遍历中序线索二叉树的算法如下。

[**算法 5.13**] 遍历中序线索二叉树

```
void InOrderTraversedTree(BiTree T)
{   //遍历中序线索二叉树,Visit是访问数据元素的函数
    p=T;                                    //p指向二叉树T的根结点
    while(p)
    {   while(p->ltag==0)
            p=p->lchild;                    //沿左子女向下
        Visit(*p);                          //访问左子树为空的结点
        while(p && p->rtag==1)              //沿右线索访问后继结点
        {   p=p->rchild;
            visit(*p);
        }
        if(p)
            p=p->rchild;                    //转向右子树
    }
}
```

在中序线索二叉树上遍历二叉树,时间复杂度也为 $O(n)$,但与二叉树遍历算法相比,它不需要使用栈。

5.5 树、森林与二叉树的相互转换

电子课件

用前面介绍的孩子兄弟表示法来存储一棵树,实际上是用二叉链表的形式来存储,即任何树都可以采用二叉链表作为存储结构。而森林是树的有限集合,那么森林与二叉树之间是否存在着某种转换关系呢?答案是肯定的。

在树或森林与二叉树之间有一种自然的一一对应的关系。任何树或森林都唯一对应到一棵二叉树,反过来,任何一棵二叉树也都对应到一棵树或森林。

5.5.1 树与二叉树的相互转换

1. 树转换成二叉树

由树的孩子兄弟表示法可推导出树与二叉树之间的对应关系。树的孩子兄弟表示法

从物理结构上看与二叉树的二叉链表表示法相同,故可用这种同一存储结构的表示方法来实现树到二叉树的转换。树中双亲和第一个孩子的关系对应二叉树中双亲和左孩子的关系,树中兄弟关系对应二叉树中双亲和右孩子的关系,因此,将树转换成二叉树的转换方法可以分为以下三步。

(1) 加线:在所有的兄弟结点之间加一条连线。

(2) 去线:对于每个结点,除了保留与其最左孩子的连线外,去掉该结点与其他孩子之间的连线。

(3) 旋转:将按(1)(2)的方法形成的二叉树,沿顺时针方向旋转 45°,就可以得到一棵形式上更清晰的二叉树。

例 5.8 将如图 5.22(a)所示的树转换成二叉树。

解答:如图 5.22(a)所示的树经过转换,变换成如图 5.22(d)所示的二叉树。从图中可以明显看到,转换后的二叉树没有右子树。

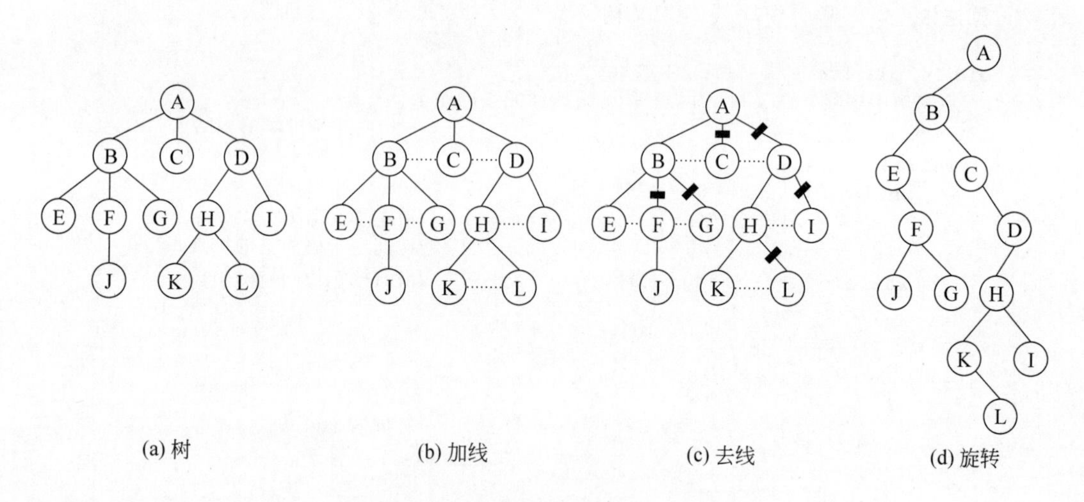

图 5.22 树转换为二叉树的过程

2. 二叉树转换成树

利用二叉树与树中结点之间的对应关系,也可将二叉树转换成一棵树,其转换的方法分为以下三步。

(1) 加线:若某结点 x 是其双亲结点 y 的左孩子,则把结点 x 的右孩子、右孩子的右孩子、……,都与结点 y 用线连起来。

(2) 去线:删去原二叉树中所有的双亲结点与右孩子结点的连线。

(3) 旋转:将按(1)(2)的方法形成的树进行旋转调整,使之层次分明。

例 5.9 将如图 5.23(a)所示的二叉树转换成树。

解答:如图 5.23(a)所示的二叉树经过上述转换,变换成如图 5.23(d)所示的树。

5.5.2 森林与二叉树的相互转换

1. 森林转换成二叉树

设 $F=\{T_1,T_2,\cdots,T_n\}$ 表示森林,$B=\{\text{Root},\text{LBT},\text{RBT}\}$ 表示与 F 相对应的二叉

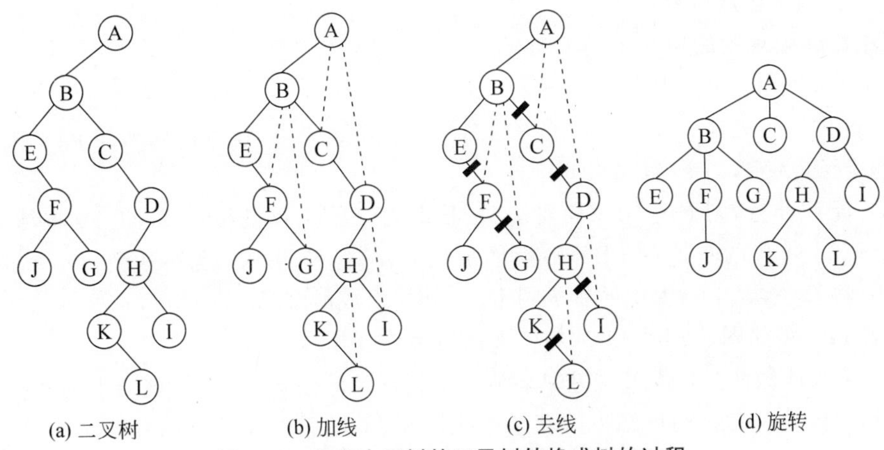

图 5.23　没有右子树的二叉树转换成树的过程

树，则可将森林和二叉树之间的对应关系及转换方法做如下形式定义。

（1）若 F 为空，即 $n=0$，则 B 为空树。

（2）若 F 不为空，即 $n\neq0$，则 B 的根 Root 即为森林中第一棵树的根；B 的左子树 LBT 是从 T_1 中根结点的子树森林 $F_1=\{T_{11},T_{12},\cdots,T_{1n_1}\}$ 转换而成的二叉树；B 的右子树 RBT 是从 $F=\{T_2,T_3,\cdots,T_n\}$ 转换而成的二叉树。

其具体的转换方法如下。

（1）先将森林中的每一棵树转换为二叉树。

（2）将第一棵树的根作为转换后二叉树的根，第一棵树的子树森林作为转换后二叉树的左子树；第二棵树作为转换后的二叉树的右子树；第三棵树作为转换后二叉树的右子树的右子树；以此类推，第 n 棵树作为转换后二叉树的右子树的最后一个右子树，最终森林就转换为一棵二叉树。

例 5.10　将如图 5.24(a)所示的森林转换成二叉树。

解答：如图 5.24(a)是一个森林，图 5.24(b)是每棵树转换成二叉树后的结果，图 5.24(c)是旋转后的二叉树。

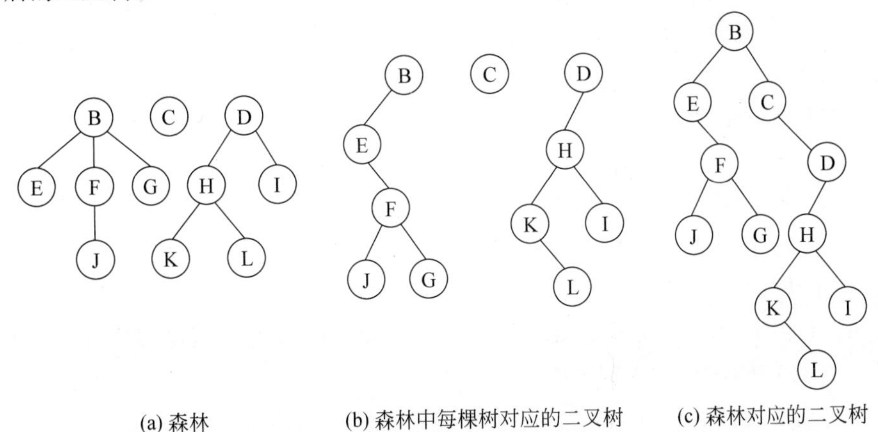

(a) 森林
(b) 森林中每棵树对应的二叉树
(c) 森林对应的二叉树

图 5.24　森林转换为二叉树的过程

2. 二叉树转换成森林

先给出转换规则的形式定义。

设 $B=\{\mathrm{Root},\mathrm{LBT},\mathrm{RBT}\}$ 是一棵二叉树，$F=\{T_1,T_2,\cdots,T_n\}$ 表示与其对应的森林，转换过程与前文将一棵没有右子树的二叉树转换成树类似，具体规则如下。

(1) 若 B 为空，则 F 为空。

(2) 若 B 非空，则 F 中第一棵树 T_1 的根即为二叉树 B 的根 Root，T_1 中根结点的子树森林 F_1 是由 B 的左子树 LBT 转换而成的森林；F 中除 T_1 之外其余树组成的森林 $F'=\{T_2,T_3,\cdots,T_n\}$ 是由 B 的右子树 RBT 转换而成的森林。

例 5.11　将如图 5.25(a)所示的二叉树转换成森林。

解答：具体做法是：若二叉树中某结点是其双亲的左孩子，则把该结点的右孩子，右孩子的右孩子，……，都与该结点的双亲用线连起来，最后去掉所有的双亲到右孩子的连线。转换过程如图 5.25 所示。

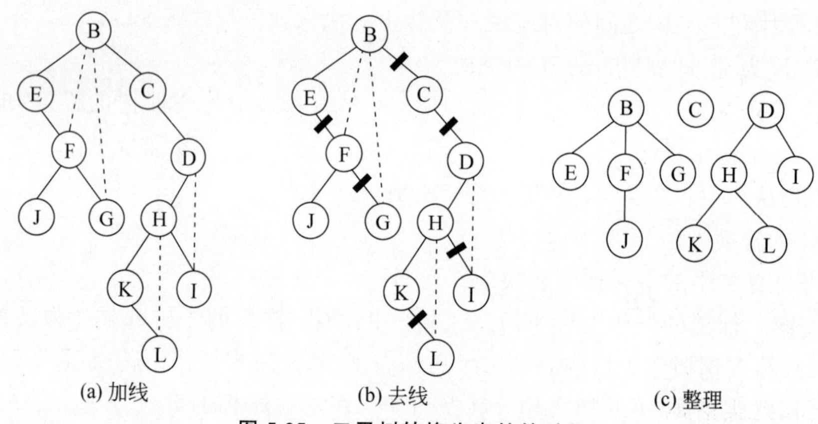

图 5.25　二叉树转换为森林的过程

5.5.3　树和森林的遍历

由于树结构的特点，可以按深度的方向遍历树，也可以按广度的方向遍历树。

1. 按深度的方向遍历

前序遍历树：

(1) 访问树的根结点。

(2) 前序遍历根结点的各个子树。

后序遍历树：

(1) 后序遍历根结点的各个子树。

(2) 访问树的根结点。

例如，对如图 5.22(a)所示的树进行前序遍历和后序遍历，得到的前序序列和后序序列分别为 ABEFJGCDHKLI 和 EJFGBCKLHIDA。

由遍历结果可以看出，前序遍历一棵树等价于前序遍历该树对应的二叉树，后序遍历一棵树等价于中序遍历该树对应的二叉树。因此，树的遍历也可先将树转换为二叉树后再进行遍历。

按照森林和树的相互递归定义可以得到森林的两种遍历方法。

前序遍历森林：若森林为空，则空操作返回。否则：

(1) 访问森林中第一棵树的根结点。

(2) 前序遍历第一棵树根结点的子树森林。

(3) 前序遍历除第一棵树之外剩余的树所构成的森林。

中序遍历森林：若森林为空，则空操作返回。否则：

(1) 中序遍历森林中第一棵树的子树森林。

(2) 访问第一棵树的根结点。

(3) 中序遍历除第一棵树之外剩余的树所构成的森林。

前序遍历森林和前序遍历其所对应的二叉树，遍历结果是一样的；中序遍历森林和中序遍历其所对应的二叉树，遍历结果也是一样的。这主要是由森林到二叉树的转换方式决定的，因为森林中第一棵树对应到二叉树的根和左子树，其他树构成的森林对应到二叉树的右子树。

对如图5.24(a)中的森林进行前序和中序遍历，得到的该森林的前序和中序遍历序列分别为BEFJGCDHKLI和EJFGBCKLHID，而如图5.24(c)所示的二叉树的前序和中序序列也为BEFJGCDHKLI和EJFGBCKLHID。

2. 按广度方向遍历(层次遍历)

首先访问层数为1的结点，然后依次访问层数为2的结点等，直到访问完最下一层的所有结点。基本原则为按层次进行，自顶向下，同一层自左向右。

对如图5.22(a)所示的树的按层次遍历序列为ABCDEFGHIJKL。

5.6 哈夫曼树及其应用

电子课件

5.6.1 哈夫曼树(最优二叉树)

树结构是一种应用非常广泛的结构，除利用树结构组织各种目录外，在很多算法中常常利用树结构作为中间结构来求解问题、确定对策等。最优二叉树是二叉树的经典应用之一，由哈夫曼提出，因此也称为哈夫曼树，有着广泛的应用场景。

下面先介绍几个相关的基本概念和术语。

(1) 路径：如果树或二叉树的结点序列$n_1n_2\cdots n_k$满足如下关系，结点n_i是结点n_{i+1}的双亲($1\leqslant i\leqslant k$)，$n_1n_2\cdots n_k$被称为一条从n_1到n_k的路径(Path)。

(2) 路径长度：路径上经过的分支(边)的条数。

(3) 结点的权值：在实际应用中，人们常常给树的每个结点赋予一个具有某种实际意义的数，如单价、出现频度等，这个有意义的数被称为对应结点的权值。

(4) 结点的带权路径长度：在树结构中，将从树的根结点到某一结点的路径长度与该结点的权值的乘积，叫作该结点的带权路径长度。

(5) 树的带权路径长度(Weighted Path Length，WPL)：树中所有叶结点的带权路径长度之和。通常记作：

$$\mathrm{WPL}=\sum_{i=1}^{n} w_i l_i$$

其中，n 为叶子结点的个数，w_i、l_i 分别表示叶子结点 i 的权值和根结点到叶子结点 i 之间的路径长度。

给定一组数作为叶子结点权值，可以构造出若干棵形态各异的二叉树。其中，带权路径长度最小的二叉树称为**哈夫曼树**(**最优二叉树**)。

如图 5.26 所示的三棵二叉树分别是由 5 个叶子结点 A、B、C、D、E 权值分别是 1、3、6、7、9 构造的形态不同的二叉树，其带权路径长度分别为

图 5.26(a)对应的二叉树，WPL=1×2+3×3+6×3+7×2+9×2=61

图 5.26(b)对应的二叉树，WPL=1×1+3×3+6×4+7×2+9×4=84

图 5.26(c)对应的二叉树，WPL=1×3+3×3+6×2+7×2+9×2=56

根据三棵二叉树的 WPL 值，如图 5.26(c)所示的二叉树的 WPL 值最小，是一棵最优二叉树(哈夫曼树)。

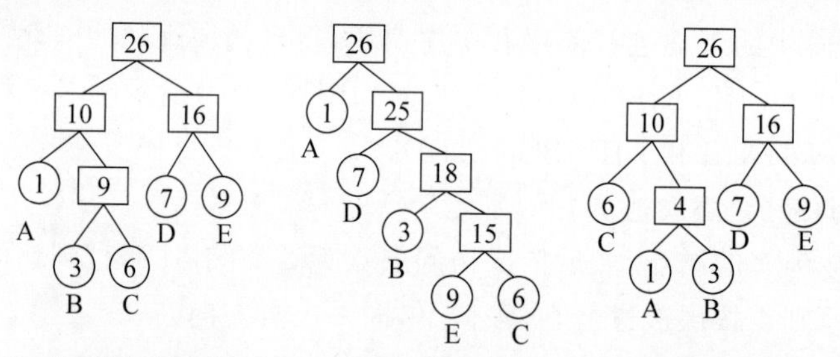

(a) 带权路径长度为61　(b) 带权路径长度为84　(c) 带权路径长度为56

图 5.26　具有不同带权路径长度的二叉树

给定叶子结点的个数 n 及权值集合 $\{w_1,w_2,\cdots,w_n\}$，如何构造最优二叉树呢？直观地看，权值越大的叶子结点应越靠近根结点，权值越小的叶子结点应越远离根结点，且不存在度为 1 的结点，才能使二叉树的带权路径长度最小。哈夫曼根据这一特点提出了哈夫曼算法，具体描述如下。

(1) 根据给定的 n 个权值 $w_1,w_2,\cdots,w_n$ 构成含有 n 棵二叉树的森林 $F=\{T_1,T_2,\cdots,T_n\}$，其中每一棵二叉树 T_i 中都只有一个权值为 w_i 的根结点，其左右子树均为空。

(2) 在森林 F 中选出两棵根结点权值最小的二叉树作为一棵新二叉树的左子树和右子树，新二叉树的根结点的权值为其左、右子树根结点的权值之和。

(3) 从 F 中删掉第(2)步中已合并的两棵二叉树，同时把新二叉树加入 F 中。

(4) 重复(2)(3)，直到 F 中只剩下一棵二叉树为止，此二叉树即为哈夫曼树。

例 5.12　5 个叶子结点 A、B、C、D、E 权值分别是 1、3、6、7、9，构造一棵哈夫曼树。

解答：图 5.27 给出了按此算法构造如图 5.26(c)所示哈夫曼树的过程。

从哈夫曼算法可以看出，初始时共有 n 棵二叉树，且均只有一个根结点；在构造过程中选取两棵根结点权值最小的二叉树合并成一棵新的二叉树时，需增加一个结点作为新二叉树的根结点；由于要进行 $n-1$ 次合并才能使初始的 n 棵二叉树合并为一棵二叉树，

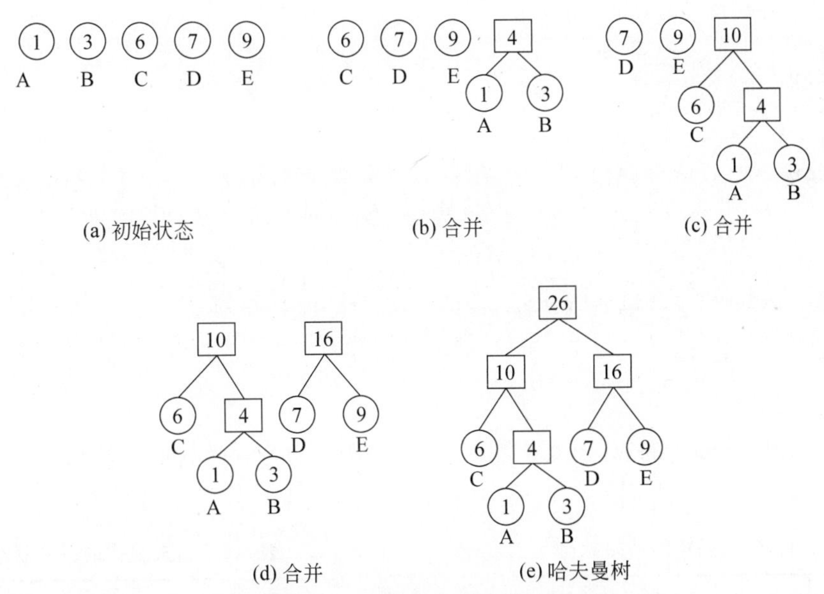

图 5.27　构造哈夫曼树的过程

合并 $n-1$ 次共产生 $n-1$ 个结点，所以最终求得的哈夫曼树共有 $2n-1$ 个结点。哈夫曼树中没有度为 1 的分支结点(这类二叉树被称为**严格的二叉树**)。

根据上文分析，可以用一个大小为 $2n-1$ 的一维数组来存放哈夫曼树中的结点。其结构定义如下。

```
typedef struct                          //哈夫曼树的存储表示
{   int weight;                         //结点的权值
    int parent,lchild,rchild;           //结点的双亲及左右孩子在数组中的下标
} HufmTree;
```

其中，weight 是结点的权值，lchild 和 rchild 分别表示结点的左、右孩子在数组中的下标，parent 是结点双亲在数组中的下标。初始时，lchild、rchild、parent 域的值均为 0，parent 域在构造哈夫曼树的过程中有两个作用：一是作为结点在合并时是否被使用过的状态标记，parent=0 表示未被使用过，一旦被使用，就有了双亲，parent 域的值就是其双亲的下标值(非零)；二是在构造好哈夫曼树之后，为求编码，需从叶子结点出发走一条从叶子结点到根结点的路径，因此需要知道结点的双亲信息。

构造哈夫曼树的算法如下。

［**算法 5.14**］　构造哈夫曼树

```
void CreatHuffman(HufmTree tree[],int n)
{   //构造哈夫曼树,n 为初始森林中的结点数
    if (n<=1) return;
    m=2 * n;
    for (i=1;i<m;i++)                   //对数组初始化,下标为 0 的单元不用
    {   tree[i].parent=0;
        tree[i].lchild=0;
        tree[i].rchild=0;
```

```
        tree[i].weight=0;
    }
    for(i=1;i<=n;i++)                          //读入叶结点权值
    {   scanf("%d",&f);  tree[i].weight=f;
    }
    for(i=n+1;i<m;i++)                         //进行合并,产生 n-1 个新结点
    {   //选出 parent 的值为 0 且权值最小的两个结点,序号为 lnode, rnode
        Select(tree,i-1, lnode, rnode);
        tree[lnode].parent=i;     tree[rnode].parent=i;
        tree[i].lchild=lnode;     tree[i].rchild=rnode;
        tree[i].weight= tree[lnode].weight + tree[rnode].weight ;
    }
}
```

按照建立哈夫曼树的算法,对于如图 5.26(c)所示的哈夫曼树的存储结构如表 5.1 和表 5.2 所示。

表 5.1 哈夫曼树的初始状态

	weight	parent	lchild	rchild	
1	1	0	0	0	n个叶结点
2	3	0	0	0	
3	6	0	0	0	
4	7	0	0	0	
5	9	0	0	0	
6	0	0	0	0	
7	0	0	0	0	
8	0	0	0	0	
9	0	0	0	0	

表 5.2 哈夫曼树的最终状态

	weight	parent	lchild	rchild	
1	1	6	0	0	n个叶结点
2	3	6	0	0	
3	6	7	0	0	
4	7	8	0	0	
5	9	8	0	0	
6	4	7	1	2	
7	10	9	3	6	
8	16	9	4	5	
9	26	0	7	8	

5.6.2 哈夫曼编码

在数据通信中,经常需要将传送的文字转换为由二进制字符 0 和 1 组成的二进制位串,这个过程称为编码。所有编码长度都相同,这样的编码叫作**等长编码(Equal-length Code)**,如标准 ASCII 码将每个字符分别用一个 7 位二进制数表示(实际存储一个字符占一字节空间,即 8 位),这种方法使用最少的位表示了所有 ASCII 码中的 128 个字符。如果每个字符的使用频率相等,等长编码是空间效率最高的方法。如果字符出现的频率差距很大,可以让频率高的字符采用尽可能短的编码,频率低的字符采用稍长的编码,这将构造出一种**不等长编码(Unequal-length Code)**,会获得更好的空间效率,这也是文件压缩技术的核心思想。

哈夫曼树被广泛应用在各种技术中,其中最典型的就是在编码技术上的应用。利用哈夫曼树,可以得到平均长度最短的编码,且哈夫曼编码是一种不等长编码。下面以数据

通信的二进制编码的优化问题为例来分析说明。

在数据通信中，可以采用 0、1 码的不同排列来表示不同的信息。例如，有一段报文 CABACDABABCCDACC。

在报文中出现的字符集合是 $D=\{A,B,C,D\}$，各个字符出现的频次用集合 $W=\{5,3,6,2\}$ 来表示。若每个字符用等长的二进制编码来表示，最短需要一个 2 位二进制编码方案（$\log_2 n$，其中，n 为报文中出现的字符个数）表示：

A：00　B：01　C：10　D：11

则所发报文为

10000100101100010001101011001010

上述报文的总长是 32 位二进制位。若按字符出现频次的不同设计不等长编码方案，出现频次较大的字符采用位数较少的编码，出现频次较小的字符采用位数较多的编码，可使报文的二进制编码总位数减小。例如，若对上述报文中出现的字符按其出现频次设计编码：

A：0　B：00　C：1　D：01

则报文为

100001010000001101011

此时报文的总长是 21。这样虽然使得报文二进制编码的总位数达到最小，但机器无法**解码（Decoding）**。例如，对编码串 0001，第一个 0 可以识别为 A，还可以与第二个 0 一起识别为 B，这导致该二进制编码串存在多种译法。因此，若要使编码总长最小，所设计的不等长编码必须满足以下条件：任意一个编码不能成为其他编码的前缀，把满足这个条件的编码称作**前缀无歧义编码**，简称**前缀编码（Prefix Code）**，前缀编码保证了解码时不会有多种可能。

利用二叉树可以构造出前缀编码，而利用哈夫曼算法可以设计出最优的前缀编码，这种编码就称为哈夫曼编码。构造哈夫曼编码的方式是：将需要传送的信息中各字符出现的频率（频次）作为权值来构造一棵哈夫曼树，每个带权叶子结点都对应一个字符，根结点到这些叶子结点之间都存在路径，如果对路径上的分支（边）约定指向左子树的分支上用“0”标记，而指向右子树的分支上用“1”标记，则根结点到每个叶子结点路径上的 0、1 编码序列即为相应字符的编码。

例 5.13　已知报文的字符集 $D=\{A,B,C,D,E,F\}$，各字符对应的使用频率（权值）$W=\{0.09,0.03,0.10,0.02,0.64,0.12\}$，写出所构造的哈夫曼编码。

解答：利用权值 W 构造哈夫曼树，然后按照左分支标记“0”，右分支标记“1”的规则构造哈夫曼编码，如图 5.28 所示，可以得到各字符的哈夫曼编码是：

A：011　B：0101　C：000　D：0100　E：1

该编码下报文的平均长度，即哈夫曼树的带权路径长度是：

$$\text{WPL}=0.09\times3+0.03\times4+0.10\times3+0.02\times4+0.64\times1+0.12\times3=1.77$$

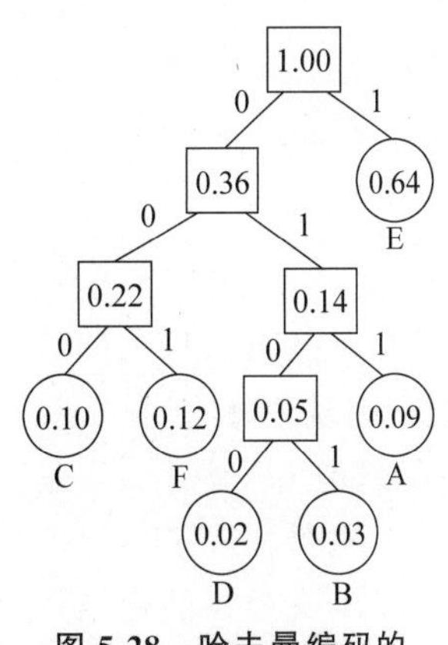

图 5.28　哈夫曼编码的构造过程

若采用等长编码,6个字符至少需要3位编码,则其编码总长度为300。显然,采用哈夫曼编码减少了报文总长度且不会产生译码歧义。

构造了哈夫曼树以后,求哈夫曼编码的具体实现过程是:依次从叶子结点 d_i($1 \leqslant i \leqslant n$)出发,向上回溯至根结点。回溯过程如下:从哈夫曼树的某一叶子结点出发,利用其双亲在数组中的下标 parent 找到其双亲结点,然后再利用其双亲结点的孩子下标 lchild 和 rchild 来判断该结点是双亲的左孩子还是右孩子,若是左孩子,则生成代码0;若是右孩子,则生成代码1。显然这样生成的编码与要求的编码反序。因此,将生成的代码先从后往前依次存放在一个临时向量中,并设一个指针 start 指示编码在该向量中的起始位置。当某字符编码完成时,从临时向量的 start 处将编码复制到该字符相应的位串 bits 中即可。因为字符集的大小为 n,则不等长编码的长度不会超过 n,加上一个结束符'\0',因此 bits 的大小可设为 $n+1$。

编码的存储结构及算法如下。

```
typedef  struct                              //哈夫曼编码的存储结构
{   char  ch;
    char  bits[n+1];
} CodeNode;
typedef CodeNode HuffmanCode[n];
```

[**算法 5.15**]　由哈夫曼树求哈夫曼编码

```
void HuffmanCoding(HufmTree tree[], HuffmanCode H[],int n)
{   //根据哈夫曼树求哈夫曼编码
    cd[n]= '\0';                             //编码结束符
    for(i=0;  i<n;  i++)
    {   H[i].ch=i+'A';                       //输入叶子结点中的字符
        start=n;                             //编码起始位置的初值
        c=i+1;
        while(p=tree[c].parent)              //从叶子结点开始上溯,直到根
        {   if (tree[p].lchild==c) //如果 tree[c]是 tree[p]的左孩子,则生成代码 0
                cd[--start]='0';
            else
                cd[--start]='1';    //如果 tree[c]是 tree[p]的右孩子,则生成代码 1
            c=p;                             //继续上溯
        }
        strcpy(H[i].bits,&cd[start]);        //复制编码字符串
    }
}
```

由上述方法构造的编码由于信息中出现频率(频次)大的字符编码短,频率小的编码较长,则从总体上讲,比等长编码减少了传送的信息量,从而可缩短通信时间。此外,用这种方法进行压缩存储也是一种较好的方法。

哈夫曼树除了可以产生编码外,也可以用来译码,译码的过程正好与编码过程相反。它是从哈夫曼树的根结点出发,依次识别电文中的二进制编码,如果为0,则走向左孩子,否则走向右孩子,当遇到叶子结点时,便可译码出相应的字符。相关算法比较简单,请读

者自行写出。

哈夫曼树还有很多其他的应用。例如，在数据压缩算法中，经常采用哈夫曼编码的压缩方法。因为对于计算机能够识别的文本字符都是采用 ASCII 码表示，前文有所提及，每一个 ASCII 码占一个字节，即每 8 比特表示一个字符，这种 ASCII 字符的编码方式是一种等长编码的方法。但是在一篇文章中，不是每一个 ASCII 码都出现，所以对每一个字符可以按照其在文章中出现的频率（频次）建立一棵哈夫曼树，根据字符出现次数的不同对其重新编码，这样就可以使编码的总长最小，从而实现压缩存储。因此，哈夫曼编码也可以称为一种定制编码，即根据文本中字符出现的频率为其定制相应的哈夫曼编码方案，不同文本对应的编码方案是不同的。

5.7　二叉树的应用举例

例 5.14　家谱树结构的建立。

解答：家谱，又称族谱、家乘、祖谱、宗谱等，是一种以表谱形式记载一个以血缘关系为主体的家族世系繁衍和重要人物事迹的特殊图书体裁。人类学家对于家谱很感兴趣，研究人员因此搜集了一些家族的家谱进行研究。本节以一个简单家谱为例，得到的家谱树如图 5.29 所示。

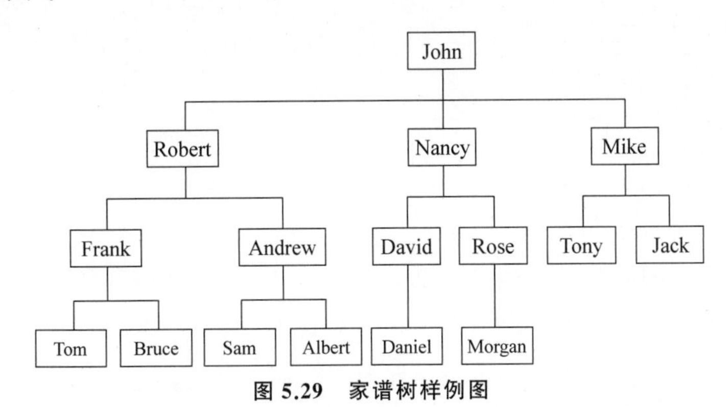

图 5.29　家谱树样例图

由于家谱树中的人员太多，需要用计算机辅助处理，研究人员将家谱转换为文本文件，下面为图 5.29 家谱对应的文本文件内容。

家谱对应的文本文件中，每一行代表家族中的某个人，并用名字代表，第一行的名字是家族最早的祖先，此家谱仅包含最早祖先的后代，而其丈夫或妻子不出现在家谱中，每个人的子女比父母右缩两个空格。以上述家谱文本文件为例，John 是这个家族最早的祖先，假设在文件中名字前无空格，他有三个子女 Robert、Nancy 和 Mike，Robert 有两个子女 Frank 和 Andrew，Nancy 有两个子女 David 和 Rose，而 David 和 Rose 分别只有一个子女。

```
John
  Robert
    Frank
```

```
        Tom
        Bruce
      Andrew
        Sam
        Albert
    Nancy
      David
        Daniel
      Rose
        Morgan
    Mike
      Tony
      Jack
```

家谱树的应用需完成以下内容。

(1) 按示例输入家族关系,建立家谱树结构。

(2) 输入家谱中任意两个人的姓名,能够判断出两个人的关系(双亲和子女的关系、兄弟姐妹的关系、祖父母和孙辈的关系等)。

解答:

针对问题(1),家谱树可以采用三叉链表来存储,本例设计了符合本应用的树的一种顺序存储表示,其结点结构如图 5.30 所示。

name	parent	firstchild	rightsib

图 5.30 三叉链表结点结构

该结点结构定义如下。

```
typedef struct
{   char name[15];                          //姓名
    int parent, firstchild, rightsib;       //双亲、第一个孩子、下一个兄弟域
}Person;
```

为了存储家谱中所有的成员,采用 Person 类型的一维数组存储家谱树,对应图 5.29 中所示家谱树,Person 类型数组最终赋值情况如表 5.3 所示。

表 5.3 图 5.29 家谱树对应 Person 类型一维数组

数组下标	name	parent	firstchild	rightsib
0	John	−1	1	−1
1	Robert	0	2	8
2	Frank	1	3	5
3	Tom	2	−1	4
4	Bruce	2	−1	−1
5	Andrew	1	6	−1
6	Sam	5	−1	7
7	Albert	5	−1	−1
8	Nancy	0	9	13

续表

数组下标	name	parent	firstchild	rightsib
9	David	8	10	11
10	Daniel	9	−1	12
11	Rose	8	12	−1
12	Morgan	11	−1	−1
13	Mike	0	14	−1
14	Tony	13	−1	15
15	Jack	13	−1	−1

建树过程即是对以上数组元素赋值的过程，算法首先读入一行文件中的姓名数据，自动赋值为数组 0 下标元素 name 值，因为本书默认最多四世同堂，接下来读入下一行名字时有以下三种情况。

(1) 本次读入名字前空格数与前一行名字前空格数差为 0，则本行读入的人在家谱中与前一行读入的人是同辈，并且是同一双亲，为当前行 name 域赋值，且 parent 域与前一行 parent 相同，前一行 rightsib 域赋值为当前行数组下标。

(2) 本次读入名字前空格数与前一行名字前空格数差为 2，则本行读入的人在家谱中是前一行读入的人的孩子，为当前行 name 域赋值，parent 域赋值为前一行数组下标，前一行 firstchild 域赋值为当前行数组下标。

(3) 本次读入名字前空格数与前一行名字空格数差为负数，则本行读入的人是前一行读入的人的长辈，为当前行 name 域赋值，找到与当前行有相同 parent 的人，通过空格数可以判定，找到有相同 parent 的人后，为相应结点的 rightsib 域赋值为当前行数组下标。

构建家族族谱树结构算法如下。

[**算法 5.16**] 构建家族族谱树结构

源代码

```
void FamilyTreeCreate(char filename[],Person * famtree)
{  //建立家谱树
   if(fgets(name,sizeof(name),file)!=NULL)      //存入根结点
   {  name[strcspn(name, "\n")] = '\0';
         strcpy(famtree[k].name,name);
      k++;
   }
   while(fgets(name,sizeof(name),file)!=NULL)
   {  BN=0;
      i=0;
      while(name[i++]==' ')                  //计算读入名字前空格数
         BN++;
      if(BN-preBN==2)                        //本行与前一行是孩子和双亲关系
      {  name[strcspn(name, "\n")] = '\0';
         strcpy(famtree[k].name,name);
         famtree[k].parent=k-1;
```

```
            famtree[k-1].firstchild=k;
        }
        else if(BN-preBN==0)                      //本行与前一行是兄弟关系
        {   name[strcspn(name, "\n")] = '\0';
            strcpy(famtree[k].name,name);
            famtree[k].parent=famtree[k-1].parent;
            famtree[k-1].rightsib=k;
        }
        else                                      //本行是前一行的后代,需找共同祖先的人
        {   level=(-1)*(BN-preBN)/2;
            pl=famtree[k-1].parent;
            name[strcspn(name, "\n")] = '\0';
            strcpy(famtree[k].name,name);
            for(j=1;j<level;j++)
                pl=famtree[pl].parent;
            famtree[k].parent=famtree[pl].parent;
            famtree[pl].rightsib=k;
        }
        k++;
        preBN=BN;
    }
    fclose(file);
}
```

针对问题(2),可通过计算两个人分别距离家族最早祖先的层数来判断二者的关系,如果某一人在另外一人到最早祖先的路径上,则可根据二者之间的层数差距判定二者之间的关系;如果二人不在同一路径上,则根据二者分别所在的层数也可判断其关系。具体算法请读者自行编写。

*5.8 算法举例

例 5.15 二叉树 T 的中序遍历序列和层次遍历序列分别是 GDHBAIJECF 和 ABCDEFGHIJ,试画出该二叉树,并写出由二叉树的中序遍历序列和层次遍历序列确定二叉树的算法。

解答:由二叉树的中序序列和层次序列可以唯一确定一棵二叉树。二叉树的层次遍历序列的第一个结点是二叉树的根,在中序序列中,"根结点"将二叉树分成左子树和右子树两部分。在层次序列中,左子树和右子树的各结点的先后相对顺序和中序序列中左子树和右子树的各结点的先后相对顺序是一致的。所以,可再利用一个一维数组,分别存放左子树或右子树的层次序列。这样,在确定根结点后,就可以由子树的层次序列和子树的中序序列继续生成二叉树的左子树和右子树,以此类推,生成二叉树中所有的结点。

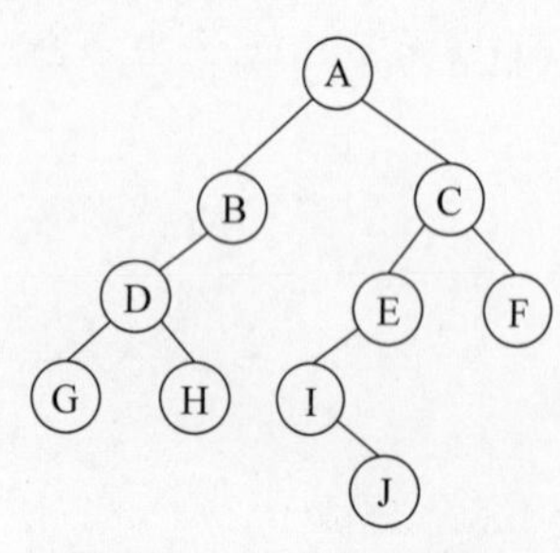

图 5.31 生成的二叉树

本题生成的二叉树见图 5.31,具体算法见算法 5.17。

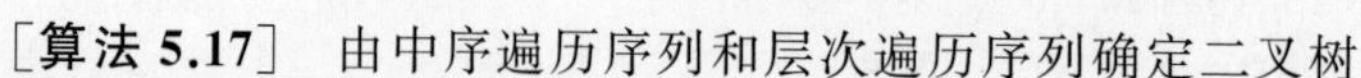
[**算法 5.17**] 由中序遍历序列和层次遍历序列确定二叉树

```
BiTree Create(DataType level[], DataType in[],int n,int s,int h)
{   /*由二叉树的层次序列 level[]和中序序列 in[]生成二叉树,n(n>0)是二叉树的结点数,
s 和 h 是二叉树中序序列低端和高端的下标*/
    if(n>0)
    {   p=(BiNode*)malloc(sizeof(BiNode));
        p->data=level[0];                //level[0]是根结点
        root=p;
        for(i=s; i<=h; i++)              //在中序序列中查找根结点(level[0])的位置
            if(in[i]==level[0])
                break;
        if(i==s)
            root->lchild=NULL;           //无左子树
        else
        {   ii=-1;
            for(k=1;k<n;k++)             //除根外整棵二叉树层次序列的下标从 1 到 n-1
                for(j=s;j<i;j++)         //左子树中序序列下标从 s 到 i-1
                    if(level[k]==in[j])
                    {   level2[++ii]=level[k];  //形成左子树的层次序列
                        break;
                    }
            root->lchild=Create(level2,in,ii+1,s,i-1)
                                         //由左子树的层次序列和中序序列递归生成左子树
        }
        if(i==h)
            root->rchild=NULL;           //无右子树
        else
        {   ii=-1;
            for(k=1;k<n;k++)             //除根外整棵二叉树层次序列的下标从 1 到 n-1
                for(j=i+1;j<=h;j++)      //右子树中序序列下标从 i+1 到 h
                    if(level[k]==in[j])
                    {   level2[++ii]=level[k];     //形成右子树层次序列
                        break;
                    }
            root->rchild=Create(level2,in,ii+1,i+1,h)
                                         //由右子树的层次序列和中序序列递归生成右子树
    }
    return root;
}
```

例 5.16 假设在二叉链表的结点中增设两个域：parent 域指向其双亲结点，flag 域(取值为 0..2)，区分在遍历过程中到达该结点时应继续向左、向右，还是访问该结点。试以此存储结构编写不用栈进行后序遍历的非递归算法。

解答：后序遍历二叉树是"左子树－右子树－根结点"，而查找某结点的后继要通过双亲结点，因此设置结点结构为(lchild，data，rchild，parent，flag)。遍历中当遇到 flag＝0 时置 flag 为 1，并遍历左子树；当 flag＝1 时置 flag 为 2，并遍历右子树；当 flag＝2 时访问结点，同时恢复 flag＝0，再去查找其双亲。

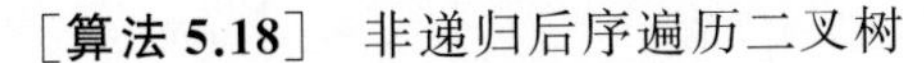

［**算法 5.18**］ 非递归后序遍历二叉树

```
typedef struct node
{   struct node * lchild, * rchild, * parent;
    DataType data;
    int flag;
}BPTree;
void PostOrder(BPTree * T)
{   //在增加双亲指针 parent 和标志域 flag 的二叉树中,不用栈进行后序遍历二叉树
    p=T;
    if(p)
    while(p)
        switch (p->flag)
        {   case 0: p->flag=1;
                    if(p->lchild)
                        p=p->lchild;                //向左
                    break;
            case 1: p->flag=2;
                    if(p->rchild)
                        p=p->rchild;                //向右
                    break;
            case 2:  p->flag=0;
                    printf("%d",p->data);           //访问"根"结点
                    p=p->parent;                    //找被访问结点的双亲
    }
}
```

例 5.17 编写算法求以孩子兄弟表示法存储的森林的叶子结点个数。

解答:当森林(树)以孩子兄弟表示法存储时,若结点没有孩子,则它必是叶子结点,这时总的叶子结点数是兄弟子树上叶子结点数加 1;若结点有孩子,则总的叶子结点数是孩子子树上的叶子结点数和兄弟子树上叶子结点数之和。

源代码

[算法 5.19] 求森林叶子结点个数

```
int Leaves (CSTree T)
{   //计算以孩子兄弟表示法存储的森林的叶子结点数
    if(T==NULL)
        return 0;
    if(T->firstchild==NULL)                 //若结点无孩子,则该结点必是叶子结点
        return(1+Leaves(T->nextsibling));
                                            //返回叶子结点和其兄弟子树中的叶子结点数
    else                                    //孩子、兄弟子树叶子结点数之和
        return(Leaves(T->firstchild)+Leaves(T->nextsibling));
}
```

例 5.18 设一棵二叉树中各结点的值互不相同,其前序序列和中序序列分别存于两个一维数组 pre[1..n]和 in[1..n]中,试遍写算法建立该二叉树的二叉链表。

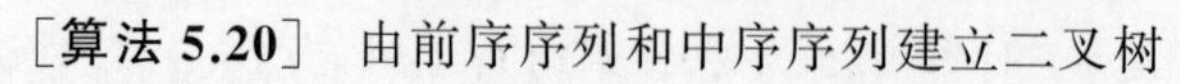

源代码

[算法 5.20] 由前序序列和中序序列建立二叉树

```
void PreInCreat(BiTree * T,DataType pre[],in[],int l1,h1,l2,h2)
{   //根据二叉树前序序列 pre 和中序序列 in 建立二叉树。l1,h1,l2,h2 是序列第一和最
```

```
    //后元素下标
    *T=(BiTree)malloc(sizeof(BiNode));//申请结点
    (*T)->data=pre[l1];              //pre[l1]是根
    for(i=l2;i<=h2;i++)
        if(in[i]==pre[l1])
            break;                    //在中序序列中,根结点将树分成左、右子树
    L=i-l2;                           //左子树中的结点数
    if(L==0)
        (*T)->lchild=NULL;            //无左子树
    else
        PreInCreat(&(*T)->lchild,pre,in,l1+1,l1+L,l2,i-1); //递归建立左子树
    if(i==h2)
        (*T)->rchild=NULL;                                  //无右子树
    else
        PreInCreat(&(*T)->rchild,pre,in,l1+L+1,h1,i+1,h2)  //递归建立右子树
}
```

小　结

在计算机应用问题中,数据元素之间的非线性关系广泛存在。树和二叉树都是一种应用广泛的非线性数据结构。

本章内容是本书的学习重点,二叉树是本章的重点。本章的主要内容包括：树的逻辑结构、存储结构与树的遍历;二叉树的性质、二叉树的逻辑结构与存储结构、二叉树的遍历以及遍历算法的应用;二叉树的线索化;森林与二叉树的相互转换、森林的遍历;哈夫曼树及哈夫曼编码。

树的常用存储结构有三种：双亲表示法、孩子表示法与孩子兄弟表示法。树的遍历包括先序遍历与后序遍历。二叉树是与树不同的数据结构,每个结点至多有两棵子树,且有左右之分。满二叉树与完全二叉树是两种特殊的二叉树。二叉树具有一些重要的特性,二叉树常用的存储结构为二叉链表和三叉链表。二叉树有先序、中序、后序和层次4种遍历方式。树与二叉树均可以采用二叉链表存储结构,基于此可以实现树、森林与二叉树的相互转换,因而对森林与树的处理可以转换为对对应的二叉树进行处理。哈夫曼树是最优二叉树,它可以用于求解哈夫曼编码。

习　题

一、简答题

1. 简述树的定义。

2. 简述二叉树的定义。

3. 简述二叉树的三种遍历方法。

二、选择题

1. 由于二叉树中每个结点的度最大为2,所以二叉树是一种特殊的树,这种说法(　　)。

A. 正确　　B. 错误

2. 二叉树是非线性数据结构，以下选项描述正确的是(　　)。

A. 顺序存储结构和链式存储结构都能存储

B. 顺序结构和链式结构都不能使用

C. 它不能用顺序存储结构存储

D. 它不能用链式存储结构存储

3. 下列陈述中正确的是(　　)。

A. 二叉树中结点只有一个孩子时无左右之分

B. 二叉树中每个结点最多只有两棵子树，并且有左右之分

C. 二叉树中必有度为 2 的结点

D. 二叉树是度为 2 的有序树

4. 树最适合用来表示(　　)。

A. 有序数据元素　　B. 无序数据元素

C. 元素之间具有分支层次关系的数据　　D. 元素之间无联系的数据

5. 含三个结点的普通树共有(　　)种形态。

A. 5　　B. 2　　C. 6　　D. 7

6. 含三个结点的二叉树共有(　　)种形态。

A. 3　　B. 6　　C. 5　　D. 4

7. 一棵二叉树有 35 个结点，则所有结点的度之和为(　　)。

A. 35　　B. 34　　C. 33　　D. 16

8. 若一棵二叉树有 9 个度为 2 的结点，5 个度为 1 的结点，则叶子结点的个数为(　　)。

A. 9　　B. 15　　C. 10　　D. 不确定

9. 具有 50 个结点的三叉树，其高度的最小值为(　　)。

A. 3　　B. 4　　C. 5　　D. 6

10. 若二叉树中，度为 2 的结点数为 m，则叶子结点数为(　　)。

A. m　　B. $m+1$　　C. $2m$　　D. $m-1$

11. 设深度为 h 的二叉树中只有度为 0 和度为 2 的结点，则此类二叉树中所包含结点数至少为(　　)。

A. $2h+1$　　B. $2h$　　C. $h+1$　　D. $2h-1$

12. 高度为 h 的完全二叉树至少有(　　)个结点。

A. 2^{h-1}　　B. $2h+1$　　C. 2^h　　D. 2^{h+1}

13. 如果结点 A 有三个兄弟，而且 B 是 A 的双亲，则 B 的度是(　　)。

A. 2　　B. 3　　C. 4　　D. 5

14. 一棵完全二叉树的第 6 层上有 23 个叶子结点，则此二叉树最多有(　　)个结点。

A. 78　　B. 81　　C. 80　　D. 79

15. 一棵深度为 k 且只有 k 个结点的二叉树按照完全二叉树顺序存储的方式存放于一个一维数组 $R[n]$ 中，则 n 至少是(　　)才能确保正确存储。

A. $2k$　　B. $2k+1$　　C. 2^k-1　　D. 2^k

16. 用二叉链表表示具有 n 个结点的二叉树时，值为空的指针域的个数为(　　)。

A. $n-1$　　B. $n+1$　　C. $2n$　　D. n

17. 若二叉树采用二叉链表存储结构，要交换所有分支结点的左右子树的位置，利用基于(　　)遍历方法思想的递归算法最简洁、最合适。

A. 层次　　B. 后序　　C. 逆中序　　D. 中序

18. 给定一棵树的二叉链表存储结构，把这棵树转换为二叉树后，这棵二叉树的形态是(　　)。

A. 有多种　　B. 有多种，但根结点都没有右孩子

C. 有多种，但根结点都没有左孩子　　D. 唯一的

19. 一棵二叉树结点的(　　)可唯一确定一棵二叉树。

A. 前序序列和后序序列　　B. 后序遍历

C. 前序序列和中序序列　　D. 中序遍历

20. 下列二叉树，其后序遍历序列与层次遍历序列相同的非空二叉树是(　　)。

A. 只有根结点的二叉树　　B. 完全二叉树

C. 单支树　　D. 满二叉树

21. 在一个非空二叉树的中序序列中，根结点的右边是(　　)。

A. 只有右子树上的部分结点　　B. 只有左子树上的所有结点

C. 只有左子树上的部分结点　　D. 只有右子树上的所有结点

22. 二叉树按层次遍历算法实现时采用了(　　)数据结构。

A. 栈　　B. 数组

C. 队列　　D. 文件

23. 下面哪种说法是正确的？(　　)

A. 一棵二叉树可由其先序序列和中序序列唯一确定

B. 一棵二叉树可由其先序序列唯一确定

C. 一棵二叉树可由其中序序列唯一确定

D. 一棵二叉树可由其后序序列唯一确定

24. 如图 5.32 所示二叉树的中序遍历序列是(　　)。

A. abcdgef

B. dfebagc

C. dbaefcg

D. defbagc

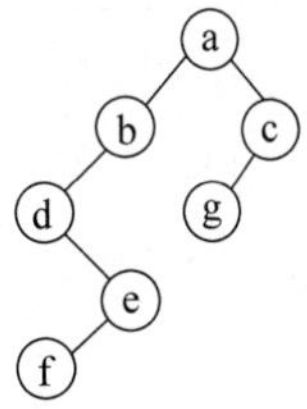

a
b
c
d
g
e
f

图 5.32　24 题图

25. 如下所示的 4 棵二叉树，(　　)不是完全二叉树。

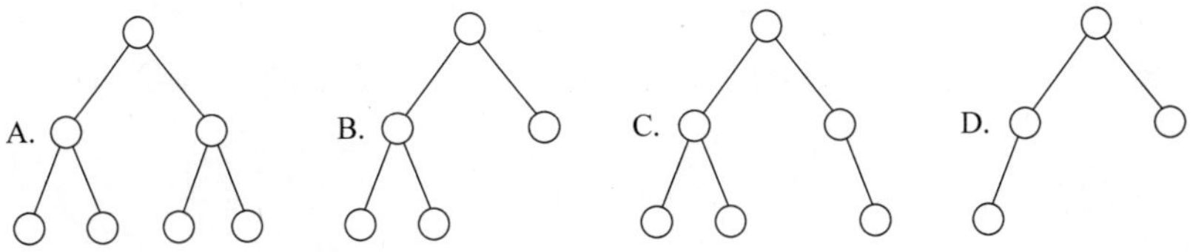

A.　B.　C.　D.

26. 如下所示的 4 棵二叉树，(　　)是平衡二叉树。

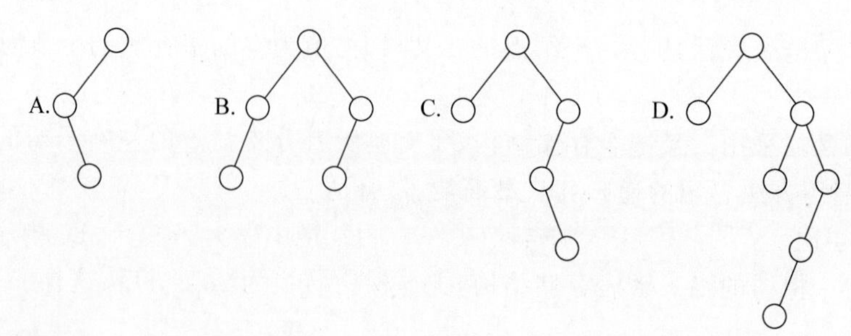

三、填空题

1. 有一棵树如图 5.33 所示，回答下面的问题。

(1) 这棵树的根结点是________。

(2) 这棵树的叶子结点是________。

(3) 结点 k_3 的度是________。

(4) 这棵树的度是________。

(5) 这棵树的深度是________。

(6) 结点 k_3 的孩子是________。

(7) 结点 k_3 的父结点是________。

图 5.33　一棵树

2. 指出树和二叉树的三个主要差别________，________，________。

3. 从概念上讲，树与二叉树是两种不同的数据结构，将树转换为二叉树的基本目的是________。

4. 二叉树第 $i(i\geqslant 1)$ 层上至多有________个结点。

5. 对任何二叉树，若度为 2 的结点数为 n_2，则叶子结点数 $n_0=$________。

6. 具有 n 个结点的完全二叉树的深度为________。

7. 二叉树通常有________存储结构和________存储结构两类存储结构。

8. 已知二叉树中叶子结点数为 40，仅有一个孩子的结点数为 20，则总结点数为________。

9. 可通过在非完全二叉树的“残缺”位置上增设________将其转换为完全二叉树。

10. 具有 100 个结点的完全二叉树的深度是________。

11. 深度为 90 的满二叉树上，第 10 层有________个结点。

12. 若一棵二叉树的叶子结点数为 n，则该二叉树中，左、右子树皆非空的结点个数为________。

13. 任意一棵具有 n 个结点的二叉树，若它有 m 个叶子结点，则该二叉树上度数为 1 的结点为________个。

14. 设有 30 个值，用它们构造一棵哈夫曼树，则该哈夫曼树中共有________个结点。

15. 以数据集{4,5,6,7,10}为叶子结点的权值所构造的哈夫曼树的带权路径长度为________。

16. 已知一棵度为 3 的树有 2 个度为 1 的结点，3 个度为 2 的结点，4 个度为 3 的结点，则该树中有________个叶子结点。

17. 设树 T 的度为 4，其中，度为 1、2、3 和 4 的结点个数分别是 4、2、1 和 1，则 T 中叶子结点的个数是________。

18. 在树结构里，有且仅有一个结点没有前驱，称为根。非根结点有且仅有一个________，且存在一条从根到该结点的________。

四、算法设计题

1. 一棵 n 个结点的完全二叉树存放在二叉树的顺序存储结构中，试编写非递归算法对该树进行先序遍历。

2. 试分别编写在下列二叉树存储结构上的中序遍历非递归算法。

(1) 二叉链表。

(2) 三叉链表(提示：考虑是否需要引入工作栈)。

3. 以二叉链表作为存储结构，试编写求二叉树中叶子结点数的算法。

4. 以二叉链表作为存储结构，设计算法求出二叉树 T 中度为2的结点数。

5. 编写递归算法，求二叉树中以元素值为 x 的结点为根的子树的深度。

6. 编写递归算法，对于二叉树中每一个元素值为 x 的结点，删除以它为根的子树，并释放相应的空间。

7. 已知二叉树的先序遍历和中序遍历序列，写出可以唯一确定二叉树的算法。

8. 编写递归算法，根据树的双亲表示法及其根结点建立树的孩子-兄弟链表。

五、应用题

1. 分别画出含三个结点的树和二叉树的所有不同形态。

2. 设在树中，结点 x 是结点 y 的双亲时，用＜x，y＞来表示边。已知一棵树边的集合为{＜i，j＞，＜i，k＞，＜b，e＞，＜e，i＞，＜b，d＞，＜a，b＞，＜c，g＞，＜c，f＞，＜c，h＞，＜a，c＞}，用树状表示法画出此树，并回答下列问题。

(1) 哪个是根结点？

(2) 哪些是叶子结点？

(3) 哪个是 g 的双亲？

(4) 哪些是 g 的祖先？

(5) 哪些是 e 的子孙？

(6) 哪些是 f 的兄弟？

(7) 结点 b 和结点 j 的层数各是多少？

(8) 树的深度是多少？

(9) 树的度数是多少？

3. 分别画出如图5.34所示二叉树的二叉链表、三叉链表和顺序存储结构。

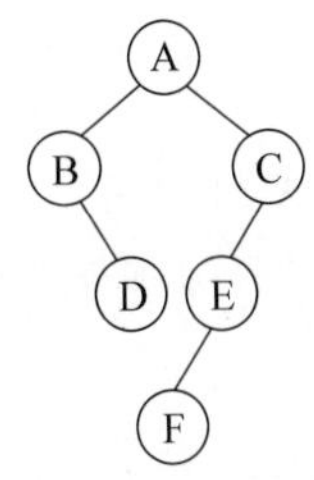

图5.34　二叉树

4. 分别写出如图 5.35 所示二叉树的前序、中序和后序序列。

5. 已知一棵二叉树的后序序列为 DGJHEBIFCA，中序序列为 DBGEHJACIF，请画出该二叉树。

6. 试分别画出如图 5.36 所示树的孩子链表、孩子兄弟链表。

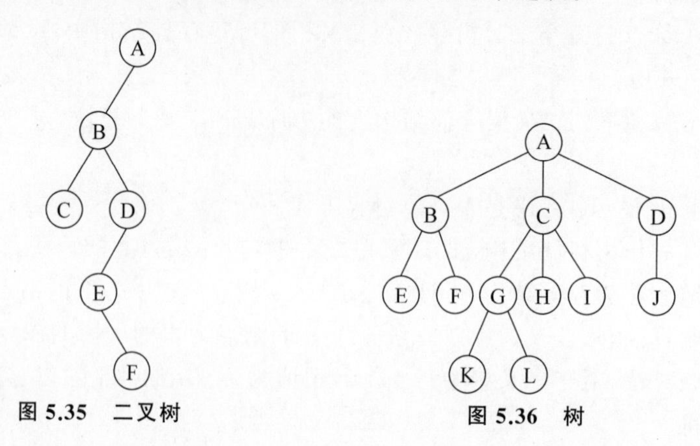

图 5.35 二叉树

图 5.36 树

7. 设某密码电文由 8 个字母组成，每个字母在电文中的出现频率分别是 7，19，2，6，32，3，21，10，试为这 8 个字母设计相应的哈夫曼编码。

8. 画出和下列已知序列对应的树 T。

树的前序次序访问序列为 ABCEFDGH。

树的后序次序访问序列为 BEFCHGDA。

9. 画出和下列已知序列对应的森林 F。

森林的前序次序访问序列为 ABCDEFGHI。

森林的中序次序访问序列为 BADEGHFCI。

实 验 题

实验题目 1：二叉树的基本操作

一、任务描述

设计二叉树，能够对二叉树进行先序、中序、后序和层次遍历，遍历的操作为输出结点的值，设计主函数，输入一棵二叉树，按先序、中序、后序、层次的遍历顺序输出结点的值。二叉树的结点数不超过 20。

二、编程要求

1. 具体要求

输入说明：输入数据只有一组，二叉树的结点均为一个数字，数据为 0 代表当前结点为空。输入结点的值按照二叉树的先序遍历顺序，如输入 1 2 4 0 0 5 0 0 3 0 6 0 0，0 表示空，输入的数字之间由空格分隔。

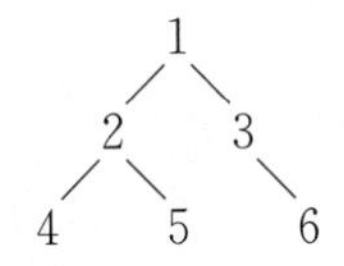

输出说明：输出先序、中序、后序和层次遍历二叉树得到的序列，各占一行，同一行的数字之间由空格分隔。

2. 测试数据

测试输入：

```
1 2 4 0 0 5 0 0 3 0 6 0 0
```

预期输出：

```
1 2 4 5 3 6
4 2 5 1 3 6
4 5 2 6 3 1
1 2 3 4 5 6
```

实验题目2：输出二叉树后序遍历的逆序

一、任务描述

采用先序法建立一棵二叉树，设计输出二叉树后序遍历的逆序，二叉树的数据域类型为字符型，扩展二叉树的叶子结点用#表示，要求可以输出多棵二叉树的后序遍历逆序，当二叉树为空时程序结束。

二、编程要求

1. 具体要求

输入说明：循环输入多棵扩展二叉树的先序遍历序列，每棵树占一行，以回车结束，每棵二叉树中结点之间以空格隔开。

输出说明：输出各二叉树后序遍历逆序，每次输出后面都换行，当二叉树为空时，输出“NULL”，程序结束。

2. 测试数据

测试输入：

```
A B # # C D # E # F # # G H # I K # # # #
A B D H # # I # # E J # # K # # C F L # # M # # G N # # O # #
#
```

预期输出：

```
A C G H I K D E F B
A C G O N F M L B E K J D I H
NULL
```

实验题目3：求二叉树中结点个数

一、任务描述

建立一棵二叉树，用二叉链表存储二叉树，计算二叉树中包含的结点个数。

二、编程要求

1. 具体要求

输入说明：输入的数据只有一组，是一棵二叉树的先序遍历序列，结点的值为一个小写字母，＃号表示空结点，如输入 a b d e ＃ ＃ f ＃ ＃ ＃ c ＃ ＃，数据之间空一个格，得到的二叉树如图 5.37 所示。

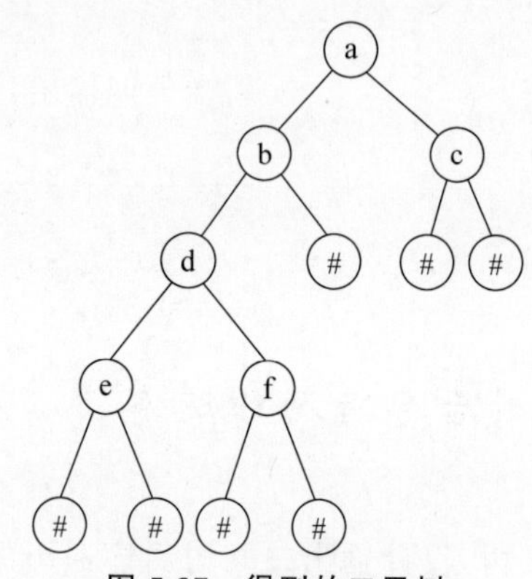

图 5.37 得到的二叉树

输出说明：输出二叉树的结点个数，空树输出 NULL。

2. 测试数据

测试输入 1：	预期输出 1：
a b c # # # d e # # f # #	6

测试输入 2：	预期输出 2：
#	0

实验题目 4: 求二叉树的深度

一、任务描述

采用先序法建立一棵二叉树，设计求该二叉树的深度，二叉树的数据域类型为字符型，扩展二叉树的叶子结点用＃表示，要求可以求多棵二叉树的深度，当二叉树的深度为 0 时程序结束。

二、编程要求

1. 具体要求

输入说明：循环输入多棵扩展二叉树的先序遍历序列，每棵树占一行，以回车结束，每棵二叉树中结点之间以空格隔开。

输出说明：输出各二叉树的深度，每次输出后面都换行。

2. 测试数据

测试输入：

```
A B # # C D # E # F # # G H # I K # # # #
```

```
A B D H # # I # # E J # # K # # C F L # # M # # G N # # O # #
#
```

预期输出：

```
6
4
0
```

实验题目 5: 表达式树转换为等价的中缀表达式

一、任务描述

请编程实现一个根据给定的表达式树转换为等价的中缀表达式(使用括号表示计算次序)并输出的应用。

二、编程要求

1. 具体要求

输入说明：当表达式树如图 5.38 所示，输入其对应的扩展二叉树先序遍历序列为 ＊＋a＃＃b＃＃＊c＃＃－＃d＃＃。

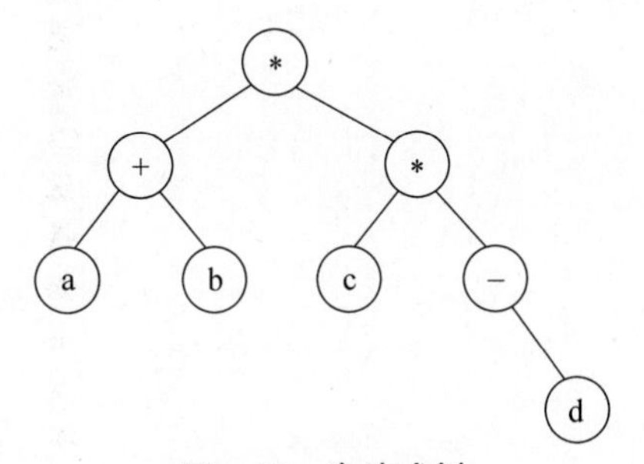

图 5.38　表达式树

输出说明：输出对应的中缀表达式为(a＋b)＊(c＊(－d))。

2. 测试数据

测试输入：

```
*+a##b##*c##-#d##
```

预期输出：

```
(a+b)*(c*(-d))
```

第6章 图

CHAPTER

图是一种非线性的数据结构。在图结构中，顶点之间的邻接关系是任意的，即任意一对顶点之间都有可能相关联，顶点之间的关系是多对多的，图结构能够描述更加复杂的数据关系。图的应用范围非常广泛，现实生活中的一些问题往往可以转换成图来解决。例如，在社交网络中，用户通常被表示为顶点，而用户之间的关系可以被表示为边，可以用图来分析社交网络的结构和动态。

本章介绍图结构的概念、基本操作、存储结构、图的深度和广度优先遍历，以及最小生成树、最短路径、拓扑排序和关键路径等图的经典算法。

6.1 图的定义和术语

电子课件

1. 图的定义

由于数据结构是相互之间存在一种或多种特定关系的数据元素的集合，在图(Graph)这种数据结构中，数据元素表示为**顶点**(Vertex)，顶点之间的邻接关系表示为**边**(Edge)。

图是由顶点的有穷非空集合 V 和顶点之间边的集合 E 组成，通常记作 $G=(V,E)$。

每一条边 $e_i \in E$ 对应一个顶点对：$v,w \in V$。根据顶点对是否有序，图分为**有向图**(Directed Graph)和**无向图**(Undirected Graph)。若顶点对是有序的，即边是有方向的(**有向边**)，则称该图为**有向图**。在有向图中一般将边称为**弧**(Arc)，表示为 $<v,w>$，即有向边用 $<>$ 表示。为了便于理解，可将 $<v,w>$ 解释为：一条从顶点 v 到顶点 w 的弧，称 v 为**弧尾**，称 w 为**弧头**。

若 $<v,w> \in E$，必有 $<w,v> \in E$，即 E 是对称的，则以无序对 (v,w) 代替这两个有序对，表示 v 和 w 之间存在一条**无向边**，此时称图为**无向图**。在无向图中，(v,w) 和 (w,v) 表示同一条边。

有时边或者弧还具有与之相关的一个数值，称作**权值**(Weight)。注意，本章讨论的图不考虑从自己出发回到自身的弧或边，即如果$(v,w)\in E$或$<v,w>\in E$，则要求$v\neq w$。

如图 6.1 所示的两个图中，G_1为无向图，G_2为有向图。

$V_{G_1}=\{v_1, v_2, v_3, v_4\}$　$E_{G_1}=\{(v_1,v_2),(v_1,v_3),(v_1,v_4),(v_2,v_3),(v_2,v_4),(v_3,v_4)\}$

$V_{G_2}=\{v_1, v_2, v_3, v_4\}$　$E_{G_2}=\{<v_1,v_2>,<v_2,v_3>,<v_2,v_4>,<v_4,v_1>\}$

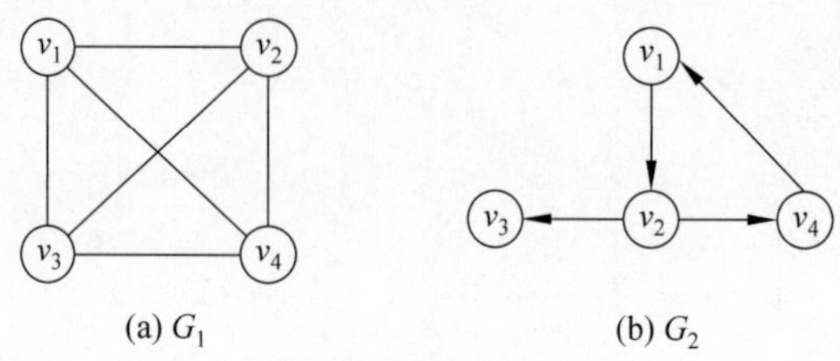

图 6.1　图的示例

很多问题都可以抽象成一个图结构，例如下面这些例子。

(1) 在电路设计中，某些元件（如电阻、电容等）之间的连接是双向的，没有明确的电流方向。这些连接可以抽象为无向图中的边，元件可以抽象为顶点。

(2) 在微信社交网络中，好友关系通常是双向的，即如果 A 是 B 的好友，那么 B 也是 A 的好友。因此，此类社交网络可以抽象为一个无向图，其中，顶点代表用户，边代表好友关系。

(3) 在网络通信中，数据包从源地址到目标地址的传输路径通常是有方向的。网络路由可以抽象为有向图，其中，顶点代表路由器或交换机，有向边代表数据包可能通过的路径。

(4) 在 Web 浏览器中，网页之间的链接通常是有方向的。一个网页可能链接到另一个网页，但后者不一定链接回前者。因此，Web 可以抽象为一个有向图，其中，顶点代表网页，有向边代表超链接。

(5) 在交通网络中，尽管交通网络在无向图中很常见，但在某些情况下，道路可能有单向行驶限制（如单行道），在这种情况下，交通网络可以抽象为有向图。

2. 图的术语

1) 依附和邻接点

在无向图$G=(V,E)$中，若边$(v,w)\in E$，则边(v,w)和顶点v,w均相关联，称v和w互为**邻接点(Adjacent)**，同时，称边(v,w)**依附(Adhere)**于顶点v,w。

2) 顶点的度、入度和出度

度(Degree)是用来度量无向图中与顶点相关联的边的条数的一个数值，即无向图中某顶点v的度是与该顶点邻接点的个数，记为$TD(v)$，例如，图 6.1(a)中G_1中顶点v_1的度$TD(v_1)=3$。

在一个有向图中，假设弧$<v,w>$和顶点v,w相关联，则以v为弧尾的弧的个数称为顶点v的**出度(Outdegree)**，记为$OD(v)$；以v为弧头的弧的个数称为v的**入度(Indegree)**，记为$ID(v)$，而顶点v的度是其入度和出度之和，即$TD(v)=ID(v)+OD(v)$。例如，图 6.1(b)G_2中，$OD(v_2)=2$，$ID(v_2)=1$，则$TD(v_2)=3$。

3）无向完全图和有向完全图

具有 n 个顶点的无向图中，边的条数取值范围是 $0\sim n(n-1)/2$，如果任意两个顶点之间都存在边，则存在 $n(n-1)/2$ 条边，这样的无向图称为**无向完全图**（或**完全图**，**Undirected Complete Graph**）。如图 6.1(a)中 G_1 是有 4 个顶点 6 条边的无向完全图。

在 n 个顶点的有向图中，边的条数的取值范围是 $0\sim n(n-1)$，如果任意两个顶点之间都存在方向互为相反的两条弧，则存在 $n(n-1)$ 条弧，这样的有向图称为**有向完全图**（**Directed Complete Graph**）。

4）稠密图和稀疏图

称边数很少的图为**稀疏图**（**Sparse Graph**）；反之，称为**稠密图**（**Dense Graph**）。

5）路径、路径长度、回路、简单路径和简单回路

在无向图 G 中，若一个顶点序列 $v_1, v_2, \cdots, v_n$ 满足 $(v_i, v_{i+1}) \in E(1 \leqslant i < n)$，则称从顶点 v_1 到顶点 v_n 存在一条**路径**（**Path**）$v_1 v_2 \cdots v_n$；如果 G 是有向图，则路径也是有向的，顶点序列满足 $<v_i, v_{i+1}> \in E(1 \leqslant i < n)$。一条**路径的长度**（**Path Length**）是该路径上的边或弧的条数，例如，图 6.1(a)中图 G_1 中的路径 (v_1, v_2, v_3, v_4) 和 (v_4, v_2, v_3, v_1) 的长度都是 3。第一个顶点和最后一个顶点相同的路径称为**回路**或**环**（**Circuit**）。显然，与树结构不同的是，在图中路径可能不唯一，回路也可能不唯一。

在路径序列中，顶点不重复出现的路径称为**简单路径**（**Simple Path**）。除了第一个顶点和最后一个顶点之外，其余顶点不重复出现的回路称为**简单回路**（**Simple Circuit**）。通常情况下，路径都指简单路径，回路都指简单回路。

仅从一个顶点到其自身也可以看成一条路径（自环），本书中所讨论的内容均为无自环的图。

6）子图

假设有两个图 G 和 G'，且满足条件 $V(G') \subseteq V(G)$ 且 $E(G') \subseteq E(G)$，则称 G' 是 G 的**子图**（**Subgraph**）。例如，图 6.2 是图 6.1 中 G_1 和 G_2 的一些子图。

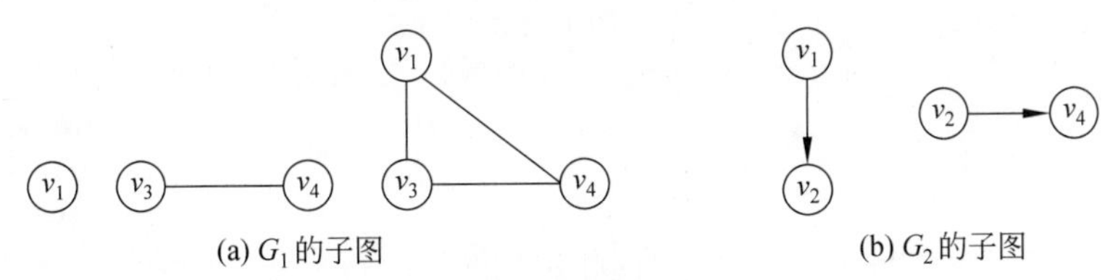

图 6.2 子图的示例

7）连通图、连通分量、强连通图和强连通分量

在无向图中，若从 v_i 到 $v_j(i \neq j)$ 存在路径，则称 v_i 到 v_j 是**连通**的。若 $V(G)$ 中的每一对不同顶点 v_i 和 v_j 都连通，则称 G 为**连通图**（**Connected Graph**）。无向图的极大连通子图称为该图的**连通分量**（**Connected Component**）。如图 6.3 中图 G_3 是不连通的，有两个连通分量。

在有向图中，若对于 $V(G)$ 中的任意一对顶点 $(v_i, v_j)(i \neq j)$，都存在从 v_i 到 v_j 及 v_j 到 v_i 的路径，则称 G 为**强连通图**（**Strongly Connected Graph**）。有向图的极大强连通子图称为该图的**强连通分量**（**Strongly Connected Component**）。对于图 6.1(b)中的图 G_2 不是

强连通图,但它有两个强连通分量,如图 6.4 所示。

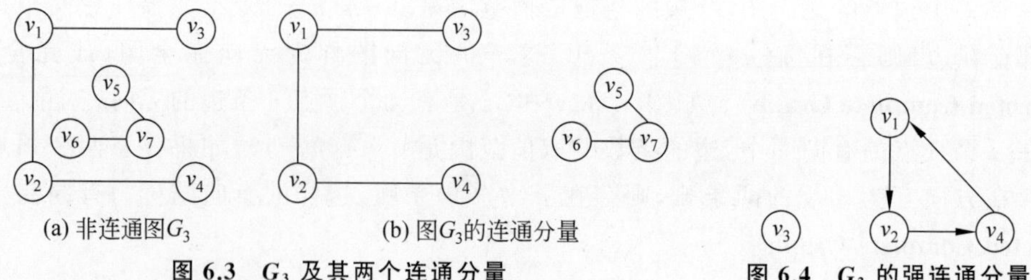

图 6.3　G_3 及其两个连通分量　　**图 6.4　G_2 的强连通分量**

3. 图的抽象数据类型定义

图数据结构加上针对图的一组基本操作,就构成了图的抽象数据类型,其形式定义如下。

```
ADT Graph
{
    数据对象 V:V是具有相同特性的数据元素组成的有穷非空集合,称为顶点集。
    数据关系 R:R={E}
    E={<v,w>|v,w∈V且 P(v,w), <v,w>表示从 v到 w的弧,谓词
        P(v,w)定义了弧<v,w>的意义或信息}
    基本操作:
        GraphCreat(G,V,E):按 V和 E的定义构造图。                    //建立图
        GraphDestroy(G):销毁图 G。                                  //销毁图
        GraphLocateVertex(G,v):若 G中存在顶点 v,则返回 v在图中的位置;否则返回失败
            信息。                                                  //求顶点位置
        GraphGetVertex(G,v):返回 v的数据值。                        //求顶点值
        GraphFirstAdj(G,v):返回 v的第一个邻接点。若在 G中没有顶点 v的邻接点,则返
            回"空"(或假)。                                          //求顶点第一个邻接点
        GraphNextAdj(G,v,w):返回 v的(相对于 w的)下一个邻接顶点。若 w是 v的最后一
            个顶点,则返回"空"。                                     //求顶点下一个邻接点
        GraphInsertVertex(G,v): 在图中增添新顶点 v。               //添加顶点
        GraphDeleteVertex(G,v):删除 G中的顶点 v及与其相关联的弧(边)。
                                                                    //删除顶点
        GraphInsertArc(G,v,w):在 G中增添弧<v,w>,若 G是无向图,则还应增添对称边
            (w,v)。                                                 //添加边(弧)
        GraphDeleteArc(G,v,w):在 G中删除弧<v,w>,若 G是无向图,则还应删除对称边
            (w,v)。                                                 //删除边(弧)
        DFSTraverse(G,v,Visit()):从顶点 v起进行深度优先遍历图 G,并对每个顶点调用
            函数 Visit()一次且仅一次。                              //深度优先遍历图
        BFSTraverse(G,v,Visit()):从顶点 v起进行广度优先遍历图 G,并对每个顶点调用
            函数 Visit()一次且仅一次。                              //广度优先遍历图
        }ADT Graph
```

图是一种与具体应用密切相关的数据结构,其基本操作往往随应用的不同有很大差别。以上给出的是图在某种应用中的基本操作,如有其他应用,需要重新定义图结构的基本操作。

6.2 图的存储结构

图是一种非常复杂的数据结构，任意两个顶点之间都可能存在联系(边)，因此，通过顶点在存储空间中的位置来表示顶点之间的逻辑关系是非常困难的，所以图不存在传统的顺序存储结构。但恰恰由于这种任意性，可以灵活地采用多种表示方法来表示图。下面介绍几种常用的存储结构：邻接矩阵、邻接表、十字链表和邻接多重表。

6.2.1 邻接矩阵

图的**邻接矩阵**(**Adjacency Matrix**)存储结构也称为**数组表示法**，用一个一维数组存储图中的顶点信息，用一个二维数组存储图中的边或弧(各顶点之间的邻接关系)，其中，存储顶点之间邻接关系的二维数组称作邻接矩阵。

设图 $G=(V,E)$中包含 $n(n\geqslant 1)$个顶点，则图 G 的邻接矩阵是一个 $n\times n$ 的方阵，其定义如下。

$$\text{edge}[i][j]=\begin{cases}1, & \text{若}(v,w)\text{或}<v,w>\in E(G)\\0, & \text{其他}\end{cases}$$

例如，图 6.1 中 G_1 和 G_2 对应的邻接矩阵 $\boldsymbol{A}_1$ 和 $\boldsymbol{A}_2$ 如图 6.5 所示。

对于无向图，由于当$(v,w)\in E(G)$时，必有$(w,v)\in E(G)$，所以它的邻接矩阵是对称矩阵，如图 6.5(a)所示。因此，无向图仅需存入下三角(或上三角)的元素，对含有 n 个顶点的无向图，其存储空间可优化为 $n(n-1)/2$。

有向图的邻接矩阵则不一定对称，用邻接矩阵表示一个具有 n 个顶点的有向图所需存储空间为 n^2。

$$\boldsymbol{A}_1=\begin{bmatrix}0&1&1&1\\1&0&1&1\\1&1&0&1\\1&1&1&0\end{bmatrix}\qquad\boldsymbol{A}_2=\begin{bmatrix}0&1&0&0\\0&0&1&1\\0&0&0&0\\1&0&0&0\end{bmatrix}$$

(a) G_1的邻接矩阵　　(b) G_2的邻接矩阵

图 6.5　图的邻接矩阵

通过邻接矩阵可以很容易地判定任意两个顶点之间是否存在边，并能够很容易地求得各个顶点的度。对无向图而言，顶点 v_i 的度是矩阵中第 i 行(或第 i 列)非零元素之和。对于有向图，第 i 行元素之和为顶点 v_i 的出度，第 j 列元素之和为顶点 v_j 的入度。

邻接矩阵存储结构的形式描述如下。

```
#define MAXNODE  100                        //图中顶点的最大个数
typedef char VertexType;                    //顶点的数据类型
typedef int EdgeType;                       //边或弧的类型
typedef struct
{   VertexType  vexs[MAXNODE];              //顶点向量
    EdgeType edge[MAXNODE][MAXNODE];        //邻接矩阵
    int vexnum,edgenum;                     //图的顶点数和弧数
}MGraph;
```

若 G 为网图，则邻接矩阵定义为

$$\text{edge}[i][j]=\begin{cases} w_{i,j}, & \text{若}(v_i,v_j)\text{或}<v_i,v_j>\in E(G) \\ 0, & i=j \\ \infty, & \text{其他} \end{cases}$$

其中，$w_{i,j}$ 表示边 (v_i,v_j) 或弧 $<v_i,v_j>$ 上的权值，∞ 表示一个计算机允许的，且大于所有边上权值的数。如图 6.6 所示为一个网图及其邻接矩阵存储示意图。

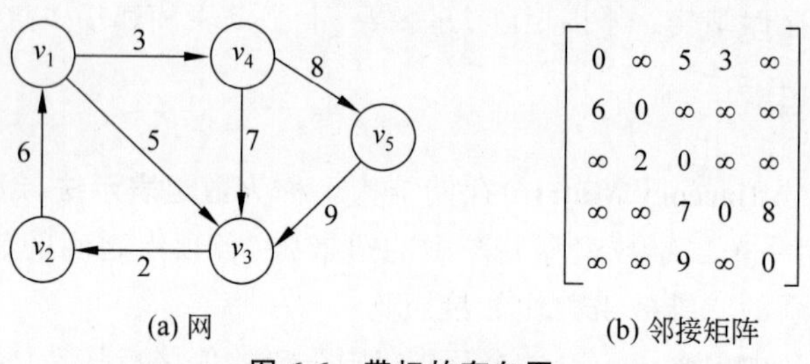

(a) 网　　(b) 邻接矩阵

图 6.6　带权的有向图

邻接矩阵的存储特点如下。

(1) 无论是无向图还是有向图，若图中顶点数为 n，图的邻接矩阵存储空间为 $O(n^2)$，和图中边和弧的个数无关。因此，邻接矩阵适合存储稠密图。

(2) 无向图的邻接矩阵主对角线为 0 且一定是对称矩阵。

(3) 无向图的邻接矩阵的第 i 行(或第 i 列)中非零元素、非 ∞ 元素的个数是顶点 i 的度。

(4) 有向图的邻接矩阵的第 i 行(或第 i 列)中非零元素、非 ∞ 元素的个数是顶点 i 的出度(或入度)。

(5) 判断两个顶点是否是邻接点或求两个顶点之间边(或弧)的权的时间复杂度为 $O(1)$。

建立有向图的邻接矩阵算法如下。

[**算法 6.1**]　建立有向图的邻接矩阵算法

源代码

```
void CreatMGraph(MGraph * G, VertexType a[ ], int n, int e)
{   //建立图的邻接矩阵
    G->vexnum = n;  G->edgenum = e;                  //形参 n 和 e 分别为顶点数和边数
    for (i = 0; i <n; i++)                           //读入顶点信息存入顶点向量
        G->vexs[i] = a[i];
    for (i = 0; i < n; i++)                          //初始化邻接矩阵
        for (j = 0; j < n; j++)
            G->edge[i][j] = 0;
    for (k = 0; k < e; k++)                          //依次输入每一条边
    {   scanf("%d %d",&i,&j);                        //输入边依附的两个顶点的编号
        G->edge[i][j] = 1;                           //置有边标志
    }
}
```

6.2.2 邻接表

如果用邻接矩阵存储图，所占存储空间只与顶点个数有关，和边(弧)的个数无关，这将在存储稀疏图时造成空间上的严重浪费。本节介绍图的另一种存储结构——邻接表，这是将图的顶点的顺序存储结构和各顶点邻接点的链式存储结构相结合的一种存储结构，类似树的孩子表示法。

在邻接表表示法中，为图中每个顶点 v 建立其邻接点组成的一个单链表，称为顶点 v 的边表(有向图则称为出边表)。在无向图中，第 i 个边表是将图中与顶点 v_i 有邻接关系的所有顶点连接起来，也就是说，第 i 个链表中的每个结点表示了依附于表头结点 v_i 的边。有向图的第 i 个边表是将图中以顶点 v_i 为弧尾(射出)的所有弧头(射入)顶点连接起来，即该边表中的每个结点表示了图中与表头结点 v_i 有关联关系的所有边。

边表中的每个结点具有相同的结构，均由三个域组成，一是邻接点域，它表示了与顶点 v_i 相邻接的顶点在顶点表中的序号；二是指针域，它指向了与顶点 v_i 相邻接的下一个顶点的边表结点；三是信息域(对于网是有用的)，它表示了边的权值等。每个边表设立一个表头结点，表头结点有两个域：数据域存储顶点 v_i 的相关信息，指针域则指向表头结点的第一个邻接点(各自边表中的第一个结点)，相应的结点结构如图 6.7 所示。

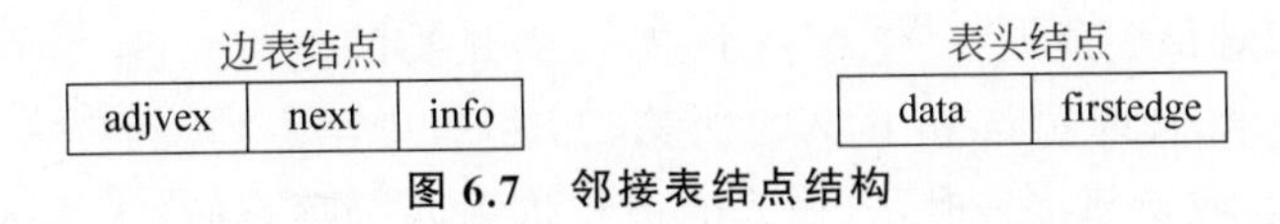

图 6.7 邻接表结点结构

为便于运算，将各顶点的头结点以顺序结构存储(也称为顶点表)。

一个图的邻接表存储结构可形式地描述如下。

```
#define MAXNODE  100                        //图中顶点的最大个数
typedef char VertexType;                    //顶点的数据类型
typedef struct EdgeNode                     //边表结点类型
{   int adjvex;                             //邻接点在顶点表中的下标
    struct EdgeNode   *next;                //指向下一邻接点的指针
    InfoType     *info;                     //和弧(或边)相关的信息指针
}EdgeNode;
typedef struct VertexNode                   //表头结点类型
{   VertexType  data;                       //顶点数据信息
    EdgeNode   *firstedge;                  //指向第一邻接点的指针
}VertexNode;
typedef struct
{   VertexNode  vexs[MAXNODE];              //邻接表
    int vexnum,edgenum;                     //顶点和边的数目
}AlGraph;
```

例如，图 6.1 中 G_1、G_2 的邻接表表示见图 6.8(a)和图 6.8(b)。

存储一个含有 n 个顶点，e 条边的无向图 G，其邻接表需 n 个表头结点和 $2e$ 个边表结点。显然，在边稀疏$\left(e \ll \frac{n(n-1)}{2}\right)$的情况下，用邻接表存储图比用邻接矩阵更节省存

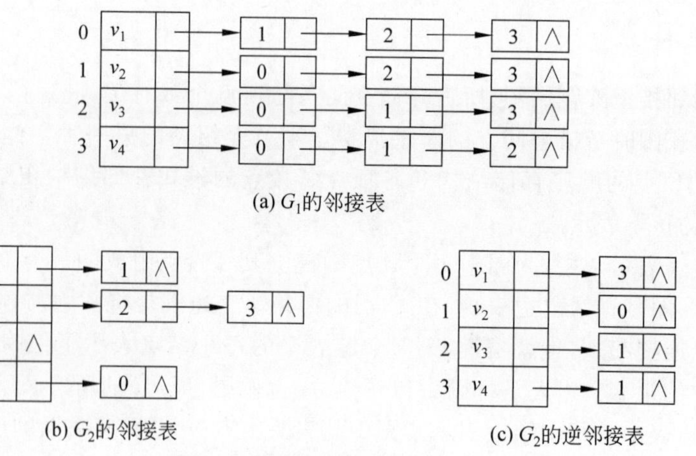

(a) G_1的邻接表

(b) G_2的邻接表　　(c) G_2的逆邻接表

图 6.8　图的邻接表表示

储空间。

在无向图的邻接表中，顶点 v_i 的度为第 i 个边表中结点的个数，这与在邻接矩阵中求某个顶点的度的复杂度类似。在有向图中，顶点 v_i 的出度为第 i 个边表中结点的个数，但为求得顶点 v_i 的入度则需遍历整个邻接表。因此，为方便确定顶点 v_i 的入度，需建立逆邻接表，即对每个顶点 v_i 建立一个以 v_i 为弧头的链表。图 6.8(c)是图 6.1 中图 G_2 的逆邻接表表示，此时顶点 v_i 的入度为第 i 个链表中结点的个数。

在建立邻接表或逆邻接表时，若输入的边相依附两个顶点时，采用顶点的编号，则建立邻接表的时间复杂度为 $O(n+e)$；否则，如采用顶点数据信息，则需要通过查找才能得到顶点在图中的位置，则时间复杂度为 $O(n\times e)$。因此，在建立邻接表或逆邻接表输入边时，采用顶点编号输入每条边相依附的两个顶点。

邻接表的存储特点如下。

(1) 对于无向图，若图中顶点数为 n，边的条数为 e，则邻接表有 n 个表头结点和 $2e$ 个边结点；对于有向图，若图中顶点数为 n，边的条数为 e，则邻接表有 n 个表头结点和 e 个边结点。其空间复杂度都为 $O(n+e)$，因此邻接表适合存储稀疏图。

(2) 无向图的邻接表中，顶点 v_i 的度为第 i 个边表中结点的个数。

(3) 有向图中，顶点 v_i 的出度为邻接表第 i 个边表中结点的个数，顶点 v_i 的入度为逆邻接表第 i 个边表中结点的个数。

建立有向图的邻接表算法如下。

［**算法 6.2**］　建立有向图的邻接表

源代码

```
void CreatALGraph(ALGraph * L, VertexType a[ ], int n, int e)
{   //建立有向图的邻接表 L
    L->vexnum = n;  L->edgenum = e;
    for (i = 0; i < n; i++)                           //输入顶点信息,初始化顶点表
    {   L->vexs[i].data = a[i];
        L->vexs[i].firstedge = NULL;
    }
    for (k = 0; k <e; k++)                            //输入边的信息存储在边表中
```

```
    {   scanf("%d %d",&i,&j);                    //读入边表信息
        s = (EdgeNode * )malloc(sizeof(EdgeNode);  s->adjvex = j;
        s->next = L->vexs[i].firstedge;          //头插法建邻接表
        L->vexs[i].firstedge = s;
    }
}
```

6.2.3 十字链表

有向图除了可以采用前面介绍的两种存储结构外，还可以用**十字链表**这种链式存储结构来表示。图的邻接表存储结构是基于顶点的，而用十字链表表示有向图时，不但需要存储顶点信息，还需要存储每条弧的信息。

在十字链表中，有向图中的每个顶点对应一个顶点结点，每条弧对应一个弧结点，相应结构如图 6.9 所示。

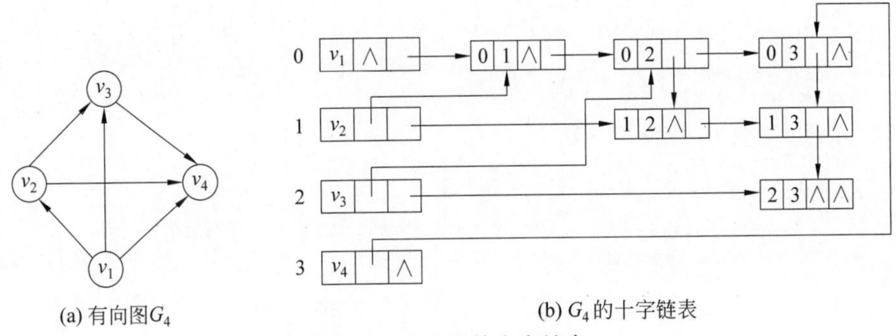

(a) 有向图G_4　　(b) G_4的十字链表

图 6.9　有向图的十字链表

其中，弧结点中有 5 个域：tvex 和 hvex 分别表示该弧的弧尾顶点和弧头顶点在图中的位置，指针域 hlink 指向以 hvex 为弧头的下一条弧，指针域 tlink 指向以 tvex 为弧尾的下一条弧，info 域含有该弧的相关信息。这样弧头相同的弧在同一链表上，弧尾相同的弧也在同一链表上，由弧结点构成了单链表。

顶点结点包含三个域：vertex 为顶点信息，如顶点的名称等；指针域 firstin 和 firstout 分别指向以该顶点为弧头和弧尾的第一个弧结点。例如，图 6.10 给出了有向图 G_4 的十字链表，因为该图为无权图，所以弧结点没有"info"域。

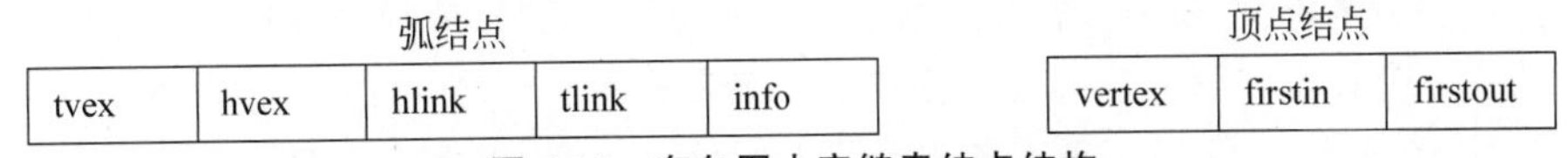

图 6.10　有向图十字链表结点结构

在图的十字链表中，链表的表头结点(即顶点结点)按顺序存储在一个一维数组中。有向图的十字链表存储表示的形式描述如下。

```
#define MAXNODE 100                          //图中顶点的最大个数
typedef char VertexType                      //顶点的数据类型
typedef struct ArcNode                       //弧结点类型
{   int headvex,tailvex;                     //弧尾顶点和弧头顶点的位置
```

```
    struct ArcNode * headlink, * taillink;
                                        //分别为弧头相同和弧尾相同的弧的链域的指针
    InfoType * info;                    //和弧相关的信息
}OrArcNode;
typedef struct                          //顶点结点类型
{   VertexType  vertex;                 //顶点信息
    OrArcNode  * firstin, * firstout;   //分别指向该顶点第一条入弧和出弧
}OrVerNode;
typedef OrVerNode OrthList[MAXNODE];    //十字链表
```

建立有向图的十字链表算法如下。

[**算法 6.3**] 建立有向图的十字链表

源代码

```
void CreateOLGraph (OrVerNode VList[], int n, int e)
{  //采用十字链表表示,构造有向图 G
    for(i=0;i<n;i++)                                    //构造表头向量
    {   scanf("%c",&VList[i].vertex);                   //输入顶点值
        VList[i].firstin=NULL;VList[i].firstout=NULL;   //初始化指针
    }
    for(k=0;k<e;k++)                                    //输入各弧并构造十字链表
        scanf("%d %d",&i,&j);                           //读入边<vi,vj>的顶点对应序号
    p=(OrVerNode *) malloc (sizeof(OrVerNode));
    p->tailvex=i; p->taillink=VList[i].firstout;
    p->headvex =j; p->headlink=VList[j].firstin;  //对弧结点赋值
    VList[j].firstin=VList[i].firstout = p       //完成在入弧和出弧链头的插入
    Input(p->info);                             //若弧含有相关信息,则输入,否则略去
    }
}
```

在十字链表中既容易找到以 v_j 为尾的弧,也容易找到以 v_i 为头的弧,因而容易求得顶点的出度和入度。同时,由算法 6.3 可知,建立十字链表的时间复杂度和建立邻接表是相同的。

6.2.4 邻接多重表

邻接多重表是无向图的另一种链式存储结构。在无向图的邻接表存储结构中,每条边 $e_K=(v_i,v_j)$对应两个边结点,分别出现在第 i 个边表和第 j 个边表中。在某些情况下,这种存储方法会带来不便。例如,需要删除 $e_K=(v_i,v_j)$这条边,或检查该边是否遍历过时,要分别查找第 i 个链表和第 j 个链表。若利用邻接多重表存储,则可以简化操作。

与十字链表类似,邻接多重表需要分别存储顶点信息和边的信息。每条边对应的边结点由如下 6 个域构成,如图 6.11 所示。

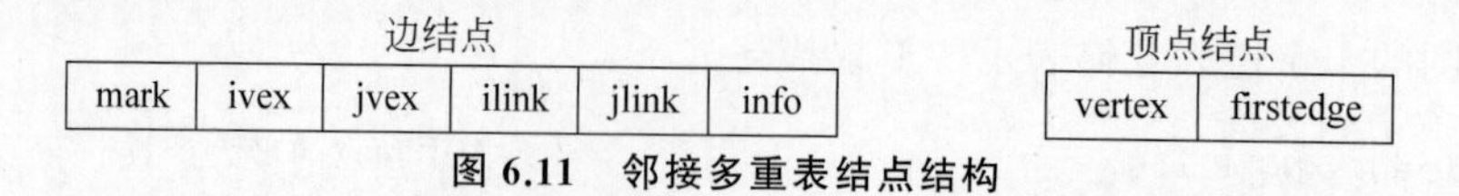

图 6.11　邻接多重表结点结构

其中,边结点中 ivex、jvex 是该边依附的两个顶点在图中的位置;ilink 指向与 ivex 相关联

的下一条边,jlink 指向与 jvex 相关联的下一条边;mark 为标志域,info 是关于该边的信息描述。顶点结点由两个域构成,vertex 存储顶点信息,firstedge 指向第一条依附于该顶点的边。对于图 6.1 中 G_1 无向图,其邻接多重表如图 6.12 所示(边结点省略了 mark 和 info 域)。

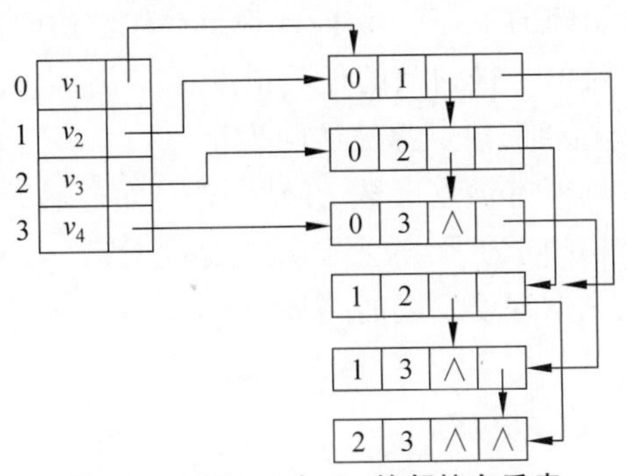

图 6.12 图 6.1 中 G_1 的邻接多重表

如果不考虑邻接多重表的标志域,则它需要的存储空间与邻接表相同。在邻接多重表上,各种基本操作的实现和邻接表相似。邻接多重表的存储表示形式描述如下。

```
#define MAXNODE 100                              //图中顶点的最大个数
typedef char VertexType                          //顶点的数据类型
typedef struct ENode                             //边结点类型
{   int ivex,jvex;                               //该边依附的两个顶点的位置
    struct ENode  *ilink, *jlink;                //分别指向依附这两个顶点的下一条边
    InfoType *info;                              //和边相关的信息
} ENode;
typedef struct  VertexNode                       //顶点结点类型
{   VertexType  vertex;                          //顶点信息
    ENode  *firstedge;                           //指向第一邻接点的指针
} EVerNode;
typedef EVerNode AdjMuList[MAXNODE];             //邻接多重表
```

6.3 图的遍历

给定一个图 $G=(V,E)$ 以及 $V(G)$ 中的一个顶点 v,从 v 出发,访问 G 中的所有顶点,使每个顶点被访问一次且仅被访问一次,这一过程称为**图的遍历**。

相比于树的遍历过程,图的遍历要复杂得多,在图中任一顶点都可能和其他顶点相邻接(即图中有回路),因此在访问了某顶点之后,可能沿着某条边回到已被访问过的顶点,造成顶点被重复访问。所以,为了避免同一个顶点被多次访问,在遍历图的过程中须记录每个已经被访问过的顶点。采用整型数组 visited[n]来标记顶点是否被访问过,每个数组元素的初值置为 0,表示所有顶点未被访问过。若顶点 v_i 被访问过,则可置 visited[i]=1。按照选择哪个顶点作为访问的下一个顶点,通常将图的遍历分为两种方法:深度优先遍历和广度优先遍历,它们对有向图和无向图都适用。

6.3.1 深度优先遍历

图的深度优先遍历(Depth First Search，DFS)类似于树的前序遍历，这个算法尽可能深地搜索图的分支。深度优先遍历的基本步骤如下。

(1) 先选定一个未被访问的顶点 v，访问此顶点并作已访问标志。

(2) 再选取与 v 相邻接的未被访问的任一顶点 w 访问；以 w 为新顶点，重复此过程，直至图中所有与 v 有路径相通的顶点都被访问为止。

此时，若图是连通图，则所有顶点已被访问完，若是非连通图，则图中还有其他顶点未被访问到，再任选一个未被访问的顶点，重复以上遍历过程，直到访问完所有顶点为止。这里的遍历次序体现了优先向深度发展的趋势，故称其为深度优先遍历。

深度优先遍历算法如下。

[**算法 6.4**] 深度优先遍历算法

```
int visited[MAXNODE];                          //访问标记数组
void DFSTraverse(Graph G)
{  //深度优先遍历图 G
   for(v=0;v<G.vexnum;v++)
      visited[v]=0;                            //初始访问数组置未访问标志
   for(v=0;v<G.vexnum;v++)
      if(!visited[v])
         DFS(G,v); //对未访问过的顶点调用 DFS,若图 G 是连通图,则此调用只执行一次
}

void DFS(Graph G, int v)
{  //从第 v 个顶点出发递归地深度优先遍历图 G
   visited[v]=1;
   Visit(v);                                   //访问 v 顶点(如输出 v)
   for(w=GraphFirstAdj(G,v); w; w=GraphNextAdj(G,v,w))
      if(!visited[w])
         DFS(G,w);
}
```

算法 6.4 是一个递归算法，其中的参数 v 表示从顶点 v 开始遍历。访问标记数组 visited[i]用于记录和区分在遍历过程中第 i 个顶点是否已经被访问过，其中每个元素初始值为 0，如果某个顶点刚刚被访问到，则相应的数组元素值置为 1。

对于图 6.13(a)中的无向图 G_5，如果从顶点 v_1 开始遍历，一种可能的深度优先遍历的序列为

$$v_1, v_2, v_3, v_4, v_7, v_8, v_5, v_6$$

其中，图 6.13(b)中实线代表访问方向，虚线代表回溯方向，箭头旁边的数字代表遍历顺序。

设图 G 中有 n 个顶点，e 条边，对邻接表中的每个结点最多检测一次，共有 $2e$ 个表结点(图 6.13(c)为图 6.13(a)的邻接表)，查找每个顶点的邻接点的时间复杂度为 $O(e)$，故算法的时间复杂度为 $O(n+e)$。如果以邻接矩阵作为图的存储结构，算法的时间复杂度

为 $O(n^2)$。

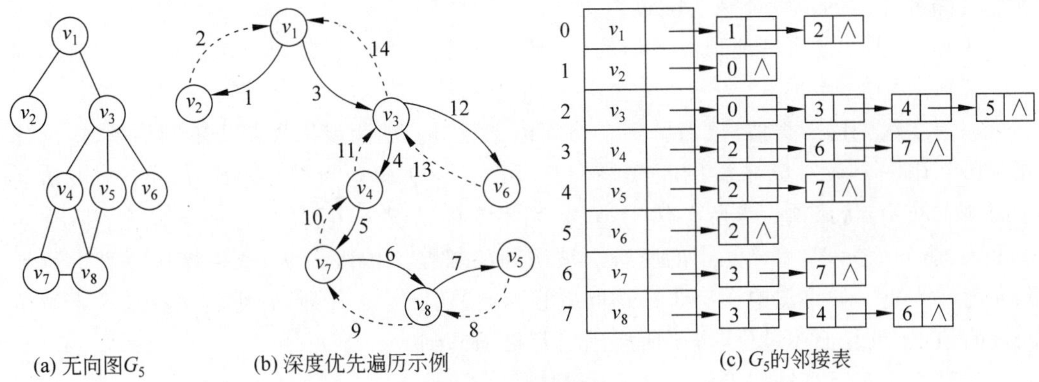

图 6.13　遍历无向图

邻接矩阵存储结构下深度优先遍历算法如下。

[**算法 6.5**]　邻接矩阵存储下的深度优先遍历算法

```
void DFS(MGraph G,int v)
{   //G为邻接矩阵存储的图,从第 v 个顶点出发递归地深度优先遍历
    visited[v]=1;
    Visit(v);                                   //访问 v 顶点(如输出 v)
    for(w=0;w<G.vexnum;w++)
        if(!visited[w] && G.edge[v,w]==1)
            DFS(G,w);
}
```

邻接表存储结构下深度优先遍历算法如下。

[**算法 6.6**]　邻接表存储下的深度优先遍历算法

```
void DFS(AlGraph G,int v)
{   //G为邻接表存储的图,从第 v 个顶点出发递归地深度优先遍历
    visited[v]=1;
    Visit(v);                                   //访问 v 顶点(如输出 v)
    p=G.vexs[v].firstedge;
    while(p!=NULL)
    {   if(!visited[p->adjvex])
            DFS(G,p->adjvex);
        p=p->next;
    }
}
```

6.3.2　广度优先遍历

类似树的层次遍历过程,图的广度优先遍历过程如下。

(1) 首先选定一个未被访问过的顶点 v,访问此顶点并进行标记,然后依次访问与顶点 v 相邻接的未被访问过的全部顶点 $w_1,w_2,\cdots,w_d$。

(2) 从这些访问过的邻接点出发依次访问它们各自未被访问过的邻接点,并使"先被访问的顶点的邻接点”先于“后被访问的顶点的邻接点”被访问。以此类推，直到所有与顶点 v 有路径相通的顶点都被访问过为止。

此时，若图中还有其他顶点未访问到，则任选其中一个，重复以上遍历过程，直到访问完所有顶点为止。

和深度优先遍历类似，也需要一个访问标志数组。和深度优先遍历不同的是，广度优先遍历利用一个队列 Q 来协助完成整个遍历过程。Q 初态为空。遍历从一个未被访问过的顶点开始，将该顶点入队。然后，在队列不空的情况下，反复进行如下操作：队头元素出队，访问该元素，将该元素的所有未被访问的邻接点依次入队，这一操作一直进行到队列为空为止。如果图中还有未被访问的顶点，说明图不是连通图，则再选择任一未被访问过的顶点，重复上述过程，直至所有顶点都被访问到。

广度优先遍历算法如下。

源代码

［**算法 6.7**］ 广度优先遍历算法

```
void BFSTraverse(Graph G, int v)
{   //以顶点 v 为起始顶点广度优先遍历图 G
    for(v=0;v<G.vexnum; v++)
        visited[v]=0;                    //访问数组初始化
    QueueInit(&Q);                       //队列初始化
    for(v=0;v<G.vexnum; v++)
        if(!visited[v])
        {   QueueIn(&Q,v);               //顶点 v 入队列
            while(!QueueEmpty(Q))        //队列非空时
            {   QueueOut(&Q,&u);         //队头元素出队
                visited[u]=1;
                Visit(u);                //访问顶点 u
                for(w=GraphFirstAdj(G,u);w;w=GraphNextAdj(G,u,w))
                                         //遍历 u 的所有邻接点 w
                    if(!visited[w])      //若 w 未被访问
                    {   QueueIn(&Q,w);   //顶点 w 入队列
                        visted[w]=1;
                    }
            }
        }
}
```

对于图 6.13 的 G_5，采用 BFSTraverse 算法，假定从 v_1 开始，则一种可能的遍历序列为

$$v_1, v_2, v_3, v_4, v_5, v_6, v_7, v_8$$

图的顶点个数与边的个数如前所述，在广度优先遍历算法中，每个顶点入队列一次且仅一次，同时每次要处理每个顶点对应的边表中所有顶点一次，因此若采用邻接表作为存储结构，广度优先遍历的时间复杂度为 $O(n+e)$。对于采用邻接矩阵作为图的存储结构，则同 DFS 一样，时间复杂度为 $O(n^2)$。

必须说明，无论是深度优先遍历还是广度优先遍历，在没给出具体的存储结构前，其遍历序列一般是不唯一的，因为顶点的邻接点的顺序是不确定的。若已知 G_5 的邻接表如图 6.13(c)所示，则其深度优先遍历序列只能是 $v_1, v_2, v_3, v_4, v_7, v_8, v_5, v_6$，其广度优

先遍历序列只能是 $v_1, v_2, v_3, v_4, v_5, v_6, v_7, v_8$。

6.3.3 图的遍历与图的连通性

图的连通性问题实际上是图的遍历的一种应用，利用图的遍历算法可以对该问题进行求解。

1. 无向图的连通性

在对无向图进行遍历时，对于连通图，可以从图中任一顶点出发进行深度优先遍历或广度优先遍历，均能访问到图中所有的顶点。对于非连通图，从图中某一顶点 v 出发遍历图，不能访问到该图中的所有顶点，而需要依次对图中的每个连通分量进行深度优先遍历或广度优先遍历，即需从多个顶点出发进行深度优先遍历或广度优先遍历。

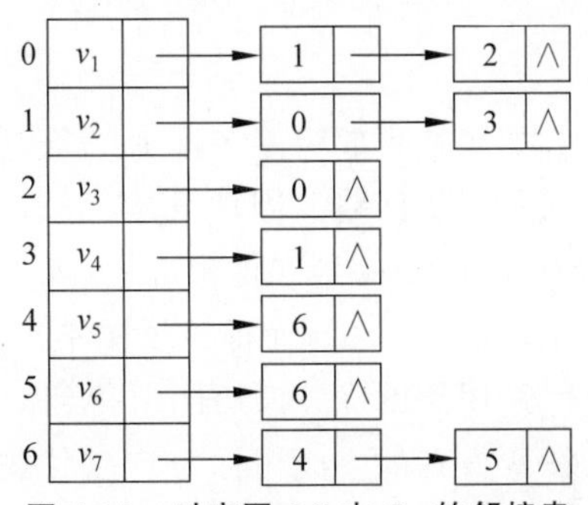

图 6.14 对应图 6.3 中 G_3 的邻接表

例如，图 6.3 中 G_3 含有两个连通分量，若采用邻接表表示（如图 6.14 所示），则调用两次 DFS（分别从 v_1、v_5 出发），得到的顶点访问序列分别为 v_1, v_2, v_4, v_3 和 v_5, v_7, v_6。

因此，要想判断一个无向图是否连通或有几个连通分量，可以设置一个计数器，使其初始值为 0，每调用一次 DFS 算法，计数器增 1，算法结束时依据计数器的值来判断图的连通性。

2. 有向图的连通性

有向图的连通性不同于无向图的连通性，可分为弱连通和强连通。对有向图的强连通性以及强连通分量的判定，可通过以十字链表为存储结构的有向图的深度优先遍历实现。

由于强连通分量中的结点相互可达，故可先按出度深度优先遍历，记录下访问结点的顺序和连通子集的划分，再按入度深度优先遍历，对前一步的结果再划分，最终得到各强连通分量。若所有结点在同一个强连通分量中，则该图为强连通图。

6.4 生成树和最小生成树

图的最小生成树在许多实际问题中有着广泛的应用。例如，在构建企业网络时，可以使用最小生成树算法来确定如何最有效地连接各个结点，用以降低成本并提高网络性能；在电子电路设计中，最小生成树算法可以用于优化电路布局，用以最小化电阻、电容或电感等参数的总值。

6.4.1 生成树

最小生成树首先必须是生成树，本节先给出生成树的定义和算法。

设 $G=(V,E)$ 是一个连通图，则从图中任一顶点出发遍历图时，必将 $E(G)$ 分成两个集合 $T(G)$ 和 $B(G)$。其中，$T(G)$ 是遍历图时所经过的边集，$B(G)$ 是剩余的边集。现在考虑由图 G 的顶点集合 V 与 $T(G)$ 组成的图 $G'=(V,T)$，显然 G' 是 G 的极小连通子图，

G'也称为G的生成树。一个连通图的**生成树(Spanning Tree)**是该图的一个极小连通子图,它含有该图的所有顶点和能够构成一棵树的$n-1$条边。图的生成树不是唯一的,图6.15是G_1的三棵生成树。

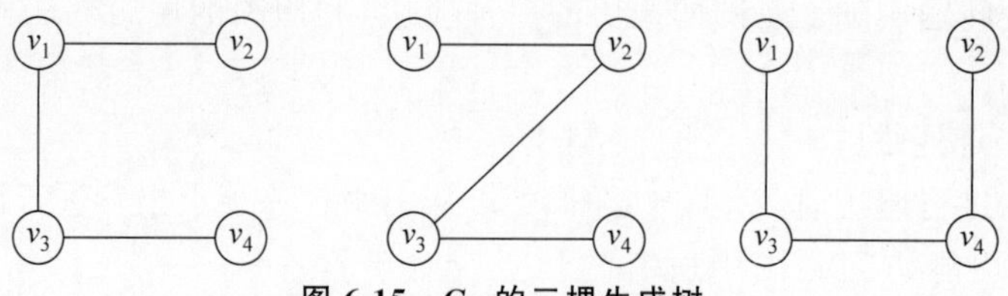

图6.15 G_1的三棵生成树

如果在生成树上多添加一条边,则该边所依附的顶点之间就形成了第二条通路,从而构成了一个回路。因此含有n个顶点的连通图的生成树有且仅有$n-1$条边。例如,图6.16(b)中的第二棵生成树,如从$B(G)$中选择一条边(v_7,v_8)加入该生成树中,则形成一个环v_4,v_7,v_8,使得该子图不再是生成树。

采用深度优先遍历图所得到的生成树称为**深度优先(DFS)生成树**,采用广度优先遍历图所得到的生成树称为**广度优先(BFS)生成树**。如图6.16(a)是G_5的深度优先生成树,图6.16(b)是G_5的广度优先生成树。

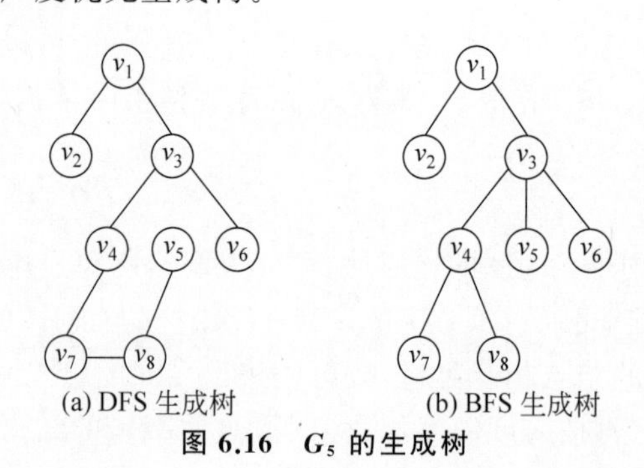

(a) DFS生成树　　(b) BFS生成树

图6.16 G_5的生成树

6.4.2 最小生成树

无向连通网的生成树上各边的权值之和称为该生成树的代价,在网图的所有生成树中,代价最小的生成树称为最小生成树(Minimal Spanning Tree)。按照生成树的定义,有n个顶点,m条边($m\geqslant n-1$)的连通网,其生成树包含n个结点和$n-1$条边。用MT表示可能的生成树集合,每棵树中$n-1$条边上的权值之和用$\mathrm{WG}(T)$表示,则使得

$$\mathrm{WG}(T_{\min})=\mathrm{Min}\{\mathrm{WG}(T)\mid T\in \mathrm{MT}\}$$

的生成树$T_{\min}$便是连通图的**最小生成树**。

最小生成树在现实生活中有着广泛的应用,例如,要在n个城市之间建立一个通信网络,该网络只需要$n-1$条线路就可以连通这n个城市。问题是n个城市之间最多可能设置$n(n-1)/2$条线路,那么如何选出$n-1$条线路才能使网络连通且花费的代价最小呢?

可将问题转换为网图来解决。n个城市对应图G的n个顶点,城市之间的线路对应边,给边赋予的权值对应两座城市之间线路的花费代价,那么这个问题就转变为如何在拥

有 n 个顶点的连通网的生成树中选择一个各边权值之和最小的生成树问题。

最小生成树的构造算法可依据 MST 性质得到。

MST 性质：设 $G=(V,E)$ 是一个连通网络，U 是顶点集 V 的一个真子集。若 (u,v) 是集合 $U(u\in U)$ 中顶点到集合 $V-U(v\in V-U)$ 中顶点之间的最短边，则一定存在 G 的一棵最小生成树包含此边 (u,v)。

可以用反证法对 MST 的性质进行证明。

首先假设 G 的任何一棵最小生成树中都不含此边 (u,v)，设 T 是 G 的一棵最小生成树，但不包含边 (u,v)。由于 T 是树且连通，因此有一条从 u 到 v 的路径，且该路径上必有一条连接两顶点集 U 和 $V-U$ 的边 (u',v')，其中，$u'\in U,v'\in V-U$，否则 u 和 v 不连通。当把边 (u,v) 加入树 T 时，得到一个含有边 (u,v) 的回路。若删去边 (u',v')，则上述回路即被消除，由此得到另一棵生成树 T'，T' 和 T 的区别仅在于用边 (u,v) 取代了 T 中的边 (u',v')。因为 (u,v) 的权值 $\leqslant(u',v')$ 的权值，故 T' 中所有边的权值之和 $\leqslant T$ 中所有边的权值之和，因此 T' 是 G 的最小生成树，它包含边 (u,v)，与假设矛盾：MST 性质得以证明，如图 6.17 所示。

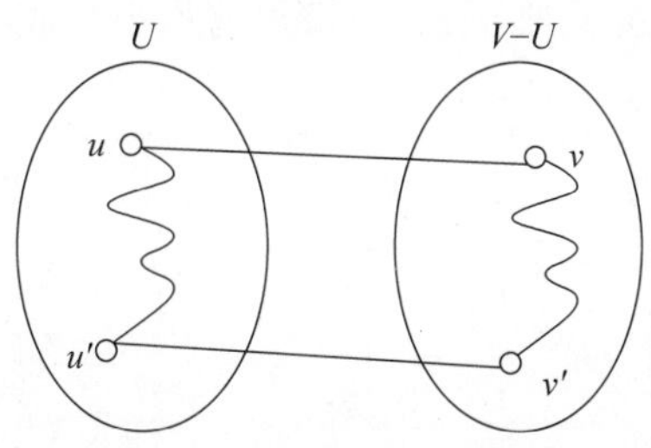

图 6.17 MST 性质示意图

Prim 和 Kruskal 算法是两个构造最小生成树的经典算法。

1. Prim 算法

Prim(Robert Clay Prim)是美国数学家和计算机科学家，于 1957 年在贝尔实验室工作期间提出了 Prim 算法。

Prim 算法是一种构造性算法。假设 $G=(V,E)$ 是一个具有 n 个顶点的带权连通网图，子图 $T=(U,\mathrm{TE})$ 是 G 的最小生成树，其中，U 是 T 的顶点集，TE 是 T 的边集，则由 G 构造从起始点 v 出发的最小生成树 T 的步骤如下。

(1) 初始化集合 $U=\{v\}$，将 v 到其他顶点的所有边都作为候选边。

(2) 重复以下步骤 $n-1$ 次，使得其他 $n-1$ 个顶点被依次加入集合 U 中。

① 从候选边中挑选权值最小的边加入集合 TE 中，假设该边在 $V-U$ 集合中对应的顶点是 k，将 k 加入 U 中。

② 考查当前 $V-U$ 集合中的所有顶点 j，修改候选边：若 (k,j) 的权值小于原来和顶点 j 关联的候选边，则用 (k,j) 取代后者作为候选边。

下面用 Prim 算法求解一个实际问题。

例 6.1 假设某个新建的小区内有 6 幢楼宇，要给小区内的所有楼宇铺设入水管道，已知某些楼宇铺设管道的造价，现需要设计一种造价最低的铺设方案。

解答：对于这个问题可以用 6 个顶点表示 6 幢楼宇，带权的边表示某两个楼宇之间管道铺设造价，利用 Prim 算法求其最小生成树，这样得到如图 6.18(a)所示的带权图。假设起始点为顶点 v_1，采用 Prim 算法构造最小生成树的过程如下。

(1) 初始化最小生成树顶点集合 $U=\{v_1\}$，集合 U 和 $V-U$ 之间的候选边集合为 $\{(v_1,v_2)7,\ (v_1,v_3)2,\ (v_1,v_4)5,\ (v_1,v_5)\infty,\ (v_1,v_6)\infty\}$。

(2) 在集合 U 和 $V-U$ 之间的候选边中,最短边是$(v_1,v_3)2$,因此将$(v_1,v_3)2$ 加入集合 TE 中,将 v_3 加入集合 U 中,此时集合 $U=\{v_1,v_3\}$。

(3) 随着 v_3 加入集合 U 中,集合 U 和 $V-U$ 之间的候选边集合更新为$\{(v_2,v_3)6,(v_3,v_4)3,(v_3,v_5)6,(v_3,v_6)9\}$。

(4) 重复步骤(2)和步骤(3),直到 U 集合中顶点个数为 6 为止,此时一共选择了 5 条边。该网图产生最小生成树的过程如图 6.18(b)~图 6.18(g)所示。

在图 6.18(e)选择了加入顶点 v_6 后,下一个加入的顶点是 v_2,因为边(v_2,v_3)和边(v_3,v_5)的权值都为 6,因此图 6.18(f)也可以选择结点 v_5 加入 U。即图的最小生成树不一定是唯一的,但求得的最小生成树的权值和是相同的。

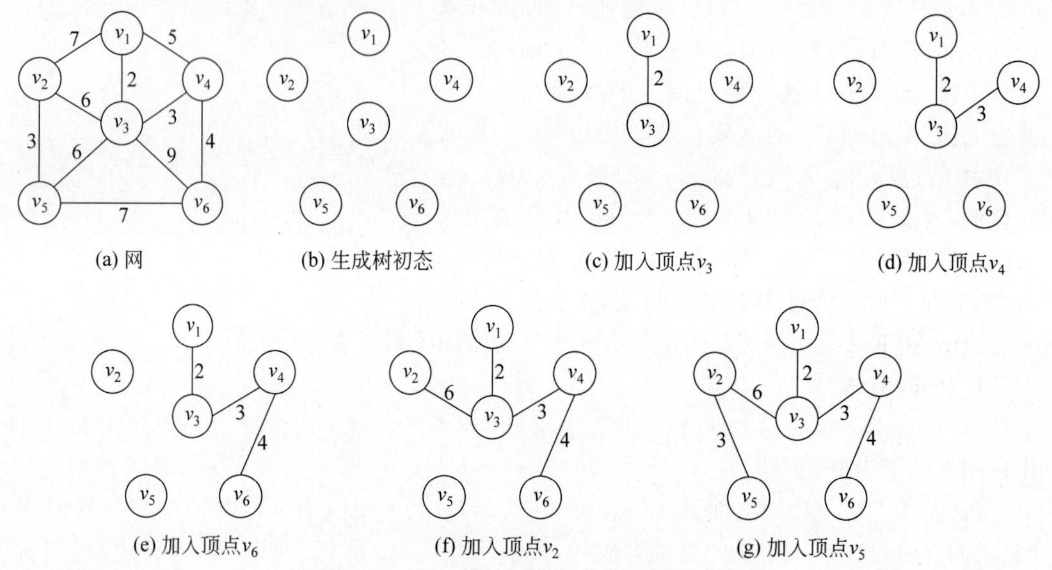

图 6.18 Prim 算法构造最小生成树的过程

为实现 Prim 算法,需附设一个辅助数组 closedge,用来记录从集合 U 到 $V-U$ 之间的候选边。对每个顶点 $v_i \in V-U$,在辅助数组中存在一个相应分量 closedge[$i-1$],它包括两个域,其中,lowcost 域存储该边上的权值,adjvex 域存放该边依附的在 U 中的顶点编号。那么对于顶点 $v_i \in V-U$,有 closedge[$i-1$].lowcost$=$Min$\{$cost$(u,v_i) \mid u \in U\}$(其中,cost(u,v_i)表示顶点 u 和顶点 v_i 之间边的权值),closedge[$i-1$].adjvex$=u$(编号),该边为$<u,v_i>$。

实现 Prim 算法过程中辅助数组分量值的变化情况如表 6.1 所示。初始状态时,由于 $U=\{v_1\}$,则从集合 U 到 $V-U$ 中各顶点的最小边必在依附于顶点 v_1 的各条边中(这些边组成了初始最小生成树候选边),在这些候选边中找到一条代价最小的边(v_1,v_3)为最小生成树上的第一条边,同时将 v_3 并入集合 U。然后修改辅助数组中的对应的值:首先将 closedge[2].lowcost 改为 0,用来标记顶点 v_3 已经并入集合 U;然后由于边(v_3,v_2)上的权值小于 closedge[1].lowcost,则用(v_3,v_2)边上的权值替换 closedge[1].lowcost,对于顶点 v_4、v_5 和 v_6 也按照这种方式进行比较和更新。表 6.1 中 k 表示每次选出的最短边对应 $V-U$ 集合中顶点在 closedge 数组中对应的下标(顶点编号-1)。假设以二维数组表示网图的邻接矩阵，且令两个顶点之间不存在边的权值为计算机内允许的最大值(INTMAX，图中表示为∞)，Prim 算法的实现过程如算法 6.8 所示。

表 6.1　closedge 各分量依次变化过程

closedge	***i***							
	2	**3**	**4**	**5**	**6**	***U***	***V*－*U***	***k***
Adjvex lowcost	v_1 7	v_1 2	v_1 5	∞	∞	$\{v_1\}$	$\{v_2,v_3,v_4,v_5,v_6\}$	2
Adjvex lowcost	v_3 6	 0	v_3 3	v_3 6	v_3 9	$\{v_1,v_3\}$	$\{v_2,v_4,v_5,v_6\}$	3
Adjvex lowcost	v_3 6	 0	 0	v_3 6	v_4 4	$\{v_1,v_3,v_4\}$	$\{v_2,v_5,v_6\}$	5
Adjvex lowcost	v_4 6	 0	 0	v_3 6	0	$\{v_1,v_3,v_4,v_6\}$	$\{v_2,v_5\}$	1
Adjvex lowcost	0	0	0	v_2 3	0	$\{v_1,v_3,v_4,v_6,v_2\}$	$\{v_5\}$	4
Adjvex lowcost	0	0	0	0	0	$\{v_1,v_3,v_4,v_6,v_2,v_5\}$	$\{\}$	

[算法 6.8]　Prim 算法

源代码

```
typedef struct
{   VertexType  adjvex;                  //最小代价边依附的顶点
    int  lowcost;                        //最小代价
}closedge[MAXNODE];
void  MinSpanTree_Prim(Graph G,VertexType  u)
{   //从第 u 个顶点出发构造网 G 的最小生成树 T,输出 T 的各条边
    k=GraphLocateVertex(G,u);            //得到顶点 u 在图中位置
    for(j=0;j<G.vexnum;j++)              //给顶点的 closeedge 赋初值
        if(j!=k)
        {   closedge[j].adjvex=u;
            closedge[j].lowcost=G.edge[k][j];
        }
    closedge[k].lowcost=0;               //初始 U={u}
    for(i=1;i<G.vexnum;i++)
    {   k=minnum(closedge);              //表示求出 T 的下一个顶点:第 k 个顶点
        printf("%c %c",closedge[k].adjvex, G.vexs[k]);
        closedge[k].lowcost=0;           //第 k 个顶点并入 U 集
        for(j=0;j<G.vexnum;j++)          //对 V-U 中的顶点 j 进行调整
            if(G.edge[k][j]<closedge[j].lowcost)
            {   closedge[j].adjvex=G.vexs[k];
                closedge[j].lowcost=G.edge[k][j];
            }
    }
}
```

如图 6.18(a)中的网图，利用算法 6.8 将输出生成树上的 5 条边为$\{(v_1,v_3),(v_3,v_4),(v_4,v_6),(v_2,v_3),(v_2,v_5)\}$。

假设网图中有 n 个顶点，则第一个用于初始化的循环语句频度为 n，第二个循环语句有两个内循环，一是在 closedge[v].lowcost 中求最小值，其频度为 $n-1$；二是重新选择具有最小代价的边，其频度为 n。因此，Prim 算法的时间复杂度为 $O(n^2)$。

2. Kruskal 算法

Kruskal(Joseph Bernard Kruskal，1928—2010 年)，美国数学家、统计学家和计算机科学家。除了最小生成树算法之外，Kruskal 还因对多维尺度分析的贡献而著名。

Kruskal 算法也叫避圈法，是一种按照权值的递增次序选择合适的边来构造最小生成树的方法。假设网图 $G=(V,E)$ 是一个具有 n 个顶点的带权连通图，子图 $T=(U,\mathrm{TE})$ 为 G 的最小生成树，则构造最小生成树的步骤如下。

(1) 设置 U 的初值为 V(即包含 G 中的全部顶点)，TE 的初值为空集(即此时子图 T 中的每一个顶点都构成一个连通分量)。

(2) 将网图 G 中的边按权值从小到大的顺序依次选取，若选取的边未使生成树 T 形成回路，则将其加入 TE 中，否则舍弃该边，重复以上过程，直到 TE 中包含 $n-1$ 条边为止。

例如，对如图 6.18(a)所示的网图应用 Kruskal 算法构造最小生成树的过程如下。

(1) 最初的最小生成树 T 中只包含网图 G 中所有的顶点，如图 6.19(a)所示。

(2) 将所有边按照权值递增排序，选取其中的最短边(权值最小的边)，首先选择(v_1，v_3)加入最小生成树 T 中。

(3) 再从集合 E 中剩余的边中选取代价最小的边，这时可选(v_2，v_5)，也可选(v_3，v_4)，假定先选择(v_2，v_5)加入最小生成树 T 中。

(4) 继续从集合 E 中剩余的边中选取代价最小的边，此时应为(v_3，v_4)，然后再选(v_4，v_6)，以此类推，最后得到最终的最小生成树 T，如果在按照权值由小到大的顺序选择边加入时产生了回路，则舍弃该边，选择下一条权值最小且不产生回路的边加入。

图 6.18(a)网图应用 Kruskal 算法生成最小生成树的过程如图 6.19(b)～图 6.19(f)所示。

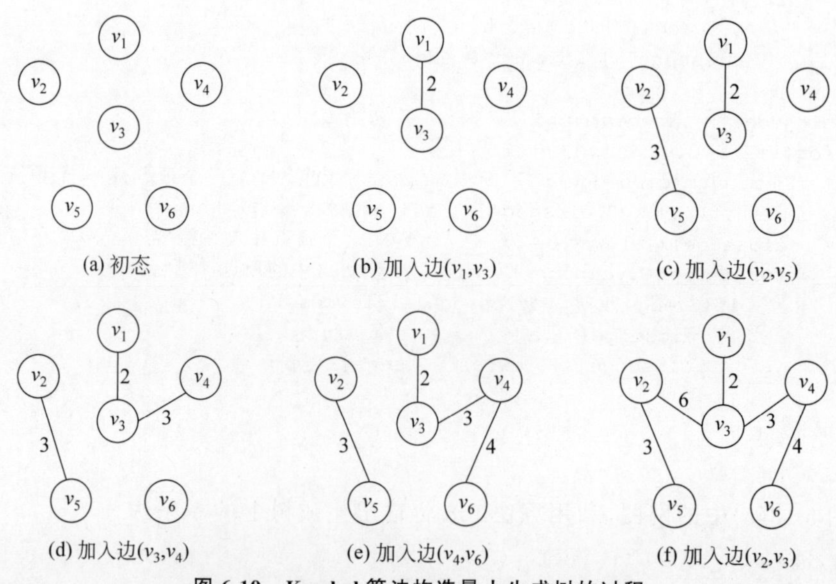

图 6.19 Kruskal 算法构造最小生成树的过程

在图6.19(e)基础上选择下一条最短边时，虽然边(v_1,v_4)的权值为5，小于边(v_2,v_3)的权值6，但加入边(v_1,v_4)会产生$v_1-v_3-v_4-v_1$的回路，因此必须舍去该边。

上述算法至多对e条边各扫描一次，假若用后续排序算法中将要介绍的“堆”来存放网中的边及权值，则每次选择最小代价的边仅需$O(\log e)$的时间，因此对于包含e条边的图，Kruskal算法的时间复杂度为$O(e\log e)$，相对于Prim算法而言，Kruskal算法更适合于构造稀疏网的最小生成树。

6.5　最短路径

电子课件

前文已经介绍过路径的相关概念，在一个无权图中，若从一个顶点到另一个顶点存在一条路径，则该路径的长度为路径上所经过边的条数，也等于路径上顶点个数减1。由于从一顶点到另一顶点之间可能存在多条路径，每条路径上经过的边数可能不同，即路径长度不同，把路径长度最短(即经过的边数最少)的路径称为最短路径(Shortest Path)，其长度称为最短路径长度或最短距离。

对于带权图，考虑路径上各边的权值，把一条路径上所经过边的权值之和定义为该路径的长度。从源点到终点可能存在不止一条路径，把路径长度最小的路径称为最短路径，其路径长度(各边权值之和)称为最短路径长度。带权图的最短路径有很多实际应用，如用顶点表示城市，用边表示公路段，则城市之间的公路网就可以用图来表示。给边赋予权值，表示两个城市之间的距离、时间或花费，对于这样的公路网，需要考虑的问题有：如果从甲地到乙地有通路的话，那么有几条通路？应该选择哪条路径路途最短，或时间最短或花费最少？

实际的交通路线通常是有向的，因此本书将讨论带权的有向图(网)，除非特别说明，否则所有的权均为正值。为方便描述，称路径的开始顶点为源点，路径的最后一个顶点为终点。下面将分别讨论两种常见的最短路径问题。

6.5.1　单源点最短路径

Dijkstra(Edsger Wybe Dijkstra，1930—2002年)，荷兰计算机科学家，毕业后就职于荷兰的莱顿大学，早年钻研物理及数学，后转为计算机学，于1972年获得计算机科学界最高奖——图灵奖。他除了提出单源点最短路径，还提出了“GOTO有害论”、信号量和PV原语，解决了有趣的“哲学家就餐问题”等。

给定一个带权有向图G与源点v，求从源点v到G中其他各顶点的最短路径，并限定各边上的权值均大于0，这类问题称为**单源点最短路径**问题。

采用Dijkstra算法求解单源点最短路径问题，其基本思想是，假设$G=(V,E)$是一个带权有向图，把图中顶点集合V分成两组，第一组为已经求出最短路径的顶点集合S，第二组为其余未确定最短路径的顶点集合U，初始时S中只有一个源点v，之后按照最短路径长度递增的顺序依次求得每一条最短路径，并将每条最短路径的终点依次从集合U中取出加入集合S中，直到全部顶点都加入S中，算法结束。

Dijkstra算法的具体步骤如下。

(1) 初始时 S 只包含源点 v，即 $S=\{v\}$，源点 v 到自己的距离为 0。U 包含除源点 v 以外的其他顶点，源点 v 到 U 中任意顶点 v_i 的最短路径长度为 v 到 v_i 边上的权值(如果顶点 v 和顶点 v_i 之间存在边)或者 ∞(如果顶点 v 和 v_i 之间不存在边)，这些从源点 v 到 U 中的每个顶点 v_i 之间的最短路径组成了候选最短路径集合。

(2) 从 U 中取出一个顶点 u，使源点 v 到 u 之间的路径长度是候选最短路径集合中最小的，然后将顶点 u 加入集合 S 中。

(3) 以顶点 u 为新考虑的中间点，修改源点 v 到 U 中所有剩余顶点的最短路径长度(候选最短路径集合)，此过程称为路径调整。具体过程为：针对 U 中的每一个顶点 v_i，比较 path(v,v_i)和 path$(v,u)+$edge$\langle u,v_i\rangle$之间的大小，如果后者小于前者，则替换 v 到 v_i 的路径组成和路径长度，其中，path(v,v_i)表示顶点 v 到 v_i 之间的路径长度，edge$\langle u,v_i\rangle$表示顶点 u 和顶点 v_i 之间边上的权值。

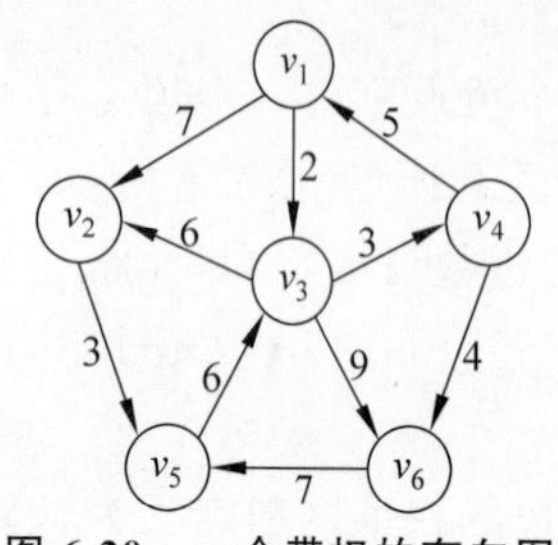

图 6.20 一个带权的有向图

(4) 重复步骤(2)和步骤(3)，直到集合 S 中包含图中所有的顶点为止。

根据以上 Dijkstra 算法求出单源点最短路径的过程，如图 6.20 所示的带权有向图从源点 v_1 出发的 5 条路径如表 6.2 所示。

表 6.2 图 6.20 的单源点最短路径

路 径	长 度
$v_1v_2(v_1\to v_2)$	7
$v_1v_3(v_1\to v_3)$	2
$v_1v_3v_4(v_1\to v_3\to v_4)$	5
$v_1v_2v_5(v_1\to v_2\to v_5)$	10
$v_1v_3v_4v_6(v_1\to v_3\to v_4\to v_6)$	9

Dijkstra 算法可通过如下算法来实现。

(1) 用邻接矩阵来表示带权的有向图，G.edge$[i][j]$表示$\langle v_i,v_j\rangle$上的权值。若$\langle v_i,v_j\rangle\notin E$，则置 G.edge$[i][j]=\infty$。S 为已找到从 v 出发的最短路径的终点集合，初态为只有源点 v。从 v 出发到图上其他顶点(终点)v_i 可能达到的最短路径长度的初值为

$$D[i]=G.\text{edge}[\text{GraphLocateVertex}(G,v),\text{GraphLocateVertex}(G,v_i)](v_i\in V)$$

(2) 选择 v_j，使得

$$D[j]=\min\{D[i]\mid v_i\in V-S\}$$

v_j 就是当前求得的一条从 v 出发的最短路径(路径长度应大于 0，而路径长度为 0 作为标记，表示该顶点已经找到最短路径)，并令 $S=S\cup\{v_j\}$。

(3) 修改从 v 出发到集合 $V-S$ 上任一顶点 v_k 可达的最短路径长度，有

$$D[k]=\min\{D[k],D[j]+G.\text{edge}[j][k]\}$$

(4) 重复(2)(3)直到 $S=V$。由此求得从 v 出发到图上其余各顶点的最短路径是依

路径长度递增的序列。

下面举一个具体实例。

例 6.2 已知某小区有 6 个楼宇，有的楼宇之间铺设了道路，楼宇及道路之间的距离如图 6.20 所示，求某个楼宇到其他各个楼宇之间的最短路径。

解答：用顶点集$\{v_1,v_2,v_3,v_4,v_5,v_6\}$表示 6 幢楼宇，带权的有向边表示某两个楼宇之间的道路及其距离，利用 Dijkstra 算法求得的从 v_1 到其余各顶点的最短路径(如图 6.21 所示)，以及计算过程中 D 向量的变化(如表 6.3 所示)。

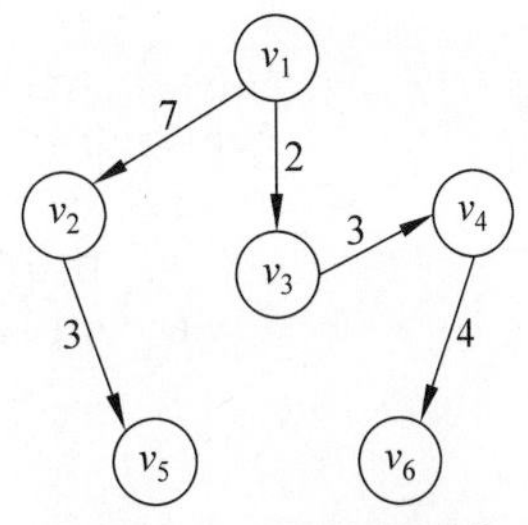

图 6.21 v_1 **到其他顶点的最短路径**

表 6.3 最短路径求解过程

迭代	集合 S	选择顶点	arcs				
			$D[1]$	$D[2]$	$D[3]$	$D[4]$	$D[5]$
初态	$\{v_1\}$	v_3	7	$\underline{2}$	∞	∞	∞
1	$\{v_1,v_3\}$	v_4	7		$\underline{5}$	∞	11
2	$\{v_1,v_3,v_4\}$	v_2	$\underline{7}$			∞	9
3	$\{v_1,v_3,v_4,v_2\}$	v_6				10	$\underline{9}$
4	$\{v_1,v_3,v_4,v_2,v_6\}$	v_5				10	
5	$\{v_1,v_3,v_4,v_2,v_6,v_5\}$						

在该算法中，重新计算路径时，要先做判断再确定是否更新候选最短路径长度。Dijkstra 算法如下。

［**算法 6.9**］ Dijkstra 算法

源代码

```
void ShortestPath(MGraph G, int v0, int P[MAXNODE], int D[MAXNODE])
{   /* 求从 v0到其余各顶点 v 的最短路径 P[v]及带权路径长度 D[v], 若 P[v][u]为真(用'1'
表示), 则 w 是从 v0到 v 当前求得最短路径的顶点。final[v]为真,当且仅当 V∈S */
    for(v=0;v<G.vexnum;v++)
    {   final[v]=0;D[v]=G.edge[v0][v];
        pre[v]=- 1;                          //pre 数组记录每个顶点的前驱
        for(w=0;w<G.vexnum;w++)
            P[v][w]=0;                       //用 0 表示假,设路径空
        if(D[v]<INTMAX)                      //INTMAX 表示机器的最大整数值
            P[v]=v0;
    }
    D[v0]=0;
    final[v0]=1;                             //初始化,v0 顶点属于 S 集
    p[v0]=-1;
    for(i=1;i< G.vexnum;i++)           //每次求得 v0 到某个顶点的最短路径,并将 v 加入 S
    {   min=INTMAX;                          //当前所知离 v0 顶点的最近距离
        for(w=0;w<G.vexnum;w++)
            if(!final[w])
```

```
                if(D[w]<min){v=w;min=D[w];}  //w 离 v0 最近
            final[v]=1;                      //离 v0 最近的 v 加入 S 集
            for(w=0;w<G.vexnum;w++)          //更新当前最短路径及距离
              if(!final[w] && (min+G.edge[v][w]<D[w])) //修改 D[w]和 P[w],w∈V-S
              {  D[w]=min+ G.edge[v][w];
                 P[w]= v;
              }
        }
    }
```

Dijkstra 算法的时间复杂度为 $O(n^2)$。人们可能只关心从源点到某一个特定终点的最短距离，如果某一个特定的终点是任意的一个顶点，这个问题和求解源点到其他所有顶点的最短路径一样复杂，其时间复杂度也是 $O(n^2)$。

6.5.2 任意两顶点之间的最短路径

为求得每一对顶点间的最短路径，可以每次以一个顶点为源点，重复执行 Dijkstra 算法 n 次，其时间复杂度为 $O(n^3)$。下面介绍的是由 Floyd 提出的另一个算法，其时间复杂度仍是 $O(n^3)$，但形式上要更简单。

Floyd(Robert W Floyd，1936—2001 年)是检验系统方法论的开创者，在词法分析理论、编程语言语义、自动程序验证、自动程序综合生成和算法分析等方面做出杰出贡献，于 1978 年获得计算机科学界最高奖——图灵奖。

假设有向图 $G=(V,E)$采用邻接矩阵 $\boldsymbol{g}$ 表示，另外设置一个二维数组 A 用于存放当前顶点之间的最短路径长度，即分量 $A[i][j]$表示当前状态下，顶点 i 到顶点 j 之间的最短路径长度。Floyd 算法的基本思想是递推产生一个矩阵序列 $\boldsymbol{D}^{(0)},\boldsymbol{D}^{(1)},\cdots,\boldsymbol{D}^{(k)},\cdots,\boldsymbol{D}^{(n-1)}$，其中，$\boldsymbol{D}^{(k)}[i][j]$表示顶点 i 和顶点 j 之间的路径上所经过的顶点编号不大于 k 的当前最短路径长度。

为了更好地理解 Floyd 算法的基本思想，先从直观上进行分析。若从 v_i 到 v_j 存在弧，则从 v_i 到 v_j 存在一条长度为 edge$[i][j]$的路径，但不一定是从 v_i 到 v_j 的最短路径，尚需 n 次试探(将 n 个顶点依次加入)才能确定。先加入顶点 v_0，确定在有向图 G 中是否存在弧$<v_i, v_0>$和$<v_0, v_j>$，若有，则比较路径$<v_i, v_j>$、$<v_i, v_0, v_j>$，并取长度较短者为当前求得的最短路径。这条路径是从 v_i 到 v_j 中间顶点序号不大于 0 的最短路径。接着再增加顶点 v_1，考虑到从 v_i 到 v_j 是否有包含顶点 v_1 的路径，如果没有，则从 v_i 到 v_j 中间顶点序号不大于 1 的最短路径，就是前面求出的从 v_i 到 v_j 中间顶点序号不大于 0 的最短路径。若从 v_i 到 v_j 的路径通过顶点 v_1，则将$<v_i,\cdots,v_1>$加上$<v_1,\cdots,v_j>$与从 v_i 到 v_j 中间顶点序号不大于 0 的最短路径进行比较，取其短者为当前求得的 v_i 到 v_j 中间顶点序号不大于 1 的最短路径。然后再加入顶点 v_2，按上述步骤进行比较，求得 v_i 到 v_j 中间顶点序号不大于 2 的最短路径。以此类推，……，直到最后 n 个顶点全部加入，求得从 v_i 到 v_j 的最短路径为止。

由此，为了求解该问题，首先定义矩阵 $\boldsymbol{D}^{(-1)},\boldsymbol{D}^{(0)},\cdots,\boldsymbol{D}^{(n-1)}$。其中，$\boldsymbol{D}^{(k)}[i][j]$表示从 v_i 到 v_j 中间顶点序号不大于 k 的最短路径长度。由于图中顶点序号不大于 $n-1$，所

以 $\boldsymbol{D}^{(n-1)}[i][j]$ 就表示了 v_i 到 v_j 的最短路径长度。若从 v_i 到 v_j 没有中间顶点，即 $\boldsymbol{D}^{(-1)}[i][j]$，则它恰好等于 edge$[i][j]$。这个算法就是依次产生矩阵序列 $\boldsymbol{D}^{(-1)},\boldsymbol{D}^{(0)},\cdots,\boldsymbol{D}^{(n-1)}$ 的过程。

假定已求出 $\boldsymbol{D}^{(k-1)}[i][j]$，对于 $\boldsymbol{D}^{(k)}[i][j]$ 则可根据如下两种不同情况求得。

(1) 从 v_i 到 v_j 的最短路径不通过 v_k 顶点，则由 $\boldsymbol{D}^{(k)}[i][j]$ 的定义，从 v_i 到 v_j 的最短路径长度就是 $\boldsymbol{D}^{(k-1)}[i][j]$，即 $\boldsymbol{D}^{(k)}[i][j]=\boldsymbol{D}^{(k-1)}[i][j]$。

(2) 若从 v_i 到 v_j 的最短路径通过 v_k 顶点，则这样一条路径由两条路径所组成。由于 $\boldsymbol{D}^{(k-1)}[i][k]$ 和 $\boldsymbol{D}^{(k-1)}[k][j]$ 分别表示从 v_i 到 v_k 和从 v_k 到 v_j 的中间点序号不大于 $k-1$ 的最短路径长度，则 $\boldsymbol{D}^{(k-1)}[i][k]+\boldsymbol{D}^{(k-1)}[k][j]$ 必为从 v_i 到 v_j 中间点序号不大于 k 的最短路径长度，由此，有如下表示。

$$\begin{cases}\boldsymbol{D}^{(k)}[i][j]=\min\{\boldsymbol{D}^{(k-1)}[i][j],\boldsymbol{D}^{(k-1)}[i][k]+\boldsymbol{D}^{(k-1)}[k][j](1\leqslant k<n)\}\\ \boldsymbol{D}^{(-1)}[i][j]=\text{arcs}[i][j]\end{cases}$$

Floyd 算法如下。

[**算法 6.10**] Floyd 算法

```
void ShortestPath_Floyd(MGraph G,int P[MAXNODE][MAXNODE][MAXNODE],
int D[MAXNODE][MAXNODE])
{   /* 用 Floyd 算法求有向图 G 中各对顶点 v 和 w 之间最短路径 P[v][w],及其带权路径长度
D[v][w]。若 P[v][w][u]为真,则 u 是从 v 到当前求得最短路径上的顶点   */
    for(v=0;v<G.vexnum;v++)
        for(w=0;w<G.vexnum;w++)
        {   D[v][w]=G.edge[v][w];
            for(u=0;u<G.vexnum;u++)
                P[v][w][u]=0;
            if(D[v][w]<INTMAX)                          //从 v 到 w 有直接通路
            {   P[v][w][v]=1;P[v][w][w]=1;
            }
        }
        for(u=0;u<G.vexnum;u++)
            for(v=0;v<G.vexnum;v++)
                for(w=0;w<G.vexnum;w++)
                    if D[v][u]<INTMAX&&D[u][w]<INTMAX&&(D[v][u]+D[u][w]<D[v][w])
                                                        //从 v 经 u 到 w 一条路径更短
                    {   D[v][w]=D[v][u]+D[u][w];
                        for(i=0;i<G.vexnum;i++)
                            P[v][w][i]=P[v][u][i] || P[u][w][i];
                    }
}
```

例 6.3 求图 6.22(a)中各个顶点之间的最短路径。

解答：如图 6.22(a)所示的带权有向图 G_6 的邻接矩阵图如图 6.22(b)所示，利用 Floyd 算法，可求得每一对顶点之间的最短路径，其路径长度如图 6.23 所示。

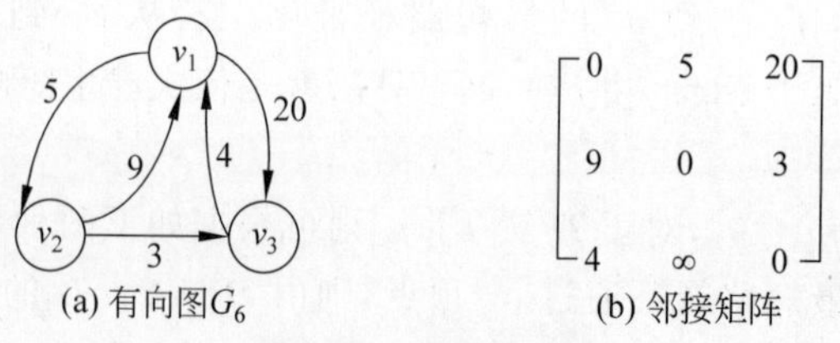

(a) 有向图G_6　　(b) 邻接矩阵

图 6.22　带权有向图

D	$\boldsymbol{D}^{(-1)}$			$\boldsymbol{D}^{(0)}$			$\boldsymbol{D}^{(1)}$			$\boldsymbol{D}^{(2)}$		
	0	1	2	0	1	2	0	1	2	0	1	2
0	0	5	20	0	5	20	0	5	8	0	5	8
1	9	0	3	9	0	3	9	0	3	7	0	3
2	4	∞	0	4	9	0	4	9	0	4	9	0
P	$\boldsymbol{P}^{(-1)}$			$\boldsymbol{P}^{(0)}$			$\boldsymbol{P}^{(1)}$			$\boldsymbol{P}^{(2)}$		
	0	1	2	0	1	2	0	1	2	0	1	2
0		v_1v_2	v_1v_2		v_1v_2	v_1v_3		v_1v_2	$v_1v_2v_3$		v_1v_2	$v_1v_2v_3$
1	v_2v_1		v_2v_3	v_2v_1		v_2v_3	v_2v_1		v_2v_3	$v_2v_3v_1$		v_2v_3
2	v_3v_1			v_3v_1	$v_3v_1v_2$		v_3v_1	$v_3v_1v_2$		v_3v_1	$v_3v_1v_2$	

图 6.23　图 6.22(a)中有向网的各对顶点间的最短路径及路径长度

电子课件

6.6　有向无环图及其应用

一个无环的有向图称为**有向无环图**(Directed Acyclic Graph，DAG)。DAG 可以用来描述一项工程或系统的进行过程。除最简单的工程外，几乎所有的工程都可以分成若干称为**活动**的子工程，完成了这些子工程也就完成了整个工程。然而这些子工程的实施顺序通常受到某些条件的约束，例如，其中一些子工程的开始必须在另一些子工程完成之后才能进行。对于整个工程和系统，人们主要关心两方面问题：一是工程能否顺利进行，二是估算整个工程完成所必需的最短时间。这两个问题对应于有向图的拓扑排序和关键路径的操作，下面分别针对这两种操作进行介绍。

6.6.1　拓扑排序

由某个集合上的一个偏序得到该集合上的一个全序，这个过程称为**拓扑排序**(**Topological Sort**)。对于图来说，拓扑排序是对有向无环图中顶点的一种排序。一个表示偏序的有向图可以用来描述一个流程图，图中每一条有向边表示两个子工程间的先后关系。例如，学生学习某些课程时，由于课程之间相关知识的学习和了解需要一个先后顺序，因此必须学完若干先修课程才能学习后续课程。在这种情况下，工程就是教学计划，而活动就是学习一门课程。

假设有某计算机科学系的教学计划如表6.4所示。其中有些课程是基础课,不需要先修课程就可以直接学习,而有些课程必须修完其他课程才能开始。如在学数据结构与算法课程之前,必须先学完程序设计基础和离散数学,即先修课程是开始某些课程的先决条件,先决条件定义了各课程之间的优先关系。表6.4的优先关系可以用有向图表示(如图6.24所示)。图中顶点表示课程,有向边表示先决条件,即当且仅当 i 课程是 j 课程的先修课时,才有弧 $<i,j>$。

将工程等实际问题转换成有向图来解决,工程的活动或任务用顶点来表示,子工程即活动之间的进行顺序(即优先关系)用弧来表示,这样的有向图也称为顶点表示活动的网或 **AOV(Activity On Vertex)网**。通常,这样的有向图可以表示工程施工图、产品生产的流程图或者数据流图等。

在一个AOV网中,当且仅当从顶点 i 到顶点 j 存在一条路径时,则称顶点 i 是顶点 j 的前驱,顶点 j 是顶点 i 的后继。即当且仅当 $<i,j>\in E(G)$,称 i 是 j 的直接前驱,j 是 i 的直接后继。AOV网中的优先关系是传递的,如图6.24中,v_1 是 v_3 的前驱,v_3 是 v_5 的前驱,则 v_1 也是 v_5 等的前驱。

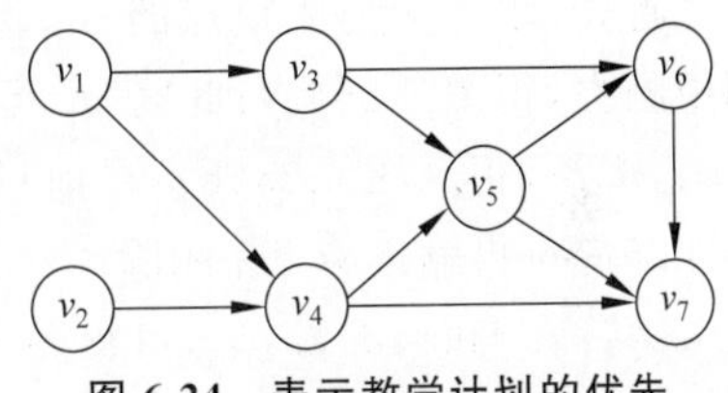

图6.24 表示教学计划的优先关系的有向图

AOV网中不应存在有向环。例如,假设图6.24中 v_1 到 v_7 有一条弧,则 $v_1 \to v_3 \to v_5 \to v_6 \to v_7 \to v_1$ 构成了一个有向环,对于这个环上的任意两门课程之间,它们的先修关系是无法确定的,因此存在环的工程图便无法进行,即如果图含有环,那么拓扑排序不能对图中所有顶点排序。

表6.4 计算机科学系教学规划

课程编号	课程名称	先修课程
v_1	计算机导论	无
v_2	高等数学	无
v_3	离散数学	v_1
v_4	程序设计基础	v_1、v_2
v_5	数据结构与算法	v_3、v_4
v_6	数据库原理与应用	v_3、v_5
v_7	操作系统	v_4、v_5、v_6

因此,规划一个工程问题时,在给定其对应的AOV网后,首先要考虑网图中是否存在任何有向环(有向图中的回路)。如何判定AOV网中是否存在有向环呢?其方法之一就是构造AOV网的拓扑排序序列,如果对该AOV网的拓扑排序成功了,也就是说,这个AOV网的所有顶点都在其拓扑序列中,则该AOV网中不存在有向环,那么,可以判定该AOV网表示或描述的工程是可行的;否则,说明AOV网中存在有向环,拓扑排序不可行。一个AOV网的拓扑排序序列是否唯一?一般情况下不是,任何合理的排序都

是可行的。例如，对如图 6.24 所示的 AOV 网的拓扑序列有 $v_1v_2v_3v_4v_5v_6v_7$、$v_1v_3v_2v_4v_5v_6v_7$、$v_2v_1v_3v_4v_5v_6v_7$ 等。

如果一个学生每学期恰好学一门课程，那么该生只能按拓扑序列中课程的顺序来选修这些课程。如何对 AOV 网进行拓扑排序呢？可按如下步骤进行。

(1) 在有向图中选择一个没有前驱(即入度为 0)的顶点，并且将其输出。

(2) 从图中删去该顶点，并且删去从该顶点发出的全部有向边，即所有以它为尾的弧。

(3) 重复以上两步，直到剩余的图中不存在没有前驱的顶点为止。

最后结果可能出现两种情况，一种是输出了全部顶点，即是该图的拓扑序列；另外一种是当前网中剩余了一些有前驱的顶点，表明网中存在有向环(回路)。

例 6.4 求如图 6.24 所示的 AOV 网的拓扑序列。

解答：如图 6.24 所示的 AOV 网的拓扑排序过程如下。

首先，输出无前驱顶点的 v_1，然后将以 v_1 为弧尾的有向边 $<v_1, v_3>$ 和 $<v_1, v_4>$ 从网中删去，得图 6.25(a)；此时 v_3 无前驱，输出顶点 v_3 并删除以其为尾的弧 $<v_3, v_5>$ 和 $<v_3, v_6>$，得到图 6.25(b)；目前只有 v_2 为无前驱顶点，输出 v_2 并删除弧 $<v_2, v_4>$，得图 6.25(c)；再输出 v_5，并删除 $<v_4, v_5>$ 和 $<v_4, v_7>$ 可得图 6.25(d)；继而输出 v_5，并删去 $<v_5, v_6>$ 和 $<v_5, v_7>$，可得图 6.25(e)；再输出 v_6，可得图 6.25(f)；最后输出 v_7 后，得到最终的拓扑序列为 $v_1v_3v_2v_4v_5v_6v_7$。

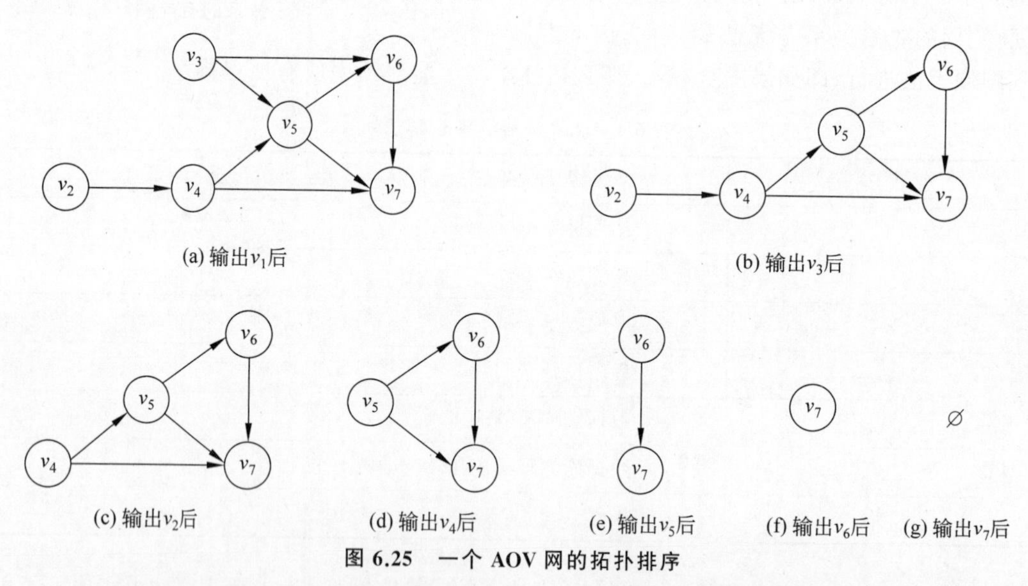

图 6.25 一个 AOV 网的拓扑排序

为便于实现拓扑排序，可以采用邻接表作为有向图的存储结构。在邻接表中怎么判别一个顶点是否有前驱，以及如何实现删除一条边呢？可以在头结点中增加一个域(Indegree)来存放顶点入度值，入度为零表示相应的顶点无前驱；删去某顶点及以它为尾的弧的操作，则可通过将以这些弧为弧头的顶点的入度减 1 来实现。

此外，为了避免入度为零的顶点被重复检测，可另设一个存储空间暂存入度为零的顶点，在此使用栈来完成这个操作。

拓扑排序算法如下。

[**算法 6.11**] 拓扑排序算法

源代码

```
bool TopologicalSort(AlGraph G)
{  //有向图采用邻接表存储结构,若 G 无回路,输出 G 的顶点序列,返回真,否则返回假
   FindIndegree(G, indegree);              //对各顶点求入度 indegree[0..vexnum-1]
   StackInit(&S);                          //建入度为零的顶点栈 S
   for(i=0; i<G.vexnum; i++)
       if(!indegree[i])
           Push(&S, i);                    //入度为 0 者进栈
   count=0;                                //对输出顶点计数
   while(!StackEmpty(S))
   {   Pop(&S,&i);
       printf("%c",G.vexs[i].data);        //输出顶点
       count++;
       for(p=G.vexs[i].firstedge;p;p=p->next)
       {   k=p->adjvex;                    //对 i 号顶点的每个邻接点的入度减 1
           if(!(--indegree[k]))
                   Push(&S, k);            //若入度为 0,进栈
       }
   }
   if(count<G.vexnum)
       return false;
   else
       return true;
}
```

对于算法 6.11,一个含 n 个顶点和 e 条弧的有向图,建立各顶点入度的时间复杂度为 $O(e)$;建零入度顶点栈时间复杂度为 $O(n)$;拓扑排序过程中,若有向图无环,则每个顶点要入栈和出栈各一次,入度减 1 的操作在 **while** 语句中,共需执行 e 次,所以总的时间复杂度为 $O(n+e)$。上述拓扑排序的算法也是学习关键路径的基础。

6.6.2 关键路径

6.6.1 节通过对 AOV 网进行拓扑排序来判定一个工程是否可以顺利进行,并能够做出实施规划和设计。与 AOV 网不同,本节讨论的 AOE(Activity On Edge)网是用边表示活动的网,它是一个带权的有向无环图:在带权的有向无环图 G 中,顶点表示事件,有向边表示活动,边上的权表示活动持续的时间。AOE 网可以用来估算工程的完成时间。

在 AOE 网中,依附于顶点的有向边表示活动,顶点表示状态的转换,给出了从顶点开始的活动可以进行的信号。以某个顶点为弧尾的所有活动(即从该顶点射出的弧)要迟于以该顶点为弧头的所有活动(即射入该顶点的弧),只有当射入该顶点的弧表示的活动全部都完成,从该顶点射出的弧表示的活动才可以发生。

例如,图 6.26 表示一个工程的 AOE 网,具有 12 个活动 $a_1,a_2,\cdots,a_{12}$,有 9 个顶点,分别表示 9 个事件 $v_1,v_2,\cdots,v_9$,每个事件表示在其前面的活动完成后,其后面的活动才可以开始。例如,事件 v_7 表示活动 a_7 和 a_8 完成后,活动 a_{11} 可以开始。图中边上的权表

示完成那些活动所需的时间(假设其单位为天),如完成 a_8 需要 8 天的时间。整个工程只有一个开始点和一个结束点,因此在 AOE 网中,只有一个入度为零的顶点,该顶点表示工程的开始,称为**源点**,例如,图 6.26 中的事件 v_1;只有一个出度为零的顶点表示工程的结束,称为**汇点**,例如,图 6.26 中的事件 v_9。

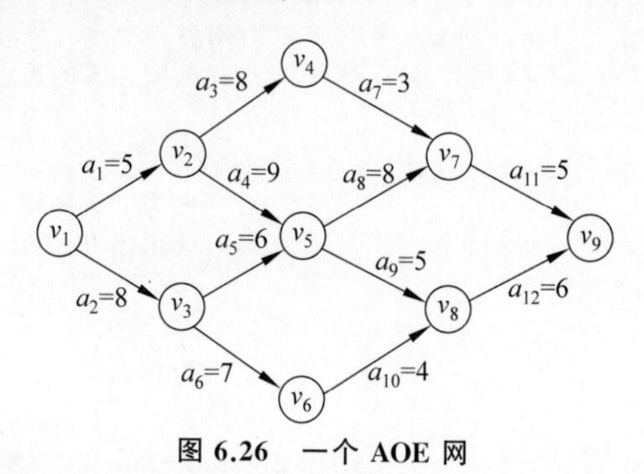

图 6.26 一个 AOE 网

与 AOV 网不同,对 AOE 网所关心的问题是:①完成整个工程至少需要多少时间?②哪些活动是影响工程进度的关键?

由于一个 AOE 网的某些活动能够并行地执行,所以完成工程的最小时间应该是从源点到汇点的最长路径的长度。注意,此处的路径长度是这个路径上各个活动对应权值的总和,而非弧的数目。这条最长的路径称为**关键路径**。一个 AOE 网可能有多条关键路径,如图 6.26 所示的 AOE 网中,最长路径的长度是 27,$v_1v_2v_5v_7v_9$ 和 $v_1v_3v_5v_7v_9$ 就是两条关键路径,这两条路径的长度都为 27。

事件 v_i 能够发生的最早时间是从源点 v_1 到顶点 v_i 的最长路径的长,它决定了表示该事件的这个顶点发出去的所有边(弧)表示的活动的最早开始时间,最早开始时间用 $e(i)$表示,它也表示活动 a_i 开始的最早时间。例如,在图 6.26 中,以事件 v_5 为弧尾的活动是 a_8 和 a_9,它们最早可以什么时候开始呢?只有当从事件 v_1 到 v_5 的各条路径上的所有活动都完成了,活动 a_8 和 a_9 才能开始。从事件 v_1 到 v_5 有两条路径:$v_1 \to v_2 \to v_5$,路径长度为 14;$v_1 \to v_3 \to v_5$,路径长度为 $8+6=14$,这两条路径长度均为 14,因此 a_8 和 a_9 最早开始的时间是 14,即事件 v_5 最早发生的时间。

在不推迟整个工程完成的前提下,还可以定义一个活动的最晚开始时间,用 $\ell(i)$表示活动 a_i 的最晚开始时间。活动的最晚开始时间 $\ell(i)$和活动的最早开始时间 $e(i)$两者之差 $\ell(i)-e(i)$表示活动 a_i 完成的时间余量,即在保证整个工程按期完成的情况下,活动 a_i 可以延缓的时间。具有 $e(i)=\ell(i)$的活动称为**关键活动**。显然,关键路径上的所有活动都是关键活动,只有提高关键活动的速度才有可能加快整个工程的进度。因此,分析关键路径就是为了找出一个工程中哪些活动是关键活动,以便加快关键活动的速度从而有利于缩短工期。当一个 AOE 网只存在一条关键路径时,缩短关键路径上活动的工期,则能缩短整个工程的工期。但需要注意的是,一个 AOE 网可能有多条关键路径,缩短一条关键路径上活动的工期,未必能缩短整个工程的工期。如图 6.26 所示 AOE 网中 a_8 是同时位于两条关键路径上的关键活动,提高 a_8 的速度(如仅用 7 天),则能缩短关键路径的工期为 26(天)。但若只缩短关键活动 a_2 的工期为 7(天),虽然关键路径 $v_1v_3v_5v_7v_9$

的持续时间变为26(天),因为关键路径 $v_1v_2v_5v_7v_9$ 的持续时间没有变化,仍为27(天),因此整个工程的工期并没有缩短。

由上面的分析可知,识别关键活动就是要找 $e(i)=\ell(i)$ 的活动。为了求得AOE网中活动的 $e(i)$ 和 $\ell(i)$,首先应求得事件的最早发生时间 $\mathrm{ve}(j)$ 和最晚发生时间 $\mathrm{v}\ell(j)$。如果活动 a_i 由弧 $<j,k>$ 表示,其权记为 $\mathrm{dut}(<j,k>)$,则有如下关系。

$$
\begin{aligned}
e(i) &= \mathrm{ve}(j) \\
\ell(i) &= \mathrm{v}\ell(k) - \mathrm{dut}(<j,k>)
\end{aligned} \tag{6-1}
$$

而 $\mathrm{ve}(j)$ 和 $\mathrm{v}\ell(j)$ 需分为向前阶段和向后阶段进行计算。在向前阶段中用下面的递推进行。

$$
\begin{aligned}
&\mathrm{ve}(0)=0 \\
&\mathrm{ve}(j)=\mathop{\mathrm{Max}}_{i}\{\mathrm{ve}(i)+\mathrm{dut}(<i,j>)\} \quad (<i,j>\in T, 1\leqslant j<n)
\end{aligned} \tag{6-2}
$$

其中,T 是所有以 j 为弧头的边的集合。

用类似于向前阶段求 $\mathrm{ve}(j)$ 的办法,在向后阶段中,用下面的递推进行。

$$
\begin{aligned}
&\mathrm{v}\ell(n-1)=\mathrm{ve}(n-1) \\
&\mathrm{v}\ell(i)=\mathop{\mathrm{Min}}_{j}\{\mathrm{v}\ell(j)-\mathrm{dut}(<i,j>)\} \quad (<i,j>\in S, 0\leqslant i<n-1)
\end{aligned} \tag{6-3}
$$

其中,S 是所有以 i 为弧尾的弧的集合。

这两个递推计算必须在拓扑有序的前提下进行。也就是说,$\mathrm{ve}(j)$ 必须在 v_j 的所有前驱的最早发生时间求得之后才能确定,而 $\mathrm{v}\ell(j)$ 则必须在 v_j 的所有后继的最迟发生时间求得之后才能确定。因此,可以在拓扑排序的基础上计算 $\mathrm{ve}(j)$ 和 $\mathrm{v}\ell(j)$。

相应的算法如下。

(1) 输入 e 条弧 $<j,k>$,建立AOE网的存储结构。

(2) 从源点 v_0 出发,令 $\mathrm{ve}[0]=0$,按拓扑有序求其余各顶点的最早发生时间 $\mathrm{ve}[i]$ $(1\leqslant i\leqslant n-1)$。如果得到的拓扑排序序列中顶点个数少于网中顶点数 n,则说明网中存在环,算法终止,否则继续。

(3) 从汇点 v_{n-1} 出发,令 $\mathrm{v}\ell[n-1]=\mathrm{ve}[n-1]$,按逆拓扑有序求其余各顶点的最迟发生时间 $\mathrm{v}\ell[i]$ $(0\leqslant i\leqslant n-2)$。

(4) 根据各顶点的ve和 $\mathrm{v}\ell$ 值,求每条弧 s 的最早开始时间 $e(s)$ 和最迟开始时间 $\ell(s)$。若有 $e(s)=\ell(s)$,则为关键活动。

如上所述,计算各顶点的ve值是在拓扑排序的过程中进行的,需对拓扑排序的算法进行如下修改。

(1) 在拓扑排序之前设初值,令 $\mathrm{ve}[i]=0$ $(0\leqslant i\leqslant n-1)$。

(2) 在算法中增加一个计算 v_j 的直接后继 v_k 的最早发生时间的操作：若 $\mathrm{ve}[j]+\mathrm{dut}(<j,k>)>\mathrm{ve}[k]$,则 $\mathrm{ve}[k]=\mathrm{ve}[j]+\mathrm{dut}(<j,k>)$。

(3) 为了能按逆拓扑排序序列的顺序计算各顶点的 $\mathrm{v}\ell$ 值,需记下在拓扑排序的过程中求得的拓扑排序序列,这需要在拓扑排序算法中,增设一个栈以记录拓扑排序序列,则在计算求得各顶点的ve值之后,从栈顶至栈底便为逆拓扑排序序列。

修改算法6.11为算法6.12,算法6.12便为求关键路径的算法,算法6.13为求关键活动的算法。

源代码

［算法 6.12］ 求关键路径算法

```
bool TopologicalOrder(AlGraph G, Stack T)
{   /* 有向网 G 采用邻接表存储结构,求各顶点事件的最早发生时间 ve。T 为拓扑有序顶点栈,
       S 是入度为零的顶点栈。若 G 无回路,则用栈 T 返回 G 的一个拓扑序列,且函数值为真,
       否则为假 */
    FindIndegree(G, indegree);                    //求各顶点入度并建入度为零的顶点栈 S
    StackInit(T);count=0;ve[0..vexnum-1]=0; //初始化
    while(!StackEmpty(S))
    {   Pop(S,j);
        Push(T,j);
        ++count;                                  //j 号顶点入 T 栈并计数
        for(p=G.vexs[j].firstedge;p;p=p->next)
        {   k=p->adjvex;                          //对 j 号顶点的每个邻接点的入度减 1
            if(--indegree[k]==0)
                Push(S,k);                        //入度为零入栈
            if(ve[j]+*(p->info)>ve[k])
                ve[k]=ve[j]+*(p->info);
        }
    }
    if(count<G.vexnum)
        return false;                             //有向网有环
    else
        return true;
}
```

源代码

［算法 6.13］ 求关键活动算法

```
int CriticalPath(AlGraph  G)
{//G 为有向网,输出 G 的各项关键活动
    if(!TopologicalOrder(G,T))
        return error;
    vℓ[0..G.vexnum-1]=ve[0..vexnum-1];       //初始化顶点事件的最晚发生时间
    while(!StackEmpty(T))
        for(Pop(T,j),p=G.vexs[j].firstedge;p;p=p->next)
        {   k=p->adjvex;
            dut=*(p->info);
            if(vℓ[k]-dut<vℓ[j])
                vℓ[j]=vℓ[k]-dut;
        }
    for(j=0;j<G.vexnum;++j)                  //求活动开始的最早时间 e(i)和最晚时间 ℓ(i)
        for(p=G.vexs[j];p;p=p->next)
        {   k=p->adjvex;
            dut=*(p->info);
            ee=ve[j];
            el= vℓ[k]-dut;
            tag=(ee==el)?'*':'';
            printf("%d %d %d %d %d %c\n",j, k, dut, ee, el, tag);  //输出关键活动
        }
```

```
}
```

在算法 6.12 中，容易看出，对 n 个顶点 e 条边的 AOE 网，与拓扑排序算法类似，求关键路径算法的时间复杂度应为 $O(n+e)$。

例 6.5　求如图 6.26 所示 AOE 网的关键路径。

解答：对于图 6.26，ve 和 vℓ 的计算过程如表 6.5 所示。

表 6.5　事件的最早和最晚发生时间

最早发生时间	最晚发生时间
ve(1)=0	vℓ(9)= ve(9)=27
ve(2)=max{ve(1)+5}=5	vℓ(8)=min{ vℓ(9)−6}=21
ve(3)=max{ve(1)+8}=8	vℓ(7)=min{ vℓ(9)−5}=22
ve(4)=max{ve(2)+8}=13	vℓ(6)=min{ vℓ(8)−4}=17
ve(5)=max{ve(2)+9,ve(3)+6}=14	vℓ(5)=min{ vℓ(7)−8, vℓ(8)−5}=14
ve(6)=max{ve(3)+7}=15	vℓ(4)=min{ vℓ(7)−3}=19
ve(7)=max{ve(4)+3,ve(5)+8}=22	vℓ(3)=min{ vℓ(5)−6, vℓ(6)−7}=8
ve(8)=max{ve(5)+5,ve(6)+4}=19	vℓ(2)=min{ vℓ(4)−8, vℓ(5)−9}=5
ve(9)=max{ve(7)+5,ve(8)+6}=27	vℓ(1)=min{ vℓ(2)−5, vℓ(3)−8}=0

在求得 ve 和 vℓ 之后，便可用式(6-1)计算活动的 $e(i)$ 和 $\ell(i)$，具体的计算结果如表 6.6 所示。

表 6.6　活动的最早和最晚开始时间

活动	最早开始时间 e	最晚开始时间 l	l-e
a_1	e(1)=ve(1)=0	ℓ(1)= vℓ(2)−5=5−5=0	0
a_2	e(2)=ve(1)=0	ℓ(2)= vℓ(3)−8=8−8=0	0
a_3	e(3)=ve(2)=5	ℓ(3)= vℓ(4)−8=19−8=11	6
a_4	e(4)=ve(2)=5	ℓ(4)= vℓ(5)−9=14−9=5	0
a_5	e(5)=ve(3)=8	ℓ(5)= vℓ(5)−6=14−6=8	0
a_6	e(6)=ve(3)=8	ℓ(6)= vℓ(6)−7=17−7=10	2
a_7	e(7)=ve(4)=13	ℓ(7)= vℓ(7)−3=22−3=19	6
a_8	e(8)=ve(5)=14	ℓ(8)= vℓ(7)−8=22−8=14	0
a_9	e(9)=ve(5)=14	ℓ(9)= vℓ(8)−5=21−5=16	2
a_{10}	e(10)=ve(6)=15	ℓ(10)= vℓ(8)−4=21−4=17	2
a_{11}	e(11)=ve(7)=22	ℓ(11)= vℓ(9)−5=27−5=22	0
a_{12}	e(12)=ve(8)=19	ℓ(12)= vℓ(9)−6=27−6=21	2

由表6.6可知,关键活动是 a_1、a_2、a_4、a_5、a_8、a_{11},从图6.26的AOE网中,删去所有非关键活动,则得到图6.27的有向图。在这个图中,从 v_1 到 v_9 有两条关键路径。

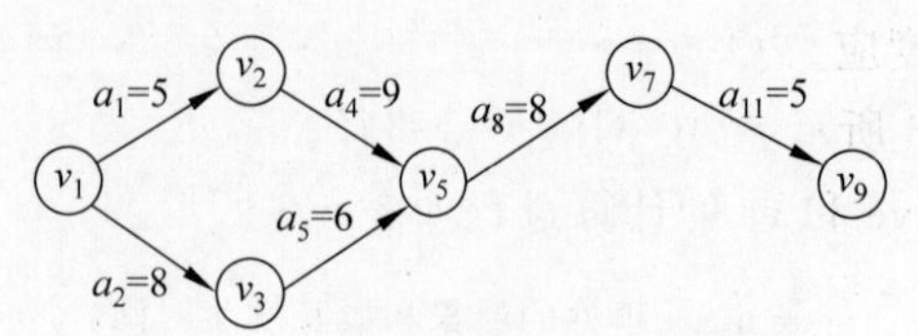

图6.27　仅包含关键活动的有向图

6.7　图的应用举例

例6.6　城市公交线路查询系统。

一个城市存在若干条公交线路,乘坐公交车的乘客希望在公交线路查询系统中实现各种优化路径的查询。本应用设计并实现模拟城市公交系统,系统中能够保存城市的公交线路和公交站点信息,样例图如图6.28所示,能够实现如下功能。

(1) 站点信息和公交线路信息存入文件,系统从文件中读取数据并创建公交线路图。

(2) 查询公交线路和站点信息。

(3) 查询两站点之间的路线,找到至多换乘一次的路线,并输出结果。

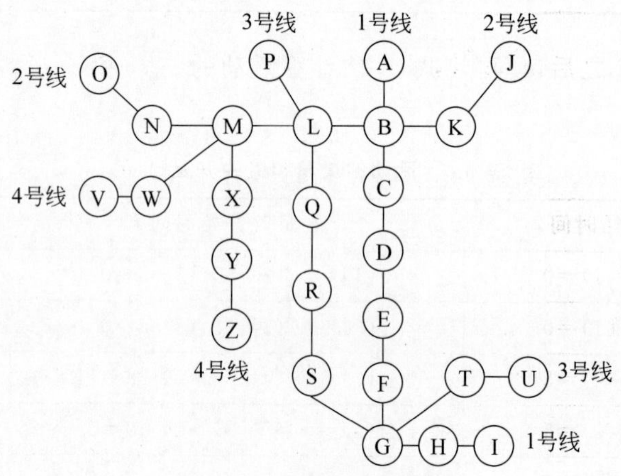

图6.28　公交线路样例图

解答:

1. 存储结构设计

本应用需存储公交站点信息,还需存储每条公交线路信息,公交线路中包含各个站点,而各个站点又包含在某一条或几条公交线路中,为此,设计一种类似邻接表的存储结构来存储站点和线路,以及线路和站点之间的关系。

站点邻接表结点结构如下。

线路编号	下一条线路
lineID	next

站点名称	第一条路线
staName	firstLine

以上结点结构定义如下。

```
typedef struct lineNode
{   int lineID;
    struct lineNode * next;
} lineNode;
typedef struct staNode
{   char staName[20];
    lineNode * firstLine;
} staNode;
```

线路邻接表结点结构如下。

站点编号	下一个站点
staID	next

线路名称	第一个站点
buslineName	firstSta

以上结点定义如下。

```
typedef struct stalineNode
{   int staID;
    struct stalineNode * next;
}stalineNode;
typedef struct busLine
{   char buslineName[20];
    stalineNode * firstSta;
} busline;
```

按照以上结点结构设计对应的邻接表存储结构,对应的线路-站点邻接表和站点-线路邻接表如图 6.29 所示。

2. 算法设计

针对功能 1 的算法设计思路如下。

(1) 分别读入公交站点文件和公交线路文件,公交线路文件中的站点为该站点在站点最终数组中的下标,从 0 开始编号。

(2) 读入站点信息后直接存储到站点-线路邻接表中,确定表头结点中的站点名称和各个站点的编号。

(3) 读入线路信息,线路信息文件存储若干行,每一条线路占三行:第一行为线路名称,第二行为该线路中站点数,第三行为站点组成(通过站点编号表示)。通过读入文件第一行线路名称确定线路-站点邻接表表头结点中的线路名称及该线路编号(数组下标);通过该线路中包含的站点数目确定在对应线路边表中插入的结点数目,并依次读入站点编号并插入对应线路边表中;将当前线路编号插入对应站点的站点-线路邻接表中。

以上算法思路的参考算法如下。

[算法 6.14] 建立邻接表

```
void createBusline(busline *bl, staNode *st, int *blNum, int *stNum)
{   //建立站点-线路邻接表和线路-站点邻接表
    char staname[20];
    char buslinename[20];
    int i,j,k,stn,stdID;
```

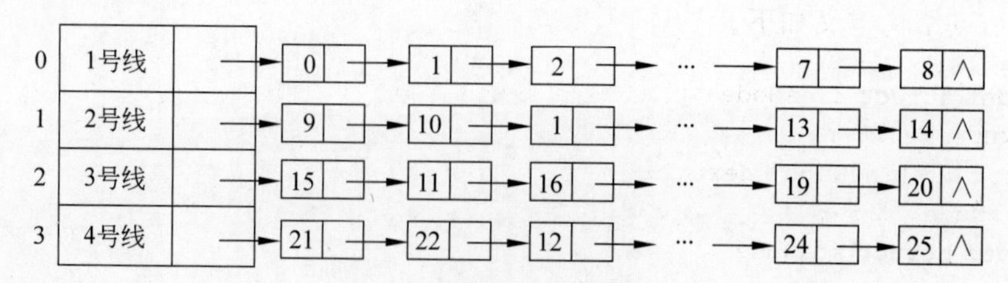

(a) 线路-站点邻接表

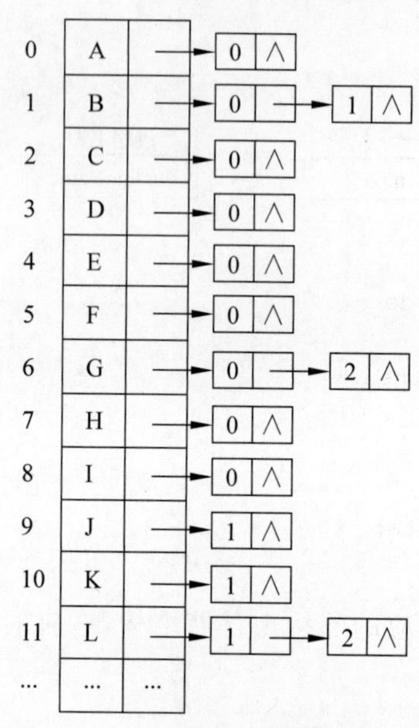

(b) 站点-线路邻接表

图 6.29　公交图对应邻接表

```
FILE *filesta = fopen("station.txt","r");          //读入站点信息文件
if(filesta==NULL)
{   printf("Can not open the file!!");
    return;
}
FILE *filebusline = fopen("busline.txt","r");  //读入线路信息文件
if(filebusline==NULL)
{   printf("Can not open the file!!");
    return;
}
i=0;
while(fgets(staname,sizeof(staname),filesta)!=NULL)
                                                   //存入站点表头各站点名称
{   staname[strcspn(staname, "\n")] = '\0';
    strcpy(st[i].staName,staname);
    st[i].firstLine=NULL;
    i++;
}
*stNum=i;
```

```
    j=0;
    while(fgets(buslinename,sizeof(buslinename),filebusline)!=NULL)
                                                    //完善两个邻接表中信息
    {   buslinename[strcspn(buslinename, "\n")] = '\0';
        strcpy(bl[j].buslineName,buslinename);
        bl[j].firstSta = NULL;
        fscanf(filebusline, "%d", &stn);
        for(i=0;i<stn;i++)
        {   fscanf(filebusline, "%d", &stdID);
            stalineNode *stlnewNode = (stalineNode *)malloc(sizeof(stalineNode));
            stlnewNode->staID = stdID;
            stlnewNode->next= bl[j].firstSta;
            bl[j].firstSta = stlnewNode;
            lineNode *lnnewNode = (lineNode*)malloc(sizeof(lineNode));
            lnnewNode->lineID = j;
            lnnewNode->next = st[stdID].firstLine;
            st[stdID].firstLine = lnnewNode;
        }
        j++;
    }
    *blNum = j;
}
```

对于功能2和功能3可通过联合两个邻接表查询得到。如要查询站点A到站点B之间的公交线路,可先在站点-线路邻接表中查询站点A对应的公交线路编号,然后在该编号对应线路-站点邻接表相应边表中查找是否存在B站点的编号,如果存在,则说明通过该公交线路,A到B站可直达;如果不存在,则需要换乘,实现方法为找A站点和B站点涉及的线路中的共同交点,该交点即为换乘站点,可能交点不止一个,那么就存在多条换乘线路,可根据整体路线长度排序确定最优换乘方式。以上功能请读者自行设计编写实现。

*6.8　算法举例

电子课件

例6.7　设计以十字链表建立图的存储结构的算法,输入(i,j,v),其中i,j为顶点号,v为权值。

解答:本题已假定输入的i和j是顶点号,否则,顶点的信息要输入,且用顶点定位函数求出顶点在顶点向量中的下标。本题中数值设为整型,否则应以和数值类型相容的方式输入。算法如下。

[**算法6.15**]　建立图的十字链表

源代码

```
void CreatOrthList(OrthList G)
{   //建立有向图的十字链表存储结构
    scanf("%d %d %d",&i,&j,&v);                 //假定数值为整型
    while (i && j && v)                         //当输入i,j,v之一为0时,结束算法运行
    {   p=(OrArcNode *)malloc(sizeof(OrArcNode));          //申请结点
```

```
        p->headvex=i; p->tailvex=j;    p->info=v;          //弧结点中数值域
        p->headlink=g[j].firstin;   G[j].firstin=p;
        p->taillink=g[i].firstout;   G[i].firstout=p;
    }
}
```

例 6.8 设有向图用邻接表表示，图有 n 个顶点，表示为 $1\sim n$，试写一个算法求顶点 k 的入度（$1<k<n$）。

解答：

源代码

［**算法 6.16**］ 求邻接表存储的顶点的入度

```
int count (AlGraph G,int k )
{   //在 n 个顶点以邻接表表示的有向图 G 中,求指定顶点 k(1<k<n)的入度
    count=0;
    for (i=1;i<=n;i++)                        //求顶点 k 的入度要遍历整个邻接表
    {   p=G.vexs[i].firstedge;                //取顶点 i 的邻接表
        while (p)
        {   if (p->adjvex==k)
                count++;
            p=p->next;
        }
    }
    return count;                             //顶点 k 的入度
}
```

例 6.9 在有向图 G 中，如果 r 到 G 中的每个结点都有路径可达，则称结点 r 为 G 的根结点。编写一个算法判断有向图 G 是否有根，若有，则打印出所有根结点的值。

解答：本例应使用深度优先遍历，从调用函数进入 DFS(v)时，开始记数，若退出 DFS()前，已访问完有向图的全部顶点（设为 n 个），则有向图有根，v 为根结点。将 n 个顶点从 1 到 n 编号，各调用一次 DFS()过程，就可以求出全部的根结点。题中有向图的邻接表存储结构、记顶点个数的变量，以及访问标记数组等均设计为全局变量。算法如下。

源代码

［**算法 6.17**］ 判断有向图是否有根

```
int  num=0, visited[]=0                     //num 记访问顶点个数,访问数组 visited 初始化
#define n 100
AdjList *G;                                 //用 g
void  DFS(v)
{  //判断邻接表作存储结构的有向图 G 是否有根
   visited [v]=1;  num++;                   //访问的顶点数+1
   p=G.vexs[v].firstedge;
   while(p)
   {   if(visited[p->adjvex]==0)
           DFS(p->adjvex);
       p=p->next;
   }
   visited[v]=0; num--;                     //恢复顶点 v
}
void  JudgeRoot()
```

```
{   //判断有向图是否有根,有根则输出之
    static int i ;
    for (i=1;i<=n;i++ )                        //从每个顶点出发,调用 DFS()各一次
    {   num=0;
        visited[1..n]=0;
        DFS(G,i);
        if (num==n)
            printf("%d是有向图的根。\n",i);
    }
}
```

算法中打印根时,输出顶点在邻接表中的序号(下标),若要输出顶点信息,可使用G.vexs[i].data。

例 6.10 设在 4 地(A,B,C,D)之间架设有 6 座桥,如图 6.30 所示。

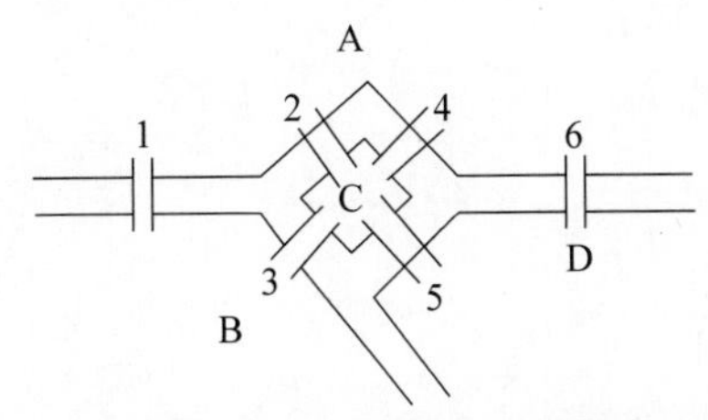

图 6.30 4 地(A,B,C,D)及相互连接的 6 座桥

要求从某一地出发,经过每座桥恰巧一次,最后仍回到原地。

(1) 试就以上图形说明:此问题有解的条件是什么?

(2) 设图中的顶点数为 n,试用 C 描述与求解此问题有关的数据结构并编写一个算法,找出满足要求的一条回路。

解答:以如下简化的邻接表作为存储结构,因顶点间有重边,可用边的编号作该边的权值,其结构定义如下。

```
#define MAXNODE  100                    //图中顶点的最大个数
typedef struct arc                      //弧(边)结点
{   int adjvex, num;                    //adjvex 是邻接点在顶点向量中的下标,num 是边的编号
    struct arc   *next;                 //指向下一邻接点的指针
    infotype     *info;                 //和弧(或边)相关的信息指针
}ArcNode;
typedef struct                          //顶点结点
{   vertype vertex;
    ArcNode *firstarc;
}VerNode;                                       //顶点信息及指向第一邻接点的指针
typedef VerNode AdjList[MAXNODE];               //邻接表
```

修改常规访问标志数组 visited 的含义:当元素值为 1 时表示该边已访问;当元素值为 0 时表示该边尚未访问。

易见,只有所有的顶点的度都是偶数,本题才能有解,算法如下。

［算法 6.18］ 图的深度优先遍历

```
visited[1..n]=0; AdjList G;
void DFS(int v0)
{   //深度优先遍历以邻接表作存储结构的图 G
    p=G.vexs[v0].firstarc;                          //第一邻接点
    while(p)
    {   j=p->adjvex;
        if(visited[j]==0)
        {   visited[j]=1;
            DFS(p->adjvex); }
            p=p->next;
        }
}
```

［算法 6.19］ 求顶点的度

```
int degree(AdjList G)
{   //求图 G 顶点的度
    for(i=1;i<=n;i++)
    {   count=0;
        p=G[i].firstarc;
        while(p)
        {   count++;
            p=p->next;
        }
        if(count==0 || count %2!=0)
            return 0;                               //若顶点度为 0,或顶点的度不是偶数,无解
    }
    return 1;
}
```

［算法 6.20］ 判断图是否存在欧拉回路

```
bool EulerCycle(AdjList G)
{   //判断图 G 是否存在欧拉回路
    flag=degree(G);
    if(!flag)
        return 0;
    DFS(1);
}
```

小　结

本章介绍了图的基本概念和基本操作、存储结构以及图的应用。图是一种复杂的数据结构，图的存储结构也较其他数据结构的存储结构更复杂。在图的存储结构中，邻接矩阵表示法和邻接表表示法是最常用的存储结构。此外，还讨论图的一些基本运算，并重点介绍图的深度优先和广度优先两种遍历算法。最后，重点介绍图在实际应用中一些常见

的经典算法：求解无向连通网最小生成树的Prim算法与Kruskal算法；求解有向网的单源点最短路径Dijkstra算法以及每对顶点的最短路径Floyd算法；有向无环图应用中，求解AOV网的拓扑排序算法以及AOE网的关键路径算法。

习　题

一、简答题

1. 简述图、有向图和无向图的定义。

2. 简述图的深度优先遍历和广度优先遍历过程。

3. 简述图的生成树和最小生成树的定义。

二、选择题

1. 在有向图中，所有顶点的入度之和是所有顶点的出度之和的(　　)倍。

A. 1　　B. 1/2　　C. 2　　D. 4

2. 对于简单无向图而言，一条回路至少含有(　　)条边。

A. 3　　B. 2　　C. 4　　D. 5

3. 对于 n 个顶点，m 条边的无向图 G，说法正确的是(　　)。

A. 若 $m \geqslant n$，则 G 中必含回路　　B. 若 $m > n$，则 G 必连通

C. 若 $m < n$，则 G 必不连通　　D. 若 $m < n$，则 G 中必不含回路

4. 以下说法不正确的是(　　)。

A. 实现广度优先遍历通常要用到队列

B. 对非连通的无向图不能进行广度优先遍历

C. 实现深度优先遍历通常要用到栈

D. 对有向图也能进行广度优先遍历

5. n 个顶点的强连通图至少有(　　)条边。

A. $n-1$　　B. n　　C. $n+1$　　D. $n(n-1)/2$

6. 一个图有 n 个结点，e 条边，若采用邻接矩阵存储，则其空间复杂度为(　　)。

A. $O(n)$　　B. $O(n^2)$

C. $O(n+e)$　　D. $O(n \times (n-1))$

7. 一个无向图有 n 个结点，e 条边，则其邻接表中的边表结点个数为(　　)。

A. n　　B. $n+e$　　C. $2e$　　D. e

8. 图的广度优先遍历是二叉树(　　)的推广。

A. 先序遍历　　B. 中序遍历　　C. 后序遍历　　D. 层次遍历

9. 在一个无向图中，所有顶点的度之和等于所有边数的(　　)倍。

A. 1/2　　B. 4　　C. 1　　D. 2

10. 含 n 个顶点的连通图中的任意一条简单路径，其长度不可能超过(　　)。

A. 1　　B. $n/2$　　C. n^2　　D. $n-1$

11. G 是一个非连通无向图，共有28条边，则该图至少有(　　)个顶点。

A. 6　　B. 7　　C. 8　　D. 9

12. 已知一个图如图 6.31 所示，若从顶点 a 出发对该图进行深度优先遍历，则可能得到的一种顶点序列为①(　　)；对该图进行广度优先遍历，则可能得到的一种顶点序列为②(　　)。

① A. a,b,e,c,d,f　　B. e,c,f,e,b,d

　 C. a,e,b,c,f,d　　D. a,e,d,f,c,b

② A. a,b,c,e,d,f　　B. a,b,c,e,f,d

　 C. a,e,b,c,f,d　　D. a,c,f,d,e,b

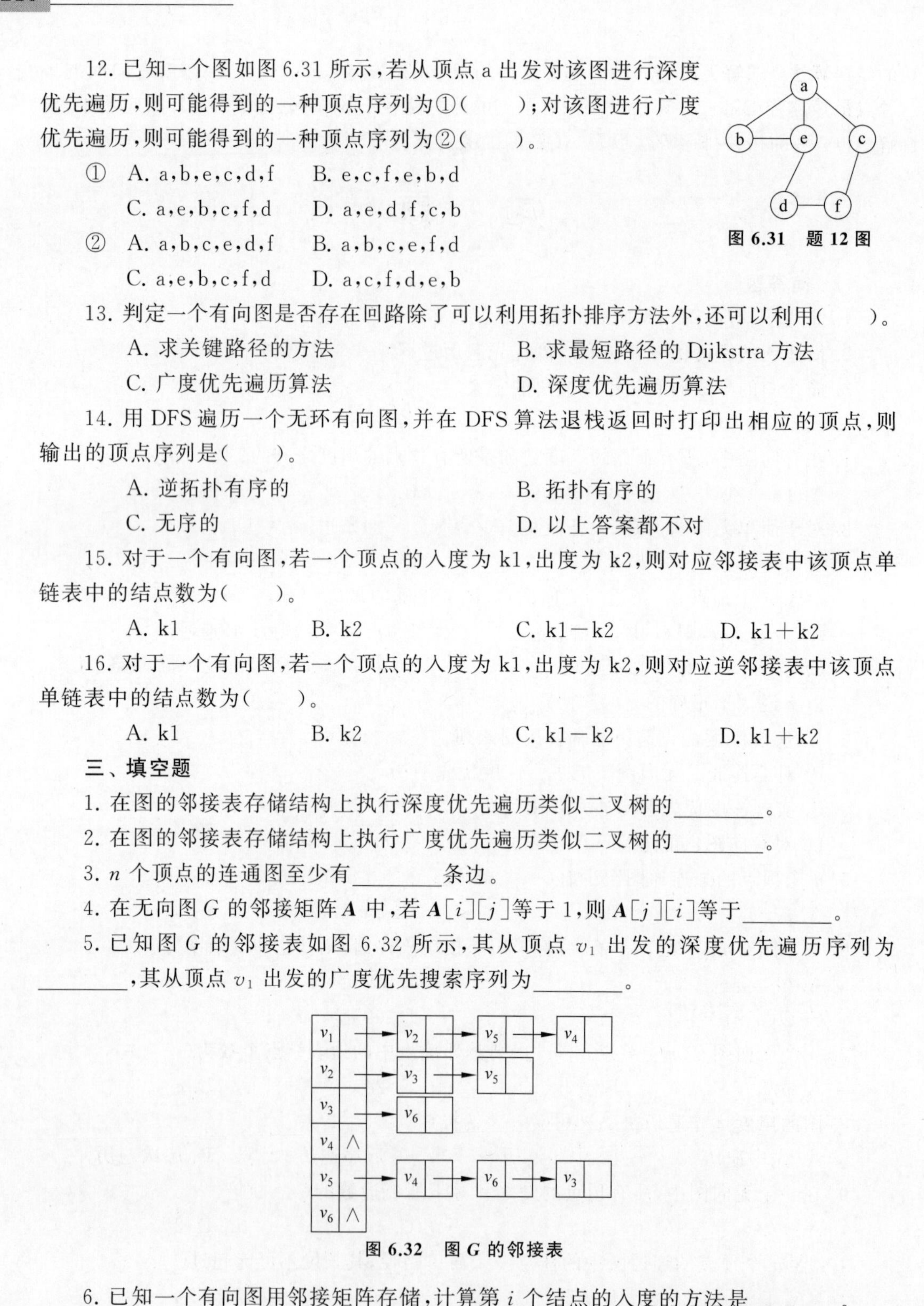

图 6.31　题 12 图

13. 判定一个有向图是否存在回路除了可以利用拓扑排序方法外，还可以利用(　　)。

A. 求关键路径的方法　　B. 求最短路径的 Dijkstra 方法

C. 广度优先遍历算法　　D. 深度优先遍历算法

14. 用 DFS 遍历一个无环有向图，并在 DFS 算法退栈返回时打印出相应的顶点，则输出的顶点序列是(　　)。

A. 逆拓扑有序的　　B. 拓扑有序的

C. 无序的　　D. 以上答案都不对

15. 对于一个有向图，若一个顶点的入度为 k1，出度为 k2，则对应邻接表中该顶点单链表中的结点数为(　　)。

A. k1　　B. k2　　C. k1－k2　　D. k1＋k2

16. 对于一个有向图，若一个顶点的入度为 k1，出度为 k2，则对应逆邻接表中该顶点单链表中的结点数为(　　)。

A. k1　　B. k2　　C. k1－k2　　D. k1＋k2

三、填空题

1. 在图的邻接表存储结构上执行深度优先遍历类似二叉树的________。

2. 在图的邻接表存储结构上执行广度优先遍历类似二叉树的________。

3. n 个顶点的连通图至少有________条边。

4. 在无向图 G 的邻接矩阵 $\boldsymbol{A}$ 中，若 $\boldsymbol{A}[i][j]$等于 1，则 $\boldsymbol{A}[j][i]$等于________。

5. 已知图 G 的邻接表如图 6.32 所示，其从顶点 v_1 出发的深度优先遍历序列为________，其从顶点 v_1 出发的广度优先搜索序列为________。

v_1	v_2 → v_5 → v_4
v_2	v_3 → v_5
v_3	v_6
v_4	∧
v_5	v_4 → v_6 → v_3
v_6	∧

图 6.32　图 G 的邻接表

6. 已知一个有向图用邻接矩阵存储，计算第 i 个结点的入度的方法是________。

7. 遍历图的过程实质上是________。以邻接表为存储结构，图的广度优先遍历时间复杂度为________，图的深度优先遍历时间复杂度为________，两者不同之处在于

________,反映在采用的辅助数据结构上的差别是________。

8. 根据图的存储结构进行某种次序的遍历,得到的顶点序列是________的。

四、算法设计题

1. 写出建立有向图邻接表的算法。

2. 写出将一个无向图的邻接矩阵转换成邻接表的算法。

3. 写出将一个无向图的邻接表转换成邻接矩阵的算法。

4. 写出根据有向图的邻接表建立有向图的逆邻接表的算法。

5. 试以邻接矩阵为存储结构,分别写出连通图的深度优先和广度优先遍历算法。

6. 假设图 G 采用邻接表存储,利用深度优先遍历方法求出无向图中通过给定点 v 的简单回路。

7. 设计算法利用图的遍历方法判别一个有向图 G 中是否存在从顶点 V_i 到 V_j 的长度为 k 的简单路径,假设有向图采用邻接表存储结构。

8. 假设有向图 G 采用邻接矩阵存储,编写一个算法求出 G 中顶点 i 到顶点 j 的不含回路的、长度为 k 的路径数。

9. 试写出 Prim 方法求最小生成树的算法,图的存储结构采用邻接矩阵。

10. 采用邻接表存储结构,写出 AOV 网拓扑排序算法的实现。

五、应用题

1. 分别给出如图 6.33 所示无向图 G_1 的邻接矩阵和邻接表。

2. 分别给出如图 6.34 所示有向图 G_2 的邻接矩阵、邻接表和逆邻接表。

3. 分别给出如图 6.35 所示无向图 G_3 从 v_5 出发按深度优先遍历和广度优先遍历得到的顶点序列。

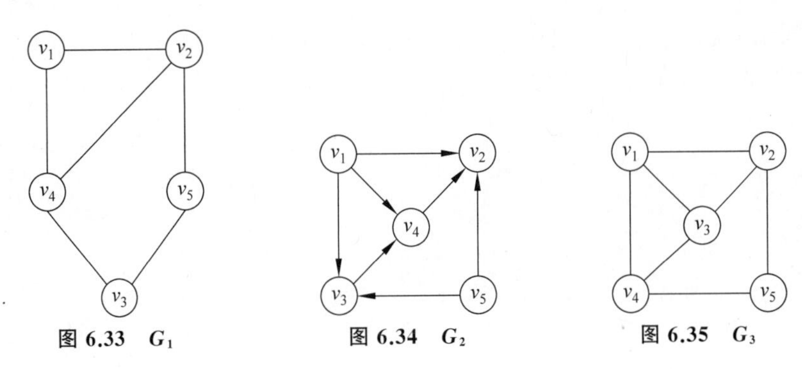

图 6.33　G_1　　**图 6.34　G_2**　　**图 6.35　G_3**

4. 求出如图 6.36 所示图的所有连通分量。

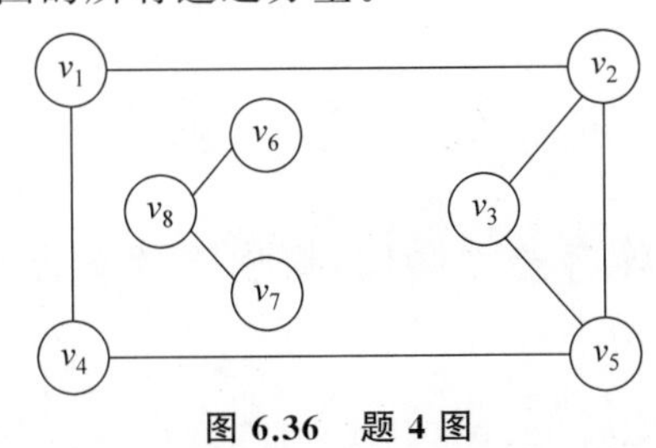

图 6.36　题 4 图

5. 设有一个无向图$G=(V,E)$，其中，$V=\{1,2,3,4,5,6\}$，$E=\{(1,2),(1,6),(2,6),(1,4),(6,4),(1,3),(3,4),(6,5),(4,5),(1,5),(3,5)\}$。

(1) 按上述顺序输入后，画出其相应的邻接表。

(2) 在该邻接表上，从顶点 4 开始，写出深度优先遍历序列和广度优先遍历序列。

6. 如图 6.37 所示为一个无向连通网络，要求根据 Prim 算法和 Kruskal 算法构造出它的最小生成树。

7. 对如图 6.38 所示的有向网，试利用 Dijkstra 算法求得从源点 1 到其他各顶点的最短路径。

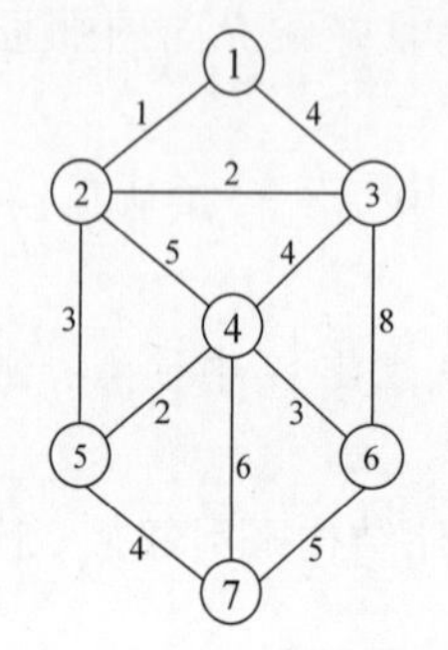

图 6.37　无向连通网络

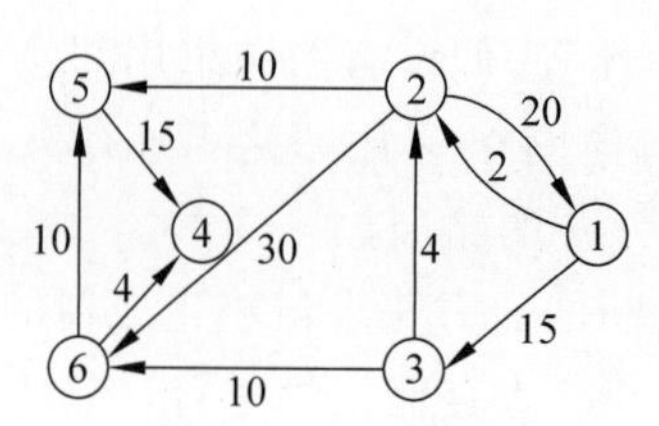

图 6.38　有向网

8. 已知如图 6.39 所示为采用 AOE 网表示的工程图，请回答以下问题。

(1) 每项活动的最早开始时间和最晚开始时间。

(2) 完成此工程最少需要多少单位时间。

(3) 关键活动与关键路径。

9. 试利用 Floyd 算法，求出图 6.40 对应的任意两顶点之间的最短路径，并给出相应的带权邻接矩阵的变化。

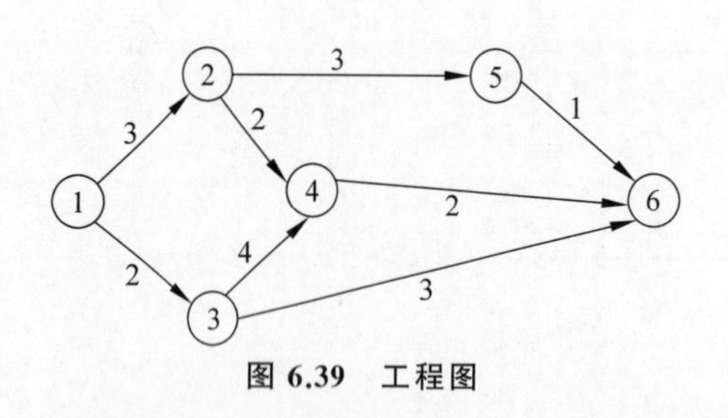

图 6.39　工程图

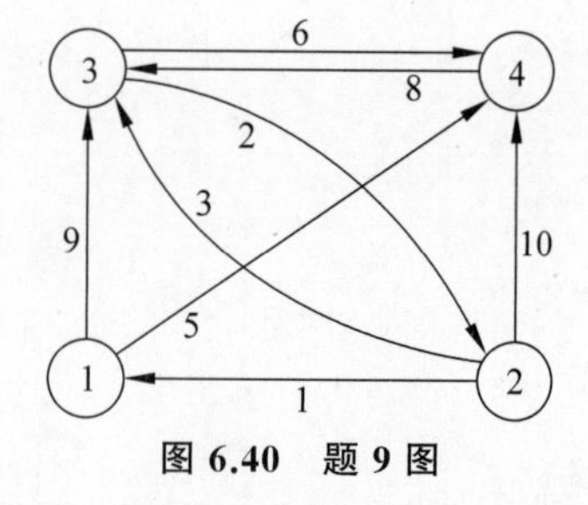

图 6.40　题 9 图

实　验　题

实验题目 1：采用邻接矩阵存储无向图，输出深度优先和广度优先遍历序列

一、任务描述

用邻接矩阵存储无向图，实现深度优先和广度优先遍历算法，图中顶点个数少于

10个。

二、编程要求

1. 具体要求

输入说明：首先输入图中顶点个数和边的条数；再输入顶点的信息(字符型)。

输出说明：分别在两行输出深度优先和广度优先遍历序列。

2. 测试数据

测试输入：

```
5 7
A B C D E
0 1
0 2
0 3
1 2
1 3
2 4
3 4
```

预期输出：

```
A B C E D
A B C D E
```

实验题目2：采用邻接表存储有向图，输出深度优先和广度优先遍历序列

一、任务描述

用头插法建立邻接表存储有向图，实现深度优先和广度优先遍历算法，图中顶点个数少于10个。

二、编程要求

1. 具体要求

输入说明：首先输入图中顶点个数和边的条数；再输入顶点的信息(字符型)。

输出说明：分别在两行输出深度优先和广度优先遍历序列。

2. 测试数据

测试输入：

```
5 7
A B C D E
0 1
0 2
0 3
1 2
1 3
2 4
3 4
```

预期输出：

```
A D E C B
A D C B E
```

实验题目3：利用Prim算法求最小生成树

一、任务描述

用邻接矩阵存储无向图，实现最小生成树Prim算法，图中边的权值为整型，顶点个数少于10个。

二、编程要求

1. 具体要求

输入说明：首先输入图中顶点个数和边的条数；再输入顶点的信息(字符型)；再输入各边及其权值。

输出说明：输出从编号为 0 的顶点开始的 Prim 算法最小生成树中的各边及其权值，每条边及其权值占一行。

2. 测试数据

测试输入：

```
5 7
A B C D E
0 1 6
0 2 2
0 3 1
1 2 4
1 3 3
2 4 6
3 4 7
```

预期输出：

```
A D 1
A C 2
D B 3
C E 6
```

实验题目 4：利用 Dijkstra 算法求图的最短路径

一、任务描述

用邻接矩阵存储有向图，实现最短路径 Dijkstra 算法，图中边的权值为整型，顶点个数少于 10 个。

二、编程要求

1. 具体要求

输入说明：首先输入图中顶点个数和边的条数；再输入顶点的信息(字符型)；再输入各边及其权值。

输出说明：

依次输出从编号为 0 的顶点开始的从小到大的所有最短路径，每条路径及其长度占一行。

2. 测试数据

测试输入：

```
5 7
A B C D E
0 1 6
0 2 2
0 3 1
1 2 4
1 3 3
2 4 6
3 4 7
```

预期输出：

```
AD 1
AC 2
AB 6
ADE 8
```

实验题目5：使用邻接表实现AOV网的拓扑排序算法

一、任务描述

用邻接表存储有向图，在顶点表中增加入度域，使用队列存储入度为零的顶点编号，实现AOV网的拓扑排序算法，并输出拓扑序列，顶点个数少于20个。

二、编程要求

1. 具体要求

输入说明：首先输入图中顶点个数和边的条数；输入顶点的信息（字符型）；输入各顶点的入度；输入各边。

输出说明：输出AOV网的拓扑序列（顶点信息），以空格隔开，最后一个顶点后面有空格，如果AOV网存在回路，输出“有回路”的信息，占一行。

2. 测试数据

测试输入1：

```
6 9
A B C D E F
3 0 1 3 0 2
1 0
1 3
2 0
2 3
3 0
3 5
4 2
4 3
4 5
```

预期输出1：

```
B E C D F A
```

测试输入2：

```
6 8
A B C D E F
0 0 1 3 2 2
0 2
0 3
1 3
1 5
2 4
3 4
4 5
5 3
```

预期输出2：

```
有回路
```

第7章 查找

CHAPTER

查找是数据处理中经常出现的一种操作，也是许多计算机应用程序的核心操作，因此研究对存储的数据如何高效地进行查找操作是非常必要的，在一些实时查询系统中尤其如此。本章将针对三种数据结构(线性表、树表和哈希表)来介绍相应的查找算法，并通过对它们的效率分析来比较各种查找方法的优劣。

7.1 集合和查找

电子课件

查找是在大量信息中寻找特定信息元素的过程。在日常生活中，几乎每天都要进行查找操作，如在手机电话簿中查找某人的电话号码、在文档中查找某个词、在计算机文件夹中查找具体文件等。在计算机中，查找是常用的基本运算。现代计算机和网络使人们能够访问海量的信息，高效检索这些信息的能力是处理它们的重要前提，特别是当面对一些数据量巨大的实时系统，如订票系统、信息检索系统等，此时还需要考虑查找信息时的查询效率。

在数据结构中，查找是一种以集合为逻辑结构、以查找为核心的操作。集合中的数据元素之间的关系是松散的，相互之间是没有关系的，为便于查找，在实际应用中常需要对数据结构附加某种关系，以提高查找的效率，这种面向查找操作的数据结构称为**查找表**(**Search Table**)。查找方法和查找表的结构是互相作用、互相制约的。一方面，查找方法的选择要依据查找表的组织结构，某一种组织结构上使用不同的查找方法的效率是不同的。一般有三种组织查找表的方法：线性表、树表、哈希表。从查找运算的特点看，也可将查找表分为静态查找表、动态查找表和哈希表。在本章中，静态查找表上的查找方法主要介绍顺序查找、折半查找和分块查找；动态查找表上的查找方法主要介绍二叉排序树以及平衡二叉树上的查找；而哈希表上的查找方法主要介绍哈希查找。

由于查找表上的基本运算是“将记录的关键字和给定值进行比较”，因此，衡量查找算法性能的主要依据是“关键字和给定值比较的次数的平均值”，我们将“关键字和给定值进行比较的次数的期望值”称为查找算法的**平均查找长度**(Average Search Length，ASL)。对于长度为 n 的查找表，查找成功时的平均查找长度为

$$\text{ASL}_{\text{succ}}=\sum_{i=1}^{n}p_ic_i \quad \left(\sum_{i=1}^{n}p_i=1\right) \tag{7-1}$$

其中，n 为查找表中数据元素的个数，p_i 为查找第 i 个数据元素的概率，c_i 为查找第 i 个数据元素所需进行的与关键字比较的次数。一般假设查找不同关键字的概率相等，此时有 $p_i=1/n(1\leqslant i\leqslant n)$。显然，$c_i$ 取决于算法，p_i 取决于实际应用，大多数情况下，查找成功的可能性比不成功的可能性大得多，特别是查找表中的元素个数 n 很大时，查找不成功的概率可以忽略不计。如果查找不成功的情况不能忽略，平均查找长度应该是查找成功时的平均查找长度加上查找不成功时的平均查找长度。假设查找成功与不成功的概率相等，都是 1/2，则平均查找长度的计算公式为

$$\text{ASL}=\sum_{i=1}^{n}p_ic_i+\sum q_jd_j\text{，其中，}\sum_{i=1}^{n}p_i=1/2,\sum_{j}q_j=1/2 \tag{7-2}$$

其中，q_j 是查找关键字等于某个给定值失败的概率，d_j 是查找失败时的比较次数。由于很难估计一共有多少个数据元素查找失败，所以一般估算出查找失败时的平均比较次数 ASL_{un}，再假设查找成功时为等概率查找，则有

$$\text{ASL}=\frac{1}{2n}\sum_{i=1}^{n}c_i+\frac{1}{2}\text{ASL}_{\text{un}} \tag{7-3}$$

另外，衡量查找算法还要考虑算法所需要的存储量和算法的复杂性等问题。

下面依次介绍三种查找表的组织方法和相应的查找算法。

电子课件

7.2 静态查找表上的查找

集合中的元素是无序的，元素间不存在逻辑关系，元素间的关系只是“处于同一集合中”的松散关系。为了查找的方便，需在数据元素间人为地加上一些关系，以按某种规则进行查找，即以另一种数据结构来表示查找表，本节以顺序表表示静态查找表，所论述的查找算法主要以顺序表作为组织结构，有关的类型说明如下。

```
typedef int KeyType;                        //KeyType 的类型由用户定义
typedef struct
{   KeyType key;                            //关键字域
    …                                       //其他域
}RecType;
```

7.2.1 顺序查找

顺序查找(Sequential Search)是经常使用的一种查找方法。这种方法既适用于顺序存储结构，又适用于链式存储结构。下面只介绍以顺序表作为存储结构的顺序查找算法。

顺序查找的方法是：对于给定的关键字 k，从顺序表的一端开始顺序扫描表中元素，依次与记录的关键字域相比较，如果某个记录的关键字等于 k，则查找成功，否则查找失败。算法如下。

［**算法 7.1**］ 顺序表上的查找

```
int SearchSeq(RecType r[],keyType k)
{  //在顺序表 r[1..n]中顺序查找关键字为 k 的结点,成功返回结点位置,失败返回 0
   r[0].key=k;                           //0 号单元用作监视哨
   for(i=n;r[i].key!=k;i--);             //从表尾向前查找
   return i;                             //找不到为 0,找到为在顺序表中的位置
}
```

这个算法在一开始就将数组 r 的第一个可用空间置成待查找的关键字 k。查找时，从后向前比较，最多比较到下标为 0 的位置时，一定会找到一个关键字等于 k 的记录。从而省去了每次都要判断表是否到尾，这里 $r[0]$起到监视哨的作用，这仅是一个技巧上的改进，但有研究表明，当 $n \geqslant 1000$ 时，可以节省一半左右的查找时间。监视哨也可以设置在数组尾部。

下面分析一下顺序查找的性能。

对于含有 n 个记录的表，查找成功时平均查找长度为

$$\mathrm{ASL_{ss}} = \sum_{i=1}^{n} p_i c_i = np_1 + (n-1)p_2 + \cdots + 2p_{n-1} + p_n \tag{7-4}$$

假设每个记录的查找概率相等，即 $p_i = 1/n$，则平均查找长度为

$$\mathrm{ASL_{ss}} = \sum_{i=1}^{n} p_i c_i = \frac{1}{n}\sum_{i=1}^{n}(n-i+1) = \frac{n+1}{2} \tag{7-5}$$

顺序查找的最大比较次数与顺序表的表长相同，平均比较次数约为表长的一半。当查找不成功时和给定值进行比较的关键字的次数都为 $n+1$。假设查找成功和不成功时的可能性相同，每个记录的查找概率相等，则顺序查找的平均查找长度为

$$\mathrm{ASL} = \frac{1}{2n}\sum_{i=1}^{n}(n-i+1) + \frac{1}{2}(n+1) = \frac{3}{4}(n+1) \tag{7-6}$$

在一般情况下，人们难以预先知道每个记录的查找概率，而且查找概率也不一定相等。例如，在文字录入系统中，常用词的查找概率必然高于一般词的查找概率。若预先知道每个词的查找概率，则可按查找概率由小到大顺序排列(假定如算法 7.1 所述，从后向前查找)，以提高查找的效率。若预先不知道每个词的查找概率，则可对查找序列进行动态的调整，即在查找过程中改变记录的位置。可以在每个记录中附设一个访问频度域，并使顺序表中的元素始终保持按访问频度从小到大依次排列，使得查找概率大的记录在查找的过程中不断地往后移动，以便在以后的查找中减少比较的次数。

对于线性链表上从前至后的顺序查找，还可以采用“移至前端”的方法：每当找到一个记录时就把它放到线性链表的最前端，而把其他记录后退一个位置。移至前端方法对访问频率的局部变化能够很好地响应，这表现于如果一个记录在一段时间内被频繁访问，在这段时间它就会靠近链表的前端。在一些中文输入法中，就应用了这些链表调整技术，把当前常用的字和词调整到前端，极大地提高了用户录入汉字的速度。

顺序查找和其他查找方法相比，其缺点是平均查找长度较大，特别是当 n 很大时，查找效率低。然而，它有很大的优点：算法简单且适用面广。它对表的结构无任何要求，无论记录是否按关键字有序均可应用，而且上述所有讨论对线性链表也同样适用。

7.2.2 折半查找

折半查找(Binary Search)又称二分查找，它是一种效率较高的查找方法。折半查找要求表有序，即表中元素按关键字有序，而且必须是顺序存储的。折半查找则根据一个已排序的数组进行查找操作。将待查找的元素与数组中间的元素进行比较，如果待查找的元素等于中间元素，则查找成功；如果待查找的元素小于中间元素，则在数组的左半部分继续查找；如果待查找的元素大于中间元素，则在数组的右半部分继续查找，直到找到目标元素或者确定元素不存在为止。

折半查找的思想是：首先，将给定的关键字 k 与有序表的中间位置上的元素进行比较，若相等，则查找成功；否则，中间元素将有序表分成两部分，前一部分中的元素均小于中间元素，而后一部分中的元素均大于中间元素。因此，k 与中间元素比较后，若 k 小于中间元素，则应在前一部分中查找，否则在后一部分中查找；重复上述过程，直至查找成功或失败。

例 7.1 假设有 9 个元素的有序表(10,15,25,38,45,55,71,83,90)，现要查找关键字为 83 和 31 的数据元素，说明折半查找过程。

解答：假设指针 low 和 high 分别指示待查元素的下界和上界，mid=$\lfloor$(low+high)/2$\rfloor$指示中间的位置，则查找元素 83 和 31 的过程可描述如下。

1. 查找元素 83 的过程

初始时 low 的值为 1，high 的值为 9，因此 mid=$\lfloor(1+9)/2\rfloor$=5。

第一次查找：因为 83>45，即 83>r[mid].key，说明待查找元素若存在，必在[mid+1,high]之间，所以重新置 low 的值为 mid+1=6，并求得新的 mid=$\lfloor(6+9)/2\rfloor$=7。

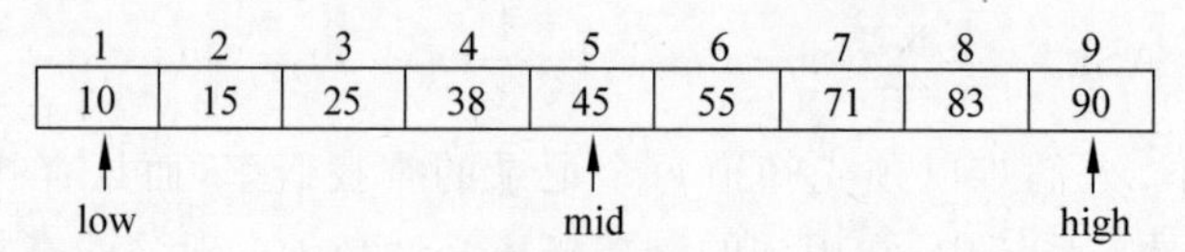

第二次查找：因为 83>71，即 83>r[mid].key，说明待查找元素若存在，必在[mid+1,high]之间，所以重新置 low 的值为 mid+1=8，并求得新的 mid=$\lfloor(8+9)/2\rfloor$=8。

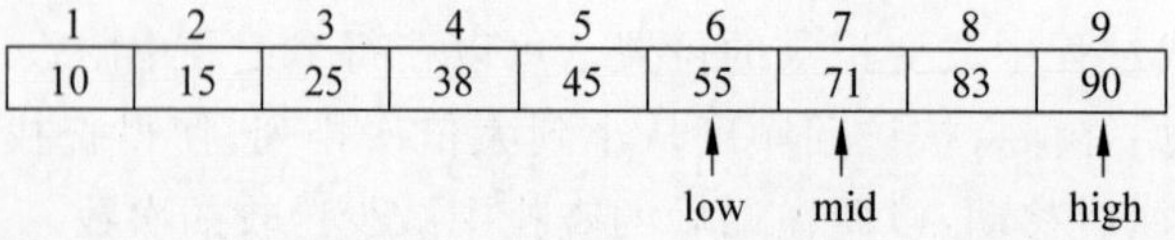

1	2	3	4	5	6	7	8	9
10	15	25	38	45	55	71	83	90
					low	mid		high

第三次查找：因为 83=83，即 83=r[mid].key，说明查找成功，所查元素在表中的序号等于 mid 的值。

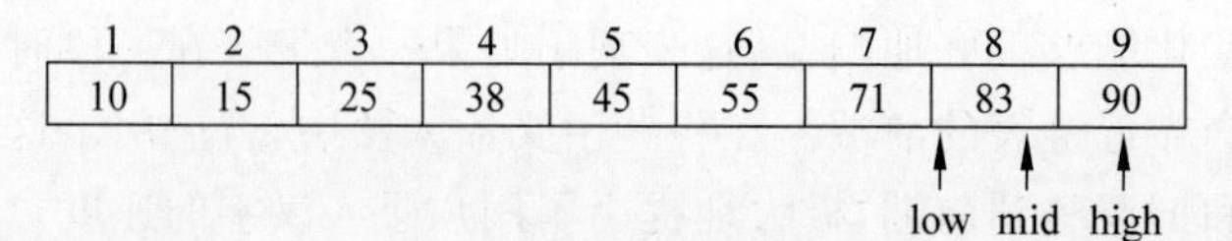

2. 查找元素 31 的过程

初始时 low 的值为 1,high 的值为 9,因此 mid=$\lfloor (1+9)/2 \rfloor$=5。

第一次查找:因为 31<45,即 31<r[mid].key,说明待查找元素若存在,必在[low,mid−1]之间,所以重新置 high 的值为 mid−1=4,并求得新的 mid=$\lfloor (1+4)/2 \rfloor$=2。

1	2	3	4	5	6	7	8	9
10	15	25	38	45	55	71	83	90
low				mid				high

第二次查找:因为 31>15,即 31>r[mid].key,说明待查找元素若存在,必在[mid+1,high]之间,所以重新置 low 的值为 mid+1=3,并求得新的 mid=$\lfloor (3+4)/2 \rfloor$=3。

1	2	3	4	5	6	7	8	9
10	15	25	38	45	55	71	83	90
low	mid		high					

第三次查找:因为 31>25,即 31>r[mid].key,说明待查找元素若存在,必在[mid+1,high]之间,所以重新置 low 的值为 mid+1=4,并求得新的 mid=$\lfloor (4+4)/2 \rfloor$=4。

1	2	3	4	5	6	7	8	9
10	15	25	38	45	55	71	83	90
		low mid	high					

第四次查找:因为 31<38,即 31<r[mid].key,说明待查找元素若存在,必在[low,mid−1]之间,所以重新置 high 的值为 mid−1=3,此时有 low>high,表明 31 不在有序表中,查找失败。

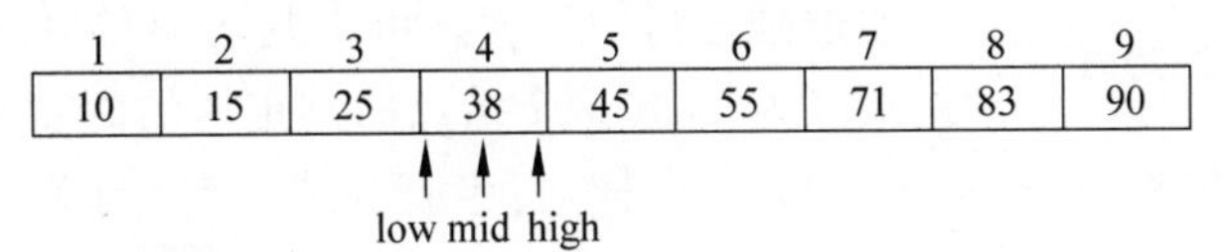

折半查找的非递归算法如下。

[**算法 7.2(a)**] 折半查找

```
int SearchBin1(RecType r[],keyType k)
{//在有序表 r[1..n]中折半查找关键字为 k 的元素,成功返回结点位置,失败返回 0
    low=1;     high=n;
    while(low<=high)
    {   mid=(low+high)/2;
        if(k==r[mid].key) return mid;                    //找到待查元素
        else if(k>r[mid].key) low=mid+1;                 //继续在后半区间查找
             else high=mid-1;                            //继续在前半区间查找
    }
    return 0;
}
```

折半查找的递归算法如下。

[**算法 7.2(b)**] 折半查找的递归算法

```
int SearchBin2(RecType r[],keyType k,int low,int high)
```

```
{   //在有序表 r[1..n]中递归折半查找关键字为 k 的结点,成功返回结点位置,失败返回 0
    if(low>high) return 0;
    mid=(low+high)/2;
    if(k==r[mid].key)                                    //找到待查元素
        return mid;
    else if(k>r[mid].key)
            return SearchBin2(r,k,mid+1,high);           //递归地在后半区间查找
        else
            return SearchBin2(r,k,low,mid-1);            //递归地在前半区间查找
}
```

下面分析折半查找的性能。

折半查找过程可用一个称为**判定树**的二叉树描述,判定树是一种用于描述折半查找过程的二叉树结构,其中每个结点代表一个查找步骤,树的叶子结点表示查找的结果。判定树的结构反映了折半查找的决策过程。树的根结点表示初始的查找步骤,根据与中间元素的比较结果,将查找范围缩小到左半部分或右半部分,这对应于判定树的左子树或右子树。最终,叶子结点表示查找的结果,即成功找到目标元素或者确定元素不存在。

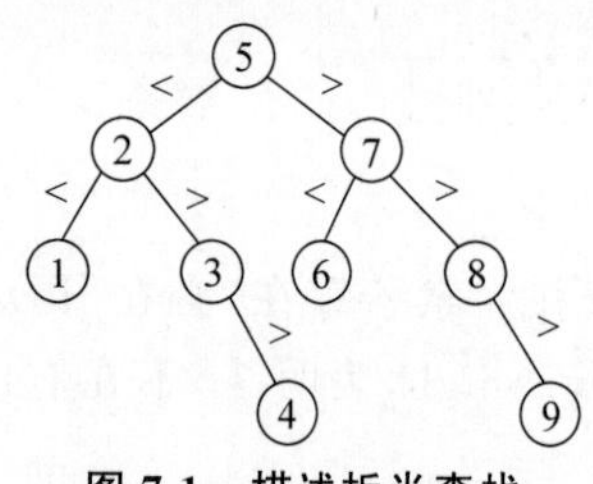

图 7.1 描述折半查找过程的判定树

上述 9 个元素的有序表的查找过程可用如图 7.1 所示的二叉判定树来描述。从二叉判定树上可以看到,查找 83 恰是走了一条从根结点到结点⑧的路径。显然,找到有序表中任一记录的过程,对应判定树中从根结点到与该元素相对应结点的路径,而所做比较的次数恰为该结点在判定树上的层次数。因此,折半查找成功时,与关键字的比较次数最多不超过判定树的深度。由于判定树的叶子结点所在层次之差最多为 1,故 n 个结点的判定树的深度与 n 个结点的完全二叉树的深度相等,均为$\lceil \log_2(n+1) \rceil$。这样,折半查找成功时,与关键字的比较次数最多不超过$\lceil \log_2(n+1) \rceil$。

折半查找失败时的过程对应判定树中从根结点到某个含空指针结点的路径。在上述例子中,查找 31 恰是这样的过程。把判定树上的所有结点的空指针域上加一个指向方形结点(该结点并不存在,指向该结点的指针为空)的指针,称这些方形结点为外部结点,则图 7.1 表示的判定树加上外部结点后可用如图 7.2 所示的判定树表示,图中方形结点中的"$i \sim i+1$"的含义为被查找的关键字 k 是介于 $r[i]$.key 和 $r[i+1]$.key 之间的。显然,折半查找不成功的过程就是走了一条从根结点到外部结点的路径,和给定的关键字的比较次数等于该路径上的内部结点的个数。因此,折半查找不成功时和给定关键字的比较次数最多也不超过判定树的深度$\lceil \log_2(n+1) \rceil$。因为 31 的值介于第 3 个关键字和第 4 个关键字之间,查找 31 是走了一条从根结点到方形结点"3～4"的路径,即比较 4 次确定查找失败。方形结点"～1""1～2""2～3""5～6""6～7""7～8"均代表查找三次失败的结点,方形结点"3～4""4～5""8～9""9～"均代表查找 4 次失败的结点。

那么,折半查找的平均查找长度是多少呢?

为便于讨论,假定表的长度为 $n=2^h-1$,则相应判定树必为深度是 h 的满二叉树,$h=\log_2(n+1)$。其中,判定树第 1 层上的结点有 1 个,第 2 层上的结点有 2 个,第 3 层上

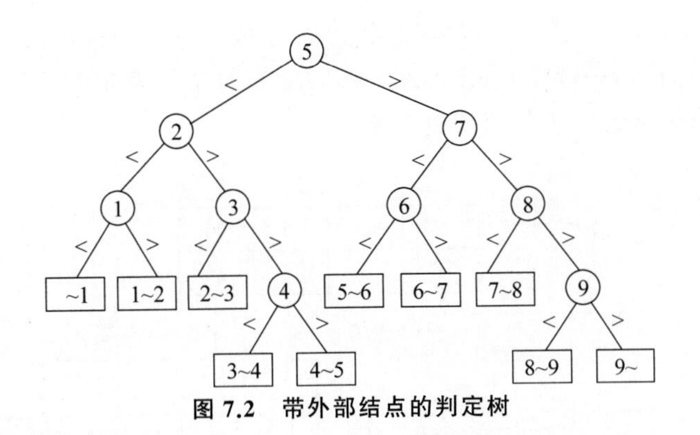

图 7.2　带外部结点的判定树

的结点有 4 个,…,第 h 层上的结点有 2^{h-1} 个。又假设每个记录的查找概率相等,则折半查找成功时的平均查找长度为

$$ASL_{bs}=\sum_{i=1}^{n}p_i c_i=\frac{1}{n}\sum_{j=1}^{h}j\cdot 2^{j-1}=\frac{n+1}{n}\log_2(n+1)-1 \tag{7-7}$$

当 n 较大时,可有下列近似结果。

$$ASL_{bs}=\log_2^{(n+1)}-1 \tag{7-8}$$

对于如图 7.2 所示的 9 个结点的二叉判定树,查找成功时的 ASL 为

$$ASL_{bs}=(1+2+2+3+3+3+3+4+4)/9=25/9$$

查找失败时的 ASL 为

$$ASL_{un}=(3+3+3+4+4+3+3+3+4+4)/10=34/10$$

折半查找方法的优点是比较次数少,查找速度快,平均性能好;其缺点是要求待查找表为有序表。因此,折半查找方法适用于不经常变动而查找频繁的有序表。

7.2.3　分块查找

分块查找(Blocking Search)是一种介于折半查找和顺序查找的查找方法。它要求把一个大的线性表分解成若干块 $B_1,B_2,\cdots,B_n$,每块中的结点可以任意存放,但块与块之间必须有序。假设是按关键字值非递减的,那么这种块与块之间必须满足已排序要求,实际上就是对于任意的 i,第 i 块中所有结点的关键字都必须小于第 $i+1$ 块中所有结点的关键字,即当 $i<j$ 时,B_i 中的记录关键字都小于 B_j 中记录的关键字,这种排列方式称为记录的**分块有序**。查找时,首先在索引表中进行查找,确定要找的结点所在的块。由于索引表是排序的,因此,对索引表的查找可以采用顺序查找或折半查找;然后,在相应的块中采用顺序查找,即可找到对应的结点。分块查找由于只要求索引表是有序的,对块内结点没有排序要求,因此特别适合于结点动态变化的情况。当增加或减少结点时,只需在所在的块插入或删除结点。

将顺序表分成若干块并要求记录分块有序之后,另建一个索引表。每个块在索引表中有一项,称为索引项。索引项在索引表中按有序的方式组织。索引项中包括两个域,一个域存放块中记录关键字的最大值,另一个域存放块的第一个记录在索引表中的位置。

假设有顺序表包含 20 个元素,其关键字序列为(16,25,5,20,9,37,31,29,32,43,68,

71,51,54,60,90,83,80,77,88),将 20 个元素分成 4 个子表($R_1,R_2,\cdots,R_5$)、($R_6,R_7,\cdots,R_{10}$)、($R_{11},R_{12},\cdots,R_{15}$)、($R_{16},R_{17},\cdots,R_{20}$),每个子表 5 个元素,对每个子表建立其对应的索引项,表及索引表的组织见图 7.3。

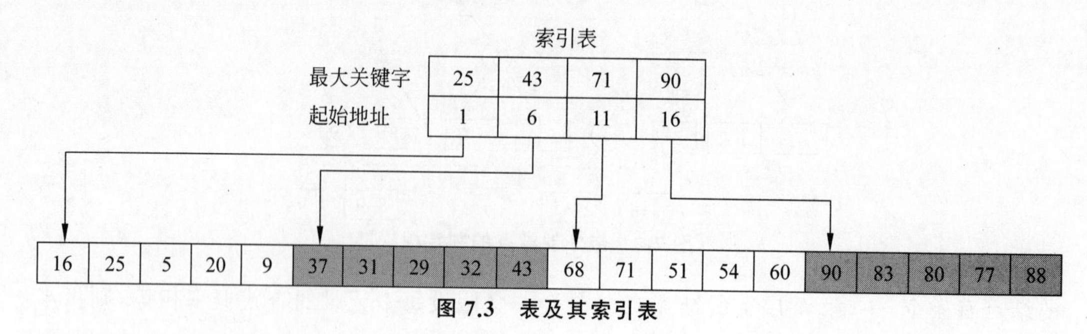

图 7.3 表及其索引表

分块查找的基本过程分为以下两步。

(1) 确定所在的块。首先,在索引表中查找对应的块。将待查关键字 k 与索引表中的关键字进行比较,以确定待查记录所在的块。具体地,可用顺序查找法或折半查找法进行。

(2) 块内查找。进一步用顺序查找法,在相应块内查找关键字为 k 的元素。

例如,在上述索引顺序表中查找 54。首先,将 54 与索引表中的关键字进行比较,因为 43<54<71,所以若 54 在查找表中则应在第三个块中,进一步在第三个块中顺序查找,最后查找到第三个块中第 4 个关键字与其相等。

分块查找的平均查找长度由两部分构成,即查找索引表时的平均查找长度 L_{bn},以及在相应块内进行顺序查找的平均查找长度 L_{se}。

假定将长度为 n 的表分成 b 块,且每块含 s 个元素,则 $b=\lceil n/s \rceil$。又假定表中每个元素的查找概率相等,则每个索引项的查找概率为 $1/b$,块中每个元素的查找概率为 $1/s$。若用顺序查找法确定待查元素所在的块,则有

$$\text{ASL}_{\text{bl}}=L_{\text{bn}}+L_{\text{se}}=\frac{1}{b}\sum_{j=1}^{b}j+\frac{1}{s}\sum_{i=1}^{s}i=\frac{b+1}{2}+\frac{s+1}{2}=\frac{1}{2}\left(\frac{n}{s}+s\right)+1 \qquad (7\text{-}9)$$

可见,这时的平均检索长度不仅和表长 n 有关,也和每一块中的记录个数 s 有关,而且在给定 n 的前提下,s 是可以选择的。容易证明,当 $s=\sqrt{n}$ 时,ASL_{bl} 取最小值 $\sqrt{n}+1$。

若用折半查找法确定待查元素所在的块,则有

$$\text{ASL}_{\text{bl}}\cong\log_2\left(\frac{n}{s}+1\right)+\frac{s}{2} \qquad (7\text{-}10)$$

分块查找的优点是,在顺序表中插入或删除一个元素时,只要找到该元素所在的块,就能在块内进行插入和删除运算,由于块内结点的存放是任意的,所以插入或删除比较容易,不需要移动大量的记录。分块查找的主要缺点是增加一个辅助数组的存储空间和将初始顺序表分块排序的运算。另外,当大量的插入和删除运算使块中的结点数分布不均匀时,查找速度会下降。

上述介绍的顺序查找、折半查找和分块查找三种查找方法中,折半查找的效率最高,但折半查找要求顺序表中的记录按关键字有序,这就要求顺序表的元素基本不变,否则当

在顺序表上进行插入、删除操作时，为保持表的有序性必须移动元素，而且折半查找不适合用链式存储结构实现。顺序查找适用于任何顺序表，但顺序查找的效率较低。分块查找在插入、删除时，也需要移动元素，但是在块内进行的，而块内元素的存放是任意的，且块内元素个数相对较少，所以插入和删除比较容易。分块查找的主要代价是增加了辅助存储空间和将初始表分块排序的运算。

7.3　动态查找表上的查找

电子课件

当用顺序表作为表的组织形式时，折半查找效率较高，但由于折半查找要求表中记录有序，且不适合采用链式存储结构，因此当表的插入和删除操作频繁时，为保持有序性，需要移动表中很多元素，这种由移动元素引起的额外开销，就会抵消折半查找的优点。若要对查找表进行高效率的查找，可采用本节介绍的以二叉树或树作为查找表的组织形式，将它们统称为树表。

7.3.1　二叉排序树

1. 二叉排序树及其查找

二叉排序树(Binary Sort Tree)又称**二叉查找树**(Binary Search Tree)，其定义为：二叉排序树或者是一棵空二叉树，或者是一棵具有下列性质的二叉树。

(1) 若其左子树非空，则左子树上所有结点的值均小于根结点的值。

(2) 若其右子树非空，则右子树上所有结点的值均大于根结点的值。

(3) 根结点的左、右子树均是如上定义的二叉排序树。

二叉排序树是递归定义的，其一般理解是：二叉排序树中的任一结点，其值为 k，只要该结点有左孩子，则左孩子的值必小于 k，只要有右孩子，则右孩子的值必大于 k。由定义可以得出二叉排序树的一个重要性质：中序遍历一棵二叉排序树时可以得到一个按结点值递增的有序序列。如图7.4所示的二叉树就是一棵二叉排序树，若中序遍历图7.4，则可得到一个按结点值递增的有序序列为1,2,3,4,5,6。

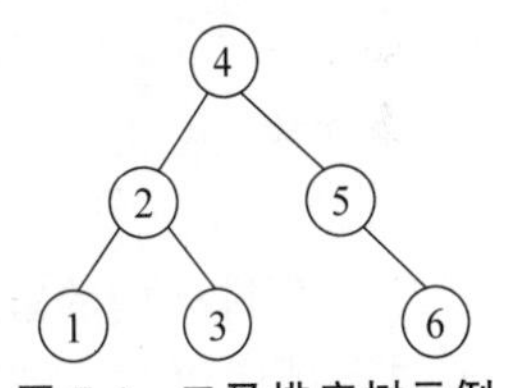

图7.4　二叉排序树示例

二叉排序树一般用二叉链表来存储，其类型定义为

```
typedef int KeyType;                          //KeyType 的类型由用户定义
typedef struct BSTNode
{   KeyType key;                              //关键字域
      …                                       //其他数据域
    struct BSTNode * lchild, * rchild;        //左、右孩子指针
} BSTNode, * BSTree;
```

二叉排序树的查找过程为，首先将给定值和根结点的关键字比较，若相等，则查找成功，否则，若小于根结点的关键字，则在左子树上查找，若大于根结点的关键字，则在右子树上查找。例如，图7.4中查找3、9。查找3可从根结点开始，因为3<4，所以在根结点

的左子树中查找,左子树的根结点的值为 2,而 3>2,所以再到结点 2 的右子树中查找,从而发现 2 的右子树的根结点值为 3,查找成功。查找 9 也是从根结点开始,9>4,到根结点的右子树上查找,右子树的根结点的值为 5,9>5,到结点 5 的右子树查找,右子树的根结点值为 6,9>6,最后到结点 6 的右子树上查找,因为读到了空指针,因此查找失败。上述递归的查找过程可用算法 7.3(a)描述。

二叉排序树的递归查找算法如下。

[**算法 7.3(a)**] 二叉排序树上的递归查找算法

源代码

```
BSTree SearchBST1(BSTree T,keyType k)
{   /*在根指针 T 所指二叉排序树中递归查找某关键字等于 k 的数据元素。若查找成功,则返
回指向该数据元素结点的指针,否则返回空指针*/
    if(!T||k==T->key) return(T);
    else
        if(k<T->key) return(SearchBST1(T->lchild,k));
    else return(SearchBST1(T->rchild,k));
}
```

该算法也可用非递归的形式表示,算法如下。

[**算法 7.3(b)**] 二叉排序树上的非递归查找算法

源代码

```
BSTree SearchBST2(BSTree T,keyType k)
{   /*在根指针 T 所指二叉排序树中非递归查找某关键字等于 k 的数据元素。若查找成功,则
返回指向该数据元素结点的指针,否则返回空指针*/
    p=T;
    while(p!=NULL&&p->key!=k)
        if(k<p->key)
            p=p->lchild;
        else
            p=p->rchild;
    return p;
}
```

2. 二叉排序树的查找分析

二叉排序树上的查找过程实际上是走了一条从根结点到记录所在结点的路径,所需要的比较次数为结点所在的层次数。因此,查找成功时,关键字的比较次数不超过树的深度。但是含有 n 个结点的二叉排序树不是唯一的,从而树的高度也不相同。例如,图 7.5(a)、图 7.5(b)和图 7.5(c)是由相同的关键字组成的二叉排序树,但由于结点输入的顺序不同,得到三棵不同的二叉排序树。第一棵二叉树的深度为 3,第二棵二叉树的深度为 5,而第三棵二叉树的深度为 6。如图 7.5(a)所示的二叉排序树查找成功时的平均查找长度为

$$ASL_{succ}=\frac{1}{6}(1\times1+2\times2+3\times3)=\frac{14}{6}=2.33$$

如图 7.5(b)所示的二叉排序树查找成功时的平均查找长度为

$$ASL_{succ}=\frac{1}{6}(1\times1+2\times2+3\times1+4\times1+5\times1)=\frac{17}{6}=2.83$$

如图 7.5(c)所示的二叉排序树查找成功时的平均查找长度为

$$ASL_{succ}=\frac{1}{6}(1\times1+2\times1+3\times1+4\times1+5\times1+6\times1)=\frac{21}{6}=3.5$$

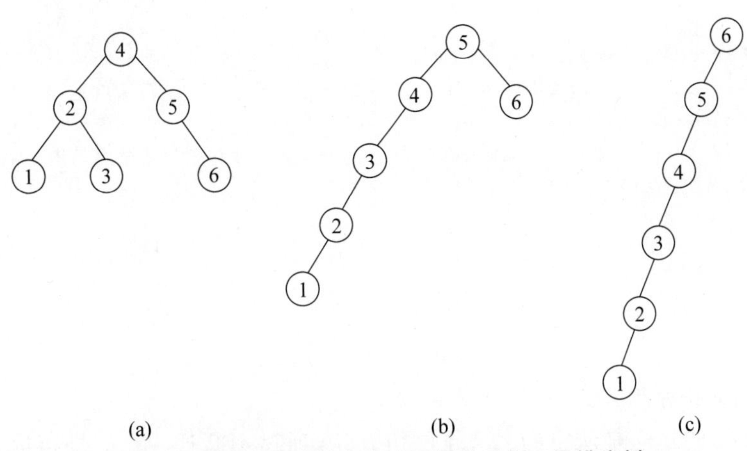

图 7.5　结点相同但输入顺序不同的三棵二叉排序树

由此可见,在二叉排序树上进行查找时的效率与二叉树的形态有关。最好的情况是二叉排序树的深度与 n 个元素的完全二叉树深度相同。此时二叉树的深度为$\lceil \log_2(n+1)\rceil$,最差的情况是二叉排序树是通过有序的结点依次插入生成的,此时的二叉排序树是深度为 n 的单支树,它的平均查找长度与顺序查找相同,也是$\frac{n+1}{2}$。就平均性能而言,二叉排序树上的查找和折半查找相差不大,但二叉排序树上的插入和删除结点十分方便,无须移动大量的元素。因此,对于需要经常进行插入、删除和查找运算的查找表,采用二叉排序树结构比较好。

3. 二叉排序树的插入

二叉排序树上的插入是以查找为基础的,已知一个关键字值为 k 的结点,若将其插入二叉排序树中,只要保证插入后仍符合二叉排序树的定义。新插入的结点一定是一个新添加的叶子结点,并且是查找不成功时查找路径上访问的最后一个结点的左孩子或右孩子。

二叉排序树上插入结点的方法如下。

(1) 若二叉排序树是空树,则 k 成为二叉排序树的根。

(2) 若二叉排序树非空,则将 k 与二叉排序树的根进行比较,如果 k 的值等于根结点的值,则停止插入;如果 k 的值小于根结点的值,则将 k 插入左子树;如果 k 的值大于根结点的值,则将 k 插入右子树。

算法如下。

[**算法 7.4**]　二叉排序树上的插入

源代码

```
void InsertBST(BSTree * T,keyType k)
{   //若二叉排序树 * T 中没有关键字 k,则插入,否则直接返回
    p= * T;                                          //p 的初值指向根结点
    while(p)                                         //查找插入位置
```

```
    {   if (p->key==k) return;                              //树中已有 k,无须插入
        f=p;                                                //f 保存当前查找的结点
        p=(k<p->key)?p->lchild:p->rchild;                   //k<p->key 在左子树上查找,
                                                            否则在右子树上查找
    }
    p=(BSTNode *)malloc(sizeof(BSTNode));                   //生成新结点
    p->key=k;   p->lchild=p->rchild=NULL;                   //新结点是叶子结点
    if(*T==NULL)
        *T=p;                                               //新结点是根结点
    else
    if (k<f->key)
        f->lchild=p;                                        //插入左子树
    else
        f->rchild=p;                                        //插入右子树
}
```

4. 建立二叉排序树

二叉排序树的建立是从空的二叉排序树开始,通过不断插入结点即可完成。即输入一个元素,就调用一次插入算法将其插入当前生成的二叉排序树中。

例 7.2 设关键字序列为(4,2,5,6,1,3),说明建立二叉排序树的过程。

解答:具体过程如图 7.6 所示。

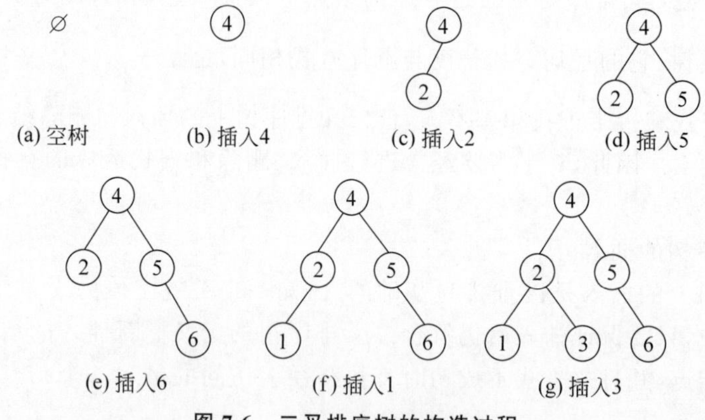

图 7.6 二叉排序树的构造过程

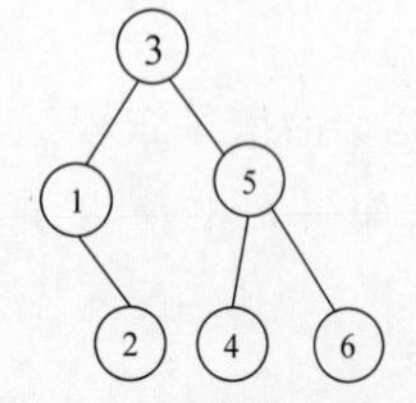

图 7.7 改变输入次序的二叉排序树

类似地,若输入序列为(3,1,5,2,6,4),其建立的二叉排序树如图 7.7 所示。虽然上述两种序列输入顺序不同,但建立的二叉排序树的深度是一致的,其平均查找长度也相同。

5. 二叉排序树上结点的删除

从二叉排序树中删除一个结点,不能把以该结点为根的子树删除,只能删除该结点,并且还应保证删除后所得的二叉树仍然满足二叉排序树的性质不变。也就是说,在二叉排序树中删除一个结点相当于删除有序序列中的一个元素。

删除操作首先要进行查找,确定被删结点是否在二叉排序树中。若不在二叉排序树中,则不做任何操作;否则,假设要删除的结点为 $^{*}p$,结点 $^{*}p$ 的双亲为 $^{*}f$,并假设结点

* p 是 * f 的左孩子(右孩子情况类似),分为下面三种情况讨论。

(1) 若被删结点 * p 是叶子结点,则可以直接删除,并置双亲结点 * f 的左指针为空。

(2) 若被删结点 * p 只有左子树或只有右子树,如图 7.8(a)所示,则根据 * p 是双亲 * f 的左孩子,令其双亲 * f 的左指针指向 * p 的左子树或右子树,删除 * p 结点,如图 7.8(b)所示。

(3) 若被删结点 * p 既有左子树也有右子树,如图 7.8(c)所示,则可以有以下两种处理方式。

① 用左子树上结点值最大的结点 * s(该结点是被删结点在中序遍历中的前驱,即 * p 结点左孩子 * q 的右子树上最右下的结点)替换 * p 结点,并对指向的结点指针进行适当调整,如图 7.8(d)所示。详见算法 7.5。

② 用右子树上结点值最小的结点(该结点是被删结点在中序遍历中的后继,即 * p 结点右孩子的左子树上最左下的结点)替换 * p 结点,并对指向的结点指针进行适当调整。

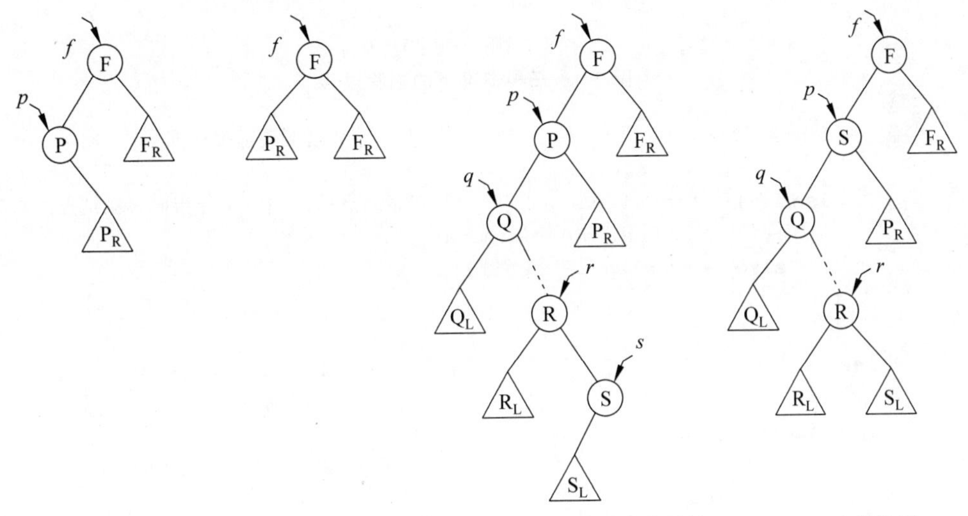

图 7.8　在二叉排序树上删除结点

图 7.9 是三种情况下的具体示例。

二叉排序树上删除结点算法如下。

[算法 7.5]　二叉排序树上删除结点

```
void DelBST(BSTree *T,keyType k)
{  //在二叉排序树 *T 中删除关键字为 k 的结点
   p=*T;  f=NULL;                            //f 最终是指向被删除结点的双亲
   while(p)
   {  if(p->key==k) break;                   //找到关键字为 k 的结点
      f=p;
      p=(k<p->key)?p->lchild:p->rchild;      //分别在 *p 的左、右子树中查找
   }
   if(!p) return;                            //二叉排序树中无关键字为 k 的结点
   if(!p->lchild)                            //被删结点 *p 无左孩子
```

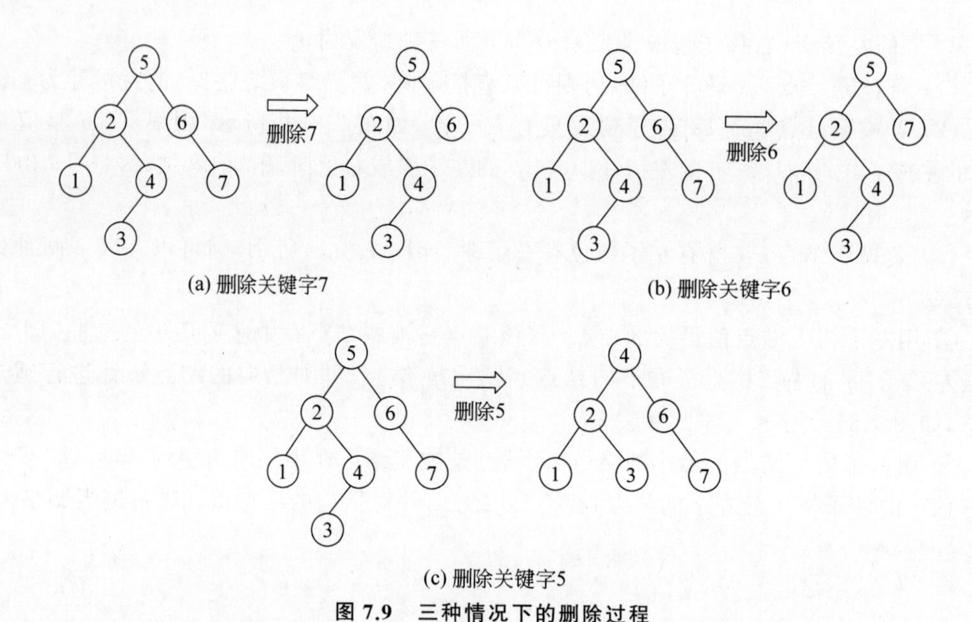

(a) 删除关键字7
(b) 删除关键字6
(c) 删除关键字5

图 7.9 三种情况下的删除过程

```
    {   if(p== * T)                                 //被删结点是根结点
            * T==p->rchild;
        else if(f->lchild==p)            //将双亲结点的左(右)指针指向被删结点的右孩子
                    f->lchild=p->rchild;
            else f->rchild=p->rchild;
        free(p);
    }
    else                                            //被删结点*p有左孩子
    {   q=p;s=p->lchild;                     //*s是*p中序遍历的前驱,*q是*s的双亲
        while(s->rchild)
        {   q=s;                                    //查找*p的中序遍历的前驱*s
            s=s->rchild;
        }
        p->key=s->key;                              //*p用其中序前驱的值替换
        if(q!=p)
            q->rchild=s->lchild;                    //将*s的左子树链接到*q的右链上
        else
            p->lchild=s->lchild;                    //*p的左子树的根结点无右孩子
        free(s);
    }
}
```

7.3.2 平衡二叉树

1. 平衡二叉树的定义

二叉排序树的查找效率取决于树的形态,我们称平均查找长度最小的二叉排序树为**最佳二叉排序树**。因为二叉排序树的形态与结点的插入次序有关,最佳二叉排序树难以构造,我们希望找到一种动态调节的方法,使得对于任意的插入顺序,都能得到一棵形态

匀称的二叉排序树,这就是平衡二叉树。

平衡二叉树(Balanced Binary Tree),因由苏联数学家 Adelson-Velskii 和 Landis 发明,所以又称 AVL 树。它或者是一棵空二叉树,或者是具有下列性质的二叉树:二叉树中任一结点的左、右子树高度之差的绝对值不大于 1,则称这棵二叉树为平衡二叉树。称结点的左、右子树高度差为该结点的平衡因子。通过平衡二叉树的定义可知,平衡二叉树上所有结点的平衡因子只能是−1、0、1。反之,只要二叉树上一个结点的平衡因子的绝对值大于 1,则该二叉树就不是平衡二叉树。图 7.10(a)不是平衡二叉树,而图 7.10(b)是平衡二叉树。图中每个结点外侧数字是该结点的平衡因子。

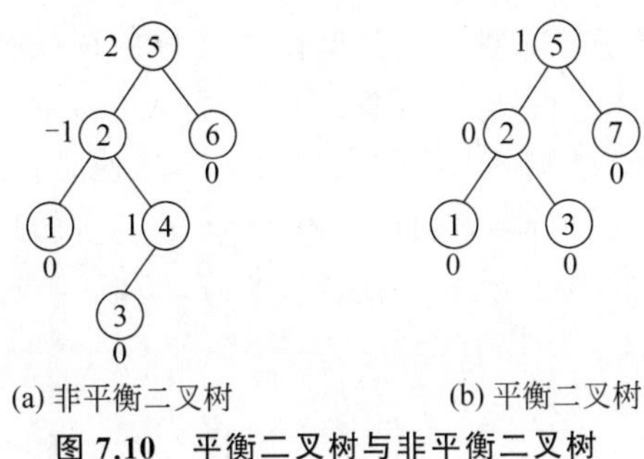

图 7.10　平衡二叉树与非平衡二叉树

平衡二叉树的类型定义为

```
typedef int KeyType;                          //KeyType 的类型由用户定义
typedef struct AVLNode
{   keyType  key;
    int bf;                                   //结点的平衡因子
    struct AVLNode * lchild, * rchild;        //左、右孩子指针
}AVLNode , * AVLTree;
```

如何构造一棵平衡二叉树呢?动态地调整二叉排序树使之平衡的方法是:每当插入一个结点时,首先检查是否破坏了二叉树的平衡性,如果因插入结点而破坏了二叉排序树的平衡,则需要进行调整。图 7.11 给出了具体的调整示例。

调整之前要找出其中**最小不平衡子树**。**最小不平衡子树**是指离插入结点最近,且平衡因子的绝对值大于 1 的祖先结点,因为此结点失去平衡,使得该结点的祖先结点也可能随之失去平衡。所以,失衡后应该调整以该结点为根的子树。

假设关键字的插入顺序为(5,3,7,2,1)。每插入一个结点,需要重新计算插入操作经过的路径上所有结点的平衡因子,如图 7.11(a)所示,插入 1 后,5、3 两个结点的平衡因子都是 2,需要调整,此时 3 是最小不平衡子树的根。对于以 3 为根结点的子树来说,是其左孩子的左子树最下方插入了新结点致使二叉排序树失去了平衡性,这种类型属于 LL 型,需要做一次旋转。其调整的方法是以 2 为轴,使其双亲向右下做顺时针旋转,旋转后结点 1、2、3 的平衡因子都为 0,而且仍然保持二叉排序树的特性(旋转后的二叉排序树如图 7.11(b)所示)。

如图 7.12(a)所示,在插入结点 4 后,结点 5 的平衡因子为 2,需要调整。结点 5 是最小不平衡子树的根。此时,结点 4 插入在结点 5 的左孩子结点 2 的右子树上,对于以结点

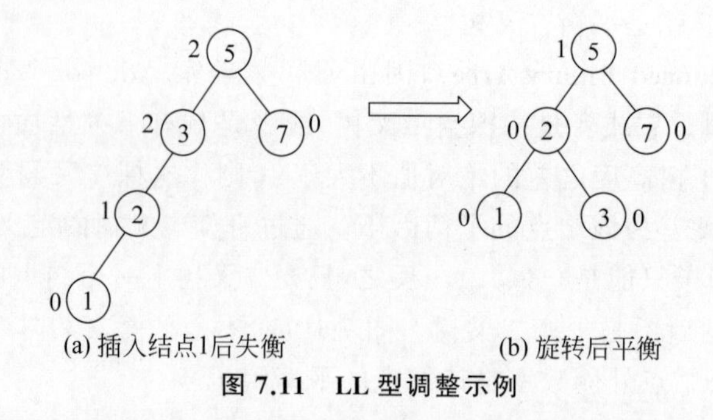

(a) 插入结点1后失衡　　(b) 旋转后平衡

图 7.11　LL 型调整示例

5 为根的子树来说，此类属于 LR 型。既要保持二叉排序树的特性，又要平衡，则需要做两次旋转。首先以结点 3 作为根结点，而使结点 2 成为它的左子树的根，即向左下做逆时针旋转，如图 7.12(b)所示。然后再以结点 3 为根结点，使结点 5 向右下做顺时针旋转。也就是说，LR 型先向左逆时针旋转，再向右顺时针旋转。旋转后结点 5 的平衡因子为 0，而且仍然保持二叉排序树的特性(旋转后的二叉排序树如图 7.12(c)所示)。

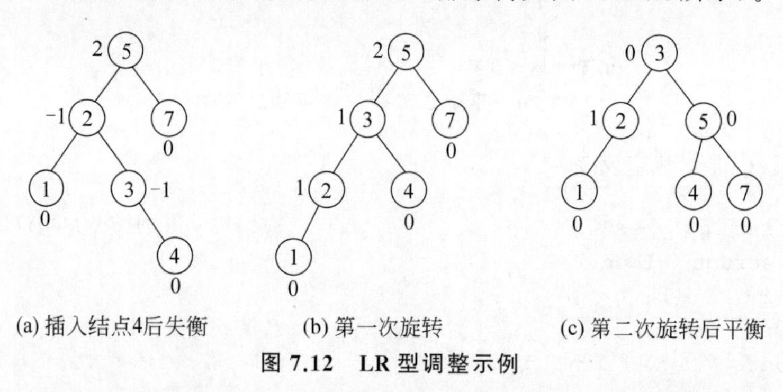
(a) 插入结点4后失衡　　(b) 第一次旋转　　(c) 第二次旋转后平衡

图 7.12　LR 型调整示例

如图 7.13(a)所示，在插入结点 8 和 9 后，结点 3、5 和 7 的平衡因子为－2，需要调整，结点 7 是最小不平衡子树的根。此时，结点 9 插入在结点 7 的右孩子结点 8 的右子树上，对于以结点 7 为根的子树来说，此类属于 RR 型，既要保持二叉排序树的特性，又要平衡，则必须以结点 8 作为根结点，而使结点 7 向左下做逆时针旋转，使结点成为它的左子树的根。旋转后结点 7、8、9 的平衡因子为 0，而且仍然保持二叉排序树的特性，旋转后的二叉排序树如图 7.13(b)所示。

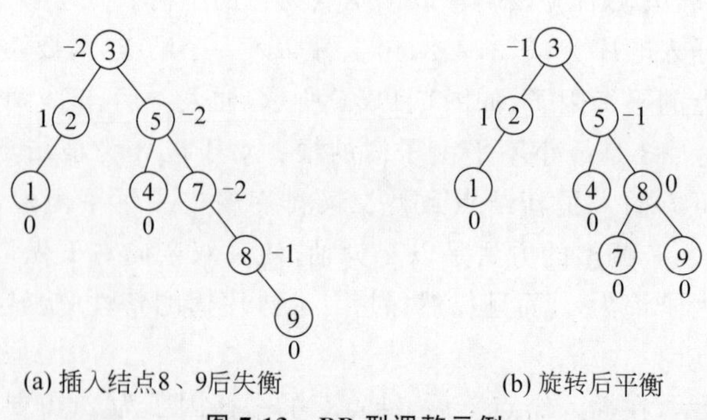
(a) 插入结点8、9后失衡　　(b) 旋转后平衡

图 7.13　RR 型调整示例

如图7.14(a)所示，插入结点6之后，对于以结点5为根结点的子树来说，是其右孩子的左子树最下方插入了新结点致使二叉排序树失去了平衡性，这种类型属于RL型，需要做两次旋转，先以7为轴，使其双亲向右下做顺时针旋转，旋转后如图7.14(b)所示。再以7为轴，使结点5向左做逆时针旋转，结点7的左子树插入结点5的右子树上，旋转后的二叉排序树如图7.14(c)所示。通过不断地调整，保证了整个二叉排序树的平衡性。

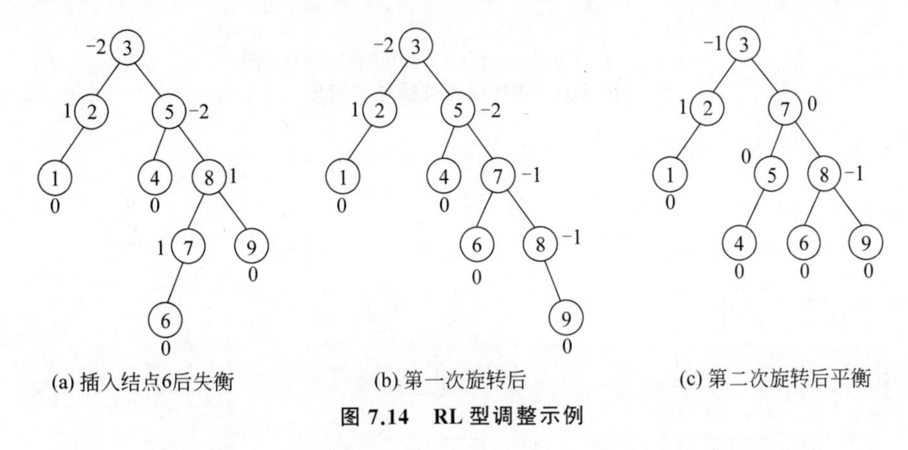

图7.14　RL型调整示例

一般情况下，假设由于在二叉排序树上插入结点而失去平衡的最小不平衡子树根结点的指针为A，则失去平衡后进行调整的规律可归纳为下列4种。

(1) LL型：插入结点前A的平衡因子为1，A的左孩子B的平衡因子为0。由于在B的左子树上插入结点，使A的平衡因子由1增至2而失去平衡，如图7.15(a)所示。调整方法是对A、B及B的左子树做一次顺时针旋转，将B转上去作根，A转到右下作B的右孩子。如果B原来有右子树，则该右子树调整改作A的左子树。旋转完成后，A、B的平衡因子全部变为0。调整过程如图7.15(b)所示。

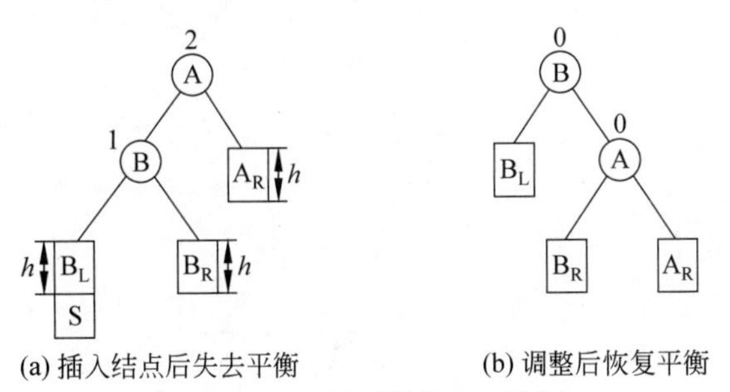

图7.15　LL型调整操作示意图

(2) RR型：由于在A的右孩子B的右子树上插入结点，使A的平衡因子由−1减至−2而失去平衡，如图7.16(a)所示。需要进行一次逆时针旋转操作。调整过程如图7.16(b)所示。

(3) LR型：插入结点前A的平衡因子为1，A的左孩子B的平衡因子为0。由于在B的右子树上插入结点，使A的平衡因子由1增至2而失去平衡，如图7.17(a)所示。调整需要做两次旋转。第一次对B及B的右子树做逆时针旋转，B的右孩子C转上去作子树的根，B转到左下作C的左孩子。如果C原来有左子树，则调整左子树改作B的右子树，如图7.17(b)所示。第一次旋转后情况变成了LL型，所以再做一次LL型旋转就可

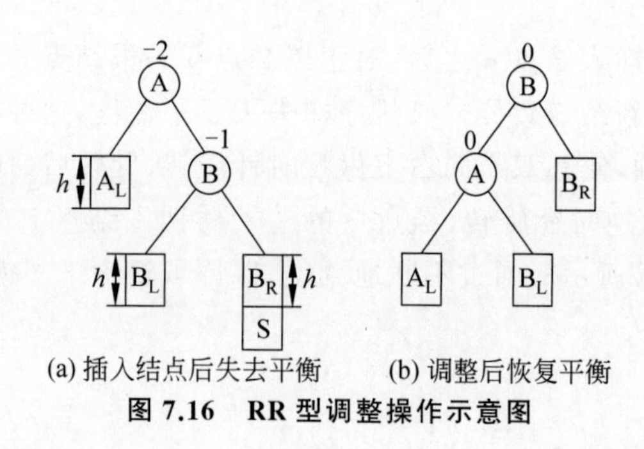

(a) 插入结点后失去平衡　　(b) 调整后恢复平衡

图 7.16　RR 型调整操作示意图

以恢复平衡,如图 7.17(c)所示。

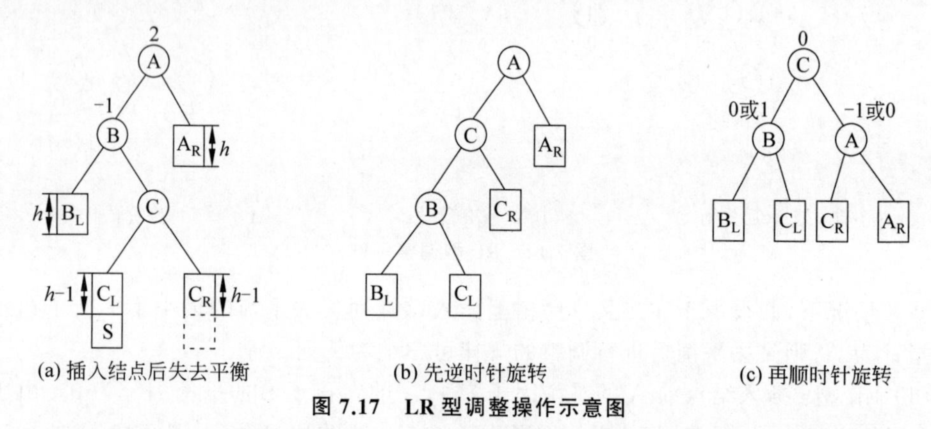

(a) 插入结点后失去平衡　　(b) 先逆时针旋转　　(c) 再顺时针旋转

图 7.17　LR 型调整操作示意图

(4) RL 型:由于在 A 的右孩子 B 的左子树上插入结点,使 A 的平衡因子由－1 减至－2 而失去平衡,如图 7.18(a)所示。需要进行两次旋转操作,先顺时针,再逆时针。调整过程如图 7.18(b)和图 7.18(c)所示。

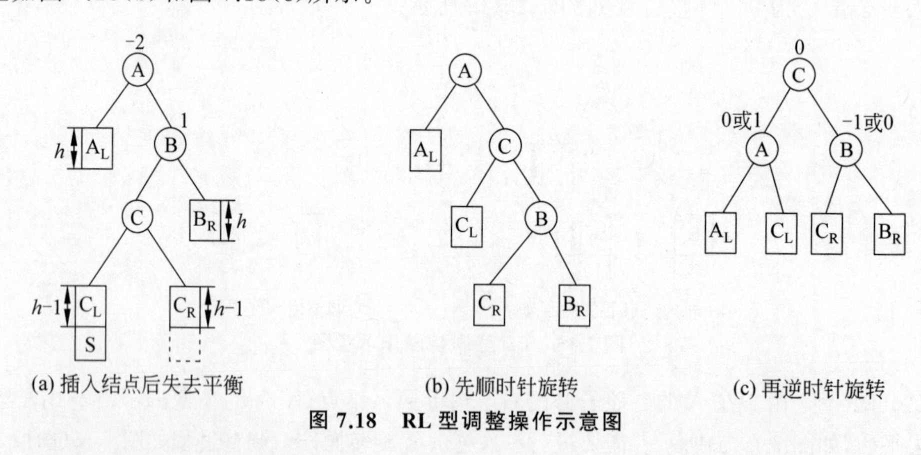

(a) 插入结点后失去平衡　　(b) 先顺时针旋转　　(c) 再逆时针旋转

图 7.18　RL 型调整操作示意图

2. AVL 树上结点的插入算法

设在平衡二叉树中插入关键字为 k 的结点,下面介绍 AVL 树结点插入算法,在算法中要注意以下三点。

(1) 结点插入后,若平衡二叉树失去了平衡,则要找到最小不平衡子树。

在寻找新结点的插入位置时,始终令 a 指向离插入位置最近且平衡因子不为零的结点，若这样的结点不存在，则 a 指向根结点，fa 指向 $^*a$ 的双亲，$^*T$ 是 AVL 的根，s 指向待插入的结点。若树中已有关键字与 k 相同的结点，则无须插入 $^*s$。

（2）当插入树中后，如何修改有关结点的平衡因子？

$^*s$ 插入二叉树中后，$^*a$ 是离 $^*s$ 最近的且平衡因子不为零的结点，也就是说，在该路径上只有 $^*a$ 的平衡因子不为零，其余各结点 $^*p$ 的平衡因子均为零。因此，只要从该路径上 $^*a$ 的孩子结点 *ca 开始，从上到下依次扫描路径上的结点 $^*p$。若 $^*s$ 插入 $^*p$ 的左子树中，则 $^*p$ 的左子树高度增 1，即 $^*p$ 的平衡因子由 0 变为 1；否则，$^*p$ 的右子树高度增 1，即 $^*p$ 的平衡因子由 0 变为 −1。

（3）如何判断根的子树是否失去平衡？

若原 $^*a$ 的左、右子树等高，则 $^*s$ 插入后仅使 $^*a$ 的左子树高度增 1 或右子树高度增 1，所以，插入后不会失去平衡。若原 $^*a$ 的平衡因子为 1 或 −1，此时，如果 $^*s$ 是插入高度较小的子树中，则 $^*a$ 的左、右子树变为等高，只要令 a->bf=0 即可。如果不是上述情况，则 $^*s$ 是插入 $^*a$ 的原较高的子树中，使得 AVL 树失去平衡，以 $^*a$ 为根的子树就是最小不平衡子树。这时可根据 $^*s$ 的插入位置来判别使用哪种调整操作做出相应的处理，将以 $^*a$ 为根的子树调整为平衡的新子树，并把新子树连接到原来 $^*a$ 的双亲结点 *fa 上。

平衡二叉树上插入结点算法如下。

[**算法 7.6**]　平衡二叉树上插入结点

源代码

```
#include <stdio.h>
#include <stdlib.h>

typedef int KeyType;                    //KeyType 的类型由用户定义
typedef struct AVLNode {
    KeyType key;
    int bf;                             //结点的平衡因子
    struct AVLNode * lchild, * rchild; //左、右孩子指针
} AVLNode, * AVLTree;

//LL 型旋转
void LL(AVLTree * a, AVLTree fa) {
    AVLTree b = (* a)->lchild;
    b=(* a)->lchild;                    //b 指向新的根结点
    (* a)->lchild=b->rchild;            //b 的右孩子作为原来根结点的左孩子
    b->rchild= * a;                     //原来的根结点 a 作为新的根结点的右孩子
    (* a)->bf=0; b->bf=0;               //修改结点的平衡因子
    if(fa)    {
        if(fa->lchild== * a) fa->lchild=b;
                                        //新根结点 b 作为原来根结点双亲的左或右孩子
          else fa->rchild=b;
      }
     * a=b;                             //* a 返回新子树的根结点的指针
}

//LR 型旋转
void LR(AVLTree * a, AVLTree fa) {
    AVLTree b = (* a)->lchild;          //b 是原来根结点的左孩子，c 指向新的根结点
```

```
    AVLTree c = b->rchild;
    (*a)->lchild=c->rchild;                    //c的右孩子作为原来根结点的左孩子
    b->rchild=c->lchild;                       //b的右孩子作为新的根结点c的左孩子
    c->lchild=b;                               //b作为新的根结点c的左孩子
    c->rchild=*a;                              //原来的根结点a作为新的根结点c的左孩子
    switch(c->bf) {                            //修改结点的平衡因子
        case 0:  (*a)->bf=0;  b->bf=0; break;
        case 1:  (*a)->bf=-1; b->bf=0; break;
        case -1: (*a)->bf=0;  b->bf=1; break;
    }
    c->bf=0;
    if(fa)    {
        if(fa->lchild==*a)
        fa->lchild=c;                          //新根结点c作为原来根结点双亲的左或右孩子
        else fa->rchild=c;
    }
    *a=c;                                      //*a返回新子树的根结点的指针
}

//RR 型旋转
void RR(AVLTree *a, AVLTree fa) {
    AVLTree b = (*a)->rchild;
    (*a)->rchild=b->lchild;                    //b的左孩子作为原来根结点的右孩子
    b->lchild=*a;                              //原来的根结点a作为新的根结点的左孩子
    (*a)->bf=0; b->bf=0;                       //修改结点的平衡因子
    if(fa){
        if(fa->lchild==*a)                     //新根结点b作为原来根结点双亲的左或右孩子
            fa->lchild=b;
        else fa->rchild=b;
    }
    *a=b;                                      //*a返回新子树的根结点的指针
}

//RL 型旋转
void RL(AVLTree *a, AVLTree fa) {
    AVLTree b = (*a)->rchild;                  //b是原来根结点的左孩子,c指向新的根结点
    AVLTree c = b->lchild;
    (*a)->rchild=c->lchild;                    //c的左孩子作为原来根结点的右孩子
    b->lchild=c->rchild;                       //b的左孩子作为新的根结点c的右孩子
    c->rchild=b;                               //b作为新的根结点c的右孩子
    c->lchild=*a;                              //原来的根结点a作为新的根结点c的左孩子

    switch(c->bf) {                            //修改结点的平衡因子
        case 0: (*a)->bf=0; b->bf=0;  break;
        case 1: (*a)->bf=0; b->bf=-1; break;
        case -1:(*a)->bf=1; b->bf=0;  break;
    }
    b->bf=0;
    if(fa){
        if(fa->lchild==*a)  fa->lchild=c;
                                               //新根结点c作为原来根结点双亲的左或右孩子
        else fa->rchild=c;
    }
```

```
    * a=c;                                          //* a 返回新子树的根结点的指针
}

//平衡二叉树上插入结点
void AVLInsert(AVLTree * T, KeyType k) {
    AVLTree s, a = NULL, fa = NULL, p, q, ca;
    s = (AVLTree)malloc(sizeof(AVLNode));           //生成数据元素为 k 的新结点 * s
    s->key = k;
    s->lchild = s->rchild = NULL;
    s->bf = 0;
    if ( * T == NULL) //原 AVL 树为空,则插入后 * s 为根结点
        * T = s;
    else { //查找 * s 的插入位置 * q,同时记录距离插入位置最近且平衡因子不等于 0 的结
          //点 * a
        a = * T;
        fa = NULL;
        p = * T;
        q = NULL;
        while (p != NULL) {
            if (p->key == k) {
                printf("键值 %d 已存在,插入失败\n", k);
                free(s);                            //释放新节点
                return;
            }
            if (p->bf != 0) {
                a = p;
                fa = q;
            }
            q = p;
            if (s->key < p->key) p = p->lchild;     //进入 * p 的左子树
            else p = p->rchild;                     //进入 * p 的右子树
        }
        //插入 * s
        if (s->key < q->key)
            q->lchild = s;
        else
            q->rchild = s;
        //确定结点 * ca,并修改 * a 的平衡因子
        if (s->key < a->key) {
            ca = a->lchild;
            a->bf=a->bf+1;
        } else {
            ca = a->rchild;
            a->bf=a->bf-1;
        }
        p = ca;
        while (p != s)                              //修改 * ca 至 * s 路径上各结点的平衡因子
            if (s->key < p->key) {                  //* p 的左子树高度增 1
                p->bf = 1;
                p = p->lchild;
            } else {
                p->bf = -1;
                p = p->rchild;
```

```
        }
        //判断平衡类型并做调整
        if (a->bf == 2 && ca->bf == 1)
            LL(&a, fa);                                      //LL 型旋转
        else if (a->bf == 2 && ca->bf == -1)
            LR(&a, fa);                                      //LR 型旋转
        else if (a->bf == -2 && ca->bf == -1)
            RR(&a, fa);                                      //RR 型旋转
        else if (a->bf == -2 && ca->bf == 1)
            RL(&a, fa);                                      //RL 型旋转

        if (fa == NULL) {
            * T = a;                                         //更新根节点
        }
    }
}

//中序遍历
void InOrderTraversal(AVLTree T) {
    if (T) {
        InOrderTraversal(T->lchild);
        printf("%d ", T->key);
        InOrderTraversal(T->rchild);
    }
}

//释放 AVL 树
void FreeAVLTree(AVLTree T) {
    if (T) {
        FreeAVLTree(T->lchild);
        FreeAVLTree(T->rchild);
        free(T);
    }
}

int main() {
    int n, i;
    printf("请输入结点个数: ");
    scanf("%d", &n);

    AVLTree root = NULL;                                     //初始化 AVL 树为空
    KeyType k;

    printf("请输入结点值(用空格分隔): ");
    for (i = 0; i < n; i++) {
        if (scanf("%d", &k) != 1) {
            printf("输入错误,请输入有效的整数!\n");
            while (getchar() != '\n');                       //清空输入缓冲区
            i--;                                             //重新输入
            continue;
        }
        AVLInsert(&root, k);
    }
```

```
    printf("平衡二叉树的中序遍历结果为:\n");
    InOrderTraversal(root);
    printf("\n");

    FreeAVLTree(root);                              //释放内存
    root = NULL;                                    //避免悬空指针
    return 0;
}
```

3. AVL 树查找分析

现在分析在平衡二叉树上查找关键字为给定值的记录的时间复杂度。在平衡二叉树上进行查找的过程和二叉排序树相同，因而在查找过程中和关键字进行比较的次数不超过二叉树的深度。那么，含有 n 个关键字的平衡二叉树最大深度是多少呢？先分析深度为 h 的平衡二叉树所具有的最少结点数。假设以 N_h 表示深度为 h 的平衡二叉树中含有的最少结点数。显然，$N_0=0$，$N_1=1$，$N_2=2$，并且 $N_h=N_{h-1}+N_{h-2}+1$。这个关系和斐波那契序列非常相似。利用归纳法可证明：当 $h\geqslant 0$ 时，$N_h=F_{h+2}-1$，而 F_h 约等于 $\varphi^h/\sqrt{5}\left(这里\ \varphi=\dfrac{1+\sqrt{5}}{2}\right)$，则 $N_h\approx\varphi^{h+2}/\sqrt{5}-1\approx 2^h-1$。即 $h\approx\log_2^{(N_h+1)}$。因此，在 AVL 上进行查找的时间复杂度为 $O(\log_2 n)$。

*7.3.3　B-树

前面讨论的查找方法适用于组织规模较小、内存中能容纳的数据，是内查找方法。对于较大的存放于外存储器中的文件不适用，因为这些查找方法都以结点为单位，这样就要反复地进行内、外存的交换，从而浪费很多时间。1970 年，R.Bayer 和 E.Mecreight 为此提出了一种适用于外查找的树——B-树。B-树是一种平衡、有序、多路、动态的查找树，它是磁盘文件系统中索引技术常用的一种数据结构形式，如磁盘管理系统中的目录管理以及数据文件中的索引组织大多采用 B-树。

1. B-树的定义

一棵 m 阶的 B-树，或为空树，或为满足下列特性的 m 叉树。

(1) 树中每个结点至多有 m 棵子树(即最多有 $m-1$ 个关键字)。

(2) 若根结点不是叶子结点，则至少有两棵子树。

(3) 除根结点之外的所有非终端结点至少有 $\lceil m/2\rceil$ 棵子树(即最少有 $\lceil m/2\rceil-1$ 个关键字)。

(4) 所有的非终端结点中包含下列信息数据($n,P_0,K_1,P_1,K_2,P_2,\cdots,K_n,P_n$)，其中，$K_i(i=1,2,\cdots,n)$ 为关键字，且 $K_i<K_{i+1}(i=1,2,\cdots,n-1)$，$P_i(i=0,1,\cdots,n)$ 为指向子树根结点的指针，且指针 P_{i-1} 所指子树中所有结点的关键字均小于 $K_i(i=1,2,\cdots,n)$，P_i 所指子树中所有结点的关键字均大于 K_i，$n(\lceil m/2\rceil-1\leqslant n\leqslant m-1)$ 为关键字的个数。

(5) 所有叶子结点都出现在同一层次上，并且不带信息(可以看作外部结点或查找失败的结点，实际上这些结点不存在，指向这些结点的指针为空)。

如图 7.19 所示的是一棵 5 阶 B-树，在这棵 B-树中，所有的叶子结点都在同一层次上，这体现了它平衡的特点。树中的每个结点中的关键字都是有序的，并且关键字两边的两棵子树中的关键字分别小于、大于该关键字。另外还可以看到，在这棵B-树中，除叶子结点外，有的结点中是两个关键字、三棵子树，有的结点中是四个关键字、五棵子树，这体现了它多路的特点。一般地，一个 m 阶的B-树，每个结点中最多可以有 m 个分支、$m-1$ 个关键字。上述5阶B-树中结点的最多分支数为5即至多4个关键字。除根结点外的非终端结点最少分支数为3即至少2个关键字。

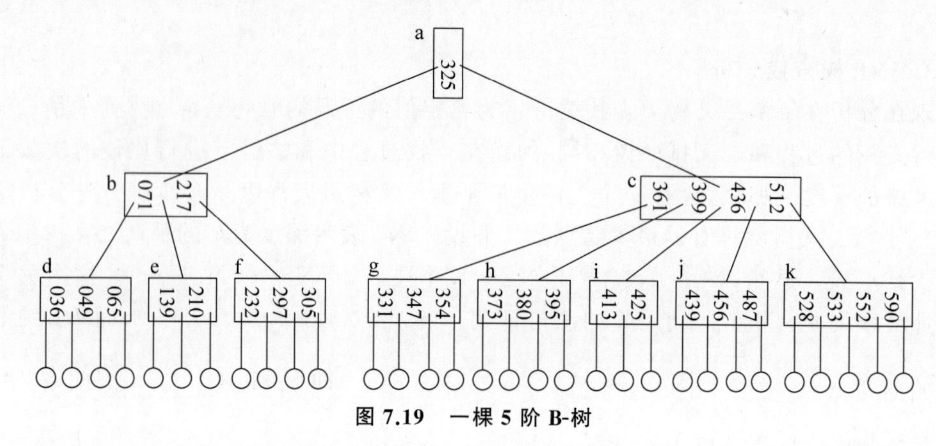

图 7.19　一棵 5 阶 B-树

B-树的类型定义如下。

```
#define Max 1000
#define Min 500
typedef int KeyType;                          //KeyType 的类型由用户定义
typedef struct BTreeNode
{   int keynum;                               //结点中关键字的个数
    keyType key[Max+1];                       //关键字向量,0 号单元未用
    struct BTreeNode * parent;                //指向双亲结点
    struct BTreeNode * son[Max+1];            //子树指针向量
}BTreeNode, * BTree;
```

2. B-树的查找

由B-树的定义可知，在B-树上进行查找的过程和二叉排序树的查找过程不同的是二叉排序树的结点中只含有一个关键字两个指针，而在B-树的结点中则最多可以有 $m-1$ 个关键字 m 个指针。

现举例说明B-树上进行查找的过程。在图7.19中查找关键字为413的结点，首先从根结点开始，根据根结点指针找到结点 $^*a$，因为结点 $^*a$ 中只有一个关键字，其给定值325小于关键字413，因此若存在待查找的关键字，则必在 $^*a$ 结点中的右指针所指向的子树内。由该指针找到结点 $^*c$，该结点中有4个关键字(361,399,436,512)，由于413在399和436这两个关键字值之间，因此若存在待查找的关键字，则必在 $^*c$ 结点中的第3个指针所指向的子树内。由该指针找到结点 $^*i$，在结点 $^*i$ 中顺序查找，找到了关键字413，至此查找成功。

由此可见，上述查找过程包括以下两种基本操作。

(1) 顺指针查找结点。

(2) 在结点中顺序查找关键字。

B-树上进行查找的过程也就是这两种基本操作交叉进行的过程。算法如下。

[**算法 7.7**]　B-树上的查找

源代码

```
BTree SearchBTree(BTree T,keyType k,int *pos)
{   //在 B-树中查找关键字 k,成功时返回结点的地址及 k 在其中的位置 *pos,失败返回 NULL
    T->key[0]=k;                          //设置哨兵,下面用顺序查找 key[1..keynum]
    for(i=T->keynum; k<T->key[i]; i--);   //从后向前找第 1 个小于或等于 k 的关键字
    if(i>0&&T->key[i]==k)                 //查找成功,返回 t 及 i
    {   *pos=i;
        return T;
    }
    if(!T->son[i])              //*T 为叶子结点,在叶子结点中仍未找到 k,则查找过程失败
        return NULL;
    DiskRead[T->son[i]];                  //从磁盘上读入下一个查找的树结点到内存中
    return SearchBTree(T->son[i],k,pos);      //递归地继续查找子树 T->son[i]
}
```

从查找过程可知,在 B-树上进行查找所需时间取决于以下两个因素。

(1) 等于给定值的关键字所在结点的层次。

(2) 结点中关键字的数目。当结点中关键字数目较大时可采用折半查找以提高效率。

显然,叶子结点所在最大层次数即为树的深度。那么含有 N 个关键字的 m 阶 B-树的最大深度是多少?

先看一棵 5 阶的 B-树。按 B-树的定义,5 阶的 B-树上所有非终端结点至多有 4 个关键字,至少有 2 个关键字。因此,若关键字个数≤4 时,树的深度为 2(即叶子结点层次为 2),若树的深度为 3,则关键字个数必≥5。若 B-树的深度为 4,则关键字的个数必≥17,此时,每个结点都含有最小可能的关键字的数目(如图 7.20 所示)。

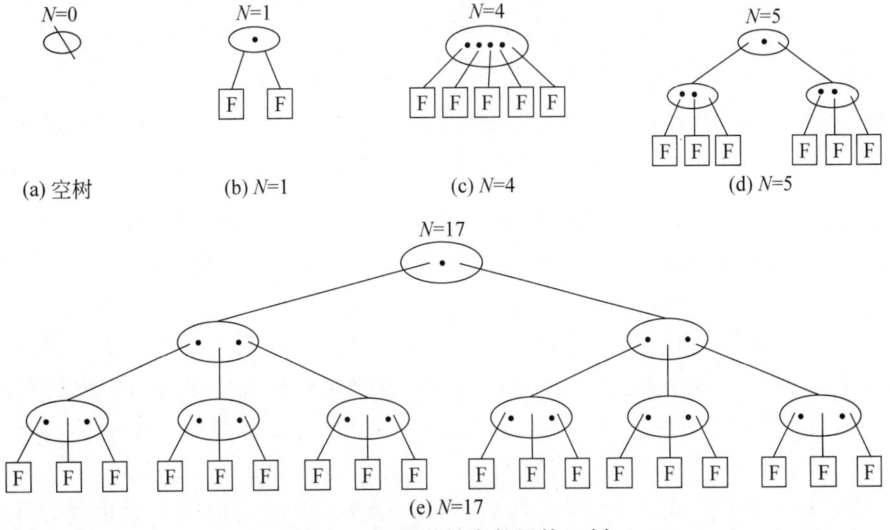

图 7.20　不同关键字数目的 B-树

现讨论深度为 $h+1$ 的 m 阶 B-树所具有的最少结点数。

根据 B-树的定义，第一层至少有 1 个结点，第二层至少有 2 个结点。由于除根之外的每个非终端结点至少有 $\lceil m/2 \rceil$ 棵子树，则第三层至少有 $2\times\lceil m/2 \rceil$ 个结点，……，以此类推，第 $h+1$ 层至少有 $2\times(\lceil m/2 \rceil)^{h-1}$ 个结点。而 $h+1$ 层的结点为叶子结点（外部结点），若 m 阶 B-树中具有 N 个关键字，则叶子结点（即查找不成功的结点）为 $N+1$，因此有

$$N+1 \geqslant 2\times(\lceil m/2 \rceil)^{h-1} \tag{7-11}$$

反之

$$h \leqslant \log_{\lceil m/2 \rceil}\left(\frac{N+1}{2}\right)+1 \tag{7-12}$$

这就是说，在含有 N 个关键字的 B-树上进行查找时，从根结点到关键字所在结点的路径上涉及的结点数不超过 $\log_{\lceil m/2 \rceil}\left(\frac{N+1}{2}\right)+1$。

3. B-树的插入

B-树是动态查找树，因此它的生成过程可以从空树开始，在查找的过程中逐个插入关键字而得到。但由于 B-树中除根之外的所有非终端结点的关键字个数必须大于或等于 $\lceil m/2 \rceil-1$，因此每次插入关键字时不是在树中添加一个叶子结点，而是首先在最低层的某个非终端结点中添加一个关键字。若该结点的关键字个数不超过 $m-1$，则插入完成，否则要产生结点的“分裂”。对于插入操作先要通过查找确定插入的位置，然后可按以下三种情形分别进行处理。

(1) 插入关键字的结点在插入后，关键字的个数不超过 $m-1$，则将给定的关键字插入该结点的相应位置，插入过程即完成。如图 7.21(a)所示的 3 阶 B-树，插入关键字的结点原有一个关键字，插入 28 后为 2 个，仍不超过 $m-1=2$ 个，插入操作即完成。

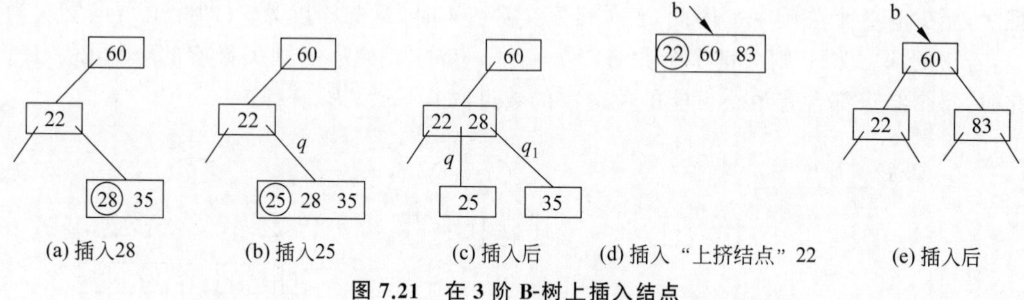

(a) 插入28　(b) 插入25　(c) 插入后　(d) 插入“上挤结点”22　(e) 插入后

图 7.21　在 3 阶 B-树上插入结点

(2) 插入关键字的结点在插入后，关键字的个数超过 $m-1$，则进行分裂处理。假设当前处理的结点由 q 指向，以 $\lceil m/2 \rceil$ 为界，将结点 $^*q$ 分裂成两个结点，前面 $\lceil m/2 \rceil-1$ 个关键字组成部分仍由 q 指向，其余后面的一部分由 q_1 指向，而中间的一个关键字 $K_{\lceil m/2 \rceil}$ 带着指针 q_1 被“上挤”到双亲结点中。如图 7.21(b)所示，插入关键字的结点原已有两个关键字，插入 25 后为 3 个，超过了 $m-1=2$ 个，因此要分裂成 $^*q$、$^*q_1$ 两个结点，中间的一个关键字 28 带着指针 q_1 被插入双亲结点中。“上挤”后，双亲结点中的关键字个数未超过 $m-1$ 个，插入操作即完成。完成时 B-树的状态如图 7.21(c)所示。

(3) 在执行情形(2)的“上挤”处理后，若双亲结点中的关键字个数也超过了 $m-1$

个，则必须以该双亲结点为当前结点，进行相同的处理，也就是说，要继续“上挤”直至根结点。一旦根结点中的关键字个数超过了 $m-1$ 个，对根结点进行分裂处理后，整个B-树的层数即增加一层，如图7.21(d)和图7.21(e)所示。

图7.22是一个具体的3阶B-树上插入结点的例子。

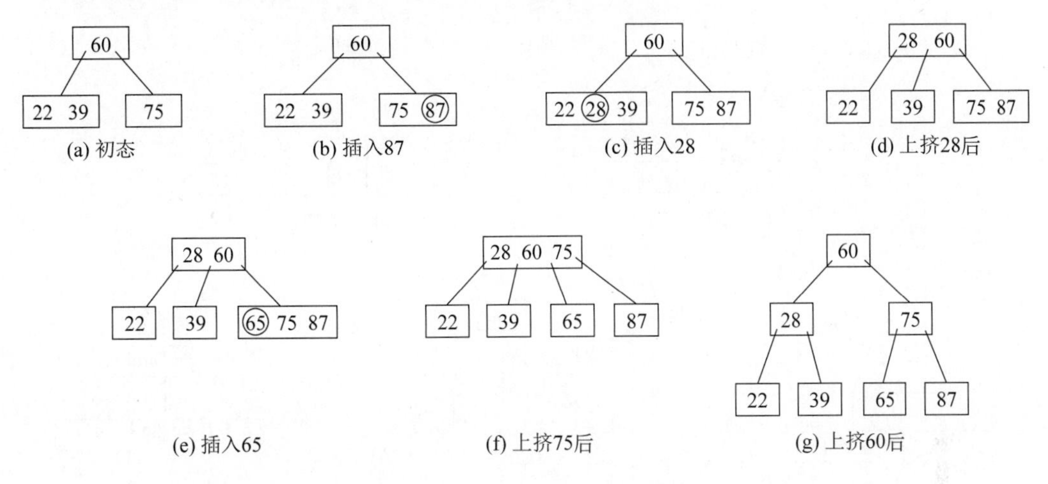

图7.22　3阶B-树插入过程示例

4. B-树的删除

若在B-树上删除一个关键字，则首先要找到该关键字所在的结点，并从中删除之。若该结点为最下层的非终端结点，且其中的关键字个数不少于 $\lceil m/2 \rceil$，则删除完成。否则要进行“合并”结点的操作。假如所删除的关键字不是最下层的某个非终端结点 K_i，则可用指针 p_i 所指子树中的最下层的非终端结点中的最小关键字 y 与 K_i 互换，然后在最下层的非终端结点中删除 K_i。因此只需讨论删除最下层的非终端结点中的关键字的情形。它可分为以下三种情形。

(1) 被删关键字所在结点中的关键字数目不小于 $\lceil m/2 \rceil$，则只需从该结点中删去该关键字 K，以及相应的指针 p_i，树的其他部分不变。如图7.23(a)所示的B-树删除52，删除后的B-树如图7.23(b)所示。

(2) 被删关键字所在结点中的关键字数目等于 $\lceil m/2 \rceil-1$，而与该结点相邻的右兄弟(或左兄弟)结点中的关键字数目大于 $\lceil m/2 \rceil-1$，则需将其兄弟结点中的最小(或最大)的关键字上移至双亲结点中，而将双亲结点中小于(或大于)该上移关键字的关键字下移至被删关键字所在的结点中。例如，从图7.23(b)中删去8，需将其右兄弟结点中的28上移至结点 *b，而将结点 *b中的22下移至删去关键字8的结点 *d中，从而使原来8所在的结点 *d和 *e中的关键字数目均不小于 $\lceil m/2 \rceil-1$，而双亲结点中的关键字数目不变，如图7.23(c)所示。

(3) 被删关键字所在结点和其相邻的兄弟结点中的关键字数目均等于 $\lceil m/2 \rceil-1$。假设该结点有右兄弟，且其右兄弟结点由双亲结点中的指针 p_i 所指，则在删除关键字之后，它所在结点中的剩余的关键字和指针，加上双亲结点中的关键字 k 一起，合并到 p_i 所指的右兄弟结点中(若没有右兄弟，则合并到左兄弟结点中)。例如，从如图7.23(c)所示的B-树中删去33，则应删去结点 *e，并将 *e中的剩余信息(指针“空”)和双亲结点 *b

中的关键字 39，一起合并到右兄弟结点 * f 中。删除后的 B-树如图 7.23(d)所示。如果因此使双亲结点的关键字数目小于$\lceil m/2 \rceil-1$，则以此类推做相应处理。例如，从图 7.23(d)中的 B-树删除 65 之后，双亲 * c 结点中的剩余信息和其双亲 * a 中的关键字 60 一起合并到左兄弟结点 * b 中，删除后的 B-树如图 7.23(e)所示。

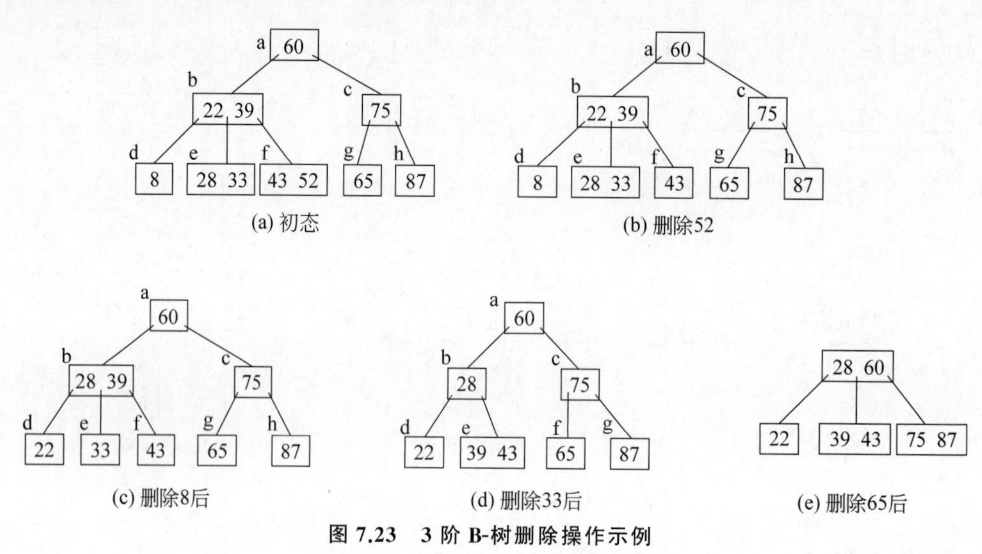

(a) 初态 (b) 删除52

(c) 删除8后 (d) 删除33后 (e) 删除65后

图 7.23 3 阶 B-树删除操作示例

电子课件

7.4 哈希表上的查找

7.4.1 哈希表的定义

本章前面讨论的查找方法，给定某个记录，都要经过一系列的给定值与关键字比较后才能确定欲查找的记录在文件中的位置，是建立在比较的基础上的，其查找所需的时间总是与比较的次数有关。

理想的情况下是不经过比较直接由关键字的值得到记录的存储地址，这就需要在记录的存储地址和它的关键字之间建立一个确定的对应关系 H，使每个关键字和一个唯一的存储地址相对应。因而在查找时，只要根据这个对应关系 H，就可以找到需要的关键字及其对应的记录。显然，这些记录的存储也是按照同样的对应关系 H 确定其存储地址然后按其地址进行存储的。我们称对应关系 H 为哈希函数(Hash Function)或散列函数，按此思想建立的查找表为**哈希表**(Hash Table)或**散列表**。

哈希技术的核心是哈希函数，其基本思想是：首先确定一个将关键字值转换成存储地址的函数 H，然后以各记录中关键字的值为自变量，求出其对应的函数值，作为各记录的存储地址，将各记录存储在相应的存储地址中。查找时仍按确定的函数 H 进行计算，得到的就是待查关键字的记录的存储地址。下面给出常用的几个术语。

(1) 哈希函数。假设一个文件中包含 n 个记录，r_i 为文件中的某个记录，k_i 是其关键字的值。若在关键字值 k_i 与 r_i 的存储地址之间建立某种函数关系，则可通过这个函数把关键字的值转换成相应的记录的存储地址，即

$$\text{addr}(r_i)=H(k_i)$$

其中,函数 H 称为**哈希函数**,$H(k_i)$的值称为**哈希地址**,如图7.24所示。

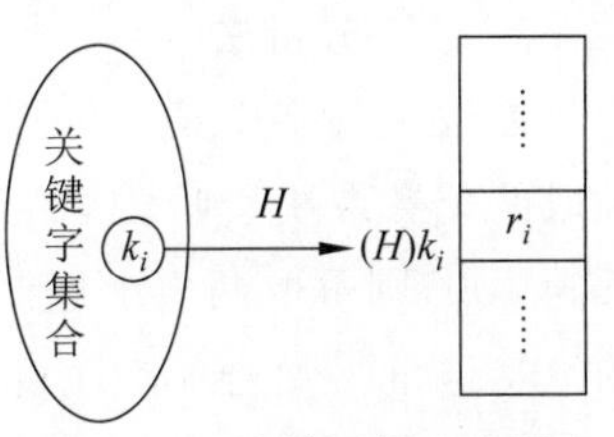

图 7.24　哈希函数示意图

(2) 冲突。当关键字集合很大时,关键字值不同的元素可能会映射到哈希表的同一地址上,即 $k_1 \neq k_2$,而 $H(k_1)=H(k_2)$发生的这种现象称为**冲突**(Collision)。

(3) 同义词。具有相同函数值的关键字对该哈希函数来说称作**同义词**(Synonym)。

一般情况下,冲突只能尽量减少,而不能完全避免。所以,哈希存储必须有解决冲突的方法。因此,设定一个实用的哈希函数 H 应遵循的主要原则如下。

(1) 哈希函数便于计算。

(2) 尽量减少冲突的发生。

也就是说,在建造哈希表时不仅要设定一个"好"的哈希函数,还要设定一种处理冲突的方法。

下面分别就哈希函数和处理冲突的方法进行讨论。

7.4.2　构造哈希函数的方法

哈希技术一般用于处理关键字来自很大范围的记录,并将这些记录存储在一个有限的哈希表中。所以,构造哈希函数是个关键问题。设计哈希函数一般遵循两个原则:①哈希函数便于计算,其主要思想是哈希函数不应该有很大的计算量,否则会降低查找效率;②尽量减少冲突的发生,其主要思想是希望哈希函数能够把记录以相同的概率"散列"到哈希表的所有地址空间中,这样才能保证存储空间的有效利用,并减少冲突。

以上两方面在实际应用中往往是矛盾的。为了保证哈希地址的均匀性比较好,哈希函数的计算就必然要复杂;反之,如果哈希函数的计算比较简单,则均匀性就可能比较差。一般来说,哈希函数依赖关键字的分布情况,而在许多应用中,事先并不知道关键字的分布情况,或者关键字高度集中(即分布得很差)。因此,在设计哈希函数时,要根据具体情况,选择一个比较合理的方案。下面介绍三种常见的哈希函数。

1. 直接定址法

取关键字或关键字的某个线性函数值为哈希地址,即

$$H(k_i)=a \cdot k_i+b$$

其中,a 和 b 为常数。

例如,假设有关键字集合{20,30,50,10,80},哈希函数为 $H(\text{key})=\text{key}/10$,则哈希表如图7.25所示。

0	1	2	3	4	5	6	7	8	9
	10	20	30		50			80	

图 7.25　直接定址法得到的哈希表

直接定址法的特点是计算简单,当关键字分布基本连续时,可选用直接定址法作为哈

希函数,但当关键字分布不连续的时候会造成存储空间的浪费。

2. 数字分析法

抽取关键字中某几位随机性较好的数位,然后把这些数位拼接起来作为哈希地址,所抽取的位数取决于哈希表的表长。例如有 50 个记录,其关键字为 8 位十进制数。假设表长为 100,则可取两位十进制数(00~99)组成哈希地址,取其中的哪两位?原则是使得到的哈希地址尽量避免产生冲突,这需要从分析这 50 个关键字着手。假设这 50 个关键字中的一部分如下。

1	2	3	4	5	6	7	8
2	2	0	5	3	6	1	2
2	1	0	2	7	6	8	6
2	2	0	1	4	6	7	3
2	1	0	3	9	6	8	0
2	2	0	5	5	5	6	7
2	1	0	7	2	6	7	1
2	2	0	4	1	5	9	5

对关键字全体的分析中,我们发现,第 4、5 位和第 7、8 位是随机的,其他位置比较集中,因此,可取其中任意两位或取其中两位和另外两位相加求和后舍去进位为哈希地址。

对于一些实际应用,例如,相同出版社出版的所有图书,它们的 ISBN 的前几个数字都是相同的,因此如果数据表只包含同一个出版社的书,构造哈希函数时就应该在计算中排除 ISBN 的开头几个数字。

3. 除留余数法

除留余数法采用取模运算(%),把关键字除以某个不大于哈希表表长的整数得到的余数作为哈希地址。设 m 为哈希表长,哈希函数形式为

$$H(\text{key})=\text{key}\%p \quad (p\leqslant m)$$

通常情况下,p 最好设为一个小于哈希表长度的最大质数,这样可以减少冲突的发生。例如,$m=100$ 时,可取 $p=97$。

7.4.3 解决冲突的方法

尽管哈希函数的目标是使冲突尽量减少,但在实际应用中冲突是无法避免的。所以哈希存储必须包括某种解决冲突的策略。解决冲突技术可分为两类:开放定址法和链地址法。哈希表是用数组实现的一片连续的地址空间,两种冲突解决技术的区别在于发生冲突的元素是存储在数组空间之内的另一个地址里还是在这片数组空间之外。下面分别对这两种方法进行说明。

1. 开放地址法

开放定址法是把所有的元素存储在哈希表数组中。每个元素经哈希函数计算出来的地址称为基地址。如果要插入一个元素 x,而 x 的基地址已被某个同义词占用,则根据某

种策略将 x 存储在数组的另一个位置。查找时要遵循和插入时同样的解决冲突的策略。开放定址法中数组的每一个地址有可能被任何基地址的元素占用,即每个地址对所有元素都是开放的。开放定址法的基本做法是:当发生冲突时,在冲突位置的前后附近寻找可存放记录的空单元。寻找“下一个”空位的过程称为探测,下面介绍常用的两种方法。

1) 线性探测法

线性探测法的基本思想是:当发生冲突时,从冲突位置的下一个单元顺序寻找可存放记录关键字的空单元,只要找到一个空位,就把关键字放入此空位中。顺序查找时,把哈希表看成一个循环表,即如果到最后一个位置也没有找到空单元,则回到表头开始继续查找。若探测整个查找表后,仍然未找到空位,则说明哈希表已满,需要进行溢出处理。

上述方法可用如下的公式表示。

$$H_i = (H(k) + d_i) \% m \quad (d_i = 1, 2, \cdots, m-1)$$

其中,$H(k)$为哈希函数;m 为哈希表长;d_i 的取值为 $1,2,\cdots,m-1$ 的线性序列。

例 7.3　已知一组关键字为(21,30,28,24,39,68,76,14,54)的哈希表长 $m=12$,哈希函数为 $H(\text{key})=\text{key}\%11$,说明利用线性探测法得到的哈希表。

解答:利用线性探测法得到的哈希表如图 7.26 所示,每个表中第二行数字表示查找对应地址的关键字时进行比较的次数。

	0	1	2	3	4	5	6	7	8	9	10	11
关键字			24				28		30		21	
探测次数			1				1		1		1	

(a) 依次插入21,30,28,24后的哈希表

	0	1	2	3	4	5	6	7	8	9	10	11
关键字			24	68	14		28	39	30		21	76
探测次数			1	2	2		1	2	1		1	2

(b) 插入39,68,76,14后的哈希表

	0	1	2	3	4	5	6	7	8	9	10	11
关键字	54		24	68	14		28	39	30		21	76
探测次数	3		1	2	2		1	2	1		1	2

(c) 插入54后的哈希表

图 7.26　线性探测法处理冲突时得到的哈希表

可以计算查找成功时的 ASL=(3+1+2+2+1+2+1+1+2)/9=15/9。

计算查找不成功时的 ASL,需要根据哈希函数计算其地址,若该地址为空,说明待查找元素不在哈希表中;如果该位置已经存放了元素,则需按照线性探测法继续计算下一个位置是否也存放了元素,直到探测到空位置才能确定是查找失败的。例如,假设查找元素 36,其哈希地址为 3,查找表中该位置已经存放了元素 68,则向下一个位置探测该位置存放了 14,再探测下一个位置为空则可判定 36 不在查找表中,查找是失败的,而此时探测了 3 次,即说明所有通过哈希函数计算出存储地址为 3 的元素(除在查找表中的 68),查找失败时的查找次数都为 3。通过上述分析,可知上例中查找失败时的 ASL 为

$$\text{ASL}_{\text{un}}=(2+1+4+3+2+1+4+3+2+1+4+3)/12=5/2$$

在线性探测法中，当数组的 i、$i+1$、$i+2$ 位置上已有记录时，则地址为 i、$i+1$、$i+2$、$i+3$ 的新元素都将填入 $i+3$ 单元中。这种不同基地址的元素争夺同一个单元的现象叫作"**二次聚集**"。聚集实际上是在处理同义词之间的冲突时引发的非同义词的冲突。显然，这种现象对查找不利。线性探测法很容易出现聚集。小的聚焦能汇合成大的聚集，最终导致很长的探测序列，降低哈希表的查找效率。

下面给出具体的查找算法。

首先给出有关的类型说明：

```
#define NULLKEY -1                    //定义空关键字域
#define m 997                         //m为表长度,一般根据α(α在后面说明)确定m为一素数
typedef int KeyType;                  //KeyType的类型由用户定义
typedef struct                        //哈希表结点类型
{   KeyType key;                      //关键字域
    ⋮                                 //其他数据域
}LHashTable;
```

［**算法 7.8**］ 采用线性探测法处理冲突的哈希表上的查找

源代码

```
int LinerSearch(LHashTable ht[m],keyType k)
{   //在哈希表 ht[m]中查找关键字为 k 的结点
    pos=hash(k);                      //根据哈希函数计算 k 的哈希地址
    i=0;
    while((i<m)&&(ht[pos].key!=k)&&(ht[pos].key!=NULLKEY))
    {   i++;
        pos=(pos+1)%m;
    }
    if(ht[pos].key==k)                //查找成功返回结点的位置
        return pos;
    if(ht[pos].key==NULLKEY) //查找未成功时查找到空结点,返回 NULLKEY
        return 0;
}
```

2）二次探测法

如何减少二次聚集的发生呢？方法是加大探测序列的步长，使发生冲突的元素的位置比较分散。如果在地址 i 产生冲突，不是探测 $i+1$ 地址，而是探测 $i+1^2$，$i-1^2$，$i+2^2$，$i-2^2$，…的地址，即以步长 d_i 为 1^2，-1^2，2^2，-2^2，…，$\pm k^2(k \leqslant \lfloor m/2 \rfloor)$进行探测。

该方法的优点是减少二次聚集的发生，缺点是不易探测到整个哈希空间。

例 7.4 已知一组关键字为(21,30,28,24,39,68,76,14,54)，哈希表长 $m=12$，哈希函数为 $H(\text{key})=\text{key}\%11$，说明利用二次探测法得到的哈希表。

解答：利用二次探测法得到的哈希表如图 7.27 所示，每个表中第二行数字表示查找对应地址的关键字时将要进行比较的次数。

2. 链地址法

链地址法是把所有同义词用单链表连接起来的方法。把哈希表的每个地址空间定义为一个单链表的表头指针，单链表中每个结点包括一个数据域和一个指针域，数据域存储查找表中的元素。哈希地址相同的所有元素存储在以该哈希地址为表头指针的单链

	0	1	2	3	4	5	6	7	8	9	10	11
关键字			24				28		30		21	
探测次数			1				1		1		1	

(a) 依次插入21,30,28,24后的哈希表

	0	1	2	3	4	5	6	7	8	9	10	11
关键字			24	68	14		28	39	30		21	76
探测次数			1	2	2		1	2	1		1	2

(b) 插入39,68,76,14后的哈希表

	0	1	2	3	4	5	6	7	8	9	10	11
关键字			24	68	14		28	39	30	54	21	76
探测次数			1	2	2		1	2	1	3	1	2

(c) 插入54后的哈希表

图 7.27　二次探测法处理冲突时得到的哈希表

表里。

例 7.5　已知一组关键字为(21,30,28,24,39,68,76,14,54),哈希函数为 $H(\text{key})=\text{key}\%11$,说明利用链地址法得到的哈希表。

解答:利用链地址法得到的哈希表如图 7.28 所示。元素插入单链表时采用头插法。

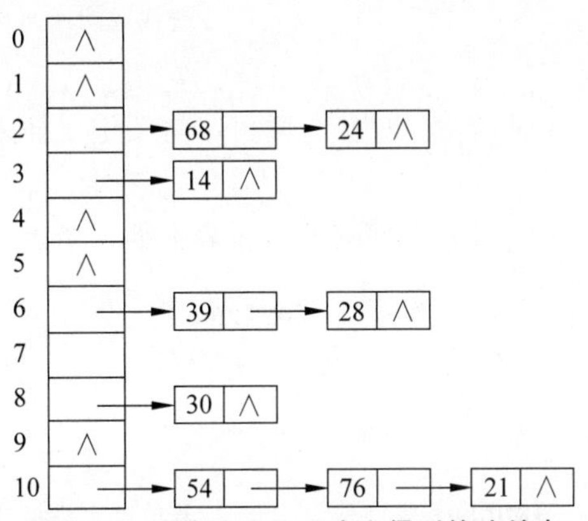

图 7.28　链地址法处理冲突得到的哈希表

对于链地址法计算查找成功时的 ASL,对于每个单链表中第一个元素都是查找一次成功的,第二个结点是查找两次成功的,以此类推,因此可以计算查找成功时 ASL 为

$$\text{ASL}_{\text{succ}}=(1\times5+2\times3+3\times1)/9=14/9$$

对于计算查找不成功时的 ASL,需要根据哈希函数得到某个数组头指针,若该头指针为空,说明待查找元素不在哈希表中,否则需要根据头指针遍历其单链表,直到读到空指针才能确定是查找失败的。通过上述分析,可知上例中查找失败时的 ASL 为

$$\text{ASL}_{\text{un}}=(1+1+3+2+1+1+3+1+2+1+4)/11=20/11$$

用链地址法构建的哈希表是一种顺序和链式相结合的存储结构,首先给出有关的类型说明。

```
#define m 997                                          //m为表长
typedef int KeyType;                                   //KeyType的类型由用户定义
typedef struct  CNodeType                              //哈希表结点类型
{   KeyType key;                                       //关键字域
     ⋮                                                 //其他数据域
    struct CNodeType * next;                           //下一个结点指针
}CNodeType;
typedef struct
{   CNodeType * first;                                 //首结点指针
}CHashTable                                            //哈希表类型
```

在哈希表中查找关键字为 k 的结点，只需要在单链表 ht 中找到对应结点 p，与指针 p 所指结点的数据域进行比较，如果相等则查找成功，否则依次向后查找，如读到空指针说明查找失败。算法如下。

源代码

[**算法 7.9**] 采用链地址法处理冲突的哈希表上的查找

```
CNodeType * ChainSearch(CHashTable * ht[m],KeyType k)
{   //在哈希表 ht[m]中查找关键字为 k 的结点
    p=ht[hash(k)]->first;                              //取 k 所在的表头指针
    while(p &&(p->key!=k))
        p=p->next;                                     //依次向后查找
    return p;                                          //查找成功返回结点指针,否则返回空指针
}
```

采用链地址法进行查找时，若查找失败，则可以将关键字插入哈希表中。链地址法插入结点的算法如下。

[**算法 7.10**] 采用链地址法处理冲突的哈希表上插入结点

```
void ChainInsert(CHashTable * ht[], KeyType k)
{   q=(CNodeType *)malloc(sizeof(CNodeType));
    q->key=k;
    q->next=NULL;
    i=k%m;
    if(ht[i]->first==NULL)                             //若单链表头指针为空
        ht[i]->first=q;
    else { q->next=ht[i]->first;                       //头插法插入链表
        ht[i]->first=q;
    }
}
```

7.4.4 哈希表的查找性能分析

在哈希技术中，处理冲突的方法不同，得到的哈希表不同，哈希表的查找性能不同。从上述介绍的内容可以看出：

(1) 虽然哈希表是在关键字和存储位置之间建立了直接映像，然而，由于“冲突”的产生，哈希表的查找过程仍然是一个和关键字比较的过程。因此，仍可用平均查找长度来衡量哈希表的检索效率。

(2) 检索过程中和关键字比较的次数取决于建哈希表时选择的哈希函数、处理冲突的方法和装填因子。哈希函数的"好坏"首先影响出现冲突的频繁程度,但在一般情况下可认为,凡均匀的哈希函数对同样一组随机的关键字,出现冲突的可能性是相同的,可不考虑它对平均查找长度的影响。

例如,由同一组关键字得到的用线性探测法处理冲突的哈希表(如图 7.26 所示)和用链地址法处理冲突的哈希表(如图 7.28 所示)。

它们查找成功时的平均查找长度分别为

$$ASL_{succ} = 15/9 = 1.67 \quad (线性探测法)$$

$$ASL_{succ} = 14/9 = 1.56 \quad (链地址法)$$

它们查找失败时的平均查找长度分别为

$$ASL_{un} = 30/12 = 2.5 \quad (线性探测法)$$

$$ASL_{un} = 20/11 = 1.82 \quad (链地址法)$$

为讨论一般情况的平均查找长度,先引入装填因子的概念。哈希表的装填因子定义为

$$\alpha = 表中的记录数/哈希表长度$$

直观地看,α 越小,发生冲突的可能性就越小;α 越大,即表越满,发生冲突的可能性就越大,检索时所用的比较次数就越多。因此,哈希表检索成功的平均查找长度和 α 有关。

有研究表明:线性探测法的哈希表查找成功时的平均查找长度为

$$S_{nl} \approx \frac{1}{2}\left(1 + \frac{1}{1-\alpha}\right)$$

链地址法的哈希表查找成功时的平均查找长度为

$$S_{nc} \approx 1 + \frac{\alpha}{2}$$

从以上分析可见,哈希表的平均查找长度是 α 的函数,而不是 n(记录数)的函数。因此,不管 n 多大,总可以选择一个合适的装填因子,使平均查找长度限定在一个范围内。

最后要说明的是,对于预先知道且规模不大的关键字集,有时也可以找到不发生冲突的哈希函数,因此,对于频繁进行查找的关键字集,还是应尽量设计一个完美的哈希函数。

7.4.5 开放定址法与链地址法的比较

开放定址法与链地址法的比较类似顺序表与单链表的比较。链地址法是用链接方法存储同义词,其优点是无堆积现象,其平均查找长度较短,查找、插入和删除操作易于实现。其缺点是指针需要额外空间。开放定址法不需要附加指针,因而存储效率较高,当结点空间较小时,较为节省空间。但由此带来的问题是容易产生堆积现象,而且由于空闲位置是查找不成功的条件,实现删除操作时不能简单地将待删除记录所在空间置空,否则将截断该记录后继哈希地址序列的查找路径。因此,哈希表上的删除只能在待删除记录所在单元上做标记。当运行到一定阶段经过整理后,才能真正删除有标记的单元。

另外需要说明的是,由于链地址法中各链表上的结点空间是动态申请的,无须事先确

定表的容量,而开放定址表却必须事先估计容量,因此链地址法更适用于无法确定表长的情况。

电子课件

*7.5 算法举例

例 7.6 已知二叉排序树 T 的结点形式为(lchild, data,count,rchild),在树中查找值为 X 的结点。若找到,则计数(count)加 1;否则,作为一个新结点插入树中,插入后仍为二叉排序树,写出其非递归算法。

解答:根据二叉排序树的特点,若值 X 小于当前结点的值,则将该结点插入左子树;若值 X 大于当前结点的值,则将该结点插入右子树;若值 X 等于当前结点的值,则将该结点的 count 加 1。算法如下。

源代码

[算法 7.11] 带查找次数标识的二叉排序树插入结点

```
typedef struct node
{   DataType  data;
    int  count;
    struct  Node * lchild, * rchild;
}BiTNode, * BSTree;
void Search_InsertX(BSTree * T, DataType X)
{/* 在二叉排序树 T 中查找值为 X 的结点,若查找成功,则其结点的 count 域值增 1,否则,将其
插入二叉排序树中。 */
    p= * T;
    while(p!=NULL && p->data!=X)          //查找值为 X 的结点,f 指向当前结点的双亲
    {   f=p;
        if(p->data<X)
            p=p->rchild;
        else
            p=p->lchild;
    }
    if(!p)                                //无值为 x 的结点,插入之
    {   p=(BiTNode *)malloc(sizeof (BiTNode));
        p->data=X;p->lchild=NULL;p->rchild=NULL;
        if(f==NULL) * T= p;
        else
            if(f->data>X)
                f->lchild=p;
            else
                f->rchild=p;
    }
    else
        p->count++;                       //查询成功,值域为 X 的结点的 count 增 1
}
```

例 7.7 假设一棵平衡二叉树的每个结点都标明了平衡因子 b,试设计一个算法,求平衡二叉树的高度。

解答:因为二叉树各结点已标明了平衡因子 b,故从根结点开始累加树的层次。根结点的层次为1,每下一层,层次加1,直到层数最大的叶子结点,这就是平衡二叉树的高度。当结点的平衡因子 b 为0时,任选左右一分支向下查找,若 b 不为0,则沿左(当 $b=1$ 时)或右(当 $b=-1$ 时)向下查找。算法如下。

[**算法 7.12**]　求平衡二叉树的高度

源代码

```
int  Height(BSTree T)
{//求平衡二叉树 T 的高度
   level=0;
   p=T;
   while(p)
   {  level++;                          //树的高度增 1
      if(p->bf<0)
         p=p->rchild;                    //bf=-1 沿右分支向下
      //bf 是平衡因子,是二叉树 T 结点的一个域,因篇幅所限,没有写出其存储定义
      else
      p=p->lchild;                       //bf>=0 沿左分支向下
   }
   return  level;                        //平衡二叉树的高度
}
```

例 7.8　将一组数据元素按哈希函数 H(key)映射到哈希表 HT(0..m)中,用线性探测法处理冲突,假设空单元用 EMPTY 表示,删除操作是将哈希表中结点标志位 flag 从 INUSE 改为 DELETED,试写出该哈希表的查找、插入和删除三个基本操作算法。

解答:本题是建立哈希表问题,只是对空单元、删除标记和占用单元有具体要求,其他均符合哈希表标准操作。查找、插入和删除的算法如下。

[**算法 7.13**]　哈希表上查找关键字

源代码

```
bool Search(LHashTable HT[],int m,KeyType k)
{  //在长度为 m 的哈希表 HT 中查找关键字 key,返回查找成功或失败的信息
   i=H(k);                                  //计算哈希地址
   if(HT[i].flag==EMPTY)                    //对哈希表 HT 增加标志位 flag
      return  false;                        //查找失败
   else if((HT[i].key==k)&&(HT[i].flag==INUSE)    //查找成功
         return  true;
       else{
         j=(i+1)% m;                        //形成探测序列
         while(j!=i)                        //至多循环哈希表长
         {
            if((HT[j].key==k)&&HT[i].flag==INUSE))  //查找成功
               return true;
            else
               if(HT[j].flag==EMPTY)   //查找失败
                  return  false;
            j=(j+1)% m;
         }
      return  false;                       //查遍哈希表,未查到给定关键字 k
   }
}
```

[算法 7.14] 哈希表上插入关键字

```
bool  Insert(LHashTable HT[],int  m,KeyType k)
{//在长为 m 的哈希表中插入关键字 k
    i=H(k);                                         //计算哈希地址
    if(HT[i].flag==EMPTY || HT[i].flag==DELETED)
                                                    //若 HT[i].flag 为空或删除标记
    {   HT[i].key=k; HT[j].flag=INUSE;
        return true;                                //插入成功
    }
    else                                            //探测插入元素的哈希地址
    {   j=(i+1) % m;
        while(j!=i)
        {   if(HT[j].flag==EMPTY || HT[j].flag==DELETED)
            {   HT[j].key=k;                        //找到合适哈希地址,插入
                HT[j].flag=INUSE;
                return true;
            }
            j=(j+1)%m;
        }
        return false;                               //无空闲哈希空间,插入失败
    }
}
```

[算法 7.15] 哈希表上删除关键字

```
bool Delete(LHashTable HT[],int  m,KeyType k)
{//在长为 m 的哈希表 HT 中,删除关键字 key
    i=H(k);                                         //计算哈希地址
    if(HT[i].key==k)                                //查到关键字为 k 的哈希地址
    {   HT[i].flag=DELETED;                         //置删除标记
        return true;
    }
    else                                            //形成哈希探测地址,查找关键字 key
    {   j=(i+1) % m;
        while(j!=i)
        {if(HT[j].flag==EMPTY)                      //无关键字 key
            return false;
         else if((HT[j].key==k)
            {   HT[j].flag==DELETED ;               //删除关键字 k 成功
                return true;
            }
            j=(j+1) % m;
        }
        return false;                               //表中无关键字 key
    }
}
```

小　结

本章所介绍的查找是一种以集合为逻辑结构、以查找为核心的操作。平均查找长度是衡量查找算法性能的标准,同时针对不同的查找方法进行了相应的性能分析。在表的组织方式中,线性表是最简单的一种。常采用线性表查找技术有顺序查找、折半查找和分块查找等。在树表的查找中介绍了常用的二叉排序树、平衡二叉树和B-树,其中,二叉排序树插入和查找的时间复杂度均为$O(\log_2 n)$,但是在最坏情况下会达到$O(n)$的时间复杂度,原因在于插入和删除元素的时候,树没有保持平衡。为了在最坏情况下仍然有较好的时间复杂度,人们进一步设计了平衡二叉树。最后介绍了哈希查找,与线性表上的查找和树表上的基于比较的查找方法不同的是,哈希表是以计算为基础的查找方法。哈希表上的查找介绍了如何设计有效的哈希函数以及如何处理冲突。

通过本章的学习,要求读者掌握常用的查找方法,能分析查找的效率,明确不同查找方法之间的区别和各自适用的情况,在实际应用问题中设计合理、高效的查找方法。

习　题

一、简答题

1. 简述顺序查找的基本思路。
2. 简述折半查找的基本思路。
3. 简述分块查找的基本思路。
4. 简述哈希查找的基本思路。

二、选择题

1. 顺序查找法适合于存储结构为(　　)的线性表。

A. 哈希表存储　　B. 顺序存储或链式存储
C. 压缩存储　　D. 索引存储

2. 对线性表进行二分查找时,要求线性表必须(　　)。

A. 以顺序方式存储
B. 以链接方式存储
C. 以顺序方式存储,且结点按关键字有序排序
D. 以链接方式存储,且结点按关键字有序排序

3. 采用顺序查找方法查找长度为n的线性表时,查找成功时的平均查找长度为(　　)。

A. n　　B. $n/2$　　C. $(n+1)/2$　　D. $(n-1)/2$

4. 采用二分查找方法查找长度为n的线性表时,查找成功时的平均查找长度为(　　)。

A. $O(n^2)$　　B. $O(n\log_2 n)$　　C. $O(n)$　　D. $O(\log_2 n)$

5. 有一个有序表为{1,3,9,12,32,41,45,62,75,77,82,95,100},当折半查找值为82的结点时,(　　)次比较后查找成功。

A. 1　　B. 2　　C. 4　　D. 8

6. 设哈希表长 $m=14$，哈希函数 $H(\text{key})=\text{key}\%11$。表中已有 4 个结点：

```
addr(15)=4;    addr(38)=5;    addr(61)=6;    addr(84)=7
```

如用二次探测再散列处理冲突，关键字为 49 的结点的地址是(　　)。

A. 8　　B. 3　　C. 5　　D. 9

7. 有一个长度为 12 的有序表，按二分查找法对该表进行查找，在表内各元素等概率情况下查找成功所需的平均比较次数为(　　)。

A. 35/12　　B. 37/12　　C. 39/12　　D. 43/12

8. 对于静态表的顺序查找法，若在表头设置岗哨，则正确的查找方式为(　　)。

A. 从第 0 个元素开始向后查找该数据元素

B. 从第 1 个元素开始向后查找该数据元素

C. 从第 n 个元素开始向前查找该数据元素

D. 与查找顺序无关

9. 解决哈希查找方法中出现的冲突问题常采用的方法是(　　)。

A. 数字分析法、除留余数法、平方取中法

B. 数字分析法、除留余数法、线性探测法

C. 数字分析法、线性探测法、再哈希法

D. 线性探测法、再哈希法、链地址法

10. 采用线性探测法解决冲突问题，所产生的一系列后继哈希地址(　　)。

A. 必须大于或等于原哈希地址

B. 必须小于或等于原哈希地址

C. 可以大于或小于但不能等于原哈希地址

D. 地址大小没有具体限制

11. 对于查找表的查找过程，若被查找的数据元素不存在，则把该数据元素插入集合中。这种方式主要适合于(　　)。

A. 静态查找表　　B. 动态查找表

C. 静态查找表与动态查找表　　D. 两种表都不适合

12. 哈希表的平均查找长度(　　)。

A. 与处理冲突方法有关而与表的长度无关

B. 与处理冲突方法无关而与表的长度有关

C. 与处理冲突方法有关而与表的长度有关

D. 与处理冲突方法无关而与表的长度无关

13. 关于折半查找，以下说法正确的是(　　)。

A. 静态查找表　　B. 动态查找表

C. 静态查找表与动态查找表　　D. 两种表都不适合

14. 在关键字随机分布的情况下，用二叉排序树的方法进行查找，其查找长度与(　　)数量级相当。

A. 顺序查找　　B. 折半查找　　C. 分块查找　　D. 都不正确

三、填空题

1. 查找成功的情况下，顺序查找法的平均查找长度为________；折半查找法的平均查找长度为________；哈希表查找法采用链接法处理冲突时的平均查找长度为________。

2. 在各种查找方法中，平均查找长度与结点个数 n 无关的查找方法是________。

3. 折半查找的存储结构仅限于________，且是________。

4. 假设在有序线性表 $A[1..20]$ 上进行折半查找，比较一次查找成功的结点有________个，比较两次查找成功的结点有________个，比较三次查找成功的结点有________个，比较四次查找成功的结点有________个，则比较五次查找成功的结点有________个，平均查找长度为________。

5. 对于长度为 n 的线性表，若进行顺序查找，则时间复杂度为________；若采用折半法查找，则时间复杂度为________。

6. 已知有序表为(12,18,24,35,47,50,62,83,90,115,134)，当用折半法查找 90 时，需进行________次与关键字比较可确定成功；查找 47 时，需进行________次与关键字比较可确定查找成功；查找 100 时，需进行________次与关键字比较才能确定查找不成功。

7. 二叉排序树的查找长度不仅与________有关，也与二叉排序树的________有关。

8. 一个无序序列可以通过构造一棵________树而变成一个有序树，构造树的过程即为对无序序列进行排序的过程。

9. 平衡二叉排序树上任一结点的平衡因子只可能是________、________或________。

10. ________法构造的哈希函数肯定不会发生冲突。

11. 在哈希函数 $H(\text{key})=\text{key}\%p$ 中，p 应取________。

12. 在哈希表存储中，装填因子 α 的值越大，则________；α 的值越小，则________。

四、算法设计题

1. 若线性表中各数据元素的查找概率不相等，则可用以下策略提高顺序查找的效率：若找到指定的数据元素，将该数据元素和其后继交换，使得经常被查到的数据元素尽量位于表的后端。试设计线性表的顺序存储结构下实现上述策略的查找算法。

2. 设单链表(不带头结点)的结点是按关键字从小到大排列的，试写出对此链表的查找算法，并说明是否可以采用二分查找。

3. 已知某哈希表的装填因子小于 1，哈希函数 $h(\text{key})$ 为 key 的第一个字母在字母表中的序号，处理冲突的方法为线性探测法。试编写一个按第一个字母的顺序输出哈希表中所有关键字的算法。

4. 试设计在二叉排序树中删除关键字值为 k 的结点的算法。

5. 设计一个算法，求出指定结点在给定的二叉排序树中所在的层。

6. 试写一个判别给定二叉树是否为二叉排序树的算法，设二叉树以二叉树链表存储表示。

7. 试写一递归算法，从大到小输出二叉排序树中所有其值不小于 x 的关键字。

8. 试编写算法，在给定的二叉排序树上找出任意两个不同结点的最近公共祖先(若在两结点 A、B 中，A 是 B 的祖先，则认为 A、B 的最近公共祖先就是 A)。

9. 试写一算法，将两棵二叉排序树合并为一棵二叉排序树。

五、应用题

1. 已知有长度为 9 的表{16,29,32,5,89,41,14,65,34}，将该表中数据依次存储在一个哈希表中，利用线性探测处理冲突，要求等概率情况下查找成功的平均查找长度不超过3，请回答以下问题。

(1) 该哈希表的长度 m 应设置为多少？

(2) 设计并写出对应的哈希函数。

(3) 将数据填入哈希表中，并画出该哈希表。

(4) 计算查找成功时的平均查找长度。

2. 设有一组关键字{72,35,124,153,84,57}需插入表长为12的哈希表中。设计一个合适的哈希函数，并利用设计出的哈希函数将上述关键字插入哈希表中，请画出建好的哈希表结构(假定用线性探测法处理冲突)，同时指出该哈希表的装填因子是多少。

3. 试推导含有12个结点的平衡二叉树的最大深度，并画出一棵这样的平衡二叉树。

4. 假定有 n 个关键字，它们具有相同的哈希函数值，用线性探测方法把这 n 个关键字存入哈希表中要做多少次探测？

5. 设 k_1、k_2、k_3 是三个不同的关键字，且 $k_1>k_2>k_3$。试按不同的输入顺序建立相应的二叉排序树。

6. 有一个400项的表，将采用分块查找方法进行查找，请回答以下问题。

(1) 分成多少块最为理想？

(2) 每块的理想长度是什么？

(3) 查找成功时的平均查找长度是多少？

7. 已知关键字序列为{10,20,52,58,60,70,75}，依照此顺序建立一棵3阶B-树(2-3树)，画出建立的主要过程及结果树。

8. 试证明：高度为 h 的2-3树(3阶B-树)中叶子结点的数目在 2^{h-1} 与 3^{h-1} 之间。

9. 在含有 n 个关键字的 m 阶B-树中进行查找时，最多访问多少个结点？

10. 为什么二叉排序树增高时，新结点总是一个叶子结点，而B-树增高时，新结点总是根？哪一种长高能保证树的平衡？

实验题

实验题目1：顺序表上的查找

一、任务描述

定义一个整型数组 r，用于存储关键字集合，其中，$r[1]\sim r[n]$ 用于存储有效的关键字，$r[0]$ 留作他用。按照哨兵设置在下标为0处的从后向前顺序查找方法，查找在关键字集合中是否有符合给定值的记录，如果有，返回该记录所在数组的下标，如果没有，返回0。要求输出查找过程，即查找过程中需要比较的关键字值都输出。(数组的长度小于100。)

二、编程要求

1. 具体要求

输入说明：各个命令以及相关数据的输入格式如下。

第一行输入关键字集合中关键字的数目，假设输入的值为 n(n 为大于0的正整数)；第二行输入 n 个关键字，以空格隔开，注意是整型；接下来三行输入三个待查值。

输出说明：对于每个待查值，分别输出两行，第一行输出查找待查值的比较过程，即输出找到之前与待查值相比较的所有的关键字值；第二行如果找到待查值，输出位置下标，如果没找到，输出0；注意，每个待查值占两行，三个待查值占六行。

2. 测试数据

测试输入：

```
10
2 5 6 9 8 11 17 58 3 44
5
17
4
```

预期输出：

```
44 3 58 17 11 8 9 6
2
44 3 58
7
44 3 58 17 11 8 9 6 5 2
0
```

实验题目 2: 折半查找

一、任务描述

定义一个整型数组 r，用于存储关键字集合，其中，$r[1]\sim r[n]$用于存储有效的关键字，$r[0]$留作他用，注意该数组按关键字有序。按照折半查找方法，查找在关键字集合中是否有符合给定值的记录，如果有，返回该记录所在数组下标，如果没有，返回0。要求输出查找过程，即输出每一轮的low、mid、high值，查找过程中需要比较的关键字值都输出。(数组的长度小于100。)

二、编程要求

1. 具体要求

输入说明：各个命令以及相关数据的输入格式如下。

第一行输入关键字集合中关键字的数目，假设输入的值为 n；第二行输入 n 个关键字，以空格隔开，注意是整型且有序；接下来三行输入三个待查值。

输出说明：对于每个待查值，先输出查找待查值的比较过程，即输出找到之前每一轮low、mid、high值，以空格隔开，以及与待查值相比较的所有的关键字值，每一轮占一行；接下来如果找到待查值，输出位置下标，如果没找到，输出0。

2. 测试数据

测试输入：

```
10
2 3 5 6 8 9 11 17 44 58
5
17
4
```

预期输出：

```
1 5 10 8
1 2 4 3
3 3 4 5
3
1 5 10 8
6 8 10 17
8
1 5 10 8
1 2 4 3
3 3 4 5
0
```

实验题目 3: 二叉排序树的基本操作

一、任务描述

二叉排序树实现建立、查找、插入、删除操作。

二、编程要求

1. 具体要求

输入说明：第一行输入关键字的值，以 0 结束；第二行输入要删除的关键字的值；第三行输入要查找的关键字的值。

输出说明：第一行根据输入的关键字的值，输出建立的二叉排序树的中序遍历序列；第二行输出删除后的二叉排序树的中序序列；第三行输出查找结果，若查找成功输出"查找到该关键字"，否则输出"没有查找到该关键字"。

2. 测试数据

测试输入 1：

```
1 2 3 4 5 6 0
4
4
```

预期输出 1：

```
1 2 3 4 5 6
1 2 3 5 6
没有查找到该关键字
```

测试输入 2：

```
1 2 3 4 5 0
3
2
```

预期输出 2：

```
1 2 3 4 5
1 2 4 5
查找到该关键字
```

实验题目 4：基于线性探测法的哈希表的操作

一、任务描述

哈希表采用除留余数法构造哈希函数，哈希表长度为 20，哈希函数为 $H(\text{key})=\text{key}\%13$。产生冲突时采用线性探测法实现哈希表的建立、插入、查找、删除等功能。

二、编程要求

1. 具体要求

输入、输出说明：输入一组数据以 0 为结束建立哈希表，输出哈希表中所有元素；第二行输入一个关键字，在哈希表中查找这个关键字，找到则输出关键字的位置，否则输出"哈希表中无此元素"；第三行输入一个关键字，在哈希表中删除此元素，输出删除成功后的哈希表，没有该元素的话还需再输出"哈希表中无待删除元素 x"；第四行输入一个关键字，在哈希表中插入此元素，输出插入成功后的哈希表，失败则输出"哈希表无法插入元素"。

2. 测试数据

测试输入：

```
1 2 3 4 5 6 7 12 21 0
21
12
34
```

预期输出：

```
0 1 2 3 4 5 6 7 21 0 0 0 12 0 0 0 0 0 0 0
8
0 1 2 3 4 5 6 7 21 0 0 0 -1 0 0 0 0 0 0 0
0 1 2 3 4 5 6 7 21 34 0 0 -1 0 0 0 0 0 0 0
```

实验题目 5：基于拉链法的哈希表操作

一、任务描述

采用除留余数法定义哈希表，哈希函数为 $H(\text{key})=\text{key}\%11$，产生冲突时采用链地址法实现哈希表的建立、插入、查找、删除。

二、编程要求

1. 具体要求

输入、输出说明：输入一组数据以 0 为结束建立哈希表，然后输出哈希表；再输入一个关键字，在哈希表中找到并删除，如果删除成功，打印哈希表，否则输出“未找到此元素”；再输入一个关键字，在哈希表中插入后打印哈希表。

2. 测试数据

测试输入：

```
1 3 5 7 9 11 13 15 22 33 0
33
29
```

预期输出：

```
0 33 22 11
1 1
2 13
3 3
4 15
5 5
6
7 7
8
9 9
10
0 22 11
1 1
2 13
3 3
4 15
5 5
6
7 7
8
9 9
10
0 22 11
1 1
2 13
3 3
4 15
5 5
6
7 29 7
8
9 9
10
```

第8章 排序

CHAPTER

排序是计算机程序设计中的一种重要操作，在实际应用中具有广泛的应用，如奖学金评定、搜索引擎、大数据分析等都离不开排序。排序算法通常可以分为内部排序和外部排序两种类型。内部排序是指待排序的数据量较小，可以全部加载到内存中进行排序。外部排序则是指待排序的数据量很大，无法全部一次性加载到内存中进行排序，而必须借用辅助存储（如硬盘）进行排序。排序算法有很多，本章仅讨论几种典型的、经典的排序方法。在实际应用中，选择合适的排序算法取决于具体的需求和数据特征。不同的排序算法具有不同的时间复杂度、空间复杂度和稳定性等特点，需要根据实际情况进行权衡和选择。

本章将主要介绍排序的基本概念，包括排序的稳定性、内部排序和外部排序之间的差异。几大类经典的内部排序算法，主要包括插入排序、交换排序、选择排序、归并排序和分配排序。最后介绍外部排序的特点以及外部排序方法。

8.1 概述

电子课件

1. 排序

排序(Sorting)是计算机内经常进行的一种操作，其目的是将一组“无序”的记录序列调整为按关键字“有序”的记录序列。如何进行排序，特别是高效率地进行排序是计算机工作者学习和研究的重要课题之一。

一般情况下，假设含 n 个记录的序列为$\{R_1, R_2, \cdots, R_n\}$，其相应的关键字序列为$\{K_1, K_2, \cdots, K_n\}$，这些关键字相互之间可以进行比较，若在它们之间存在着这样一个关系 $\mathrm{Ks}_1 \leqslant \mathrm{Ks}_2 \leqslant \cdots \leqslant \mathrm{Ks}_n$，按此固有关系将 n 个记录的序列重新排列为$\{\mathrm{Rs}_1, \mathrm{Rs}_2, \cdots, \mathrm{Rs}_n\}$的操作称作排序。

2. 内部排序与外部排序

各种排序方法可按照不同的原则进行分类。若整个排序过程不需要访问外存便能完成，则称此类排序问题为**内部排序**；反之，若参加排序的记录数量很大，整个序列的排序过程不可能在内存中完成，则称此类排序问题为**外部排序**。内部排序适用于记录个数不是很多的文件，而外部排序适用于记录很多的大文件，整个排序过程需要在内外存之间多次交换数据才能得到排序的结果。

3. 稳定性

上述排序定义的关键字 K_i 可以是记录 $R_i(i=1,2,\cdots,n)$ 的主关键字，也可以是记录 R_i 的次关键字。若 K_i 为次关键字，则在待排序的记录序列中可能有多个数据元素的关键字值相同。

假设 $K_i=K_j(i\neq j)$，且在排序前的序列中 R_i 领先于 R_j。经过排序后，R_i 与 R_j 的相对次序保持不变(即 R_i 仍领先于 R_j)，则称这种排序方法是**稳定的**，否则称之为**不稳定的**。

排序方法的稳定性并不影响排序结果，但在某些场合下，如比赛、选举等实际问题，可能会有对排序方法稳定性的特定要求。

证明一种排序方法是稳定的，要从算法本身步骤执行特点证明，证明排序方法是不稳定的，只需举出一个反例进行说明。

4. 内部排序分类

内部排序方法通常可分为以下 5 类。

(1) 插入排序：将无序序列中的一个或几个记录“插入”有序序列中，从而增加记录的有序序列的长度。

(2) 交换排序：通过“交换”无序序列中的相邻记录从而得到其中关键字最小或最大的记录，并将它加入有序序列中以增加记录的有序序列的长度。

(3) 选择排序：从记录的无序序列中“选择”关键字最小或最大的记录，并将它加入有序序列中，以增加记录的有序序列的长度。

(4) 归并排序：通过“归并”两个或两个以上的有序序列，逐步增加有序序列的长度。

(5) 分配排序：不需要进行关键字比较，通过对无序序列中的记录进行反复的“分配”和“收集”操作，逐步使无序序列变为有序序列。

待排序记录通常有三种存储结构：①以数组作为存储结构的顺序存储方法，排序过程通过记录的多次比较和移动实现。②以链表(动态链表或静态链表)为存储结构的链式存储方法，排序过程无须移动记录，只须比较和修改指针即可，一般把这类排序称为表排序。③一些排序方法不宜在链表上实现，若仍须避免移动记录，则可建立一个辅助表来登记记录的关键字和存储地址等信息，排序过程只针对辅助表进行，无须移动记录本身。

在本章的讨论中，除基数排序外，待排序记录按第一种方式存储。为方便起见，假设关键字为整数，待排序记录以顺序存储结构存储，类型定义如下。

```
typedef struct
{   int key;
    AnyType  other;                              //记录其他数据域
} RecType;
```

5. 排序方法的性能

一般来说,在排序过程中有两种基本操作:① 比较关键字的大小;②移动记录位置。

对于某一个排序问题,可以用不同的排序方法实现,如何判断哪种排序算法更优秀呢?评价算法的效率主要有两点:一是在数据量规模一定的条件下,算法执行所消耗的平均时间,对于排序操作,时间主要消耗在关键字之间的比较和数据元素的移动上,因此高效率的排序算法应该是尽可能少的比较次数和尽可能少的数据记录移动次数;二是执行算法所需要的辅助存储空间,辅助存储空间是指在数据量规模一定的条件下,除了存放待排序记录占用的存储空间之外,执行算法所需要的其他存储空间,理想的空间效率是算法执行期间所需要的辅助空间与待排序的数据量无关。

时间复杂度为 $O(n^2)$的内部排序算法称为简单的排序算法。

8.2　插入排序

插入排序(Insertion Sorting)的主要思想是将待排序的记录看成一个有序序列和一个无序序列。开始时,有序序列中只包含一个记录,每次从无序表中取出第一个记录,然后将其与有序序列中的记录进行比较,找到合适的位置插入,使之成为新的有序序列,直到所有记录都插入有序序列中。本节主要介绍三种插入排序方法:直接插入排序、折半插入排序和希尔排序。

8.2.1　直接插入排序

1. 直接插入排序算法

直接插入排序(Straight Insertion Sort)是一种比较简单的排序方法。假设待排序的记录存放在数组 $R[1..n]$中,在排序过程的某一中间时刻,R 被划分成两个子区间 $R[1..i-1]$和 $R[i+1..n]$,其中,前一个子区间是已排好序的有序区,后一个子区间则是当前未排序的部分,称其为无序区,记录序列 $R[1..n]$的状态为

有序序列 $R[1..i-1]$	$R[i]$	无序序列 $R[i+1..n]$

则一趟直接插入排序的基本思想是:将记录 $R[i]$插入有序序列 $R[1..i-1]$中,使记录的有序序列从 $R[1..i-1]$变为 $R[1..i]$。

初始时,$i=1$ 且有序区只有 $R[1]$一个元素,将无序区的第一个元素 $R[2]$插入有序区 $R[1]$中使有序区长度增 1,以此类推。下面用一个具体实例说明直接插入排序的过程。实例中为区分数值相同的关键字,给其加了 1 和 2 两个下角标,后续本章的实例都是这样处理的,不再另外说明。

例 8.1　有 10 个待排序记录,其关键字序列为{5, 2, 9, 1, 4_1, 6, 3, 4_2, 7, 8},说明对其进行直接插入排序的过程。

解答:具体排序过程如图 8.1 所示,其中,"[ ]"括起的部分为已有序的序列。

具体算法见算法 8.1 所示。

初始关键字序列：	5	2	9	1	4_1	6	3	4_2	7	8
i=2(2)	[2	5]	9	1	4_1	6	3	4_2	7	8
i=3(9)	[2	5	9]	1	4_1	6	3	4_2	7	8
i=4(1)	[1	2	5	9]	4_1	6	3	4_2	7	8
i=5(4_1)	[1	2	4_1	5	9]	6	3	4_2	7	8
i=6(6)	[1	2	4_1	5	6	9]	3	4_2	7	8
i=7(3)	[1	2	3	4_1	5	6	9]	4_2	7	8
i=8(4_2)	[1	2	3	4_1	4_2	5	6	9]	7	8
i=9(7)	[1	2	3	4_1	4_2	5	6	7	9]	8
i=10(8)	[1	2	3	4_1	4_2	5	6	7	8	9]

图 8.1 直接插入排序示例

源代码

[算法 8.1] 直接插入排序算法

```
void  InsSort(RecType  R[],int n)
{   //利用监视哨对 R[1..n]进行直接插入排序
    for(i=2;i<=n;i++)                              //假定第一个记录有序
    {   R[0]=R[i];                                 //将待排序记录放进监视哨
        j=i-1;
        //从后向前查找插入位置,同时将大于待排序记录的元素向后移动
        while (R[0].key< R[j].key)
        {   R[j+1]=R[j]; j--;                      //记录后移
        }
        R[j+1]=R[0];                               //将待排序记录放到合适位置
    }
}
```

算法中 $R[0]$是监视哨。监视哨就是利用数组的某个元素来存放当前待排序记录,已达到避免数组超界和减少比较次数的目的。利用了监视哨后,可使 **while** 循环的判定条件简化,避免每一次在 while 循环中做越界检查,使得循环至少能够在 $j=0$ 时结束。

2. 算法分析

1) 时间复杂度

直接插入排序算法简单、容易实现,只需要一个记录大小的辅助空间用于存放待插入的记录。对于它的时间性能,排序的基本操作有两个:比较关键字的大小和移动记录。对于 n 个待排序记录,最好的情况(关键字在记录序列中非递减有序,即“正序”)的关键字总比较次数为最小值 $n-1(\sum_{i=2}^{n} i)$,无须后移记录,但**一趟排序**(将一个待排序记录插入正确位置的过程称为一趟排序)开始要将待排序记录放进监视哨,一趟排序结束再将待排序记录放到合适位置,需要 $2(n-1)$次移动。因此,总的比较次数是 $n-1$,移动次数是 $2(n-1)$,即最好情况下算法的时间复杂度为 $O(n)$。

最坏的情况下,关键字在记录序列中非递增有序,即“逆序”,此时关键字总比较次数为最大值 $\sum_{i=2}^{n} i=(n+2)(n-1)/2$,记录移动次数达最大值$=\sum_{i=2}^{n}(i-1+2)=(n+4)(n-1)/2$。

若待排序记录可能出现的各种排列的概率相同,则 $R[i](1\leqslant i\leqslant n-1)$插入有序区 $[1,i-1]$时平均比较次数为 $i/2$,平均移动次数为 $i/2+2$,总的比较和移动次数约为

$$\sum_{i=2}^{n}\left(\frac{i}{2}+\frac{i}{2}+2\right)=\sum_{i=2}^{n}(i+2)=\frac{(n-1)(n+4)}{2}=O(n^2)$$

由此可见,直接插入排序算法最好情况下时间复杂度为 $O(n)$,最坏情况下时间复杂度和平均时间复杂度为 $O(n^2)$。

2) 空间复杂度

直接插入排序只需要一个记录的辅助存储空间 $R[0]$,因此空间复杂度为 $O(1)$。

3) 稳定性

直接插入排序是稳定的排序算法。由于待插入元素是从后向前的,循环判断条件 **while** (R[0].key< R[j].key)保证了后边出现的关键字不可能插入前面相同的关键字之前。

8.2.2　折半插入排序

1. 折半插入排序算法

8.2.1 节中的直接插入排序算法简单,当待排序记录数量 n 很小时,较为适用。但当 n 很大时,其效率不高。若对直接插入排序算法进行改进,可从减少“比较”和“移动”次数这两方面着手。当第 i 个记录要插入前 $i-1$ 个有序记录序列时,可利用折半查找(在查找章节已介绍)方式确定插入位置,以减少比较次数。这种排序方法称为**折半插入排序**(Binary Insertion Sort),具体算法见算法 8.2。

[**算法 8.2**]　折半插入排序算法

源代码

```
void  BinSort(RecType  R[],int n)
{   //对 R[1..n]进行折半插入排序
    for(i=2;i<=n;i++)                        //假定第一个记录有序
    {   R[0]=R[i];                           //将待排记录 R[i]暂存到 R[0]
        low=1; high=i-1;                     //设置折半查找的范围
        //在 R[low..high]中折半查找有序插入位置
        while (low<=high)
        {   m=(low+high)/2;                  //折半
            if(R[0].key<R[m].key) high=m-1;  //插入点在低半区
            else low=m+1;                    //插入点在高半区
        }
        for (j=i-1;j>=high+1;j--)
            R[j+1]=R[j];                     //记录后移
        R[high+1]=R[0];                      //插入
    }
}
```

2. 算法分析

1) 时间复杂度

折半插入排序比直接插入排序明显地减少了关键字间的“比较”次数,但记录“移动”的次数不变,故其时间复杂度仍为 $O(n^2)$。

2) 空间复杂度

和直接插入排序算法一样,折半插入排序需要一个记录的辅助存储空间 $R[0]$,因此空间复杂度为$O(1)$。

3）稳定性

折半插入排序是稳定的排序算法。

8.2.3 希尔排序

1. 希尔排序算法

希尔排序(Shell Sort)又称为缩小增量排序，是由 D.L.Shell 在 1959 年提出的。当待排序关键字序列已基本有序并且关键字个数较少时，直接插入排序的效率是较高的，但当待排序序列个数很大时，直接插入排序的效率较低。希尔从“减少记录个数”和“基本有序”两方面对直接插入排序进行了改进。其基本思想是将待排序的记录划分成几组，从而减少参与直接插入排序的数据量，当经过几次分组排序后，记录的排列已经基本有序，再对所有的记录实施最后一次直接插入排序。

希尔对记录的分组，不是将相邻记录分成一组，而是相隔一定距离的记录分成一组。下面以具体例子说明希尔排序。

例 8.2 有 10 个待排序记录，其关键字序列为$\{5,2,9,1,4_1,6,3,4_2,7,8\}$。说明对其进行希尔排序的过程。

解答：首先将记录分成 5 组(步长 d 为 5)，即第一趟排序相距为 5 的记录是一组，共 5 组，对各组分别进行直接插入排序。第二趟以相距为 2 的记录为一组(步长 d 为 2)，共 2 组，分别进行直接插入排序。第三趟即最后一趟，进行相距为 1 的记录为一组(步长 d 为 1)，进行直接插入排序。对于本例的 10 个元素序列，希尔排序的分组步长分别为 5、2、1，则排序过程如图 8.2 所示。

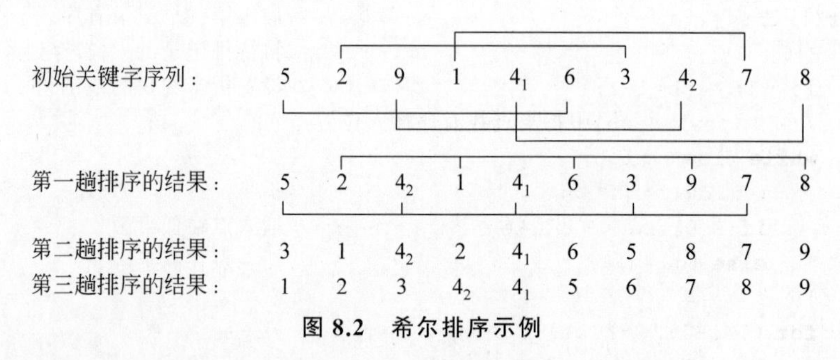

图 8.2 希尔排序示例

对于希尔排序具体步骤可以描述如下。假设待排序的记录为 n 个，先取整数 $d<n$，例如，取 $d=\lfloor n/2 \rfloor$或$\lceil n/2 \rceil$($\lfloor n/2 \rfloor$表示不大于 $n/2$ 的最大整数，$\lceil n/2 \rceil$表示不小于 $n/2$ 的最小整数)，将所有距离为 d 的记录构成一组，从而将整个待排序记录序列分隔成为 d 个子序列(d 组)，如图 8.2 所示，对每个分组分别进行直接插入排序，然后再缩小间隔 d。例如，取 $d=\lfloor d/2 \rfloor$，重复上述的分组，再对每个分组分别进行直接插入排序，直到最后取 $d=1$，即将所有记录放在一组进行一次直接插入排序，最终将所有记录重新排列成按关键字有序的序列。希尔排序的完整算法如算法 8.3 所示。

[**算法 8.3**] 希尔排序算法

```
void  ShellSort(RecType  R[],int n)
```

```
{   //以步长 d_i/2 分组的希尔排序,第一个步长取 n/2,最后一个取 1
    for(d=n/2;d>=1;d=d/2)
    {   for(i=1+d;i<=n;i++)                      //将 R[i]插入所属组的有序列段中
        {   R[0]=R[i];   j=i-d;
            while(j>0&&R[0].key<R[j].key)
            {   R[j+d]=R[j];
                j=j-d;
            }
            R[j+d]=R[0];                         //将第 i 个元素插入合适位置
        }
    }
}
```

2. 算法分析

1）时间复杂度

希尔排序适用于待排序的记录数目较大的情况，在此情况下，希尔排序方法一般要比直接插入排序方法快。同直接插入排序一样，希尔排序也只需要一个记录大小的辅助空间，用于暂存当前待插入的记录。希尔排序的时间性能与其选定的增量序列有关，到目前为止，没有人能找到一种最好的增量序列。1971 年，斯坦福大学的詹姆斯・彼得森和戴维・L.拉塞尔在大量实验的基础上推导出，希尔排序的时间复杂度约为 $O(n^{1.3})$。

2）空间复杂度

和直接插入排序算法一样，希尔排序需要一个记录的辅助存储空间 $R[0]$，因此空间复杂度为 $O(1)$。

3）稳定性

通过例 8.2 可以看出，希尔排序是一种不稳定的排序方法。

8.3　交换排序

电子课件

交换排序（Exchange Sort）的主要思想是在排序过程中，通过对待排序记录序列中元素间关键字的比较，发现次序相反的，则将存储位置交换来达到排序目的。本节主要介绍两种交换排序方法：起泡排序和快速排序。

8.3.1　起泡排序

1. 起泡排序算法

起泡排序（Bubble Sort）是交换排序中一种简单的排序方法。它的基本方法是对所有相邻记录的关键字值进行比较，如果是逆序（$a[j]>a[j+1]$），则将其交换，最终达到有序。

起泡排序的基本思想是：将整个待排序的记录序列划分成有序序列和无序序列，初始状态有序序列为空，无序序列包括所有待排序的记录。使无序序列中相邻记录关键字比较，若逆序将其交换，使关键字小的记录如气泡一般逐渐往上“漂浮”（左移），关键字值大的记录好像石块，向下“坠落”（右移）。使得经过一趟气泡排序后，关键字最大的记录到达无序序列最后端。以此类推，直到所有的记录都有序为止。

每经过一趟起泡排序，都使无序序列中关键字值最大的记录进入右侧有序序列，对于由 n 个记录组成的记录序列，最多经过 $n-1$ 趟起泡排序，就可以将这 n 个记录重新按关键字顺序排列。在一趟起泡排序过程中，若在第 k 个位置之后就未发生记录交换，说明以后的记录已有序，若整趟排序只有比较而没有交换，说明待排序记录已全部有序，无须进行余下的起泡。下面用一个具体实例说明起泡排序的过程。

例 8.3 有 10 个待排序记录，其关键字序列为{5,2,9,1,4_1,6,3,4_2,7,8}。说明对其进行起泡排序的过程。

解答：具体排序过程如图 8.3 所示。

初始关键字序列：	5	2	9	1	4_1	6	3	4_2	7	8
第一趟排序结果：	2	5	1	4_1	6	3	4_2	7	8	[9]
第二趟排序结果：	2	1	4_1	5	3	4_2	[6	7	8	9]
第三趟排序结果：	1	2	4_1	3	4_2	[5	6	7	8	9]
第四趟排序结果：	1	2	3	[4_1	4_2	5	6	7	8	9]
第五趟排序结果：	[1	2	3	4_1	4_2	5	6	7	8	9]

图 8.3 起泡排序示例

在第二趟起泡排序中，因为子序列{6,7,8,9}进行起泡时没有发生关键字移动，因此第三趟起泡排序只需对 6 之前的关键字序列{2,1,4_1,5,3,4_2}进行起泡；同样地在第五趟排序中，无序区的关键字序列{1,2,3}进行起泡时没有发生关键字移动，因此无须进行下一趟排序即可结束起泡排序。

起泡排序算法如算法 8.4 所示。

[**算法 8.4**] 起泡排序算法

源代码

```
void  BubbleSort(RecType R[],int n)
{   //对 R[1..n]进行起泡排序
    i = n;                                        //i 指示无序序列中最后一个记录的位置
    while(i>1)
    {   lastExchange=1;                           //记初始时默认交换发生的位置
        for(j=1;j<i;j++)
            if(R[j].key>R[j+1].key)
            {   temp=R[j];R[j]=R[j+1];R[j+1]=temp;   //逆序时交换
                lastExchange=j;                   //记一趟排序中最后一次交换产生的位置
            }
        i=lastExchange;
    }
}
```

2. 算法分析

1）时间复杂度

起泡排序的比较次数和记录的交换次数与记录的初始顺序有关。在正序时，比较次数为 $n-1$，交换次数为 0；逆序时，比较次数和交换次数均为 $\sum_{i=1}^{n-1} i = n(n-1)/2$，记录的移动次数为 $3n(n-1)/2$，因此总的时间复杂度为 $O(n^2)$。

2）空间复杂度

起泡排序中两个关键字进行交换时，需要一个记录的辅助存储空间，因此空间复杂度为 $O(1)$。

3）稳定性

起泡排序是一种稳定的排序方法。

8.3.2　快速排序

1. 快速排序算法

快速排序(Quick Sort)是对起泡排序的改进，是由 C.R.A.Hoare 于 1962 年提出的一种分区交换的方法。在起泡排序中，记录的比较和移动是在相邻的位置进行的，记录每次交换只能消除一个逆序，因而总的比较和移动次数较多。在快速排序中，通过一次交换能消除多个逆序。

快速排序的基本思想是：首先将待排序记录序列中的所有记录作为当前待排序区域，从中任选取一个记录(通常可选取第一个记录)，以它的关键字作为轴值(pivot)，凡其关键字小于轴值的记录均移动至该记录之前，反之，凡关键字大于轴值的记录均移动至该记录之后，使一趟排序之后，记录的无序序列 $R[s..t]$将分隔成两部分：$R[s..i-1]$和 $R[i+1..t]$，且 $R[j].\text{key}\leqslant R[i].\text{key}\leqslant R[k].\text{key}(s\leqslant j\leqslant i-1, i+1\leqslant k\leqslant t, R[i].\text{key}$ 为轴值)。

一趟快速排序(或称一次划分)的具体做法是：设置两个指针 i,j 分别用来指示将要与轴值进行比较的左侧记录位置和右侧记录位置，首先从 j 所指位置开始向前查找关键字小于轴值关键字的记录，将其与枢轴交换，再从 i 所指位置开始向后查找关键字大于轴值关键字的记录，将其与轴值交换，反复执行以上两步，直到 i 与 j 相等。在这个过程中，记录交换都是与轴值之间发生，每次交换要移动三次记录，可以先暂存轴值，只移动要与轴值交换的记录，直到最后再将轴值放入适当位置，这种做法可减少排序中的记录移动次数。

下面用一个具体实例说明快速排序的过程。

例 8.4　有 10 个待排序记录，其关键字序列为{5,2,9,1,4_1,6,3,4_2,7,8}。说明对其进行快速排序的过程。

解答：快速排序过程如图 8.4 所示。

快速排序算法描述如算法 8.5 和算法 8.6 所示。

[**算法 8.5**]　计算轴值

源代码

```
int  Partition(RecType R[],int l,int h)
{   //交换记录子序列 R[l..h]中的记录,使轴值记录到位,并返回其所在位置
    int i=l; j=h;                  //用变量 i,j 记录待排序记录首尾位置
    R[0]=R[i];                     //以子表的第一个记录作轴值,将其暂存到记录 R[0]中
    x=R[i].key;                    //用变量 x 存放轴值记录的关键字
    while(i<j)
    {   //从表的两端交替地向中间扫描
        while(i<j && R[j].key>=x)  j--;
```

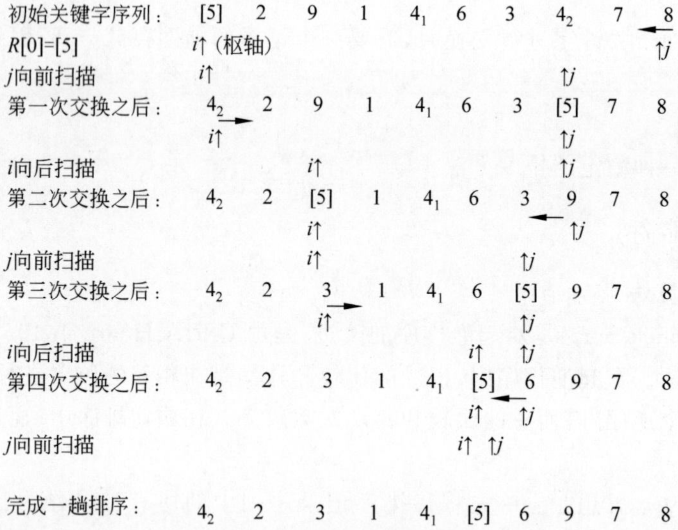

初始关键字序列：[5] 2 9 1 4_1 6 3 4_2 7 8

R[0]=[5]　i↑(枢轴)　↑j

j向前扫描　i↑　↑j

第一次交换之后：4_2 2 9 1 4_1 6 3 [5] 7 8

i↑　↑j

i向后扫描　i↑　↑j

第二次交换之后：4_2 2 [5] 1 4_1 6 3 9 7 8

i↑　↑j

j向前扫描　i↑　↑j

第三次交换之后：4_2 2 3 1 4_1 6 [5] 9 7 8

i↑　↑j

i向后扫描　i↑　↑j

第四次交换之后：4_2 2 3 1 4_1 [5] 6 9 7 8

i↑　↑j

j向前扫描　i↑ ↑j

完成一趟排序：4_2 2 3 1 4_1 [5] 6 9 7 8

(a) 一趟快速排序过程

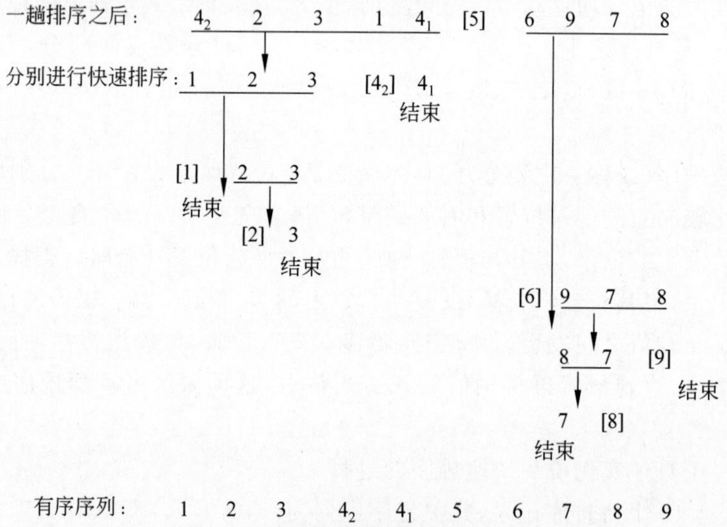

一趟排序之后：4_2 2 3 1 4_1 [5] 6 9 7 8

分别进行快速排序：1 2 3　[4_2] 4_1　结束

[1] 2 3　结束

[2] 3　结束

[6] 9 7 8

8 7 [9]　结束

7 [8]　结束

有序序列：1 2 3 4_2 4_1 5 6 7 8 9

(b) 快速排序全过程

图 8.4　快速排序示例

```
        R[i]=R[j];                  //将比轴值小的记录移到低端
        while(i<j && R[i].key<=x)  i++;
        R[j]=R[i];                  //将比轴值大的记录移到高端
    }
    R[i]=R[0];                      //轴值记录到位
    return i;                       //返回轴值位置
}
```

[算法 8.6] 快速排序

```
void  QuickSort(RecType R[],int s,int t)
{  //对记录序列 R[s..t]进行快速排序
```

```
    if(s<t)
    {   k=Partition(R,s,t);
        QuickSort(R,s,k-1);
        QuickSort(R,k+1,t);
    }
}
```

2. 算法分析

1）时间复杂度

假设一次划分所得轴值位置 $i=k$，则对 n 个记录进行快速排序所需时间为

$$T(n) = T_{\text{pass}}(n)+T(k-1)+T(n-k)$$

其中，$T_{\text{pass}}(n)$为对 n 个记录进行一次划分所需时间，若待排序列中记录的关键字是随机分布的，则 k 取 $1\sim n$ 中任意一值的可能性相同，由此可得快速排序所需时间的平均值为

$$\begin{aligned}T_{\text{avg}}(n) &= Cn+\frac{1}{n}\sum_{k=1}^{n}[T_{\text{avg}}(k-1)+T_{\text{avg}}(n-k)]\\ &= Cn+\frac{2}{n}\sum_{i=0}^{n-1}T_{\text{avg}}(i)\end{aligned}$$

由上式可得

$$\sum_{i=0}^{n-1}T_{\text{avg}}(i)=\frac{n}{2}[T_{\text{avg}}(n)-Cn]$$

又

$$\sum_{i=0}^{n-1}T_{\text{avg}}(i)=T_{\text{avg}}(n-1)+\sum_{i=0}^{n-2}T_{\text{avg}}(i)$$

由此可得

$$\frac{n}{2}[T_{\text{avg}}(n)-Cn]=T_{\text{avg}}(n-1)+\frac{n-1}{2}[T_{\text{avg}}(n-1)-C(n-1)]$$

即

$$T_{\text{avg}}(n)=\frac{n+1}{n}T_{\text{avg}}(n-1)+\frac{2n-1}{n}C$$

设 $T_{\text{avg}}(1)\leqslant b$($b$ 为某个常量)，则可得结果：

$$\begin{aligned}T_{\text{avg}}(n) &< \frac{n+1}{2}T_{\text{avg}}(1)+2(n+1)\left(\frac{1}{2}+\frac{1}{3}+\cdots+\frac{1}{n+1}\right)C\\ &< \left(\frac{b}{2}+2c\right)(n+1)\ln(n+1) \quad (n\geqslant 2)\end{aligned}$$

由上述可知，快速排序的平均时间复杂度为 $O(n\log_2 n)$。就平均时间而言，快速排序是目前被认为最好的内部排序方法。但是，若待排记录的初始状态为按关键字有序时，快速排序将蜕化为起泡排序，其时间复杂度为 $O(n^2)$。也就是说，一次划分后轴值两侧记录数量越接近，排序速度越快；若排序记录有序，排序速度越慢。为避免出现一趟排序后记录集中在轴值一侧的情况，需在进行快排之前，进行“预处理”，即比较 $R[s]$.key，$R[t]$.key 和 $R[\lfloor(s+t)/2\rfloor]$.key，然后取关键字为“三者之中”的记录为枢轴记录，将能改善算法在最差情况下的性能。

2）空间复杂度

快速排序的算法是递归的，因此需要栈来存放数据。最好情况下，枢轴将序列分隔后前、后两个子序列长度基本一致，这样栈的深度为 $O(\log_2 n)$。最坏情况下，快速排序蜕化为起泡排序，此时空间复杂度为 $O(n)$。

3）稳定性

通过例 8.4 的示例可以看出快速排序是一种不稳定的排序方法。

电子课件

8.4 选择排序

选择排序（Selection Sort）的基本思想是：依次从待排序记录序列中选择出关键字值最小（或最大）的记录、关键字值次之的记录、……并分别将它们定位到序列左侧（或右侧）的第 1 个位置、第 2 个位置、……从而使待排序的记录序列成为按关键字值由小到大（或由大到小）排列的有序序列。本节主要介绍两种选择排序方法：直接选择排序和堆排序。

8.4.1 直接选择排序

1. 直接选择排序算法

假设在排序过程中，待排记录序列的状态为

有序序列 $R[1..i-1]$	无序序列 $R[i..n]$

并且有序序列中所有记录的关键字均小于无序序列中记录的关键字，则第 i 趟直接选择排序（Straight Selection Sort）是，从无序序列 $R[i..n]$ 的 $n-i+1$ 记录中选出关键字最小的记录加入有序序列的末尾。下面用一个具体实例说明直接选择排序的过程。

例 8.5 有 10 个待排序记录，其关键字序列为 $\{5,2,9,1,4_1,6,3,4_2,7,8\}$。说明对其进行直接选择排序的过程。

解答：直接选择排序过程如图 8.5 所示。

直接选择排序的算法如算法 8.7 所示。

源代码

［**算法 8.7**］ 直接选择排序算法

```
void  SelectSort(RecType R[],int n)
{  //对记录序列 R[1..n]做直接选择排序
   for(i=1; i<n; i++)
   {  //选择第 i 小的记录,并交换到位
      k=i;                                    //假定第 i 个元素的关键字最小
      for(j=i+1;j<=n;j++)                     //找最小元素的下标
         if(R[j].key<R[k].key)  k=j;
      if(i!=k)  R[i]←→R[k];                   //与第 i 个记录交换
   }
}
```

初始关键字序列：	5	2	9	1	4_1	6	3	4_2	7	8
第一趟排序后：	[1]	2	9	5	4_1	6	3	4_2	7	8
第二趟排序后：	[1	2]	9	5	4_1	6	3	4_2	7	8
第三趟排序后：	[1	2	3]	5	4_1	6	9	4_2	7	8
第四趟排序后：	[1	2	3	4_1]	5	6	9	4_2	7	8
第五趟排序后：	[1	2	3	4_1	4_2]	6	9	5	7	8
第六趟排序后：	[1	2	3	4_1	4_2	5]	9	6	7	8
第七趟排序后：	[1	2	3	4_1	4_2	5	6]	9	7	8
第八趟排序后：	[1	2	3	4_1	4_2	5	6	7]	9	8
第九趟排序后：	[1	2	3	4_1	4_2	5	6	7	8]	9

图 8.5　直接选择排序示例

2. 算法分析

1）时间复杂度

直接选择排序的比较次数和记录的初始顺序无关。其比较次数为 $\sum_{i=1}^{n-1}(n-i)=n(n-1)/2$，交换次数为不超过 $n-1$ 次。当待排序记录初始为正序时，不发生交换；当初始为逆序时，发生 $n-1$ 次交换，移动次数为 $3(n-1)$。故直接选择排序的最好、最坏和平均时间复杂度为 $O(n^2)$。

2）空间复杂度

直接选择排序中两个关键字进行交换时，需要一个记录的辅助存储空间，因此空间复杂度为 $O(1)$。

3）稳定性

直接选择排序是不稳定的。例如，对于序列$\{2_1,2_2,1\}$，排序后为$\{1,2_2,2_1\}$。

8.4.2　堆排序

1. 堆定义

堆排序（Heap Sort）是由威廉姆斯（J.Williams）在 1964 年提出的，该算法利用树结构减少了关键字之间的比较次数。

堆的定义：堆是满足下列性质的序列$\{K_1,K_2,\cdots,K_n\}$：

$$\begin{cases}K_i\geqslant K_{2i}\\K_i\geqslant K_{2i+1}\end{cases}\quad 或 \quad \begin{cases}K_i\leqslant K_{2i}\\K_i\leqslant K_{2i+1}\end{cases}\quad (i=1,2,\cdots,\lfloor n/2\rfloor)$$

若将此序列看成一棵完全二叉树，则堆或是空树或是满足下列特性的完全二叉树：

其左、右子树分别是堆，任何一个结点的值不小于(或不大于)左/右子女结点(若存在)的值。

对于如下序列…，K_i，…，K_{2i}，K_{2i+1}，…，可以用下面的完全二叉树表示。

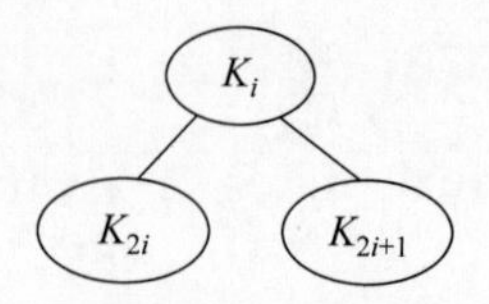

由此，若上述序列是堆，则 K_1 必是序列中的最大值或最小值，分别称作大顶堆或小顶堆(大堆或小堆)。如图 8.6 所示，图中完全二叉树下方是其对应的存储结构。

序列{9,6,7,3,2,5,4,1}是大顶堆，序列{2,3,5,4,6,9,7,8}是小顶堆。

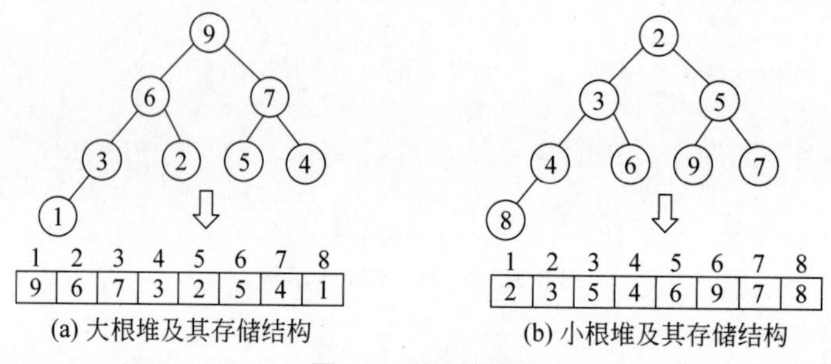

(a) 大根堆及其存储结构 (b) 小根堆及其存储结构

图 8.6 堆示例图

2. 基本思想

堆排序与简单选择排序类似，只是挑选最大值或最小值的方法不同，堆排序挑选最大(小)值是通过完全二叉树进行的，即利用堆的特性对记录序列进行排序的一种排序方法。其基本思想是：先将待排序序列构造成一个堆，此时堆顶元素是序列的最大或最小的关键字，然后堆顶元素与序列中最后一个记录交换，之后将序列中前 $n-1$ 个记录重新调整为一个堆(调堆的过程称为“筛选”)，再将堆顶记录和第 $n-1$ 个记录交换，如此反复直至排序结束。注意：第 i 次筛选的前提是从 2 到 $n-i$ 是一个堆，即筛选是对一棵左/右子树均为堆的完全二叉树，“调整”根结点使整个二叉树为堆的过程。

以大根堆为例，将堆顶元素与最后一个元素交换，再把前 $n-1$ 个元素调成堆，即若 K_i、K_{2i}、K_{2i+1}不符合大根堆要求，将 K_i 与 K_{2i}、K_{2i+1} 中大者交换，再依次将调整后的 K_{2i} 或 K_{2i+1}向后继续调整直到“叶子结点”或不再发生交换为止。下面用一个具体实例说明堆排序一次筛选的过程。

例 8.6 假设有一个大根堆，其关键字序列为{9,4_1,6,2,4_2,5,3,1}。说明对其进行一次筛选的过程。

解答：首先将堆顶最大值 9 与无序区最后一个关键字 1 交换，得到图 8.7(b)，然后将根结点 1 与孩子结点中大者比较，因为 1<6，所以将其与 6 交换，关键字 1 下移到第二层后，与其左、右孩子大者关键字 5 比较，因为 1<5，需继续下移至第三层，最终得到如图 8.7(c)所示的堆，此时完成一次调整。

堆排序的过程就是“建堆”和反复“调堆”的过程。那么如何“建堆”呢？具有 n 个结点的

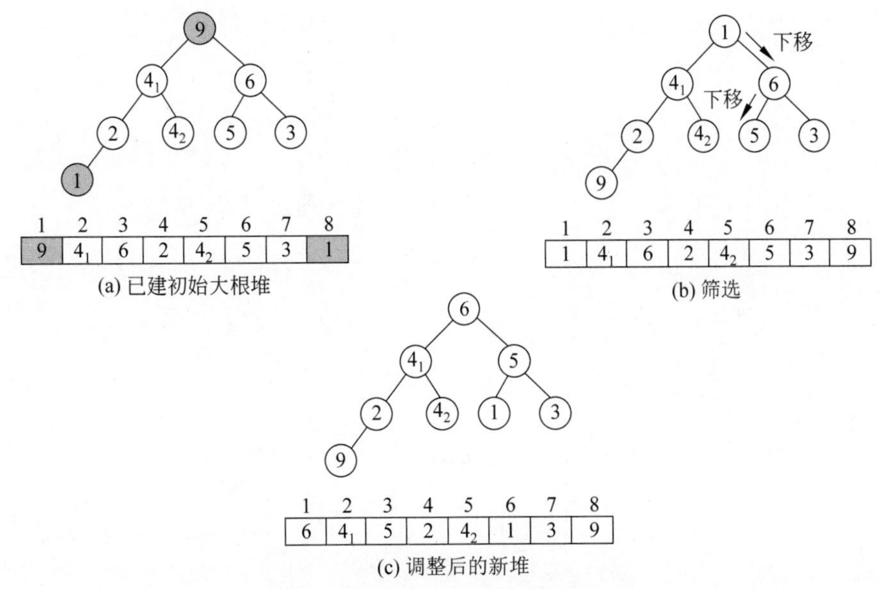

(a) 已建初始大根堆　(b) 筛选　(c) 调整后的新堆

图 8.7　输出堆顶元素并筛选的示例

完全二叉树，其叶子结点被认为符合堆的定义，其最后一个非终端结点的编号是$\lfloor n/2 \rfloor$，从该结点开始，直到根结点，依次使用筛选法，使堆的序列从 $n/2..n$，一直扩大到 $1..n$，就完成了初始堆的建立。下面结合例 8.6 的堆筛选，用具体实例说明堆排序的过程。

例 8.7　有 8 个待排序记录，其关键字序列为{5，2，9，1，4_1，6，3，4_2}。说明建初始大根堆和堆调整的过程。

解答：以初始关键字序列{5，2，9，1，4_1，6，3，4_2}为例，其初始建大顶堆过程如图 8.8(a)～图 8.8(d)所示。堆调整过程如图 8.8(e)～图 8.8(q)所示，图 8.8(e)、图 8.8(g)、图 8.8(i)、图 8.8(k)、图 8.8(m)、图 8.8(o)、图 8.8(q)中带阴影的结点表示对应的两个关键字互换。

利用大根堆实现堆排序见算法 8.8 和算法 8.9。

[**算法 8.8**]　堆调整

源代码

```
void  Sift(RecType R[],int i,int m)
{  //设 R[i+1..m]中各元素满足堆的定义,本算法调整 R[i]使序列 R[i..m]满足堆的性质
   R[0]=R[i];                              //暂存"根"记录 R[i]
   for(j=2*i; j<=m; j*=2)                  //j<=m 时,R[2i]是 R[i]的左孩子
   {  if(j<m && R[j].key<R[j+1].key) j++;
      //若 R[i]的右孩子存在,且关键字大于左孩子,沿右孩子筛选
      if(R[0].key<R[j].key)                //孩子结点关键字较大
      {  R[i]=R[j];                        //将 R[j]换到双亲位置上
         i=j;                              //修改当前被调整结点
      }
      else break;                          //调整完毕,退出循环
   }
   R[i]=R[0];                              //最初被调整结点放入正确位置
}
```

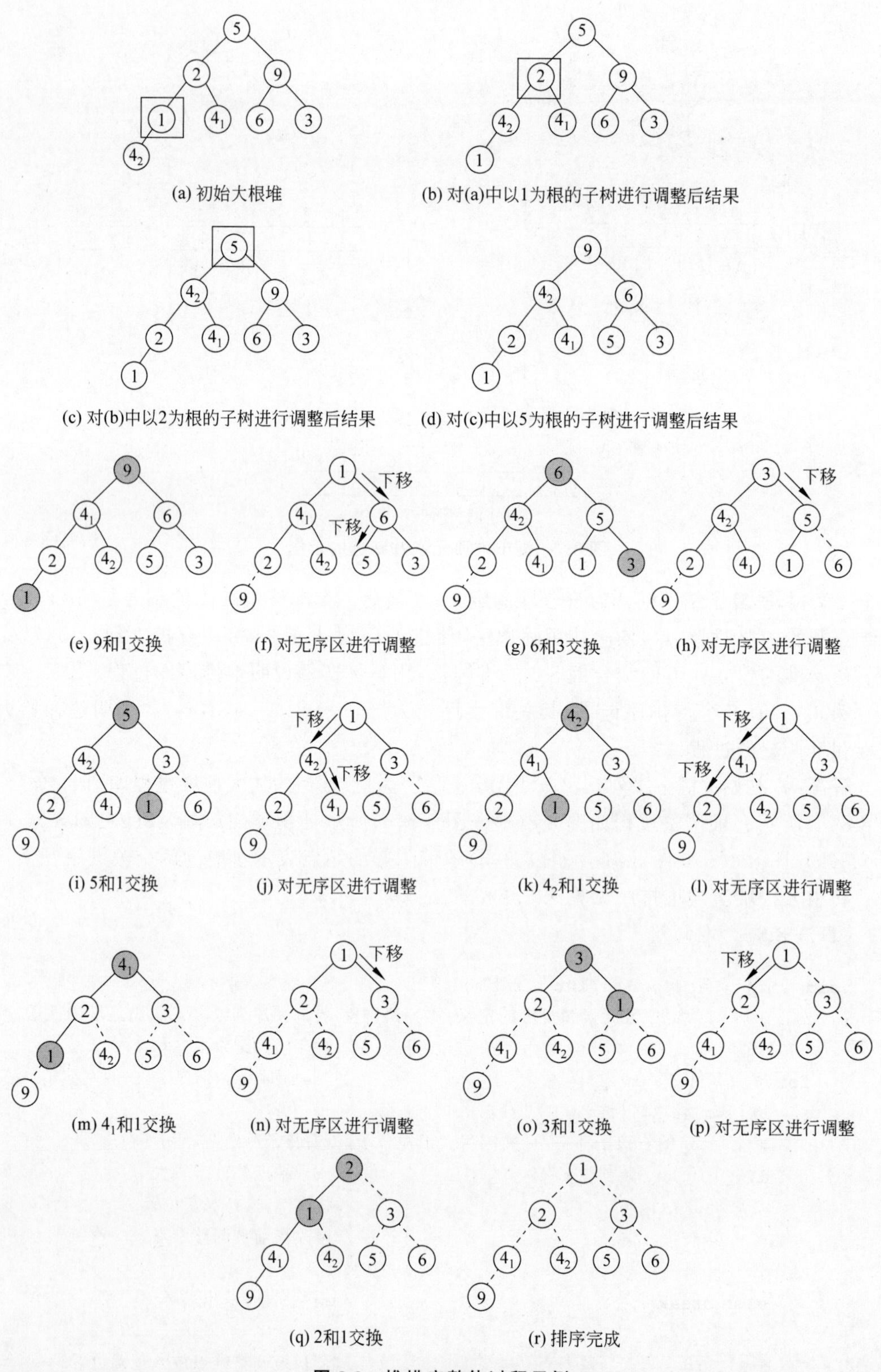

图 8.8 堆排序整体过程示例

［**算法 8.9**］　堆排序

```
void  HeapSort(RecType R[],int n)
{   //对记录序列 R[1..n]进行堆排序。
    for(i=n/2;i>0;i--)                              //把 R[1..n]建成大顶堆
        Sift(R,i,n);
    for(i=n;i>1;i--)
    {   //将堆顶记录和当前未排序子序列 R[1..i]中最后一个记录相互交换
        R[1]←→R[i];
        Sift(R,1,i-1);                              //将 R[1..i-1]重新调整为大顶堆
    }
}
```

3. 算法分析

1）时间复杂度

堆排序的时间主要由建堆和反复筛选两部分时间开销构成。对深度为 h 的堆,“筛选”所需进行的关键字比较的次数至多为 $2(h-1)$;对 n 个关键字,建成深度为 $h=\lfloor \log_2 n \rfloor+1$ 的堆,所需进行的关键字比较的次数至多为 $C(n)$,它满足下式:

$$
\begin{aligned}
C(n) &= \sum_{i=h-1}^{1} 2^{i-1} \times 2(h-1) = \sum_{i=h-1}^{1} 2^{i} \times (h-1) \\
&= 2^{h-1} + 2^{h-2} \times 2 + 2^{h-3} \times 3 + \cdots + 2 \times (h-1) \\
&= 2^{h}(1/2 + 2/2^2 + 3/2^3 + \cdots + (h-1)/2^{h-1}) \\
&\leqslant 2^{h} \times 2 \leqslant 2 \times 2^{(\log_2 n)+1} = 4n
\end{aligned}
$$

调整“堆顶”$n-1$ 次,总共进行的关键字比较的次数不超过

$$2(\lfloor \log_2(n-1) \rfloor + \lfloor \log_2(n-2) \rfloor + \cdots + \log_2 2) < 2n(\lfloor \log_2 n \rfloor)$$

因此,堆排序的时间复杂度为 $O(n\log_2 n)$。由于初始建堆所需比较次数较多,所以,堆排序不适合记录数较少的文件。对记录较多的文件还是很有效的,堆排序的最坏时间复杂度也是 $O(n\log_2 n)$。

2）空间复杂度

堆排序只需要一个记录的辅助存储空间,因此空间复杂度为 $O(1)$。

3）稳定性

堆排序是不稳定的排序。例如,对于序列$\{1,2_1,2_2\}$,排序后为$\{1,2_2,2_1\}$。

8.5　归并排序

1. 2-路归并排序

归并排序(Merging Sort)是利用“归并”技术来进行的排序。归并是指将两个或两个以上的有序表合并成一个新的有序表。在内部排序中,通常采用的是 2-路归并排序。其基本思想是将一个具有 n 个待排序记录的序列看成 n 个长度为 1 的有序序列,然后进行两两归并,得到$\lceil n/2 \rceil$个长度为 2 的有序序列,再进行两两归并,得到$\lceil n/4 \rceil$个长度为 4 的有序序列,如此重复,直至得到一个长度为 n 的有序序列为止。下面给出一个 2-路归并

排序的实例。

例 8.8 有10个待排序记录,其关键字序列为{5,2,9,1,4_1,6,3,4_2,7,8}。说明2-路归并排序的过程。

解答:图8.9为2-路归并排序的过程。

初始关键字序列: [5] [2] [9] [1] [4_1] [6] [3] [4_2] [7] [8]

一趟归并排序后: [2 5] [1 9] [4_1 6] [3 4_2] [7 8]

二趟归并排序后: [1 2 5 9] [3 4_1 4_2 6] [7 8]

三趟归并排序后: [1 2 3 4_1 4_2 5 6 9] [7 8]

四趟归并排序后: [1 2 3 4_1 4_2 5 6 7 8 9]

图 8.9 2-路归并排序过程示例

2-路归并算法如算法8.10~算法8.12所示。

源代码

[**算法 8.10**] 合并两个有序序列

```
void   Merge(RecType R[],RecType R1[],int i,int l,int h)
{   //将有序的 R[i.. l]和 R[l+1..h]归并为有序的 R1[i..h]
    for(j=l+1,k=i; i<=l  && j<=h;k++)
    {   //将 R 中记录由小到大地并入 R1
        if(R[i].key<=R[j].key)  R1[k]=R[i++];
        else R1[k]=R[j++];
    }
    if(i<=l) R1[k..h]=R[i.. l];       //将剩余的 R[i.. l]复制到 R1
    if(j<=h) R1[k..h]=R[j..h];        //将剩余的 R[j..h]复制到 R1
}
```

[**算法 8.11**] 将s到t的序列进行2-路归并排序

```
void    Msort(RecType R[],RecType R1[],int s,int t)
{   //将 R[s..t]进行 2-路归并排序为 R1[s..t]
    if(s==t)  R1[s]=R[s];
    else
    {   m=(s+t)/2;                    //将 R[s..t]平分为 R[s..m]和 R[m+1..t]
        Msort(R,R2,s,m);              //递归地将 R[s..m]归并为有序的 R2[s..m]
        Msort(R,R2,m+1,t);            //递归地将 R[m+1..t]归并为有序的 R2[m+1..t]
        Merge(R2,R1,s,m,t);           //将 R2[s..m]和 R2[m+1..t]归并到 R1[s..t]
    }
}
```

[**算法 8.12**] 2-路归并排序

```
void   MergeSort(RecType R[],int n)
{   //对记录序列 R[1..n]做 2-路归并排序
    Msort(R,R,1,n);
}
```

2. 算法分析

1）时间复杂度

2-路归并排序进行第 i 趟排序后，有序子序列长度为 2^i，具有 n 个记录的序列排序，必须做$\lceil \log_2 n \rceil$趟归并，每趟所花时间为 $O(n)$，故 2-路归并排序的时间复杂度为 $O(n\log_2 n)$，所需空间为 $O(n)$。

2）空间复杂度

2-路归并排序需要一个和待排序数组相同大小的辅助存储空间，因此空间复杂度为 $O(n)$。

3）稳定性

2-路归并排序是稳定的排序算法。

8.6　分配排序

前面讨论的排序算法都是基于关键字之间的比较，通过比较判断出大小，然后进行调整。而分配排序则不然，它是利用关键字的结构，通过“分配”和“收集”的办法来实现排序。分配排序可分为桶排序和链式基数排序两类。

1. 桶排序

桶排序(Bucket Sort)也称箱排序(Bin Sort)，其基本思想是：设置若干桶，依次扫描待排序记录 $R[1..n]$，把关键字等于 k 的记录全部都装到第 k 个桶里(分配)，然后，按序号依次将各非空的桶首尾连接起来(收集)。

例如，将一副混洗的 52 张扑克牌按面值 A＜2＜…＜J＜Q＜K 排序，需设 13 个“桶”，将每张牌按面值放入相应的桶中，然后依次将这些桶首尾相接，就得到了按面值递增排列的一副牌。由此可见，桶的个数取决于关键字的取值范围。

2. 链式基数排序

链式基数排序(Radix Sort)是对桶排序的改进和推广。桶排序只适用于关键字取值范围较小的情况。否则，所需桶的个数及初始化桶和连接桶的时间均太长。但可根据关键字的结构，改进这一结果。

链式基数排序方法是将一个关键字分解成多个“关键字”，再利用多关键字排序的思想对记录序列进行排序，是一种借助“多关键字排序”的思想来实现“单关键字排序”的算法。

假设有 n 个记录的待排序序列$\{R_1, R_2, \cdots, R_n\}$，每个记录 R_i 中含有 d 个关键字$(K_i^0, K_i^1, \cdots, K_i^{d-1})$，则称上述记录序列对关键字$(K_i^0, K_i^1, \cdots, K_i^{d-1})$有序是指：对于序列中任意两个记录 R_i 和 R_j($1 \leqslant i < j \leqslant n$)都满足下列(词典)有序关系。

$$(K_i^0, K_i^1, \cdots, K_i^{d-1}) < (K_j^0, K_j^1, \cdots, K_j^{d-1})$$

其中，K^0 被称为“最主”位关键字，K^{d-1}被称为“最次”位关键字。实现多关键字排序通常有以下两种做法。

最高位优先(MSD)法：先对 K^0 进行排序，并按 K^0 的不同值将记录序列分成若干子序列之后，分别对 K^1 进行排序，……，以此类推，直至最后对最次位关键字排序完成为止。

最低位优先(LSD)法：先对 K^{d-1} 进行排序，然后对 K^{d-2} 进行排序，以此类推，直至对最高位关键字 K^0 排序完成为止。排序过程中不需要根据“前一个”关键字的排序结果，将记录序列分隔成若干(“前一个”关键字不同的)子序列。

假如多关键字的记录序列中，每个关键字的取值范围相同，则按 LSD 法进行排序时，可以采用“分配-收集”的方法，其好处是不需要进行关键字间的比较。

对于数字型或字符型的单关键字，若可以看成由 d 个分量($K_i^0, K_i^1, \cdots, K_i^{d-1}$)构成的，每个分量取值范围相同 $C_1 \leqslant K_i^j \leqslant C_m (1 \leqslant j \leqslant d)$(可能取值的个数 m 称为**基数**)，此时可以采用这种“分配-收集”的办法进行排序，这就是基数排序法。在计算机上实现基数排序时，为减少所需辅助存储空间，应采用链表作存储结构，即链式基数排序，具体做法如下。

(1) 待排序记录以指针相连，构成一个链表。

(2) “分配”时，按当前“关键字位”的取值，将记录分配到不同的“链队列”中，每个队列中记录的“关键字位”相同。

(3) “收集”时，按当前关键字位取值从小到大将各队列首尾相连成一个链表；对每个关键字位均重复(2)和(3)两步。

下面给出一个链式基数排序的实例。

例 8.9 有 10 个待排序记录，其关键字序列为{39,56,10,15,21,89,34,06,51,54}，说明链式基数排序的过程。

解答：首先按其“个位数”可能的取值分别为 0,1,…,9“分配”成 10 组，之后按组从 0 至 9 的顺序将它们“收集”在一起；然后按其“十位数”可能的取值分别为 0,1,…,9“分配”成 10 组，之后再按组从 0 至 9 的顺序将它们“收集”在一起；最后按其“百位数”重复一遍上述操作，便可得到这组关键字的有序序列。

图 8.10 为初始关键字序列，即链表 first。

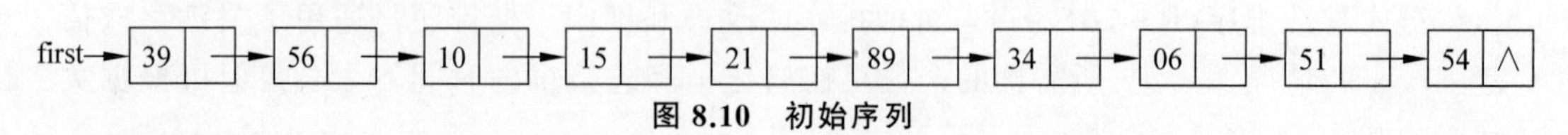

图 8.10 初始序列

第一次分配得到：

Q[0].front→10←Q[0].rear

Q[1].front→21→51←Q[1].rear

Q[4].front→34→54←Q[4].rear

Q[5].front→15←Q[5].rear

Q[6].front→56→06←Q[6].rear

Q[9].front→39→89←Q[9].rear

第一次收集得到如图 8.11 所示链表。

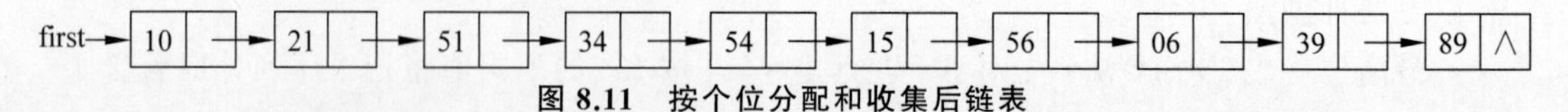

图 8.11 按个位分配和收集后链表

第二次分配得到:

Q[0].front→06←Q[0].rear

Q[1].front→10→15←Q[1].rear

Q[2].front→21←Q[2].rear

Q[3].front→34→39←Q[3].rear

Q[5].front→51→54→56←Q[5].rear

Q[8].front→89←Q[8].rear

第二次收集得到记录的有序序列如图 8.12 所示。

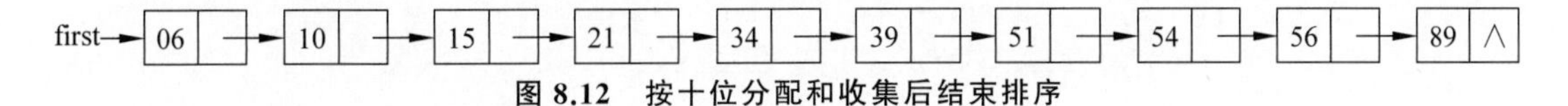

图 8.12 按十位分配和收集后结束排序

现在以静态链表作为记录的存储结构,链式基数排序算法如下。

```
#define m 10
typedef struct Node                              //定义单链表的结点类型
{   DataType data;
    struct Node * next;
} Node, * LinkNode;

typedef  struct
{ Node   * front, * rear;                        //队列的头、尾指针
} SLQueue;
SLQueue Q[m];                                    //用队列表示桶,共 m 个
```

[算法 8.13] 建立初始单链表

```
Node * CreatList(DataType a[], int n)
{   //建立初始单链表
    Node * s=NULL, * r=NULL;
    Node * first= (Node * )malloc(sizeof(Node));     //生成头结点
    r=first;                                     //尾指针初始化
    for (i=0; i<n; i++)
    {   s=(Node * )malloc(sizeof(Node));
        s->data=a[i];                            //为每个数组元素建立一个结点
        r->next=s; r=s;                          //将结点 s 插到终端结点之后
    }
    r->next=NULL;                                //单链表建立完毕,将终端结点的指针域置空
    s=first; first=first->next;
    free(s);
    return first;
}
```

[**算法 8.14**] 链式基数排序算法

```
Node  * RadixSort(Node * first, int d)        //d是记录的最大位数
{  //通过链队列实现链式基数排序
   Node * tail;                               //tail用于首尾相接时指向队尾
   base=1;                                    //base是被除数
   for(i=1; i<=d; i++)                        //进行d趟基数排序
   {  for(j=0; j<m; j++)
      Q[j].front=Q[j].rear=NULL;              //清空每一个队列
      while(first !=NULL)                     //分配,将记录分配到队列中
      {  k=(first->data/base)%10;
         if (Q[k].front==NULL)
            Q[k].front=Q[k].rear=first;
         else
            Q[k].rear=Q[k].rear->next=first;
         first=first->next;
      }
      for(j=0; j<m; j++)                      //收集,将队列首尾相接
      {  if(Q[j].front==NULL)
            continue;
         if (first==NULL)
            first=Q[j].front;
         else
            tail->next=Q[j].front;
         tail=Q[j].rear;
      }
      tail->next=NULL;                        //收集后单链表加尾标志
      base=base * m;
   }
   return first;
}
```

3. 算法分析

1) 时间复杂度

在基数排序算法中,没有进行关键字的比较和移动,而只是顺链扫描链表和进行指针赋值,所以排序的时间主要耗费在修改指针上。初始化链成一个链表的时间是 $O(n)$。在每趟分配-收集排序中,初始化队列的时间复杂度是 $O(m)$,分配时将 n 个记录装入桶中的时间复杂度是 $O(n)$,收集的时间是 $O(m)$,因此一趟排序的时间是 $O(m+n)$。共进行 d 趟排序,所以链式基数排序的时间复杂度是 $O(d\times(m+n))$。基数排序在 n 较小 d 较大时并不合适。只有当 n 较大、d 较小时,特别是记录的信息量较大时,链式基数排序最为有效。特别地,当 d、m 为常数时,该算法时间复杂度可视为 $O(n)$。

2) 空间复杂度

链式基数排序增加了 m 个队列,故空间复杂度为 $O(m)$。

3) 稳定性

链式基数排序是稳定的排序算法。

8.7　各种内部排序方法的比较

比较前面讨论的各种内部排序算法，结果如表8.1所示。

表8.1　各种内部排序算法比较

排序方法	平均时间	最坏情况	辅助空间	稳定性
直接插入排序	$O(n^2)$	$O(n^2)$	$O(1)$	稳定
折半插入排序	$O(n^2)$	$O(n^2)$	$O(1)$	稳定
起泡排序	$O(n^2)$	$O(n^2)$	$O(1)$	稳定
直接选择排序	$O(n^2)$	$O(n^2)$	$O(1)$	不稳定
希尔排序	$O(n^{1.3})$	$O(n^{1.3})$	$O(1)$	不稳定
快速排序	$O(n\log_2 n)$	$O(n^2)$	$O(\log_2 n)$	不稳定
堆排序	$O(n\log_2 n)$	$O(n\log_2 n)$	$O(1)$	不稳定
2-路归并排序	$O(n\log_2 n)$	$O(n\log_2 n)$	$O(n)$	稳定
基数排序	$O(d\times(m+n))$	$O(d\times(m+n))$	$O(m)$	稳定

依据表8.1，可得出如下几个结论。

(1) 若n较小，可采用直接插入排序、冒泡排序或直接选择排序，这些方法在处理小型数据时表现良好，当待排序数据量较大时，它们的效率较低。

(2) 若n较大，关键字有明显结构特征(如字符串、整数等)，且关键字位数较少易于分解，采用基数排序较好。若关键字无明显结构特征或取值范围属于某个无穷集合(例如实数型关键字)时，应借助"比较"的方法来排序，可采用时间复杂度为$O(n\log_2 n)$的排序方法：快速排序、堆排序或归并排序。快速排序在待排序记录的关键字是随机分布时，是目前基于比较的内部排序中被认为是最好的方法，但在最坏情况下可能会退化到$O(n^2)$。归并排序和堆排序在处理大型数据时效率较高，但归并排序需要额外的空间来存储子数组，而堆排序需要将数据调整为合适的堆结构，堆排序所需的辅助空间少于快速排序，并且不会出现快速排序可能出现的最坏情况。快速排序和堆排序都是不稳定的，若要求排序稳定，则可选用归并排序。

(3) 若待排序记录的初始状态已是按关键字基本有序，则选用直接插入排序或起泡排序为宜。

(4) 前面讨论的排序算法，大都是利用顺序存储结构实现的。若记录本身信息量大，为避免移动记录耗费大量时间，可用链式存储结构。例如，直接插入排序和归并排序都易于在链表上实现。

综上所述，在选择内部排序方法时，需要根据待排序数据的长度、类型和特征进行综合考虑。

前面所述的算法时间性能最好为$O(n\log_2 n)$，那$O(n\log_2 n)$是否就是基于比较的排序算法的下界呢？例如，对三个关键字进行排序的判定树见图8.13。

描述排序的判定树有两个特点：①树上的每一次"比较"都是必要的；②树上的叶子

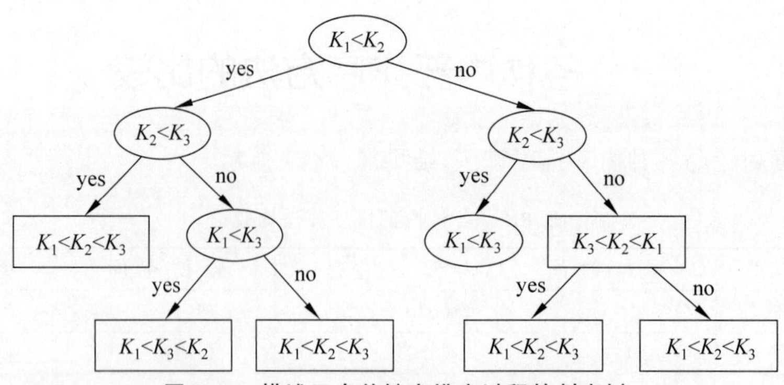

图 8.13　描述三个关键字排序过程的判定树

结点包含所有可能情况。则由如图 8.13 所示的"判定树的深度为 4"可以推出"至多进行三次比较"即可完成对三个关键字的排序。反过来说，由此判定树可见，考虑最坏情况，"至少要进行三次比较"才能完成对三个关键字的排序。对三个关键字进行排序的判定树深度是唯一的，即无论按什么先后顺序去进行比较，所得判定树的深度都是 3。当关键字的个数超过 3 之后，不同的排序方法其判定树的深度不同。例如，对 4 个关键字进行排序时，直接插入的判定树的深度为 6，而折半插入的判定树的深度为 5。可以证明，对 4 个关键字进行排序，至少需进行 5 次比较。因为 4 个关键字排序的结果有 $4!=24$ 种可能，即排序的判定树上必须有 24 个叶子结点，其深度的最小值为 6。一般情况下，对 n 个关键字进行排序，可能得到的结果有 $n!$ 种，由于含 $n!$ 个叶子结点的二叉树的深度不小于 $\lceil \log_2(n!) \rceil+1$，则对 n 个关键字进行排序的比较次数至少是 $\lceil \log_2(n!) \rceil$。利用斯蒂林近似公式 $\lceil \log_2(n!) \rceil \approx n\log_2 n$ 可以得到，基于"比较关键字"进行排序的排序方法，在最坏情况下可能达到的时间复杂度为 $O(n\log n)$。

8.8 外部排序

以上各节讨论的排序都是内部排序。整个排序过程不涉及数据的内、外存交换，待排序的记录全部存放在内存中。若待排序的文件很大，就无法将整个文件的所有记录同时调入内存进行排序，只能将文件存放在外存上，在排序过程中需进行多次的内、外存之间的交换，这称为**外部排序**。本节首先介绍对外存信息进行存取的特点。

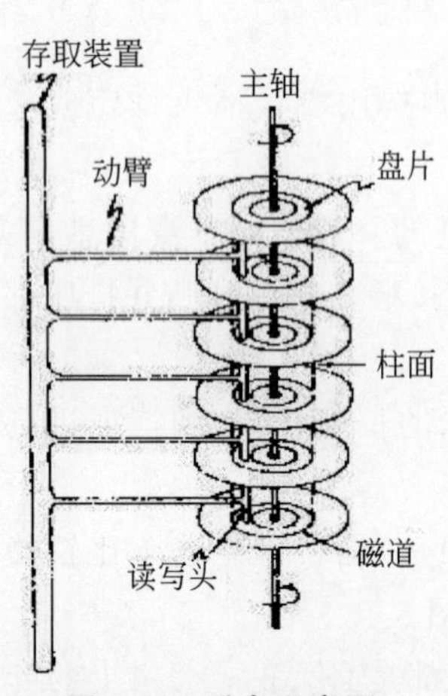

图 8.14　磁盘示意图

8.8.1　文件管理

计算机使用的数据都是存储在它的存储器中。一般地，把那些存储量不大且使用频繁的数据存在内存中，而把存储量大、使用不太频繁的数据以文件的方式存在外部存储器中，仅当必要时才把它们（其中一部分）调入内存。这里所说的外存储器主要指磁盘、磁带、光盘或 U 盘等。

磁盘装置是直接存取设备。磁盘的外形像唱片，如

图 8.14 所示。一片或一组磁盘装在磁盘驱动器上。一个盘的两面(盘组的最上、最下的两面除外)都可以存储数据。读写磁头安装在存取臂上,靠近各个盘面。盘片在驱动器带动下高速旋转(2000～8000 转/分)。磁盘转动一周,读写头在一个固定位置上可扫视磁盘的一个同心圆。一个同心圆叫作一条**磁道**,一个盘面上可有 200～1000 条磁道。盘组直径相同的磁道形成一个**柱面**。每条磁道又划分成几个**扇区**。扇区是可寻址的最小存储单位。柱面、盘面、扇区编号构成磁盘的存储地址。

为了访问一块信息,首先必须找柱面,移动臂使磁头移动到所需柱面上(称为定位或寻查);然后等待要访问的信息转到磁头之下;最后,读写所需信息。所以,在磁盘上读写一块信息所需的时间由三部分组成: $T_{I/O}=t_s+t_l+n\cdot t_{wm}$,其中,$t_s$ 为寻查时间,即读/写头定位的时间;t_l 为等待时间,即等待信息块的初始位置旋转到读写头下的时间;t_{wm} 为传输一个字符所需时间。

8.8.2　外部排序的方法

外部排序也叫文件排序,通常经两个独立的阶段完成。第一阶段,根据内存大小,每次把文件中一部分记录读入内存,用有效的内部排序方法(如快速排序、堆排序等)将其排成**有序段**(又称**归并段**或**顺串**)。每产生一个顺串,就把它写回外存。这一阶段称为初始顺串生成阶段。第二阶段是归并阶段,每次读入一些顺串到内存中,通过合并操作,将它们合并成更长的顺串。归并阶段,需要频繁地对外存做读写操作。经多次反复合并之后,最终将得到一个有序文件。第一阶段的工作已经在前面讨论过,本节主要讨论第二阶段即归并的过程。

1. 2-路归并排序

文件的逻辑存取单位是“记录”,物理存储单位是“块”,块也同时是最小读写单位。假如对含有 3600 个记录的文件排序,而一个块能够容纳 200 个记录,于是这个文件共占 18 块。2-路合并每次将两个顺串合并成一个顺串。系统能够提供可容纳 600 个记录的内存缓冲区,那么,可按如下方法进行排序。

第一阶段,每次读入 3 块共 600 个记录于内存,把这 3 块用内部排序方法排成一个初始顺串,并写回外存,初始顺串的长度等于内存缓冲区长度。这样,共产生 6 个初始顺串,记作 R_1～R_6。第二阶段,采用 2-路合并法进行合并。把可容纳 900 个记录的内存等分成 3 个缓冲区 B_1、B_2、B_3,每个缓冲区可容纳一块。其中,B_1 和 B_2 用作输入缓冲区,B_3 用作输出缓冲区。合并过程可表示成如图 8.15 所示的合并树,图中每个小方格表示一个数据块。

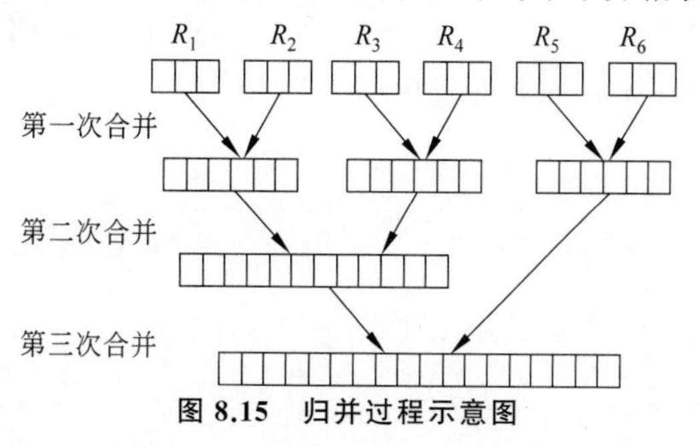

图 8.15　归并过程示意图

将顺串 R_1 和 R_2 合并操作的步骤大体如下。

先从 R_1 和 R_2 中各读入一块存放于 B_1 和 B_2 中，把 B_1 和 B_2 中的数据合并到输出缓冲区 B_3，当 B_3 放满时，就把 B_3 中的数据写回外存，产生新顺串中的一块。当 B_1 或 B_2 中的数据已合并完时，就从相应的顺串中读取后续块填满。反复如此，直到两个顺串 R_1 和 R_2 都空，合并完毕。这样，就把 R_1 和 R_2 合并成一个长度为 1800 的"大"顺串。

类似地，将 R_3 与 R_4 合并，将 R_5 与 R_6 合并，从而完成一遍合并工作。一遍合并后，顺串长度增加一倍，顺串个数减少一半，由 6 个合并成 3 个。

类似地，再进行第二次、第三次合并，直到合并成一个有序文件。

以块读写次数度量对上述文件排序所需时间。

第一阶段，产生 6 个顺串，每产生一个顺串需读入 3 块、写出 3 块，所以共进行 36 次块读写。

第二阶段，第一遍合并需要 36 次块读写，第二遍合并进行 24 次块读写，第三遍合并进行 36 次块读写。所以三遍合并需用 96 次块读写。

两个阶段共进行 132 次块读写。

2. 多路归并

2-路归并虽然简单，但是归并遍数太多，对外存读写次数多，花费时间太长。在条件许可的情况下，采用多路归并方法，可望加快排序速度。

例如，若系统可提供 4 个长度为 300 个记录的内存缓冲区 $B_1 \sim B_4$。那么，可采用 3-路归并法，每次把 3 个顺串合并成一个顺串。B_1、B_2、B_3 用作输入缓冲区，B_4 用作输出缓冲区，块读写数会显著地减少。

用 3-路归并法，将 6 个顺串 $R_1 \sim R_6$ 进行归并时，归并阶段仅需 72 次块读写。

显然，路数越多，归并遍数越少，块读写次数越少，排序速度越快。但是，增加路数将会受到内存容量、块的大小等物理条件的限制。在物理条件满足的前提下，还要考虑实现多路归并的算法设计方法。

8.8.3 多路平衡归并排序

由前面的讨论可见，当增加归并的路数 k，可减少归并的趟数 s，从而减少块读写次数，加快排序速度。

对于 2-路归并，n 个记录分布在两个归并段上，按内部归并进行排序，得到含 n 个记录的归并段需进行 $n-1$ 次比较。而对于 k-路归并，n 个记录分布在 k 个归并段上，从 k 个记录中选出一个最小记录需进行 $k-1$ 次比较，一趟归并要得到全部 n 个记录共需进行 $(n-1)(k-1)$ 次比较。此 k-路归并排序的内部归并过程中进行总的比较次数为 $s(n-1)(k-1)$。故有

$$\lceil \log_k m \rceil (k-1)(n-1) = \left\lceil \frac{\log_2 m}{\log_2 k} \right\rceil (k-1)(n-1) \tag{8-1}$$

由式(8-1)，k 增大，$\dfrac{k-1}{\log_2 k}$ 增大，内部归并排序时间也增大。这就抵消了因增大 k 而减少外存读写次数所节省的外部操作时间。也就是说，用上述方式增大 k 并不能减少对

外存的读写次数。

我们可以采用“**败者树**”(Tree of Loser)的方式,使在 k 个记录中选出关键码最小的记录时仅需进行$\lceil \log_2 k \rceil$次比较,从而使总的归并时间变为$\lceil \log_2 m \rceil(n-1)$,显然公式与 k 无关,它不再随 k 的增长而增长。

败者树是树状选择排序的一种变形,如图 8.16 所示。它实际上是一棵完全二叉树,其中每个叶子结点存放各归并段在归并过程中当前参加比较的记录,每个非叶子结点记忆它两个孩子结点中关键字比较的败者,而让胜者去参加更高一层的比赛。

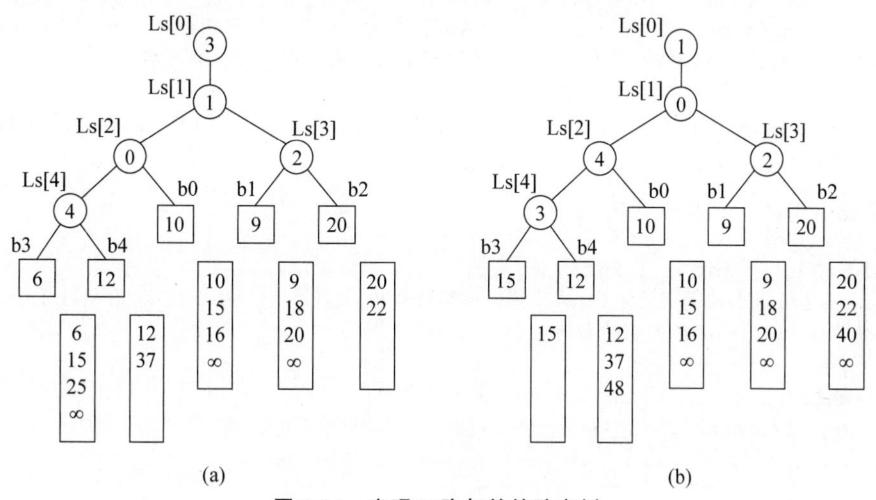

图 8.16　实现 5-路归并的败者树

图 8.16(a)即为一棵实现 5-路归并的败者树 ls[0..4],图中圆形结点表示非叶子结点,ls[1..4]存放败者的归并段号,方形结点表示叶子结点(也可看成外结点),存放 5 个归并段中当前参加归并的待选择记录的关键字;败者树中根结点 ls[1]的双亲结点 ls[0]为“冠军”,在此存放各归并段中关键字最小的记录的段号。如图 8.16 所示的败者树归并的思想为:结点 ls[3]、ls[4]分别指示 b1 和 b2 以及 b3 和 b4 叶子结点中的败者,即 b2 和 b4,而胜者 b1 和 b3(b3 是又经过和 b0 的比赛后选出的获胜者)进行比较,结点 ls[1]则指示它们中的败者为 b1。在选得最小关键字的记录之后,只要修改叶子结点 b3 中的值,使其为同一归并段中的下一个记录的关键字,然后从该结点向上和双亲结点所在的关键字进行比较,败者留在双亲,胜者继续向上直至树根的双亲,如图 8.16(b)所示。当第三个归并段中第二个记录参加归并时,选得最小关键字记录为第一个归并段中的记录。为了防止在归并过程中某个归并段变为空,可以在每个归并段中附加一个关键字为最大的记录。当选出的“冠军”记录的关键字为最大值时,表明此次归并段已完成。

败者树是完全二叉树且不含叶子结点,可采用顺序存储结构表示,假设归并段已存在,利用败者树进行 k-路归并的算法描述如下。

```
#define MAXKEY  最大关键字值
#define MINKEY  关键字可能的最小值
#define k  归并路数
```

源代码

［算法 8.15］ *k*-路归并

```
void  KWayMerge(int ls[],int b[])
{   * 利用败者树 ls 将编号从 0 到 k-1 的 k 个输入归并段中的记录归并到输出归并段,b[0]到
     b[k-1]为败者树上的 k 个叶子结点,分别存放 k 个输入归并段中当前记录的关键字 * /
    for(i=0;i<k;i++)  input(i);
    CreateLoserTree(ls);             //建败者树 ls,选得最小关键字为 b[ls[0]]
    while(b[ls[0]]!=MAXKEY)
    {   q=ls[0];                     //q 指示当前最小关键字所在归并段
        output(q);   //将编号为 q 的归并段中当前(关键字为 b[q])的记录写至输出归并段
        input(q);                    //从编号为 q 的输入归并段中读入下一个记录的关键字
        Adjust(ls,q);                //调整败者树,选择新的最小关键字
    }
    output(ls[0]);                   //将含最大关键字 MAXKEY 的记录写至输出归并段
}
```

［算法 8.16］ 调整败者树

```
void  Adjust(int ls[],int s)
{   / * 选得最小关键字记录后,从叶到根调整败者树,选下一个最小关键字,沿从叶子结点 b[s]
到根结点 ls[0]的路径调整败者树 * /
    t=(s+k)/2;                       //ls[t]是 b[s]的双亲结点
    while(t>0)
    {   if(b[s]>b[ls[t]])  s←→ls[t];  //s 指示新的胜者
        t=t/2;
    }
    ls[0]=s;
}
```

［算法 8.17］ 建立败者树

```
void  CreateLoserTree(int ls[])
{   / * 建立败者树,已知 b[0]到 b[k-1]为完全二叉树 ls 的叶子结点,存有 k 个关键字,沿从叶
子到根的 k 条路径将 ls 调整为败者树 * /
    b[k]=MINKEY;
    for(i=0;i<k;i++)                 //设置 ls 中"败者"的初值
        ls[i]=k;
    for(i=k-1;i>=0;i--)              //依次从 b[k-1],b[k-2],…,b[0]出发调整败者
        Adjust(ls,i);
}
```

应该指出,*k* 的值并非越大越好,*k* 越大就要求提供更多的内存缓冲区。当内存容量一定时,增加 *k* 意味着减小每个内存缓冲区的容量。

8.8.4 最佳归并树

归并树是描述归并过程的 *k* 叉树。因为每一次做 *k*-路归并都需要有 *k* 个归并段参加,因此,归并树应该是只有度为 0 和度为 *k* 的结点的 *k* 叉树。例如,设有 9 个初始归并段,其长度(即记录数)依次为 9,30,12,18,3,17,2,6,24。现做 3-路平衡归并,其归并树如图 8.17 所示,其中每个圆圈表示一个初始归并段,圆圈中数字表示归并段的长度。假

设每个记录占一个物理块，则两趟归并所需对外存进行的读/写次数为

$$(9+30+12+18+3+17+2+6+24)\times 2\times 2=484$$

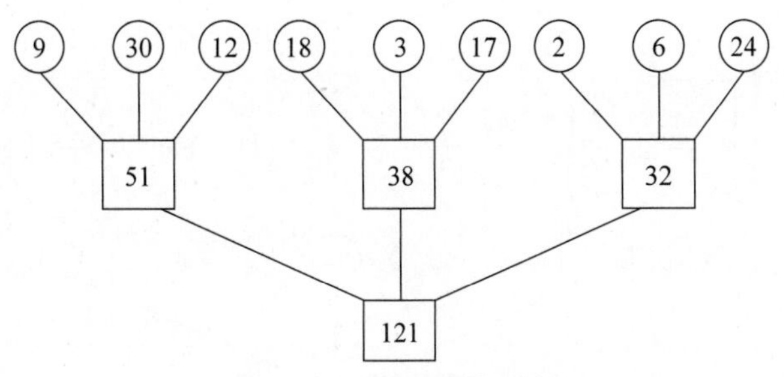

图 8.17　3-路平衡归并树

若将初始归并段的长度看成归并树中叶子结点的权，则此三叉树的带权路径长度的WPL＝242，为读/写次数的一半。显然，归并方案不同，所得归并树也不同，树的带权路径长度(或外存读/写次数)也不同。在前面介绍树的章节中讨论了有 n 个叶子结点的带权路径长度最小的二叉树称为哈夫曼树，同样，存在有 n 个叶子结点的带权路径长度最小的 k-叉树也称为哈夫曼树。所以，若构造的归并树是一棵哈夫曼树，则可使对外存进行的读/写次数达到最少。如上例按图 8.18 构造一棵归并树，仅需读/写外存 446 次。可以证明，这棵归并树便是最佳归并树。

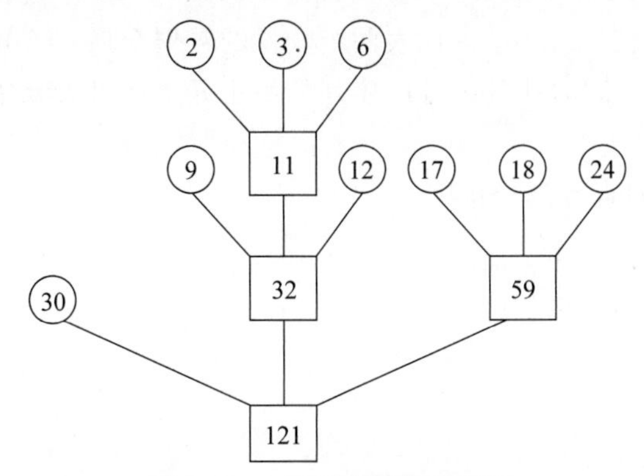

图 8.18　3-路平衡最佳归并树

若上例初始归并段只有 8 个，例如，在前面例子中少了一个长度为 30 的归并段。如果将缺额的归并段留在最后，即除了最后一次做 2-路归并外，其他各次归并仍都是 3-路归并，可知对外存读/写次数为 386 次，但这不是最佳方案。由于在哈夫曼树中权值最大的结点靠近根结点，可以在初始归并段的数目不足时，增加长度为零的“虚段”，放在最远离根结点的地方，再按构造哈夫曼树的方法建立归并树，如图 8.19 所示。

下面推导如何确定最佳归并树中“虚段”的个数。

k 叉树上只有度为 k 和度为 0 的结点，设度为 k 的结点个数为 n_k，度为 0 的结点个数为 n_0，仿照推导二叉树中度为 2 的结点个数 n_2 和度为 0 的结点个数 n_0 的关系为 $n_0=n_2+1$，在 k 叉树中有 $n_0=(k-1)\ n_k+1$。这里 n_0 就是归并段个数 m，且 n_k 是整数，故若 $(m-1)\%(k-1)=0$，则无须增加虚段，否则应附加 $k-(m-1)\%(k-1)-1$ 个虚段

（即第一个 k 路归并使用$(m-1)\%(k-1)+1$ 个归并段）。

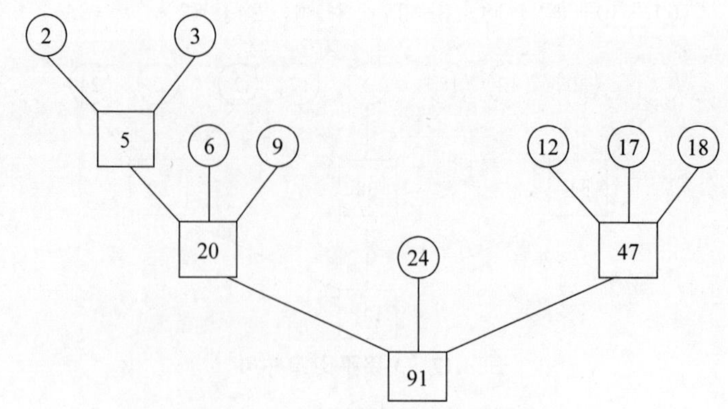

图 8.19　8 个归并段的最佳归并树

电子课件

*8.9 算法举例

例 8.10　按由大到小的顺序对一含有 N 个元素的数组 $A[N]$进行排序，利用如下改进的双向直接选择排序方法：第一趟比较将最小的元素放在 $r[1]$中，最大的元素放在 $r[n]$中，第二趟比较将次小的放在 $r[2]$中，将次大的放在 $r[n-1]$中，…，依次下去，直到待排序列为递增序。（注：＜－－＞代表两个变量的数据交换）。

解答：每次迭代中，同时找到未排序序列的最小元素和最大元素，分别放到已排序部分的正确位置。

源代码

［**算法 8.18**］　双向直接选择排序

```
void  sort(RecType r[],int n)
{   //改进的双向直接选择排序
    i=1;
    while i<n-i+1
    {
        min=max=1;
        for(j=i+1;j<=n-i+1;++j)
        {
            if(r[j].key<r[min].key) min=j;
            else
                if(r[j].key>r[max].key)  max=j;
            }
            if(min!=i) r[min] <-->r[i];
            if(max!=n-i+1)
            {
                if (max==i ) r[min] <--> r[n-i+1];
                else (r[max]<-->r[n-i+1]);
            }
        i++;
    }
}
```

例 8.11　借助快速排序的算法思想，在一组无序的记录中查找给定关键字值等于 key 的记录。设此组记录存放于数组 $r[1..h]$ 中。若查找成功，则输出该记录在 r 数组中的位置及其值，否则显示“not find”信息。请编写出算法并简要说明算法思想。

解答：把待查记录看作枢轴，先由后向前依次比较，若小于枢轴，则从前向后，直到查找成功返回其位置或失败返回 0 为止。

[**算法 8.19**]　基于快速排序的查找

```
int IndexQuickSort (RecType r[],int l,int h,int key)
{   //用快速排序方法查找关键字 key
    int i=l,j=h;
    while (i<j)
    {   while (i<=j && r[j].key>key)
            j--;
        if (r[j].key==key)
            return j;
        while (i<=j && r[i].key<key)
            i++;
        if (r[i].key==key)
            return i;
    }
    printf("Not find") ;
    return 0;
}
```

例 8.12　设有顺序放置的 n 个桶，每个桶中装有一粒砾石，每粒砾石的颜色是红、白、蓝之一。设计算法重新安排砾石，使得所有红色砾石在前，所有白色砾石居中，所有蓝色砾石居后，重新安排时对每粒砾石的颜色只能看一次，并且只允许交换操作来调整砾石的位置。

解答：利用快速排序思想解决。由于要求“对每粒砾石的颜色只能看一次”，设三个指针 i、j 和 k，将 $r[0..j-1]$ 作为红色，$r[j..k-1]$ 为白色，$r[k..n-1]$ 为蓝色。从 $j=0$ 开始查看，若 $r[j]$ 为白色，则 $j=j+1$；若 $r[j]$ 为红色，则交换 $r[j]$ 与 $r[i]$，且 $j=j+1$，$i=i+1$；若 $r[j]$ 为蓝色，则交换 $r[j]$ 与 $r[k]$；$k=k-1$。算法进行到 $j>k$ 为止。

为方便处理，将三种砾石的颜色用整数 1、2 和 3 表示。

[**算法 8.20**]　对含有 n 个元素（砾石）的顺序表按颜色排序

```
void QkSort(RecType r[],int n)
{   //本算法对含有 n 个元素(砾石)的顺序表 r 排序,使所有红色砾石在前,白色居中,蓝色在最后
    int i=0,j=0,k=n-1,temp;
    while(j<=k)
        if(r[j]==1)                  //当前元素是红色
            {temp=r[i]; r[i]=r[j]; r[j]=temp; i++;j++; }
        else if(r[j]==2) j++;        //当前元素是白色
            else                     //(r[j]==3  当前元素是蓝色
              {temp=r[j]; r[j]=r[k]; r[k]=temp; k--; }
}
```

小　结

本章主要介绍了排序的基本概念，包括排序的稳定性、内部排序和外部排序之间的差异。详细讲解了插入排序、交换排序、选择排序、归并排序和分配排序几大类经典的内部排序算法。插入排序介绍了直接插入排序、折半插入排序和希尔排序的过程和算法实现。交换排序介绍了起泡排序和快速排序的过程和算法实现。选择排序介绍了直接选择排序和堆排序的过程和算法实现。归并排序主要介绍了2-路归并排序的过程和算法实现。分配排序主要介绍了链式基数排序的过程和算法实现。本章还对各种内部排序方法进行了比较。最后介绍了外部排序的特点、外部排序方法以及最佳归并树的概念及归并方法。

习　题

一、简答题

1. 简述直接插入排序的基本思路。
2. 简述希尔排序的基本思路。
3. 简述起泡排序的基本思路。
4. 简述快速排序的基本思路。
5. 简述直接选择排序的基本思路。
6. 简述堆排序的基本思路。
7. 简述2-路归并排序的基本思路。

二、选择题

1. 在所有排序方法中，关键字比较的次数与记录的初始排列次序无关的是(　　)。

A. 希尔排序　　B. 起泡排序　　C. 插入排序　　D. 选择排序

2. 设有1000个无序的元素，希望用最快的速度挑选出其中前10个最大的元素，最好选用(　　)法。

A. 起泡排序　　B. 快速排序　　C. 堆排序　　D. 基数排序

3. 在待排序的元素序列基本有序的前提下，效率最高的排序方法是(　　)。

A. 插入排序　　B. 选择排序　　C. 快速排序　　D. 归并排序

4. 一组记录的排序码为(46,79,56,38,40,84)，则利用堆排序的方法建立的初始堆为(　　)。

A. 79,46,56,38,40,80　　B. 38,40,56,79,46,84

C. 84,79,56,46,40,38　　D. 84,56,79,40,46,38

5. 一组记录的关键字为(46,79,56,38,40,84)，则利用快速排序的方法，以第一个记录为基准得到的一次划分结果为(　　)。

A. 38,40,46,56,79,84　　B. 40,38,46,79,56,84

C. 40,38,46,56,79,84　　D. 40,38,46,84,56,79

6. 一组记录的排序码为(25,48,16,35,79,82,23,40,36,72)，其中含有5个长度为2

的有序表，按归并排序的方法对该序列进行一趟归并后的结果为(　　)。

A. 16,25,35,48,23,40,79,82,36,72

B. 16,25,35,48,79,82,23,36,40,72

C. 16,25,48,35,79,82,23,36,40,72

D. 16,25,35,48,79,23,36,40,72,82

7. 排序方法中，从未排序序列中依次取出元素与已排序序列(初始时为空)中的元素进行比较，将其放入已排序序列的正确位置上的方法，称为(　　)。

A. 希尔排序　　B. 起泡排序　　C. 插入排序　　D. 选择排序

8. 排序方法中，从未排序序列中挑选元素，并将其依次放入已排序序列(初始时为空)的一端的方法，称为(　　)。

A. 希尔排序　　B. 归并排序　　C. 插入排序　　D. 选择排序

9. 用某种排序方法对线性表(25,84,21,47,15,27,68,35,20)进行排序时，元素序列的变化情况如下。

(1) 25,84,21,47,15,27,68,35,20

(2) 20,15,21,25,47,27,68,35,84

(3) 15,20,21,25,35,27,47,68,84

(4) 15,20,21,25,27,35,47,68,84

则所采用的排序方法是(　　)。

A. 选择排序　　B. 希尔排序　　C. 归并排序　　D. 快速排序

10. 下述几种排序方法中，平均查找长度最小的是(　　)。

A. 插入排序　　B. 选择排序　　C. 快速排序　　D. 希尔排序

11. 下述几种排序方法中，要求内存量最大的是(　　)。

A. 插入排序　　B. 选择排序　　C. 快速排序　　D. 归并排序

12. 快速排序方法在(　　)情况下最不利于发挥其长处。

A. 要排序的数据量太大　　B. 要排序的数据中含有多个相同值

C. 要排序的数据已基本有序　　D. 要排序的数据个数为奇数

13. 评价排序算法好坏的标准主要是(　　)。

A. 执行时间　　B. 执行时间和所需的辅助空间

C. 辅助空间　　D. 算法本身的复杂度

14. 如果只想得到 1000 个元素组成的序列中第 5 个最小元素之前的序列，用(　　)方法最快。

A. 希尔排序　　B. 快速排序　　C. 堆排序　　D. 起泡排序

15. 用直接插入排序方法对下面 4 个序列进行排序(由小到大)，元素比较次数最少的是(　　)。

A. 32,40,21,46,69,94,90,80　　B. 94,32,40,90,80,46,21,69

C. 21,32,46,40,80,69,90,94　　D. 90,69,80,46,21,32,94,40

16. 设要将序列(Q,H,C,Y,P,A,M,S,R,D,F,X)中的关键字按升序排列，则(　　)是增量为 4 的希尔排序一趟扫描的结果。

A. (F,H,C,D,P,A,M,Q,R,S,Y,X)

B. (P,A,C,S,Q,D,F,X,R,H,M,Y)

C. (A,D,C,R,F,Q,M,S,Y,P,H,X)

D. (H,C,Q,P,A,M,S,R,D,F,X,Y)

17. 设要将序列(Q,H,C,Y,P,A,M,S,R,D,F,X)中的关键字按升序排列,则(　　)是堆排序初始建堆的结果。

A. (F,H,C,D,P,A,M,Q,R,S,Y,X)

B. (P,A,C,S,Q,D,F,X,R,H,M,Y)

C. (A,D,C,R,F,Q,M,S,Y,P,H,X)

D. (H,C,Q,P,A,M,S,R,D,F,X,Y)

三、填空题

1. 在对一组记录(54,38,96,23,15,72,60,45,83)进行直接插入排序时,当把第 7 个记录 60 插入有序表时,为寻找插入位置这一趟需比较________次。

2. 在利用快速排序方法对一组记录(54,38,96,23,15,72,60,45,83)进行快速排序时,递归调用而使用的栈所能达到的最大深度为________,共需递归调用的次数为________,其中第二次递归调用是对________一组记录进行快速排序。

3. 在堆排序、快速排序和归并排序中,若只从存储空间考虑,则应首先选取________方法,其次选取________方法,最后选取________方法;若只从排序结果的稳定性考虑,则应选取________方法;若只从平均情况下排序最快考虑,则应选取________方法;若只从最坏情况下排序最快并且要节省内存考虑,则应选取________方法。

4. 在插入排序、希尔排序、选择排序、快速排序、堆排序、归并排序和基数排序中,排序是不稳定的有________。

5. 在插入排序、希尔排序、选择排序、快速排序、堆排序、归并排序和基数排序中,平均比较次数最少的排序是________,需要内存容量最多的是________。

6. 在堆排序和快速排序中,若原始记录接近正序或反序,则选用________,若原始记录无序,则最好选用________。

7. 在插入排序和选择排序中,若初始数据基本正序,则选用________;若初始数据基本反序,则选用________。

8. 对 n 个元素的序列进行起泡排序时,最少的比较次数是________。

四、算法设计题

1. 以先查找插入位置,再进行插入的方法,试在静态链表上实现直接插入排序。

2. 设待排序的文件用单链表作为存储结构,头指针为 head,试写出选择排序算法。

3. 试设计一个双向起泡排序算法,即在排序过程中交替改变扫描方向(第一趟从前向后两两比较,第二趟从后向前两两比较,以此类推)。

4. 写出快速排序的非递归算法。

5. 奇偶交换排序如下:第一趟对所有奇数 i,将 $a[i]$和 $a[i+1]$进行比较;第二趟对所有的偶数 i,将 $a[i]$和 $a[i+1]$进行比较,若 $a[i]>a[i+1]$,则将两者交换;第三趟对奇数 i,第四趟对偶数 i,…,以此类推直至整个序列有序为止。编写如上所述的奇偶交换排序的算法。

6. 假设有小于 10 000 的整数组成的 1000 个关键字的记录序列，请设计一种排序方法，要求以尽可能少的比较次数和移动次数实现排序，并按此设计编写算法。

五、应用题

1. 对一组关键字(19,01,26,92,87,11,43,87,21)进行起泡排序，试列出每一趟排序后的关键字序列，并统计每遍排序所进行的关键字比较次数。

2. 对第 1 题给出的关键字序列进行选择排序，列出每一趟排序后关键字序列，并统计每趟排序所进行的关键字比较次数。

3. 从快速排序法的基本原理能够看出，对 n 个元素组成的线性表进行快速排序时，所需进行的比较次数依赖这 n 个元素的初始排列。

(1) 试问：当 $n=7$ 时，在最好情况下需进行多少次比较？说明理由。

(2) 对 $n=7$ 给出一个最好情况的初始排列的实例。

4. 对下列一组关键字(46,58,15,45,90,18,10,62)，试写出快速排序的每一趟的排序结果，并标出第一趟中各元素的移动方向。

5. 试证明：当输入序列已经呈现为有序状态时，快速排序的时间复杂度为 $O(n^2)$。

6. 假设某旅店共有 5000 个床位，每天需根据住宿旅客制造一份花名册，该名册要求按省(市)的次序排列，每个省(市)按县(区)排列，同一县(区)的旅客按姓氏排列。请为该旅店的管理人员设计一个制作这份花名册的方法。

7. 以关键字序列(503,087,512,061,908,170,897,275,653,246)为例，手工执行以下排序算法，写出每一趟排序结束时的关键字状态。

(1) 直接插入排序。

(2) 希尔排序(增量 $d[1]=5$)。

(3) 快速排序。

(4) 堆排序。

(5) 归并排序。

(6) 基数排序。

实　验　题

实验题目：内部排序方法的比较

一、任务描述

请创建一个一维整型数组用来存储待排序关键字，关键字从数组下标为 1 的位置开始存储，下标为 0 的位置不存储关键字。输入关键字的个数，以及各个关键字，采用直接插入排序、希尔排序(分组步长为 5,2,1)、起泡排序、快速排序、直接选择排序、堆排序、2-路归并排序的方法对关键字数组进行排序。对于直接插入排序、起泡排序、直接选择排序、2-路归并排序输出每轮的中间过程；希尔排序输出不同步长的每次排序结果；快速排序输出以第一个元素为枢轴的第一趟排序结果；堆排序输出初始堆和最终排序结果。

二、编程要求

1. 具体要求

输入说明：各个命令以及相关数据的输入格式如下。

第一行输入关键字的个数 n，第二行输入 n 个整型关键字。

输出说明：按不同排序算法的输出要求输出排序结果，关键字之间以空格隔开。

2. 测试数据

测试输入：

```
10
2 5 9 8 7 4 3 10 16 13
```

预期输出：

```
直接插入排序：
2 5 9 8 7 4 3 10 16 13
2 5 9 8 7 4 3 10 16 13
2 5 8 9 7 4 3 10 16 13
2 5 7 8 9 4 3 10 16 13
2 4 5 7 8 9 3 10 16 13
2 3 4 5 7 8 9 10 16 13
2 3 4 5 7 8 9 10 16 13
2 3 4 5 7 8 9 10 16 13
2 3 4 5 7 8 9 10 13 16
希尔排序：
2 3 9 8 7 4 5 10 16 13
2 3 5 4 7 8 9 10 16 13
2 3 4 5 7 8 9 10 13 16
起泡排序：
2 5 8 7 4 3 9 10 13 16
2 5 7 4 3 8 9 10 13 16
2 5 4 3 7 8 9 10 13 16
2 4 3 5 7 8 9 10 13 16
2 3 4 5 7 8 9 10 13 16
2 3 4 5 7 8 9 10 13 16
快速排序：
2 5 9 8 7 4 3 10 16 13
直接选择排序：
2 5 9 8 7 4 3 10 16 13
2 3 9 8 7 4 5 10 16 13
2 3 4 8 7 9 5 10 16 13
2 3 4 5 7 9 8 10 16 13
2 3 4 5 7 9 8 10 16 13
2 3 4 5 7 8 9 10 16 13
2 3 4 5 7 8 9 10 16 13
2 3 4 5 7 8 9 10 16 13
```

2 3 4 5 7 8 9 10 13 16

堆排序:

16 13 9 10 7 4 3 5 8 2

2 3 4 5 7 8 9 10 13 16

2-路归并排序:

2 5 8 9 4 7 3 10 13 16

2 5 8 9 3 4 7 10 13 16

2 3 4 5 7 8 9 10 13 16

2 3 4 5 7 8 9 10 13 16

参 考 文 献

[1] 严蔚敏，李冬梅，吴伟民. 数据结构(C语言版)[M]. 2版. 北京：人民邮电出版社，2015.

[2] 殷人昆. 数据结构[M]. 北京：清华大学出版社，2001.

[3] 耿国华，刘晓宁，张德同，等. 数据结构——C语言描述[M]. 3版. 西安：西安电子科技大学出版社，2020.

[4] 李春葆. 数据结构教程[M]. 5版. 北京：清华大学出版社，2017.

[5] 陈守孔，孟佳娜，武秀川，等. 算法与数据结构(C语言版)[M]. 北京：机械工业出版社，2007.

[6] (美)高德纳. 计算机程序设计艺术：卷3. 排序与查找[M]. 北京：人民邮电出版社，2017.

[7] 王红梅. 数据结构：从概念到C语言[M]. 北京：清华大学出版社，2023.

[8] 袁凌. 数据结构：从概念到算法[M]. 北京：人民邮电出版社，2023.

图书资源支持

感谢您一直以来对清华版图书的支持和爱护。为了配合本书的使用，本书提供配套的资源，有需求的读者请扫描下方的“书圈”微信公众号二维码，在图书专区下载，也可以拨打电话或发送电子邮件咨询。

如果您在使用本书的过程中遇到了什么问题，或者有相关图书出版计划，也请您发邮件告诉我们，以便我们更好地为您服务。

我们的联系方式：

清华大学出版社计算机与信息分社网站：https://www.shuimushuhui.com/

地　　址：北京市海淀区双清路学研大厦 A 座 714

邮　　编：100084

电　　话：010-83470236　010-83470237

客服邮箱：2301891038@qq.com

QQ：2301891038（请写明您的单位和姓名）

资源下载：关注公众号“书圈”下载配套资源。

资源下载、样书申请

书圈

图书案例

清华计算机学堂

观看课程直播